普通高等教育"十一五"国家级规划教材
国家林业和草原局普通高等教育"十四五"规划教材

森林经理学

（第5版）

孙玉军　主编
张守攻　主审

中国林业出版社
China Forestry Publishing House

内容简介

森林经理学(第5版)在继承森林经理学经典内容的同时,也充分吸纳了国内外森林经理领域最新的理论技术和研究成果,在各章的主要内容中都增加或更新了实际应用的案例,理论与实践相结合,便于读者理解和掌握。本教材共10章,主要内容包括森林可持续经营理论、森林的理想结构、森林成熟与经营周期、森林区划与组织经营单位、森林调查、森林收获调整、森林资源评价、森林经营方案和森林经营决策等。

本教材可以作为林学类、林业经济等专业的教科书,也可以作为相关专业的科研、管理和生产人员的参考书。

图书在版编目(CIP)数据

森林经理学 / 孙玉军主编. —5版. —北京:中国林业出版社,2023.12(2025.1重印)
普通高等教育"十一五"国家级规划教材　国家林业和草原局普通高等教育"十四五"规划教材
ISBN 978-7-5219-2474-9

Ⅰ. ①森… Ⅱ. ①孙… Ⅲ. ①森林经理-高等学校-教材　Ⅳ. ①S757

中国国家版本馆 CIP 数据核字(2023)第 238348 号

责任编辑:肖基浒　王奕丹
责任校对:苏梅
封面设计:睿思视界视觉设计

出版发行:中国林业出版社
　　　　 (100009,北京市西城区刘海胡同7号,电话 83223120)
电子邮箱:cfphzbs@163.com
网　　址:www.forestry.gov.cn/lycb.html
印　　刷:北京中科印刷有限公司
版　　次:1962年1月第1版
　　　　 1983年6月第2版
　　　　 1993年3月第3版
　　　　 2011年6月第4版
　　　　 2023年12月第5版
印　　次:2025年1月第2次印刷
开　　本:787mm×1092mm　1/16
印　　张:21.25
字　　数:511千字
定　　价:56.00元

《森林经理学》(第5版) 编写人员

主　　编　孙玉军
副主编　刘　健　刘　萍　汤孟平　杨　华
编写人员(按姓氏笔画排序)
　　　　　王轶夫(北京林业大学)
　　　　　孔　雷(西南林业大学)
　　　　　吕　勇(中南林业科技大学)
　　　　　向　玮(北京林业大学)
　　　　　刘　健(福建农林大学)
　　　　　刘　萍(华南农业大学)
　　　　　汤孟平(浙江农林大学)
　　　　　孙玉军(北京林业大学)
　　　　　杨　华(北京林业大学)
　　　　　欧阳勋志(江西农业大学)
　　　　　孟京辉(北京林业大学)
　　　　　黄庆丰(安徽农业大学)
　　　　　舒清态(西南林业大学)
　　　　　鲁法典(山东农业大学)
　　　　　温小荣(南京林业大学)
主　　审　张守攻

序

森林不仅可以提供木材和非木质资源，同时在维护生态安全、保护生物多样性、应对气候变化、美化人居环境、提供休闲和游憩场所、传承自然和人文遗产等方面具有重要作用。为进一步提升森林生态系统质量和服务功能，满足行业和产业需求，必须坚持人与自然和谐共生，统筹保护、利用和发展的关系，加大生态系统保护修复力度，提高森林资源节约集约利用水平，有效扩大或增加森林资源，夯实绿色低碳高质量发展基础。

我国幅员辽阔，跨经纬度广，地貌类型及山脉走向多样，形成了多种多样的气候类型，孕育了丰富多样的森林类型，森林资源总量较大。但我国人均拥有的资源数量仍然相对不足，森林资源质量不高，森林生态系统功能脆弱的状况尚未得到根本改变，生态产品短缺依然是制约我国可持续发展的突出问题。

森林分布的广袤性、森林生长的长期性和森林类型的多样性，决定了森林经理的复杂性。如何评价森林的效益，在什么时间、对什么林分、采用什么经营措施和相应的技术指标，才能保证发挥森林近期和长远最大的综合效益，这是森林可持续经营的基本问题。这就需要掌握森林的时空特点与规律，研究各种经营措施对森林效益的影响与调控，并且根据森林的空间分布、林学和生物学特点以及森林的社会属性进行科学规划。森林经理学就是研究和解决这些问题的学科。

近几十年来，国内外对新形势下的森林经理学的内涵、概念、理论和技术都进行了大量探讨、研究和实践，提出了许多新的概念、理论和技术。但是要把以"木材永续利用"为导向的森林经理学发展成"多目标森林可持续经营"为导向的森林经理学还需要更加深入、全面的理论和实践研究。

本教材是由全国10多所高等农林院校的森林经理学主讲教师，历经3年多的认真编写而完成的。本教材中既保留了森林经理学的经典内容，包括区划、调查、森林成熟和木材收获、森林资源评价、森林经营方案等，还根据国内外森林经理学的最新进展，增加了一些新的、反映森林可持续经营特点的理论与实践的内容，并列举较多的实用或实操案例。

本教材吸纳了国内外森林经理学理论与技术的研究成果和行业产业中的典型案例，保持了教材内容的科学性、先进性和适用性，充分体现了专业学科特色，是在新形势下对森林经理学的又一次发展。本教材的出版对我国从事森林经理学教学、科研和生产的工作者有积极的作用，并将进一步推动我国森林经理学的研究和进步。

中国科学院院士

前　言
（第 5 版）

　　森林经理学是林学的专业主干课程。本教材是国家林业和草原局普通高等教育"十四五"规划教材，是在普通高等教育"十一五"国家级规划教材《森林经理学》（第 4 版）的基础上修订而成。主要内容包括森林可持续经营理论、森林的理想结构、森林成熟与经营周期、森林区划与组织经营单位、森林调查、森林收获调整、森林资源评价、森林经营方案和森林经营决策等。

　　参加本教材编写的是全国主要农林院校森林经理学的 15 位主讲教师，分别来自 10 所高校。本教材共分 10 章，第 1 章提供基本的课程总体概述与发展趋势介绍；第 2 章到第 4 章为课程的理论部分；第 5 章到第 9 章为应用部分；第 10 章为森林经理学的数量决策方法。具体编写分工如下：第 1 章由孙玉军（第 1 节）和王轶夫（第 2、第 3 节）编写；第 2 章由孟京辉编写；第 3 章由汤孟平编写；第 4 章由鲁法典编写；第 5 章由欧阳勋志（第 1 至第 3 节）和吕勇（第 4 节）编写；第 6 章由舒清态（第 2 节）和孔雷（第 1、第 3 节）编写；第 7 章由黄庆丰（第 7.2.2 部分除外）和向玮（第 7.2.2 部分）编写；第 8 章由刘健编写；第 9 章由温小荣编写；第 10 章由刘萍编写；数字资源由杨华和王轶夫编写制作，附于第 3、第 5、第 6、第 7、第 9 和第 10 章思考题后，可扫码查看。

　　本教材编写过程中，先后征求了许多林业院校、林业主管部门、林业科研和生产单位等的意见，在这里对提出的意见和建议表示衷心的感谢。特别要致谢的是，欣然为本书作序的唐守正院士；百忙中审阅全部书稿，提出具体修改建议，审定全书的张守攻院士。还有北京林业大学的部分研究生在书稿整理和插图制作等工作中付出辛勤的劳动，在此一并表示衷心的感谢。

　　由于编者水平所限，书中难免存在不足之处，诚请读者批评指正，我们将表示衷心的感谢，并在今后的编写中改正。

编　者

2023 年 6 月

2011 年第 4 版前言

森林经理学是林学的主要组成部分。主要内容包括森林可持续经营的主要内容和进程，全球和中国森林资源最新的概况和特点，森林区划和调查的理论与技术，森林成熟与收获调整的理论与方法，资源评价和经营模式，林分空间结构和经营决策理论与技术方法等。

本书是普通高等教育"十一五"国家级规划教材。之所以将其列为《森林经理学》第 4 版是按照由北京林业大学（包括其前身——北京林学院）主编的《森林经理学》的顺序排定的。《森林经理学》第 1 版于 1962 年出版；第 2 版于 1983 年出版；第 3 版于 1993 年出版。需要说明的是，2001 年由亢新刚主编、中国林业出版社出版的森林经理学教材《森林资源经营管理》一书，被教育部批准为"面向 21 世纪课程教材"，由于书名不同而未将其列入其中。由于历史和现实的多种原因，森林经理学被改为森林资源经营管理，本版采纳多数编委的意见，并报经上级部门批准，本版教材恢复了《森林经理学》的称谓。

参加本书编写的是全国主要农林院校森林经理学的主讲教师，共 15 位教师，分别来自 13 所高校。本书共分 11 章，具体编写分工如下：第 1 章绪论由亢新刚和杨华编写；第 2 章由黄选瑞、亢新刚和龚直文编写；第 3 章由吕勇和温小荣编写；第 4 章由胥辉和刘兆刚编写；第 5 章由鲁法典和刘兆刚编写；第 6 章由黄庆丰编写；第 7 章由刘健编写；第 8 章由廖为明、亢新刚和杨华编写；第 9 章由甄学宁和温小荣编写；第 10 章由刘萍编写；第 11 章由汤孟平、亢新刚和龚直文编写。

在教材的编写过程中，我们征求了许多林业院校、林业主管部门、林业科研和生产单位人员的意见和建议，对他们提出的意见和建议表示衷心的感谢。特别要致谢的是唐守正院士、董乃钧教授、孟宪宇教授、徐国祯教授和陈平留教授等，他们对本书编写提出了宝贵意见和建议，使我们深受启发，获益匪浅。教材出版过程中，中国林业出版社的编辑，北京林业大学的赵浩彦、蔡烁等同志都在书稿审校和插图制作等项工作中付出辛勤的劳动，在此一并表示衷心的感谢。

本书可以作为林学、林业经济和森林保护等专业学生的教科书，也可以作为相关专业的科研、管理和生产人员的工具书和参考书。

由于编者水平所限，书中难免还存在不足之处，诚请读者提出批评指正，我们将表示衷心的感谢，并在今后的编写中改正。

编　者

2011 年 1 月

1993 年第 3 版前言

这本教材是 1983 年全国统编试用教材《森林经理学》的修订版，自 1989 年修订工作开始以来，编制大纲时曾征求各学校的意见，并收到不少使用单位和个人的批评和修改意见，审稿人也提出了很好的意见，在此一并致谢。修订后的教材，吸取了国内外有关资料，加大了篇幅，以便根据各自的特点在讲授时适当伸缩，限于编者水平，敬请继续给予批评斧正。编者分工如下：

绪论、第二章由于政中编写；第一章、第四章由李海文编写；第三章由亢新刚和于政中编写；第五章由陈霖生编写；第六章由陈伯贤编写；第七章由刘建国和于政中编写；第八章由林杰编写；第九章由吴燕和于政中编写；绘图员为徐旭红；主编为于政中；主审为范济洲和徐国祯。

编 者

1991 年 10 月

1983 年第 2 版前言

本教材适用于高等林业院校林业专业。初稿是根据一九七八年制订的教学大纲编写的。初稿完成后，适逢一九八〇年八月召开林业专业各专业课教学大纲修订会议。会议之后，全国林业院校有关森林经理教师召开了本教材定稿会议。会议上，大家结合新修订教学大纲要求，对初稿提出了改进意见。会后，由各章原编写人修改，最后由正副主编人整理成稿。

本教材由北京林学院主编，东北林学院和福建林学院参加编写。具体分工为：绪论、第一章、第二章由范济洲编写；第三章、第七章、第九章由于政中编写；第四章由李海文编写；第五章由陈霖生编写；第六章由陈伯贤编写；第八章由林杰编写；正副主编人为范济洲和于政中。

本教材编审过程中，得到各高等林业院校教师们的大力支持，提供了不少宝贵意见，在此一并致谢。由于编者水平所限，错误之处在所难免，还请读者们提出改正意见，以便修改提高。

编 者

1982 年 4 月

1962 年第 1 版前言

这本教材是以原有讲稿为基础、参考了兄弟院校的有关教材，在院党委领导下，由我组集体编写的。由于编者学识水平有限和掌握资料不够全面，对某些理论问题只能提出一些肤浅的看法，同时，无论在文字方面，引用的数例，或在理论探讨上，也都有待今后改进和提高。在某些章节编排上也不尽恰当，例如：有关原理和实施部分的编排、作业法的分类、开发运输的内容和比重以及林业管理机构和特殊森林的森林经理特点是否单独成章等。对此，各兄弟院校在使用过程中可酌情增减，并希望及时给予批评和指正。

在编写过程中得到了有关兄弟院校的大力支持和帮助，有的院校还派人参加讨论和审稿工作，并收到了不少同志的宝贵意见，谨此致谢。

北京林学院森林经理教研组

1961 年 9 月

目 录

序
前 言

1 绪论 (1)
  1.1 森林经理学概述 (1)
    1.1.1 森林经理学的概念 (1)
    1.1.2 森林经理学的目的 (1)
    1.1.3 森林经理学的内容和任务 (2)
  1.2 森林经理学的形成过程 (4)
    1.2.1 森林经理学形成的历史背景 (4)
    1.2.2 森林经理学的必要性 (5)
    1.2.3 森林经理学的发展阶段 (5)
  1.3 森林经理学的发展趋势 (12)
    1.3.1 森林经营理论与技术 (12)
    1.3.2 森林资源监测 (13)
    1.3.3 森林经营规划与决策支持 (13)
    1.3.4 森林生长收获模型 (15)

2 森林可持续经营理论 (18)
  2.1 森林可持续经营的概念和内涵 (18)
    2.1.1 森林可持续经营的概念 (18)
    2.1.2 森林可持续经营的内涵 (20)
  2.2 森林可持续经营理论的形成 (20)
    2.2.1 森林永续利用概念 (20)
    2.2.2 实现森林永续利用的条件 (21)
    2.2.3 森林可持续经营的理论及特点 (24)
  2.3 森林可持续经营原则 (25)
    2.3.1 不同时期森林经理的指导原则 (25)
    2.3.2 森林经理指导原则的演变 (26)
    2.3.3 森林可持续经营成为森林经理的核心指导原则 (27)
  2.4 中国森林可持续经营的应用与实践 (27)
    2.4.1 森林可持续经营实践 (27)
    2.4.2 森林可持续经营试点示范 (28)
    2.4.3 典型案例分析 (33)

3 森林的理想结构 (36)
  3.1 同龄林理想结构 (36)
    3.1.1 法正林 (36)
    3.1.2 完全调整林 (40)
    3.1.3 广义法正林 (41)
  3.2 异龄林理想结构 (45)
    3.2.1 异龄林的年龄结构 (45)
    3.2.2 异龄林的直径结构 (46)
    3.2.3 异龄林的树种结构 (47)
    3.2.4 异龄林的蓄积量结构 (48)
  3.3 林分空间结构 (49)
    3.3.1 林分空间结构的概念 (49)
    3.3.2 理想的林分空间结构 (50)

4 森林成熟与经营周期 (58)
  4.1 森林成熟 (58)
    4.1.1 数量成熟 (59)
    4.1.2 工艺成熟 (61)
    4.1.3 自然成熟 (66)
    4.1.4 经济成熟 (67)
    4.1.5 防护成熟 (76)
    4.1.6 更新成熟 (78)
    4.1.7 竹林成熟 (79)
  4.2 轮伐期 (80)
    4.2.1 轮伐期的概念 (80)
    4.2.2 轮伐期的作用 (80)
    4.2.3 轮伐期的确定依据 (81)
    4.2.4 轮伐期的计算 (82)
  4.3 择伐周期 (82)
    4.3.1 择伐周期的概念 (82)
    4.3.2 择伐周期的确定方法 (84)
    4.3.3 影响择伐周期的因素 (85)

5 森林区划与组织经营单位 (87)
  5.1 区划概述 (87)
    5.1.1 区划的概念 (87)
    5.1.2 区划的种类 (87)
    5.1.3 林业区划 (88)
  5.2 森林区划 (89)
    5.2.1 森林区划概述 (89)

  5.2.2 林业局区划 …………………………………………………………… (90)
  5.2.3 林场区划 ……………………………………………………………… (90)
  5.2.4 营林区区划 …………………………………………………………… (91)
  5.2.5 林班区划 ……………………………………………………………… (91)
  5.2.6 小班区划 ……………………………………………………………… (93)
 5.3 森林经营单位的组织 ………………………………………………………… (103)
  5.3.1 经营区(林种区) ……………………………………………………… (104)
  5.3.2 森林经营类型(作业级) ……………………………………………… (105)
  5.3.3 经营小班 ……………………………………………………………… (108)
 5.4 森林经营措施类型 …………………………………………………………… (110)
  5.4.1 森林经营措施类型概述 ……………………………………………… (110)
  5.4.2 森林经营措施类型划分 ……………………………………………… (110)

6 森林调查 ……………………………………………………………………………… (117)
 6.1 国家森林资源连续清查 ……………………………………………………… (117)
  6.1.1 国家森林资源连续清查概述 ………………………………………… (117)
  6.1.2 调查原理与抽样设计 ………………………………………………… (118)
  6.1.3 调查内容和内业统计 ………………………………………………… (120)
  6.1.4 双重回归抽样调查 …………………………………………………… (130)
  6.1.5 联合抽样估计调查 …………………………………………………… (133)
 6.2 森林经理调查 ………………………………………………………………… (136)
  6.2.1 森林经理调查概述 …………………………………………………… (136)
  6.2.2 林业生产条件调查 …………………………………………………… (137)
  6.2.3 小班调查 ……………………………………………………………… (139)
  6.2.4 林业专业调查 ………………………………………………………… (151)
 6.3 作业设计调查 ………………………………………………………………… (157)
  6.3.1 作业设计调查概述 …………………………………………………… (157)
  6.3.2 作业设计调查类型与内容 …………………………………………… (158)
  6.3.3 作业设计调查方法 …………………………………………………… (158)

7 森林收获调整 ………………………………………………………………………… (163)
 7.1 森林采伐量 …………………………………………………………………… (163)
  7.1.1 森林采伐量的概念与意义 …………………………………………… (163)
  7.1.2 确定森林采伐量的程序与原则 ……………………………………… (164)
  7.1.3 主伐采伐量 …………………………………………………………… (165)
  7.1.4 间伐采伐量 …………………………………………………………… (175)
  7.1.5 补充主伐采伐量 ……………………………………………………… (177)
  7.1.6 竹林采伐量 …………………………………………………………… (177)
 7.2 收获调整的方法 ……………………………………………………………… (179)
  7.2.1 同龄林的收获调整 …………………………………………………… (179)

	7.2.2　异龄林的收获调整 ………………………………………… (186)
	7.2.3　林分空间结构的调整 ……………………………………… (201)
8　森林资源评价 …………………………………………………………… (203)
	8.1　林地评价 …………………………………………………………… (203)
		8.1.1　林地评价的含义与作用 ……………………………………… (203)
		8.1.2　林地评价方法 ………………………………………………… (205)
		8.1.3　林地评价案例 ………………………………………………… (209)
	8.2　林木评价 …………………………………………………………… (211)
		8.2.1　林木评价的含义与作用 ……………………………………… (211)
		8.2.2　林木评价方法 ………………………………………………… (214)
		8.2.3　林木评价案例 ………………………………………………… (218)
	8.3　森林生态系统服务功能评价 ……………………………………… (221)
		8.3.1　森林生态系统服务功能评价的含义与作用 ………………… (221)
		8.3.2　水源涵养功能评价 …………………………………………… (223)
		8.3.3　水土保持功能评价 …………………………………………… (226)
		8.3.4　森林碳汇功能评价 …………………………………………… (228)
		8.3.5　森林游憩功能评价 …………………………………………… (233)
9　森林经营方案 …………………………………………………………… (239)
	9.1　森林经营方案概述 ………………………………………………… (239)
		9.1.1　森林经营方案的概念和目的 ………………………………… (239)
		9.1.2　森林经营方案编制的原则和依据 …………………………… (240)
		9.1.3　森林经营方案编制的周期和要求 …………………………… (242)
		9.1.4　森林经营方案的性质和地位 ………………………………… (243)
	9.2　森林经营方案编制 ………………………………………………… (244)
		9.2.1　编案单位和程序 ……………………………………………… (244)
		9.2.2　编案深度和广度 ……………………………………………… (247)
		9.2.3　编案技术要点 ………………………………………………… (248)
		9.2.4　编案方法 ……………………………………………………… (259)
	9.3　森林经营方案实施评估与调整修订 ……………………………… (260)
		9.3.1　方案实施与评估 ……………………………………………… (260)
		9.3.2　方案调整与修订 ……………………………………………… (263)
	9.4　森林经营方案实例与分析 ………………………………………… (264)
		9.4.1　国有林森林经营方案 ………………………………………… (264)
		9.4.2　集体林森林经营方案 ………………………………………… (267)
		9.4.3　简明森林经营方案 …………………………………………… (271)
10　森林经营决策 ………………………………………………………… (273)
	10.1　线性规划及其应用 ………………………………………………… (273)
		10.1.1　线性规划问题及其数学模型 ………………………………… (273)

10.1.2　线性规划问题求解方法 …………………………………………（278）
　　10.1.3　线性规划在森林收获调整中的应用 …………………………（290）
10.2　动态规划及其应用 …………………………………………………………（297）
　　10.2.1　动态规划问题及其数学模型 ……………………………………（298）
　　10.2.2　动态规划问题求解方法 …………………………………………（300）
　　10.2.3　动态规划在森林收获调整中的应用 ……………………………（304）
参考文献 ……………………………………………………………………………（309）

CONTENTS

Foreword
Preface

1 Introduction (1)
  1.1 Summarization of forest management (1)
    1.1.1 Concept of forest management (1)
    1.1.2 Goal of forest management (1)
    1.1.3 Content and mission of forest management (2)
  1.2 Formation process of forest management (4)
    1.2.1 Historical background of forest management formation (4)
    1.2.2 Importance of forest management (5)
    1.2.3 Development stages of forest management (5)
  1.3 Development trend of forest management (12)
    1.3.1 Theory and technology of forest management (12)
    1.3.2 Forest resource monitoring (13)
    1.3.3 Forest management planning and decision-making support (13)
    1.3.4 Forest growth and yield model (15)

2 Theory of sustainable forest management (18)
  2.1 Basic concepts and implications of sustainable forest management (18)
    2.1.1 Concepts of sustainable forest management (18)
    2.1.2 Implications of sustainable forest management (20)
  2.2 Formation of sustainable forest management theory (20)
    2.2.1 Concepts of forest sustained yield (20)
    2.2.2 Conditions of forest sustained yield (21)
    2.2.3 Theory and characteristic of sustainable forest management (24)
  2.3 Sustainable forest management criteria (25)
    2.3.1 Guiding principles of different forest management periods (25)
    2.3.2 Evolution of forest management guiding principles (26)
    2.3.3 Sustainable forest management became the core guiding principle of forest management (27)
  2.4 Applications and practices of sustainable forest management in China (27)
    2.4.1 Sustainable forest management practice (27)
    2.4.2 Pilot project of sustainable forest management (28)

    2.4.3 Typical cases analysis ··· (33)

3 Optimal forest structure ··· (36)
  3.1 Optimal even-aged forest structure ································· (36)
    3.1.1 Normal forest ·· (36)
    3.1.2 Fully regulated forest ··· (40)
    3.1.3 Generalized normal forest ······································ (41)
  3.2 Optimal uneven-aged forest structure ······························ (45)
    3.2.1 Age structure of uneven-aged forest ························ (45)
    3.2.2 Diameter structure of uneven-aged forest ··················· (46)
    3.2.3 Species structure of uneven-aged forest ····················· (47)
    3.2.4 Volume structure of uneven-aged forest ····················· (48)
  3.3 Stand spatial structure ·· (49)
    3.3.1 Concepts of stand spatial structure ···························· (49)
    3.3.2 Optimal stand spatial structure ································ (50)

4 Forest maturity and management period ······························ (58)
  4.1 Forest maturity ·· (58)
    4.1.1 Maturity in quantity ··· (59)
    4.1.2 Maturity in quality ··· (61)
    4.1.3 Natural maturity ·· (66)
    4.1.4 Economic maturity ··· (67)
    4.1.5 Protection maturity ·· (76)
    4.1.6 Regeneration maturity ··· (78)
    4.1.7 Bamboo forest maturity ·· (79)
  4.2 Rotation ·· (80)
    4.2.1 Concepts of rotation ··· (80)
    4.2.2 Utility of the rotation period ·································· (80)
    4.2.3 Basis of rotation determination ································ (81)
    4.2.4 Calculation of rotation period ································· (82)
  4.3 Selective cutting cycle ··· (82)
    4.3.1 Concepts of selective cutting cycle ···························· (82)
    4.3.2 Method to determine selective cutting cycle ················ (84)
    4.3.3 Influence factors of selective cutting cycle ·················· (85)

5 Forest division and management unit ································· (87)
  5.1 Summarization of division ·· (87)
    5.1.1 Concepts of division ·· (87)
    5.1.2 Classification of division ······································· (87)
    5.1.3 Forestry division ·· (88)
  5.2 Forest division ··· (89)

    5.2.1 Summarization ……………………………………………………………… (89)

    5.2.2 Forestry bureau division …………………………………………………… (90)

    5.2.3 Forestry farm division ……………………………………………………… (90)

    5.2.4 Working circle division …………………………………………………… (91)

    5.2.5 Compartment division ……………………………………………………… (91)

    5.2.6 Subcompartment division ………………………………………………… (93)

  5.3 Organization of forest management units ……………………………………… (103)

    5.3.1 Forest management block ………………………………………………… (104)

    5.3.2 Forest working section …………………………………………………… (105)

    5.3.3 Management subcomparment ……………………………………………… (108)

  5.4 Forest management measures section …………………………………………… (110)

    5.4.1 Summarization of forest management measures section ………………… (110)

    5.4.2 Division of forest management measures section ………………………… (110)

6 Forest inventory ……………………………………………………………………… (117)

  6.1 National continuous forest inventory …………………………………………… (117)

    6.1.1 Summarization of national continuous forest inventory ………………… (117)

    6.1.2 Inventory theory and sampling design …………………………………… (118)

    6.1.3 Inventory and statistics contents ………………………………………… (120)

    6.1.4 Double regression sampling survey ……………………………………… (130)

    6.1.5 Joint sampling estimation survey ………………………………………… (133)

  6.2 Forest management inventory …………………………………………………… (136)

    6.2.1 Summarization of forest management inventory ………………………… (136)

    6.2.2 Forestry productive conditions inventory ………………………………… (137)

    6.2.3 Subcompartment inventory ……………………………………………… (139)

    6.2.4 Forestry speciality inventory …………………………………………… (151)

  6.3 Operation design inventory ……………………………………………………… (157)

    6.3.1 Summarization of operation design inventory …………………………… (157)

    6.3.2 Types and contents of operation design inventory ……………………… (158)

    6.3.3 Methods of operation design inventory ………………………………… (158)

7 Forest yield regulation ……………………………………………………………… (163)

  7.1 Forest yield ……………………………………………………………………… (163)

    7.1.1 Concept and implications of forest yield ………………………………… (163)

    7.1.2 Procedures and principles for forest yield determination ……………… (164)

    7.1.3 Final felling yield ………………………………………………………… (165)

    7.1.4 Tending yield …………………………………………………………… (175)

    7.1.5 Supplement final felling yield …………………………………………… (177)

    7.1.6 Bamboo forest yield ……………………………………………………… (177)

  7.2 Methods of yield regulation ……………………………………………………… (179)

		7.2.1	Yield regulation of even-aged forest	(179)
		7.2.2	Yield regulation of uneven-aged forest	(186)
		7.2.3	Regulation of forest spacial structure	(201)

8 Forest resource valuation (203)

8.1 Forest land valuation (203)
- 8.1.1 Implications and role of forest land valuation (203)
- 8.1.2 Mehods of forest land valuation (205)
- 8.1.3 Case of forest land valuation (209)

8.2 Tree valuation (211)
- 8.2.1 Implications and role of tree valuation (211)
- 8.2.2 Methods of tree valuation (214)
- 8.2.3 Case of tree valuation (218)

8.3 Forest ecosystem service function valuation (221)
- 8.3.1 Implications and role of forest ecosystem service function valuation (221)
- 8.3.2 Water conservation function valuation (223)
- 8.3.3 Water and soil conservation function valuation (226)
- 8.3.4 Forest carbon sink function valuation (228)
- 8.3.5 Forest recreation function valuation (233)

9 Forest management plan (239)

9.1 Summarization of forest management plan (239)
- 9.1.1 Concept and goal of forest management plan (239)
- 9.1.2 Principles and basis of forest management program (240)
- 9.1.3 Period and rules of forest management compilation (242)
- 9.1.4 Property and status of forest management plan (243)

9.2 Forest management plan content (244)
- 9.2.1 Compilation department and procedures (244)
- 9.2.2 Depth and width of compilation (247)
- 9.2.3 Technical essential of compilation (248)
- 9.2.4 Methods of compilation (259)

9.3 Implementation, evaluation and revision of forest management plan (260)
- 9.3.1 Plan implementation and evaluation (260)
- 9.3.2 Plan regulation and revision (263)

9.4 Cases and analysis of forest management plan (264)
- 9.4.1 National forest management plan (264)
- 9.4.2 Collective forest management plan (267)
- 9.4.3 Concise forest management plan (271)

10 Forest management decision-making (273)

10.1 Linear programming and its application (273)

  10.1.1 Problems and mathematical models of linear programming ……………（273）
  10.1.2 Solutions of linear programming problems ………………………………（278）
  10.1.3 Linear programming applications in forest yield regulation ……………（290）
 10.2 Dynamic programming and its application ……………………………………（297）
  10.2.1 Problems and mathematical models of dynamic programming …………（298）
  10.2.2 Solution of dynamic programming problems ……………………………（300）
  10.2.3 Dynamic programming applications in forest yield regulation …………（304）

References ……………………………………………………………………………………（309）

1 绪论

林业是国民经济的重要组成部分，新中国成立以来，特别是21世纪以来，我国高度重视林业建设，颁布并3次修订了《中华人民共和国森林法》（以下简称《森林法》）及《中华人民共和国森林法实施条例》，采取一系列措施，着力提高森林质量，培育稳定、健康、优质、高效的森林生态系统，推动我国生态保护与林业建设进入快速发展时期，森林资源得到恢复和发展，取得了巨大成就。森林资源是人类生存不可或缺的自然资源，是建设生态文明和美丽中国的基本保障，具有重要的生态、经济和社会三大效益。生态文明建设的迫切要求给林业发展带来了一系列新机遇，赋予了林业新的内涵，也给森林经理学科带来了历史上最艰巨、最繁重的建设任务。

1.1 森林经理学概述

1.1.1 森林经理学的概念

森林经理学（forest management），源于德文（forsteinrichtung），日本译为森林经理，中文引自日本汉学，是对森林进行区划、调查、调整、分析、评价、规划设计和经营决策的总称。森林经理工作就是科学组织森林经营，合理安排林业生产，最大限度地发挥森林的生态、经济和社会效益，实现森林可持续经营。

比较系统和完善的森林经理理论出现在工业革命之后，作为一门学科最早产生于德国，到18世纪中期已经形成完整的体系，此后被许多国家学习引入。20世纪以后，学科理论呈现出多元化的发展趋势，到20世纪八九十年代，形成了以德国、瑞士、奥地利等国家为代表的恒续林（近自然）森林经营，以美国、加拿大等国家为代表的森林生态系统经营等主要的森林经营理论与技术，丰富了森林经理的内涵。20世纪90年代以后，森林可持续经营成为全球森林经理的总纲领，引导了森林经理理论与技术的发展，并实现新的目标。

1.1.2 森林经理学的目的

200多年来，森林永续利用一直作为森林经理学最重要的原则和目标。新中国成立后，我国也有"越采越多，越采越好，青山常在，永续利用"的提法。森林永续利用的概念是，在一定经营范围内能够不断提供经济建设和人民生活所需要的木材和林副产品，持续地发挥森林的生态效益、经济效益和社会效益，并在提高森林生产力的基础上，扩大森林的利用量。它主要包括如下含义：

①森林永续利用不仅包括木材、林副产品等有形产品的经济效益，尽管这在永续利用

启蒙和初始阶段是主要或唯一的目标，还包括了无形的社会效益和生态效益等各种有效特性。

②森林永续利用不是简单的再生产，而是扩大再生产。

③进行全面规划，合理利用林地资源，不断提高林地生产力和承载力，提高资源的数量与质量。

④永续利用是以营林为基础，不断地满足人们日益增长的需要。

30年来，随着森林可持续经营概念和理论日趋成熟，森林可持续经营成为森林经理学的总目标已经得到普遍共识。

1.1.3　森林经理学的内容和任务

森林经理学的内容包括原理和应用两个部分，无论是最初的森林永续利用，还是现在的森林可持续经营，它们都是森林经理学的目标、指导原则，也是实践过程，是森林经理学的主线，贯穿于森林经理学的全过程，也可以说，森林经理学是研究如何实现森林可持续经营的理论与技术的一门学科。原理部分主要是时间元素(森林成熟、主伐年龄)、空间元素(法正配置、理想结构)和时空结合(轮伐与收获)等，应用部分主要是森林区划、森林调查、编制森林经营方案，组织森林经营计划有序实施、修订等。森林经理学内容及实践过程如图1-1所示。

相比测树学、测量学、林业遥感、森林培育学、森林生态学、林木遗传育种、森林保护等林学其他专业课程，森林经理学是一门相对综合性的学科，涉及面广，仅就编制森林经营方案来说，它关系到采伐、营林、多种经营、综合利用、资金预算等多方面问题，有时不仅从自然科学方面去探索，还会涉及经济学、社会学，林业规划设计又会用到系统工程、运筹学等一些软科学的相关知识。追溯其源，森林经理学曾有过森林调查规划、森林经营学、森林经营管理、森林资源经营管理、森林会计等名称，甚至曾有人认为森林经理学是属于经济学、管理学范畴的课程，这些名称的变化对森林经理学的发展产生过许多影响，但都不影响森林经理学的核心知识内容，也没有改变森林经理学内容以微观为主、宏观为辅的特点。

森林经理学的任务主要包括：

(1) 森林资源区划和调查

森林资源地域辽阔，种类繁多，生命周期长，且不断地发生变化，经营管理好森林，必须了解森林，首先要做的工作就是森林资源的区划和调查。

森林区划是将一定地域空间[国家、省、县、乡(镇)、村、林场等]内的森林资源，按照自然、林学、经济等方面的特性划分成面积大小不同的单位，便于经营，使之产生高的效益。

森林资源调查是根据行政单位(国家、省、县)和森林资源企事业(林业局、林场、公司等)对象，使用不同的调查方法，对森林进行数量、质量、结构和功能等方面的调查。

森林资源区划和调查是经营管理森林资源最重要的基础工作之一。在我国，森林资源的区划类型主要有两种：林业区划和森林区划。林业区划是对大地域(县以上)、中期和长期的林业生产、经营管理等内容进行的方向性的区划；森林区划是在县以下的林业企业和

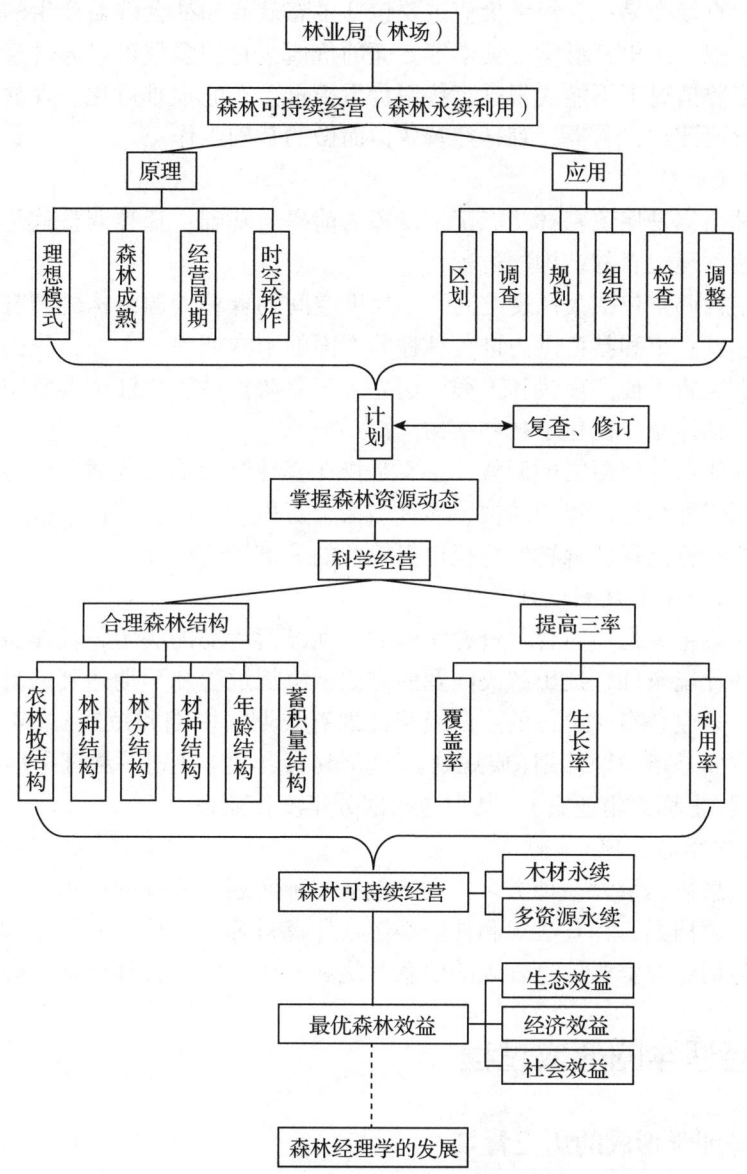

图 1-1 森林经理学内容及实践过程

事业单位内，根据生产、经营、管理和效益目标等的需要，将林业土地划分成面积大小不同的单位。森林区划的多数单位是永久性的（如林业局、林场和林班的区划）；少数是可以改变的[如小班和细班（细班比较少用）]。根据调查的范围、对象和内容的不同，森林资源调查可分为3种：全国和省、企事业单位和县级、生产作业的调查。

（2）森林资源与效益评价

森林资源与效益评价主要包括林地资源、林木资源和森林生态效益评价。

各种森林资源对人类都有价值，其价值主要分为两类：经济价值和非经济价值。经济价值是将森林资源作为商品在市场上进行交易时产生的价值，它易于用货币衡量，并可量化，可在市场中直接交易；非经济价值主要包括生态效益和社会效益产生的价值，主要有环境、文化、景观、历史、科学、美学等方面的价值，它们多数可以通过某种方式转换为货币表示，但多数情况下不能或很难直接用货币衡量，有的很难量化。森林评价就是对森林的效益进行价值评估，为提高森林经营效益而做的基础工作。

(3) 森林收获调整

理想的森林结构是保证森林功能正常发挥的前提与基础，森林调整就是通过各种森林经营利用措施达到理想森林结构的过程。

森林资源结构调整包括大尺度空间和小尺度空间的森林资源结构的调整。大尺度空间主要是在国家、省、市和县范围内进行林种等方面的结构调整。例如，我国几十年来在林种结构的调整上实施了许多项目和工程，建立了三北防护林、长江中上游防护林、农田防护林等大型防护林体系，优化了林种结构。

小尺度空间的森林资源结构调整，主要是指在森林经营单位或林分生态系统内的资源结构调整，包括树种结构、年龄结构、径级结构、蓄积量结构、直径结构和树高结构等方面的调整，这些调整是保证森林经营获得高效益的关键经营措施。

(4) 森林经营决策和规划设计

森林经营决策主要是指对森林资源实施的某项经营活动的决定，具体做法是：企事业单位根据现有的环境条件，提出解决问题的方法、决策过程和预期达到的目标，论证决策方案的合理性。林业企事业单位的生产经营计划有长期、中期和短期(或年度)计划之分。生产经营计划主要是指中期计划(或规划)和短期(或年度)计划。制订中期计划主要是编制森林经营方案(也称为施业案)，其中包括部分年度作业设计。

(5) 森林资源信息管理

森林资源信息数据量大、种类多，主要包括各种区划、调查的成果，各种经营措施实施资料，森林资源档案，林政法规和社会经济条件资料等。森林资源信息管理除了管理这些信息外，还包括建立资源信息管理的信息系统和方法，以及森林经营分析系统。

1.2 森林经理学的形成过程

1.2.1 森林经理学形成的历史背景

在资本主义出现以前，特别是在封建自然经济的条件下，林业生产过程一般多在农业的范畴内。随着农业革命、商业革命以及工业革命(产业革命)等的出现，尤其是工业革命之后，资本主义迅速发展，人口重新分配，城市兴起，加上运输革命、航运发达、木材需求不断增加，木材贸易已不限于城市，因此，森林遭到迅速破坏。据埃·普里斯特尔(E. Priester)的《奥地利简史》记载，19世纪前半期的奥地利经济史可以说是"木材与煤的斗争史"，而这一斗争在当时是以木材胜利而结束的。直到19世纪50年代初，最重要的工业部门如玻璃、制盐、纺织，尤其是铁路运输的机车和冶金仍以木炭和木材为燃料，这是因为当时贵族占据着还未开采的并需大量投资方能开采的煤炭矿藏，相比之下，木材燃料的获取不需要那么多的资金和劳力。在北美洲，尽管开发较晚但情况也是如此。据唐纳德·克赖顿的《加拿大近百年史》记载，"60年前首先把木材商人吸引到渥太华河上游来定居的那一片片广袤的大松林，仍然巍然隐现在为了开发森林而建立的殖民居留地的外边……森林创造了渥太华，它给木材大王、锯木厂主带来了利润，给伐木工人、筏运工人带来了工作，也给那些为他们服务的转口商和商贩带来了好处。森林使城市兴起，但城市却慢慢地、残酷地吞噬着森林。这种不停地、野蛮地对松林猛烈进攻的现象，在居留地周围随处可见。"

工业革命之后，欧洲许多国家由于工业、交通运输业发展，木材需求量大增，木材生产已从封建地域性的自然经济时代进入了资本主义商品经济时代。由于木材需求量增加，开始出现了木材短缺。在这种情况下，木材生产必然要控制产量，调整采伐方式，保护森林，以便森林能够连续不断地生产木材和其他林产品来满足人类社会发展需要，由此便产生了永续利用的概念，即以不减少森林蓄积量为前提的林产品供给，这也标志着森林经理的开端；同时，人们还提出了保障资本主义长期货币利润的理论和措施。在这种历史条件下，需要一门学科为能够长期不断地产出木材商品创造条件，这便产生了森林经理学，资本主义国家森林经理学的体系才逐步形成。

18世纪后半叶，德国开始形成完整的森林经理学。此前，由于德国在政治上和经济上还比较落后，工业革命也比英国较晚。其林业虽比其他国家发达，但限于小规模的自给经济。19世纪七八十年代，德国完成了工业革命，实现了由农业国向工业国的转变，由于针叶树商品材需求增加而出现了木材短缺，林业生产逐步由自给自足转向追求货币利润发展，而要保证持续的利润，就需要在采伐利用上保证森林永续利用。森林经理学当时的主要内容就是研究从时间及空间上组织永续收获的理论和方法，并由最初作为财政学的一个分支逐渐发展成为具有完整内容体系的独立学科。

1.2.2 森林经理学的必要性

柯塔（Cotta）在他的《造林指导》（1816）一书的序言中这样说："有人认为，以前我们没有进行森林经营，但有足够的木材；而现在我们进行了森林经营，反而缺乏木材了。持这种观点的人就相当于说：'那些不需要医生的人比那些需要医生的人更健康'。但这并不意味着医生要为这些疾病负责。而实际上，如果没有疾病，就不会有医生；同样，如果没有木材供应不足，就不会有森林经营科学的产生，这是社会需求的产物，因此，我们应该这样说：'因为我们缺少木材，所以便有了森林经营科学'。"森林经理学是为了缓解或解决木材供给和需求之间的矛盾而产生的，就当代而言，还要缓解和解决社会对森林生态效益、社会效益的需求与其供给量之间的矛盾，以及权衡木材生产、生态效益和社会效益。也就是说，只有通过发展森林经理学，对森林进行经营，提高森林质量，才能够解决这些矛盾和需求。

1.2.3 森林经理学的发展阶段

在人类和全球森林的兴衰过程中，利用森林获取木材的努力一直很重要。我们与森林和木材的关系密不可分地交织在我们赖以生存的自然世界中。在很大程度上，用于木材生产的森林资源状况关系着政治、经济的发展。随着开发、扩张和征服的进程达到极限，原始森林越来越少，才开始有对剩余森林的经营和树木的培育来缓解这一问题的行动。考虑到这一广泛的变化过程，因此有必要对木材和森林的全球环境变迁史进行介绍。人类对森林的经营和管理的历史大致可以划分为4个时期：萌芽时期、木材利用时期、森林多效益利用时期、林业可持续发展时期。

1.2.3.1　萌芽时期（18世纪中期以前）

关于森林经理工作的记载可以追溯到2000多年以前。《孟子》中写道："斧斤以时入山林，材木不可胜用也。"意思是在适当的季节和适当的林木年龄时采伐，其收获是连续的，用不完的。这是关于自然资源采伐时间安排的论述。6世纪的《齐民要术》（北魏·贾思勰）中，针对杨树经营提出："一亩三垅，一垅七百二十株；一株两根，一亩四千三百二十株。三年，中为蚕樀；五年，任为屋椽；十年，堪为栋梁。以蚕樀为率，一根五钱，一亩岁收二万一千六百文。柴及栋梁，橡柱在外。岁种三十亩，三年九十亩；一年卖三十亩，得钱六十四万八千文。周而复始，永世无穷……"这就已经包含规划设计的思想了。在德国、法国、日本等国家先后也出现了类似的森林经营规划思想和做法，如14世纪，德国埃尔福特（Erfort）市对市有林开展的中林作业中，采用简单区划轮伐法（即面积配分法），按轮伐期年数把森林区划为许多块面积相等的年伐区，每年采伐一块；16世纪，法国皇室林按面积区划的方法进行收获调整；17~19世纪[日本德川（江户）时代]，日本的番山制度等。在17世纪40年代（中国明朝崇祯年间），我国江西省遂川县（当时为龙泉县）就出现了较为完备的用于木材计量和计价的方法——龙泉码价，且一直以来在我国南方杉木木材交易中普遍使用，并一直延续至新中国成立初期。这些森林经理学思想、方法的雏形因人们对木材利用的需求而产生，但又因当时的自然资源供给量远大于需求量，自然资源的承载力能够满足人们的生存需求，人与自然环境的矛盾并未激化，而使得这些思想在以后的很长一段时间内始终处于萌芽状态，没有得到发展。

现代的森林经理学理论与技术最早在德国出现，包括森林经营思想、森林计测技术、收获调整技术等。17世纪初期，欧洲开始出现木材短缺的问题，很多国家开始从海外获取木材，如英国、法国。但到了18世纪，木材短缺问题日趋严重，使得欧洲各国不得不探索本国森林资源的经营之道。在经营思想方面，1713年，德国的汉里希·冯·卡洛维茨（Hans Carl von Carlowitz）首次提出了人工造林和永续利用的思想，并系统地介绍了针对采伐迹地和荒山荒地造林的播种、育苗、整地、栽种、抚育等技术措施，提出了"持续采伐""不断收获"等概念。在森林计测技术方面，18世纪中叶，德国林业经济学家约翰·戈特利布·贝克曼（Johann Gottlieb Beckmann）提出了林分蓄积量测定的思路，类似于现代广泛应用的标准木法（Bernhardt，1875），随后卡尔·克里斯托弗·奥特尔（Carl Christoph Oettelt）等进一步发展，并首次系统地介绍了立木测量、材积测算、制图和编制森林经营方案的技术和方法。这一时期也是收获调整技术的形成时期，包括早期的面积配分法和贝克曼（J. G. Beckmann）、亨纳特（C. W. Henert）、胡夫纳格尔（L. Hufnagel）、格里布（C. Grebe）等创立的材积配分法，以及其他简单数式法等收获调整形式。

1.2.3.2　木材利用时期（1750—1860年）

工业革命后，欧洲的生产能力和人口急剧增长，对自然资源的消耗也以前所未有的速度增长。森林资源作为重要能源和建筑材料，其消耗首当其冲，很快就出现了供不应求的局面。在德国，天然森林也同样遭到大肆砍伐，出现了森林资源危机，致使人们的生活受到影响，人们开始系统地研究森林经营的理论、技术和方法，并形成了较为完整的森林经理学理论技术体系。早在1811年，安德烈(Andre)就把奥地利的森林评价标准引进森林经理中；1826年，洪德斯哈根(Hundeshagen)为了打破过去传统的财政学式的林学传统，在试图建立林业科学体系的同时，创立了以森林经理理论为目标的法正林概念，从而使森林经理从实践向科学发展，最终形成理论。1840年，哈耶(C. Heyer)根据洪德斯哈根的法正林概念，采用柯塔的观点作为法正条件的补充，并把它作为永续利用的中心原理，形成了现在的森林经理体系。

(1) 经营思想

在这一时期，"森林永续利用"是大多数学者所推崇的且影响着各个政府决策的主导思想。1795年，哈尔蒂希(G. L. Hartig)发表了关于森林永续利用思想论述，"森林经营管理应该有这样调节的森林采伐量，以至世世代代从森林得到好处，至少有我们这一代这样多"。1811年，哈尔蒂希出任德国林业局局长，提出了"木材培育"的概念，并主张大力营造人工针叶纯林。到19世纪中叶，德国许多天然阔叶林都变为人工针叶纯林。1826年，德国林学家洪德斯哈根创立了法正林学说，形成了完整的森林永续利用理论。此后，森林永续利用理论和法正林模式一直是欧洲乃至世界其他国家和地区主导的森林经营思想和模式，长期指导着世界各国森林经营实践。这一针对同龄林经营的永续利用理论的出现与完善，标志着在经营类型(或作业级)水平上木材永续利用思想的成熟。

尽管如此，对森林永续利用理论指导下的大面积人工林培育模式所导致的地力衰退、多样性低、稳定性差、病虫害加剧等危害的遣责和批判，也一直伴随着它的发展。柯塔(1816)、柯尼西(König, 1820)和利尔(Riehl, 1833)认为，德国将健康和永续的天然阔叶林变为人工针叶纯林是目光短浅的，将会带来灾害，失去森林应有的优良特征，而且还提出了应尊重原有森林类型、营造针阔混交林的主张。但乔林皆伐作业模式根深蒂固，这些主张并没有被政府和大多数学者所接受，反而遭到怀疑和批判。

(2) 森林经理学的理论技术体系

在这一时期，伴随着森林永续利用思想和法正林模式的提出，森林经理学的技术和方法也得到了很好的发展，主要体现在收获调整技术和森林计测技术。

在收获调整技术方面，先后出现了针对同龄林作业的材积平分法、面积平分法、龄级法、林分经济法等。1795年，哈尔蒂希在配分法的基础上首先提出材积平分法。1804年，柯塔又进一步提出面积平分法及折衷平分法。最后由洪德斯哈根作为一种收获调整法而命名为平分法，其特点是把轮伐期均分为若干个分期，故又称为分期法，经理期就是分期。每个分期收获相等，由执行者以各分期的标准年伐量为基础，决定每年从森林中收获多少，把实行永续收获的组织者也包括了进来。这类方法在森林经理学的发展过程中最为著名，其影响也很大。在19世纪开始后的一个多世纪，平分法对德国、法国等欧洲国家的林业发展产生了划时代的推动作用。瓦格纳(C. Wagner)曾讲，当时德国的森林也可以叫作平分法林。后来，瓦格纳及吕思(Raess)提出的价值平分法也属此类。

平分法的实质是将整个轮伐期划分为若干分期，按分期确定年伐量，且各分期采伐地点固定不变，在实践中不易执行，随后又出现了龄级法。龄级法是在法正林思想指导下，在作业级内按龄级高低顺序，将最近应采伐的老龄林分编入施业期(经理期)内(而不是整个轮伐期)以控制其年伐量。采伐面积的大小根据法正龄级分配与现实龄级分配差异加以调整。这种方法着眼于龄级结构与实现永续利用的关系，抓住了要害，又比较现实、灵活，因而在同龄林经营中得到广泛应用。龄级法最初由柯塔提出，尤代希(F. Judeich)加以命名，施特策尔(Soëetzer)把它叫作限制平分法或不完全平分法，进入20世纪后发展成为各种形式相结合的龄级法，包括法正蓄积法等。龄级法在森林经理发展过程中具有重要地位。1949年后，我国开展森林经理编制的施业案基本上是按照龄级法。

19世纪后半叶，随着资本主义的发展，林业也越来越重视经济收益，1871年，尤代希又在龄级法的基础上改进，提出以林分的经济收益最大化为原则来组织森林采伐的林分经济法。它确定采伐时间的想法与净现值(NPV)是相同的，认为采伐迹地能及时人工造林的话，森林经营就可以永续。当时在实践中原封不动地照搬林分经济法的例子虽然不多，但是附加了这种思想的经营方式却在各地被广泛推行(《森林经理学》，井上由扶著，陆兆苏译，1982)。

在森林计测技术方面，这一时期，森林测定方法开始作为一门科学被广泛地研究，并提出了许多理论和方法。在欧洲出现了求原木材积的平均断面求积式(H. L. Smalian, 1806)和中央断面求积式(Huber, 1825)。这些求积式一直沿用到现在，并被世界各国所采用。另外，在这一时期也出现了一些经验性的木材测定方法，如普雷斯勒发表了用于测定立木材积的望高法(Pressler, 1855)，虽然这些方法还没有形成系统完整的体系，但为后来测树学发展成一门独立的科学奠定了基础。

1.2.3.3　森林多效益利用时期(1860—1980年)

(1)森林经营理论与模式

①森林多效益永续利用理论　从19世纪中后期开始，批评单纯木材生产的呼声日益高涨，尤其在欧洲林业发达国家的国有林的经营管理中更为激烈。哈根(Hargen, 1867)曾指出，国有林有为公众利益服务的义务，对国有林经营必须兼顾持久地满足木材生产和其他林产品及服务的需要。他还认为，国有林应作为全民族的财产，不仅为当代人提供尽可能多的成果，以满足人们对林产品和森林防护效益的需求，还要保证将来也能提供至少是相等甚至更多的效益量。这就是森林多种效益永续理论的早期思想，实质上也包含了森林可持续经营的基本思想内涵。

1905年，恩特雷斯(Endres)认为森林生产不仅仅是经济利益，"对于森林的福利效益可理解为森林对气候、水和土壤，对防止自然灾害以及在卫生、伦理等方面对人类健康所施加的影响"。1948年，蒂特利希(Dieterich)进一步阐述了森林多种效益的永续经营与木材永续经营的差别，指出多种效益永续利用不仅仅是追求永续的木材产量、货币收入，还应包括对林副产品的利用，并涉及森林的各种效益。后来，柯斯特勒尔(Kostler, 1955, 1967)在谈到永续利用的条件时指出，"永续性只有在生物健康的森林里才能得到保证，因此必须进行森林生物群落的核查"。1982年，普罗彻曼(Plochmann)也指出，"永续性的出发点不应该仅仅是森林所生产的多种多样的物质、产量和效益，而应该是保持发挥森林系统效益的持续性、稳定性和平衡性"。这些思想已将森林永续利用与森林生态系统的稳定、健康紧密联系在一起。在1960年主题为"森林多功能作用"的第5届世界林业大会后，森林多种效益经营已经被大多数人接受，之后的争论在于如何发挥多功能。

②森林多效益主导利用理论和分类经营(林业分工论)　森林多效益永续利用理论将森林多种效益视为同等重要，并进行森林多效益多目标(一体化)经营。然而，20世纪70年代后，美国林业经济学家克劳森(M. Claussen)、塞乔(R. Seijo)和海蒂(W. Heidi)等对这种思想发出了挑战，认为这种思想是森林发挥最佳经济效益的枷锁，大大限制了森林的生物学潜力，并且认为未来森林经营将朝着各种功能不同的专用森林方向发展，而不是走向森林多效益一体化，提出"森林多效益主导利用"经营指导思想，进而创造性地提出了"林业分工论"。法国林学家马丁(B. Martin)等也认为，应该从传统林业的桎梏中解脱出来，建立一个专门培育木材的企业，在面积不大，但立地条件优越、交通方便的林地，采用科学的营林方法，营造速生丰产林，追求木材高产、高效和高利润，而让其他类型的森林充分发挥其生态效益和社会效益。

世界各国纷纷响应这种新的思想。法国、新西兰、澳大利亚、苏联、日本、中国、加拿大等国家对森林多效益主导利用经营模式开展了探索和实践。法国自1978年起，将国有林划分为木材培育林、公益林和多功能林"三大模块"施行分类经营。新西兰自20世纪80年代以来，森林经营思想从森林多效益经营向森林多效益主导利用经营思想转变，将人工林划分为商业性林(90年代后私有化)，承担木材生产任务，而将天然林划分为非商业性林(90年代后国有化)，发挥生态效益和社会效益。苏联将森林划分为三大类，即保护林——发挥水源涵养、生态防护、卫生保健、文化古迹保护等功能，以及自然保护区、国家公园、自然公园和森林公园内的森林；少林区森林——分布于人口稠密、交通便利及少林地区的发挥防护功能为主兼顾其他功能的森林；多林区森林——分布于多林地区以生产木材为主兼顾其他效益的森林。日本自1990年8月以法令的形式将国有林划分为国土保全林、自然维持林、森林空间利用林和木材生产林。中国自20世纪80年代开始开展理论研究，1999年将原有的五大林种归类为公益林和商品林两类，开始实行林业分类经营。2016年后分为三类，即严格保育的公益林、多功能经营的兼用林和集约经营的商品林。

(2) 森林经营决策支持

为了预测不同情景下的森林发育过程，优化技术开始被引入森林经营规划中，其中代表性的是线性规划，于20世纪60年代首次应用，但在这个时期，只有少数几项线性规划的最优解被付诸实施。随着计算机的发展，人们逐步开始了自动化数据处理在林业上的早期应用。美国开始使用计算机对私有林或全国范围的国有林区的连续清查资料进行数据统计处理、森林结构分析，使数学规划技术的应用范围不断扩大。60年代后期开始了更大范围的应用，诸如计算机化的森林经理计划体系MAX-MILLION、森林资源分配法Timber-RAM和资源能力体系模型RSC等计算机模型。MAX-MILLION模型可以产生包含50种待选方案的一组采伐策略，这些方案列出了在计划周期内可能的交错采伐时间序列，最后通过分析给出一个确定各采伐单元采伐量的最佳策略，这个策略在满足指定的定期采伐量限制和更新面积的约束之下，使整个计划期内的现金收益加上计划期末林分蓄积量的价值最大；Timber-RAM模型规划的周期一般比较长，它是在指定的分期内进行森林调整，在规划的后期将按照标准的森林经营方案组织经营森林，旨在经理期内将经营方案目标函数调整到最大，它基于完全调整林思想，并在当时普遍应用于美国加利福尼亚州国有林的采伐规划的制订；模型 RSC 是一个大的计算机程序系统，它包括一个线性规划程序群作为它的一个子系统，试图将多种资源对不同经营控制的反应制成模型，而其最优化是使包含所有资源输出量的一个线性函数达到最大，体现了多种资源综合经营的思想。这些模型适用于森林结构调整、森林采运计划、木材采购、工厂管理、产品分配、森林调整控制及土地利用规划等方面，并且在不同程度上取得了成功。1970 年以来，数学规划在林业中的应用发展很快，陆续研制出许多在数学规划基础上形成的新模型，如完成了以线性规划为基础的森林计划模型 FORPLAN、林木资源分析系统模型 TRAS。不少国家和地区同时应用线性规划于森林经营和土地利用规划。一些大的私人联合企业也已经广泛地应用线性规划模型，并将其贯穿于企业计划、经营、管理的全过程。

(3) 森林生长收获模型

自 18 世纪末在欧洲诞生第一个收获表以来，森林生长收获模型距今已经有 200 多年的历史。早期的收获表是基于估算或有限测量数据编制的用于预估纯林收获量的经验数表，被认为是林业科学和森林管理中最古老的模型。它是以表格的形式按照一定的时间间隔(如 5 年)列示重要林分水平参数(株数、平均高、平均直径、断面积、形数、总生长量、总收获量和连年生长量)。19 世纪末，发展了第一个基于长期观测数据的标准收获表。20 世纪六七十年代，陆续出现了基于计算机技术的收获模型和基于林分模拟器的收获表，这一代模型已成为可持续批量生产的决定性信息基础。

1.2.3.4 林业可持续发展时期(20 世纪 80 年代至今)

(1) 森林经营思想理论与模式的发展

随着对传统的木材永续利用思想的质疑和反对，基于森林的完整性、森林生态系统健康的森林经营思想不断涌现。20 世纪 80 年代，德国农业部将近自然经营理论确定为国家林业发展的基本原则；20 世纪 90 年代，美国以生态系统经营为标志走向森林多功能经营；1992 年，联合国环境与发展大会提出并全球共识的森林可持续经营思想。

①恒续林思想和近自然林业理论　早在 18 世纪初，德国森林永续经营理论的创始人卡洛维茨就提出了"顺应自然"的林业思想。1859 年，普雷斯勒倡导"土地纯收益"学说造成了严重后果，反过来又推动育林在生态基础上进行，这被认为是"近自然林业"发展的起点。1880 年，德国林学家盖耶(Gayer)在其《造林学》中第一次提出了"接近自然的林业"，认为森林生态系统的多样性是"一个在永恒的组合中互栖共生的诸生命因子的必然结果。"1898 年，盖耶较为正式地提出"近自然林业"理论，并将这一理论用于德国残存天然林的人工促进更新上。缪拉(Möller)接受了盖耶的思想，进一步发展形成了新的"永续林"理论，并将这一理论推向世界。此后长达 100 多年的时间里，人工林结构不稳定的问题始终困扰着中欧各国，所以"接近自然的林业"一直是德国林业理论研究的重要对象。1924 年，克鲁茨施(Krutzsch)针对用材林的经营方式，提出了"接近自然"的用材林；1950 年，他又与魏克(Weike)一起，结合恒续林理论，提出了"接近自然"的森林经营思想。至此，"近自然的森林经营理论"雏形与框架才基本形成。"近自然的森林经营理论"是基于恒续林(continous cover forest，CCF)的思想发展起来的。至今，该理论已基本完善，并在欧洲各国得到应用与实践。例如，1995 年，加菲特(Garfit)出版《森林自然管理——恒续林》和马克约克(Markyorke)出版《恒续林育林系统在英国》，尤其是 1998 年克劳斯·冯·加多

(Klaus von Gadow)出版《可持续森林管理》,将"近自然的森林经营理论"纳入可持续林业体系,使"近自然的森林经营理论"体系日臻完善。

②"新林业"与生态系统经营理论　20世纪20年代,美国林学家及野生动物学家、土地伦理学的创立者利奥波德(Leopold)就认为,应该把土地作为一个"完整有机体"来管理,并保持其所有的组分协调有序。20世纪70年代,"生态系统经营"一词开始出现在环境保护组织的出版物中,当时的生态系统经营仅局限于单纯的环境保护。1985年,富兰克林(J. F. Franklin)提出"新林业"(new forest)思想,即森林的生产、保护和游憩功能不会自然、均衡地出现,需要转变为多目标经营的新林业。1993年1月,美国林学会倡导学会致力于生态系统经营研究与实践;同年4月,美国政府宣布了美国西北部及北加利福尼亚国有林区以生态系统经营为核心的森林计划,打破了数年之久的在该地区关于木材生产与保护之争的僵局。

③森林可持续经营理论　第二次世界大战后,人口的增加和随之而来的环境破坏问题引起了世界许多地区人们的担忧,走更加可持续的发展道路逐渐成为世界各国的共识。1987年,联合国世界环境与发展大会发布《我们共同的未来》报告,正式将可持续发展定义为"在不损害子孙后代满足自身需求能力的前提下,满足当前需求的发展"。1992年,世界环境与发展大会首次在全球范围讨论了这些问题,会议通过了《21世纪可持续发展议程》《关于森林问题的原则声明》等文件,标志着森林可持续经营成为全球共识。有关森林可持续经营理论的论述详见第2章。

森林经理指导思想的变化体现了人类认识和对待森林的观念由"利用"向"经营"的转变,以及森林经营目标由单一的木材收获向多种功能的转变。这种转变使得传统的收获调整、森林资源经营规划技术和作业法已经无法满足或适应森林可持续经营思想指导下的森林多功能经营。实际上,"近自然森林经营"和"生态系统经营"不仅仅是思想理论,也是现代林业代表性的两种森林经营模式体系。

(2)森林经营决策支持

20世纪80年代后,随着计算机技术的广泛开发应用,各类型的森林经理计算机模型层出不穷。一些国家还研发了基于阶段模拟的模拟器,用于对不同的采伐方案进行假设性对比分析,由决策者确定最佳方案。例如,瑞典的HUGIN和挪威的AVVIRK。

可持续发展的概念提出后,森林可持续经营逐渐被人们接受而成为公认的森林经营准则,森林多种效益的权衡成为林业工作者关注的焦点。森林经营规划与决策中,以单一效益为目标的线性规划技术已不能满足需要,甚至制约了森林多种效益的发挥。例如,莱纳德(Lenard,1981)认为,如果森林经营规划中取消那些根据线性规划过程而确定的限制措施,森林可能会得到更有效的经营,国家也将收获更多生态效益(未利用林、荒野、不需开发的森林)和木材收益。为了适应这一变化,解决森林多效益、多目标的权衡问题,森林经营决策过程需要更大的灵活性。因此,多目标(多准则)决策方法被应用于林业决策过程中。

实际上,没有任何一种优化方法可以客观地在规划中表达不同经营目标之间的平衡关系。多目标(多准则)决策方法的本质是对一些由主观设定的、用来评价森林不同效益且可能相互矛盾的目标采用人为设定的权重进行权衡,并找到最佳方案的过程。例如,多属性效用理论(Multi-attribute Utility Theory，MAUT)和层次分析法(Analytical Hierarchy Process，AHP)，这些方法中考虑了木材生产目标、生物多样性目标和可持续性目标等。

1.3 森林经理学的发展趋势

1.3.1 森林经营理论与技术

如今，森林经理工作以森林可持续经营为准则，利用自然与人工合力，建立健康、稳定、高效的森林生态系统，实现森林供给、服务、支持和调节功能最大化，面临着全球气候变化的挑战，向多功能适应性经营方向发展。

经营基础强调全周期性，应对全球气候变化的适应性森林经营技术、混交异龄林经营技术、智能化森林生长收获预估和规划技术等都是未来发展的重点技术。

森林多种效益、多种功能之间权衡关系的确定以及保障森林持续供应这些效益或功能的经营模式，将是未来森林经理学所要解决的核心问题。森林多功能理论自20世纪60年代在德国被提出以来，逐渐被美国、瑞典、奥地利、日本、中国、印度等许多国家接受并推行，也被认为是实现森林可持续经营的必经之路；然而，在不同的时间或空间，人们对森林的某一功能的需求程度不同，即存在一种或多种主导功能。因此，因林施策、分类指导的分类经营思想为森林多种功能的发挥提供了一种最有效的组织途径，也是现今很多林业发达国家在宏观(国家、区域等)尺度上进行林业战略规划的组织方式，如美国、法国、新西兰、泰国、澳大利亚、中国等。

从森林的多种效益、多种功能被人类认识开始，其多种效益之间的协调关系及利用原则就一直是森林经理学中讨论的主题，是多种效益综合利用还是主导利用，是森林多功能经营还是分类经营，最终形成较为一致的观点是：二者不是对立的，而应该是统一的、相辅相成的。森林多功能经营和分类经营将为未来世界各国开展森林可持续经营提供思想和理论指导。

关于分类经营的具体模式，各国存在差异。有的国家将森林划分为两类，如新西兰、澳大利亚、美国等。虽然二类林的叫法上在不同的国家有差异，但其含义基本一致，即一类是以生产木材为主导功能的商业性林(如新西兰、泰国)或生产性林(如澳大利亚、瑞典、美国)，另一类是以满足生态保护和社会服务需求为目的的非商业性林(如新西兰)、非生产性林(如澳大利亚)、社会林(如瑞典)或公益林(如泰国)。有的国家将森林划分为三类，如法国、加拿大、中国等。不同国家对三类林的具体划分方式不尽相同，但基本上都是在生产性林和非生产性林的基础上增加一个中间类型或特殊类型，例如，法国将森林分为木材培育林、公益森林和多功能森林(中间型)，中国在《全国森林经营规划(2016—2050)》中将森林分为严格保育的公益林、多功能经营的兼用林(中间型)和集约经营的商品林(国家林业局，2016)。日本在2004年完成国有林野事业改革后，将国有林划分为水土保持林、森林与人共生林和资源循环利用林。也有的国家将森林划分为多类(三类以上)，如马来西亚、奥地利等。

世界林业正在由传统林业技术向现代林业技术转变，森林经营技术模式也必然要转向现代森林经营技术的方向，其标志之一就是把森林看成一个同时发挥各种功能的整体来开展经营,而不是将森林切割成各自发挥某种功能的区域。国际上最具代表性的森林经营技术模式包括以德国为代表的近自然经营(close-to-nature forest management)模式和以美国、加拿大为代表的生态系统经营(ecosystem management)模式。

1.3.2 森林资源监测

森林资源调查目标已由传统的林木资源调查向森林多资源调查方向转变和发展,森林资源调查内容和信息的增加、变化(如生物多样性的调查、森林中病虫害发生分布调查、非木质资源调查和景观资源的调查等)及森林多资源的分布要求在传统方法基础上研究新的理论和技术(如各种抽样方案配合不同估计方法的森林资源调查方案制订,不同抽样方法的模拟软件研制和开发,各种方案的适应性、精度和效率的验证,各种抽样方法之间结合的效率及合理性评价,地面抽样技术与"3S"技术的结合和协作机制等),还要不断地进行探究。国家森林资源清查体系如何由定期调查转向年度调查,也是一个重要方向。在森林资源地面调查方面,研究重点为调查指标的充实和完善、调查效率和调查精度的提高,包括建立适应森林资源与生态环境综合监测评价需求、含有森林属性特征因子和生态环境因子的调查指标体系,林分调查因子的精准测量方法等;在森林资源遥感调查方面,未来的研究重点在提高遥感森林分类精度和调查因子获取方面,如遥感图像数字化处理及测量技术、多源遥感(光学、激光雷达、高光谱、多角度遥感等)森林资源信息的采集、基于新型遥感和机制模型的区域森林资源综合信息提取等,特别是高分卫星、无人机等信息采集以及激光雷达等新型数据源与多数据源的综合应用成为研究热点,应用领域涵盖林木空间格局、竞争关系和森林调查因子估计等方面。

未来森林资源监测研究的重点为监测体系优化、年度监测以及提高监测效率和精度等方面,包括研究建立监测内容全面、适应不同层次的监测体系,实现全国森林资源"一体化"监测;研究森林资源年度监测的方法和技术,实现森林资源年度出数;研究利用多源遥感、地理信息系统(GIS)、野外数据采集技术、激光和超声波探测技术、物联网、大数据、人工智能、虚拟现实和可视化、网络与通信等现代新技术,提高森林资源监测效率与监测精度。

基于卫星和航空遥感、无人机激光雷达等新型数据源的林业应用,多源数据的融合处理,信息综合处理和优化算法,信息监测体系的整合等基础理论和方法是森林资源监测新的研究趋势。同时,基于新型遥感和机制模型的区域森林资源综合信息提取技术,基于遥感数据和地面精细调查数据的森林资源预估、监测及反演技术,基于多源、多时相、多分辨率森林资源及灾害等监测,大尺度高精度森林资源监测体系及数据库的设计与建设等也逐渐成为支撑森林资源监测领域发展的前沿技术。

1.3.3 森林经营规划与决策支持

决策是经营计划的核心,这里的计划包括规定的经营活动、时间安排和控制措施,旨在实现森林经营目标。目前,森林经营规划中最为流行的优化决策方法仍是线性规划,它在解决单一目标问题时是很实用的。例如,对以木材生产或水源涵养等单一功能为经营目标的森林进行经营规划。

人们长期以来一直在研究和应用优化技术，但绝大多数是关于线性规划及其衍生方法的，事实上，线性规划因具局限性，很难解决多目标优化、空间安排等问题。这些问题往往需要功能性响应模型，将经营活动的时间和地点，与森林的结构状态及其变化和森林经营目标联系起来。

可持续性是当今森林经营领域的核心概念，可持续性的评价标准十分复杂，从木材生产的可持续性，到森林多种功能的可持续性，再到生态系统健康的可持续性。用于评价可持续性的指标也是复杂的，其中有些有明确的量化标准(如木材产量、评价林分结构的一些指标)，有些则没有(如衡量生态保护功能、社会服务功能等的指标)。可持续性的评价标准和难以量化的生态指标、生态系统健康指标、可持续性指标等的量化问题，长期以来一直是森林经营规划研究领域中公认的问题，而气候变化、林业碳汇潜力等又使这一问题变得更加复杂，如何将这些可量化指标和非可量化指标整合到兼容性的优化系统中，是未来森林经营规划决策支持技术发展面临的挑战。因此，以下几个方面将是未来的发展方向。

(1) 多目标优化方法

森林多功能经营规划问题通常包含多个标准，与之对应可能关系到多个决策者或利益相关者。因此，森林可持续经营提倡让多部门的决策者和利益相关者参与决策，开展参与式规划。例如，美国农业部林务局(USDA Forest Service)在1987年就开始在森林计划中引入公众参与；在芬兰国有森林的规划中，利益相关者会参与制订替代方案和决策标准。然而，以往的实践证明，多标准决策辅助的参与式规划过程往往比较混乱，利益相关者可能在某些问题上的看法与管理者完全不同。例如，什么样的经营活动是可取的？有人提出采用阶段化的方法来解决这个问题，但效果并不理想。情景分析方法可以通过权重、惩罚系数与反馈机制的结合，帮助决策者提高按照主观偏好权衡不同经营目标的效率。混合优化方法可以将量化的问题转为更加定性化的问题，有利于协调决策过程中不同人群的各种价值观和要求。因此，启发式优化方法(如模拟退火算法、遗传算法和禁忌搜索算法等)、结合情景分析方法和混合优化方法的参与式规划是解决这类问题的有效途径，但仍存在一些不确定的问题，还需要进一步完善和发展。

(2) 空间安排问题

森林经理工作不仅要对森林经营活动在时间上进行计划，而且要在空间上进行组织安排，然而过去很多空间安排问题都是人为确定的(如伐区安排等)。对于一些复杂的空间安排问题则需要通过空间优化方法和启发式优化方法来实现，如避免大面积的采伐区、减少森林区域的破碎化和将采伐的林分聚集起来以减少采伐或道路建设成本等。

(3) 适应近自然经营、生态系统经营的单木尺度优化决策

在单木尺度的优化决策方面，利用信息技术将优化过程与安装于(或内置于)森林作业机械上的计算机进行耦合，构建动态优化决策平台，从而实现实时作业规划(或作业设计)，以满足近自然经营模式、生态系统经营模式中提倡的精准作业的需求，这一方法也将在未来得到进一步的发展。

(4) 考虑全球气候变化的森林经营决策

考虑全球气候变化的森林经营决策能够更加科学、精准地反映森林经营活动与森林结

构变化、森林经营目标之间的关系,但同时也带来了不确定性,而随机优化或许可以缓解或解决这一问题。

1.3.4 森林生长收获模型

森林生长收获模型的用途很广,其中森林资源清查数据更新、森林经营决策支持、预测和评价造林措施方案效果是3个主要的方面。为支持这3种主要用途而构建的森林生长收获模型通常对输入数据、模拟尺度(空间和时间)和输出内容有不同的要求。

随着森林多功能的可持续发展理念(WCED,1987)和基于森林生态系统的经营模式的出现和广泛应用,准确而精细地模拟森林动态过程的需求也不断提升,这对森林生长收获模型提出了更高的要求。

近几十年来,随着观测数据的积累、对森林生态过程理解的不断深入以及建模方法、计算能力和支持软件的发展,森林生长收获模型模拟森林动态的能力大大提升,模型变得越来越复杂,也带来了新的挑战。虽然森林生长模型的发展方向很难预测,但在可预见的未来,其发展趋势可能包括以下几个方面。

(1)森林生长收获模型的模拟对象从同龄纯林转向异龄混交林,模拟尺度从林分尺度转向单木尺度

无论是近自然经营模式还是生态系统经营模式,同龄纯林都不被提倡,除集约经营的以木材生产为目的的工业人工林外,主流观点提倡同龄林向异龄混交林转变,以提高森林生产力和生态系统稳定性,更好地发挥森林的多种功能。异龄混交林的生长收获模型是未来多功能森林的动态模拟和经营决策的重要支撑。与同龄纯林相比,混交林中的多个树种或种群通常具有不同的生长、死亡和更新规律,且多物种之间的竞争作用及其对生长的影响表现出空间上和时间上的复杂性,使得林分尺度的模型模拟很难描述和解释这些问题,需要通过单木模型(或Cohort尺度)或林分—单木相容性生长模型来解决,这也将成为未来的发展方向。

(2)预测内容(被解释变量)向更多的森林结构指标、生态功能指标和服务功能指标扩展

一方面,随着对森林多功能认识的加深,在进行经营决策时必然要考虑多方面经营目标的整合,包括当前的和未来的木材产量与质量、木材特性、碳汇量、水源涵养效益、防风固沙效益、生物多样性、社会服务效益等,而这些又可能涉及单木形态和结构的分析,如树冠形态、树枝结构、节形态、木材密度和根系形态等,这就要求森林生长模型在预测内容上要进行扩展。

另一方面,对于森林在社会发展中角色认知的转变,使人们对待森林的观念已经从利用转向经营,这种转变也导致了森林经营模式的变化。在以生态系统健康发展为基础的森林经营模式中,所关心的问题不再是单纯的木材产量或服务能力,而是能够可持续地提供木材和各种服务的能力,特别是森林生态系统的碳汇能力,这就需要对复杂的森林结构、生态系统健康指标等进行准确的模拟和预测,这也是未来森林生长模型的发展方向之一。

(3)解释变量量化表达向更加准确而精细的方向转变

随着对森林生态过程的理解越来越深入,以及建模方法和调查技术的发展,森林生长

收获模型变得更加复杂。这不仅体现在预测对象、预测指标和模拟尺度的转变，更对解释变量提出了新的要求。对林木竞争、立地质量、经营措施等影响因子的量化表达需要更加详细。2018年，国际林业研究组织联盟（IUFRO）举办的"森林预测新前沿"的研讨会的主题之一即为立地质量的定量化问题，认为对立地质量或立地支持的森林生长潜力的定量理解是森林生长模型建模中的一个重要问题。莫利纳-瓦莱罗（Molina-Valero）等（2019）对比研究了立地质量的两种量化指标，即基于分形树高—胸径曲线的"立地表"（site form, SF）和"立地指数"（site index, SI）；杜·托伊特（Du Toit）和舍佩斯（Scheepers）（2020）研究了从养分含量的角度量化立地质量的方法及其不确定性。

在竞争的量化表达问题上，对于是否考虑林分中林木大小差异和林木空间分布，不同复杂度的模型可能给出不一致的答案。林分模型或林分平均单株树模型，从有限资源对平均木生长和存活影响的角度描述竞争，通常不需要考虑林分中林木大小差异和林木空间分布；径阶模型通常考虑林木大小差异而不考虑林木空间分布，用个体相对大小表达竞争作用的大小，认为某一径阶内树木对另一径阶内树木产生相同的影响；基于单木建模的模型通常考虑林木大小的差异，但有的考虑林木空间分布而有的不考虑。不考虑林木空间分布的单木模型与径阶模型类似，考虑林木空间分布的单木模型则根据林木大小和与相邻的位置关系表达竞争作用。

考虑林木空间分布的单木模型对竞争的表达更加精细，从而可以更加准确地反映竞争对单木尺度的生长率、枯损率和形态结构的影响，如高径比、树冠率、冠形。但也有人持相反的观点，如加西亚（García，2017）认为林分尺度所具有的一些属性（如随机过程），很难用单木尺度属性的简单聚合来解释。因此，明确森林生长模型中对竞争的量化表达问题仍是未来一项重要工作。

（4）模型方法向复杂化、多元化转变

随着模拟对象越趋复杂、预测因子越趋丰富、解释变量量化表达得越趋精细化，森林生长收获模型的构建难度也越来越大。

基于观测数据的统计学模型（经验模型），通常是用一个或一组数学函数（回归方程），来描述森林生长动态。统计学模型因具有精度高、应用方便等优点，在林业生产和研究中一直占有重要地位，且在未来仍有很大的应用潜力和发展空间。传统的、基于参数化的统计学模型拥有良好预测能力的基础是可准确地根据观测数据的变化趋势确定最优模型结构，且其精度和适应性在很大程度上取决于建模数据的准确性和代表性。尽管在这些方面的研究已经取得了很大进展，但未来在模型结构、拟合方法和观测数据等方面仍有待进一步探索。在模型结构方面，倾向于通过在模型中考虑更多的预测因子，包括气候、土壤、竞争、自然干扰、经营活动及其交互作用等，来逼近森林生长的非线性过程；在拟合方法方面，混合效应模型、分位数回归和度量误差模型等有待进一步地验证和推广；在观测数据方面，固定样地定期观测是发展趋势。

近年来，随着人工智能技术的发展和遥感技术支持下的大样本观测数据的涌现，非参数化方法成为统计学模型建模的一种新途径，如以分类和回归树法、多元自适应回归样条法为代表的递归划分方法，以随机森林、boosting算法为代表的集成学习算法和以人工神经网络、支持向量机、k最近邻法为代表的黑箱方法等。非参数方法具有对输入数据的分布形式没有假设前提、能够很好地处理因变量和自变量之间的复杂关系、深度挖掘数据中有价值的信息、能够揭示数据中的隐含结构、获得更好的预测模型等优点，但仍面临着很多挑战，表现在对样本量要求高、对异常值不敏感、过拟合、工作原理的复杂性和不透明问题以及最优参数设定等问题上，因此，有待进一步研究。

与统计学模型不同的是，过程模型是从影响生长的生理过程（如光合作用、呼吸作用、碳分配、土壤水分和养分平衡、死亡与更新等）出发，描述森林的生长动态，而不是基于观测的因子之间的相关关系。过程模型所回答的是"why"或"how"问题，而不是"what"和"what if"问题。这就决定了其具有很好的扩展性或可移植性。过程模型还在预测气候变化的长期影响、森林经营活动对土壤的影响等方面具有明显优势。未来在越来越充足的高精度、高时相、多方位的气候观测数据、涡流通量塔生理数据、实地样地数据和多源遥感观测数据的支持下，探索新的初始化、参数化技术（如贝叶斯优化），以及关键参数的高度敏感性问题和模型评价方法，将会是过程模型进一步发展的突破点。

森林生长模型的混合建模一直被认为是解决越来越复杂的森林经营决策问题的有效途径，特别是在制订适应气候变化的森林经营规划方面具有极大的发展潜力。通常所说的混合模型指的是统计学模型与过程模型和动力学模型的混合（hybrid），如3-PG、CroBas、FORECASE、FVS-BGC、CanSPBL、TRIPLEX和SECRETS-3PG。这种混合模型克服了统计学模型扩展性差和过程模型输入数据复杂等问题，能够从机理上反映间伐和施肥等营林措施以及立地差异和气候变化对林分生长的影响。此外，混合模型还包括林分模型与径阶模型和单木模型在尺度上的兼容性模型（compliable），以及考虑空间分布与不考虑空间分布模型的融合。

无论森林生长收获模型未来的发展方向如何，有些原则可能不会随时间或建模方法而改变，如模型必须能够利用现有知识进行解释，且需利用观测数据进行严格的拟合和测试等。

本章小结

本章阐述了森林经理学的概念、目的、基本内容和任务。分析了森林经理学形成的历史背景、必要性及其发展阶段。从森林经营理论与技术、森林资源监测、森林经营规划与决策支持和森林生长收获模型等方面系统阐述了森林经理学的发展趋势与国内外动态。总体上介绍了森林经理学的过去、现在与未来。

思考题

1. 简述森林经理学的概念。
2. 简述森林经理学的目标及其含义。
3. 森林经理学的内容和任务包括哪些？
4. 分析森林经理学形成的历史背景。
5. 森林经理学的发展历史包括哪几个阶段？
6. 综述森林经理学的发展趋势。

2 森林可持续经营理论

现代的森林经理学,人们曾在不同时期提出了不同的指导原则,经过了一系列演变与融合,20世纪90年代后,森林可持续经营成为全球森林经理的核心指导原则,并在实践中得到了验证。森林经理的宗旨就是实现森林可持续经营。森林可持续经营的定义随着时间的推移而演变,是一个动态的、不断发展的概念,旨在维护和提高所有类型森林的经济、社会和环境价值,造福今世后代。可持续利用和保护的森林是通过人为干预来维护和提高多种森林价值。人是森林可持续经营的核心,森林可持续经营的目标是永远为社会的多样化需求作贡献。

2.1 森林可持续经营的概念和内涵

2.1.1 森林可持续经营的概念

森林可持续经营(sustainable forest management,SFM)目前并没有统一的"标准"概念,但它是将可持续发展的思想用于森林资源经营管理中的产物,是可持续林业的一个组成部分,是可持续发展思想在森林资源经营管理中的具体体现。可持续林业旨在实现林业部门各种效益的连续性,以保持林业部门满足地方和国家需要的潜力。从林业实践的时空特征分析出发,沈国舫(2000)对可持续林业给出了如下定义:在对人类有意义的时空尺度上,不产生空间和时间上的外部不经济性的林业,或者在特定区域内不危害和削弱当代人和后代人满足对森林生态系统及其产品和服务需求的林业。

森林可持续经营思想的提出与可持续发展思想的形成紧密相关。人们对森林的功能、作用的认识,受到特定经济社会发展水平、森林价值观的影响,因此,针对森林可持续经营的概念出现了许多不同的解释。表2-1列出了不同学者或组织从不同角度对森林可持续经营的定义。

表2-1 森林可持续经营的概念表述

学者、组织或宣言	提出年份	森林可持续经营定义
《关于森林问题的原则声明》	1992	对森林、林地的经营和利用时,以某种方式、一定的速度在现在和将来保持其生物多样性、生产力、更新能力、活力和实现自我恢复的潜力;在地区、国家和全球水平上保护森林生态、经济和社会功能,不损害其他生态系统
国际热带木材组织(ITTO)	1992	森林可持续经营是为达到一个或多个明确的特定目标的经营过程,这种经营应考虑到在不过度减少其内在价值及未来生产力,和对自然环境及社会环境不产生过度的负面影响的前提下,使期望的林产品和服务得以持续地产出

(续)

学者、组织或宣言	提出年份	森林可持续经营定义
Rodolphe Schlaepfer	1992	从某种意义上讲,森林可持续经营可定义为,在地区、国家和全球水平上维持森林的多样性、产量、再生能力、活力及其所能开发的潜力,在现在和未来维持有关生态、经济和社会效能,并且不会对别的生态系统造成影响
赫尔辛基进程	1993	以一定的方式和速度管理利用森林和林地,在这种方式和速度下能够维持其生物多样性、生产力、更新能力、活力并且在现在和将来都能在地方、国家和全球水平上实现它们的生态、经济和社会功能的潜力,同时对其他的生态系统不造成危害
D. Poore	1993	用前后一贯的、深思熟虑的、持续而且灵活的方式来维持森林的产品和服务,使之处于平衡状态,并用它来增加森林对社会福利的贡献
加拿大标准协会	1995	森林可持续经营是在为当代人和后代人的利益提供生态、经济、社会和文化的机会的同时,为保持和增进长期的森林健康而经营
蒙特利尔进程	1995	可持续森林经营术语用于表述当森林为现代和下一代的利益提供环境、经济、社会和文化机会时,保持和增进森林生态系统健康的补偿性目标
杨礼旦,陈应平	1999	森林经营过程中,在森林生态系统生产能力和再生产能力得以维持的前提下,以人类利益的可持续性为基础,持续、稳定地产出适应人类社会进步所需求的产品,使得生态、经济、社会效益协调发展的森林经营体系
黄选瑞,张玉珍,周怀钧,等	2000	森林可持续经营是通过现实和潜在森林生态系统的科学管理,合理经营,维持森林生态系统的健康和活力,维护生物多样性及其生态过程,以此来满足社会经济发展过程中,对森林产品及其环境服务功能的需求,保障和促进人口、资源、环境与社会、经济的持续协调发展
热带森林可持续经营	2001	最广义地讲,森林可持续经营是在一个技术含义和政策性可接受的整个土地利用规划框架内,有关森林保护和利用方面行政的、经济的、社会的、法规的、技术的问题
Sophie Higman, et al.	2001	森林可持续经营是实现一个或多个明确规定的经营目标的过程,既能持续不断地得到所需的森林产品和服务,同时又不造成与生俱来的价值和未来生产力不合理的减少,也不给自然界和社会环境造成不良影响
D. B. Lindenmayer, et al.	2002	森林可持续经营是旨在维持生态系统完整性的同时,持续提供木质和非木质价值
侯元兆	2003	森林可持续经营是施加于森林以获得森林的可持续性并在这种可持续状态下经营森林以持续地生产人类所需要的产品和服务的过程
联合国粮食及农业组织	2005	森林可持续经营是一种包括行政、经济、法律、社会、技术以及科技等手段的行为,涉及天然林和人工林。它是有计划的各种人为干预措施,目的是保护和维护森林生态系统及其各种功能
《国际森林文书》	2007	森林可持续经营旨在维持和加强各类森林的经济、社会和环境价值,为当代和后代谋利益
杨建平,罗明灿,陈华	2007	森林可持续经营是一种包含行政、经济、法律、社会、科技等手段的行为,涉及天然林和人工林;是有计划的各种人为干预措施,目的是保护和维持及增强森林生态系统及其各种功能;并通过发展具有环境、社会或经济价值的物种,长期满足人类日益增长的物质需要和环境需要

总体来说,从森林与人类生存和发展相互依赖关系来看,森林可持续经营就是保持可持续性的森林经营,是通过现实和潜在森林生态系统的科学管理、合理经营,可持续地维持森林生态系统的健康和活力,维护生物多样性及其生态过程,以此来满足经济社会发展

过程中对森林产品及其生态服务功能的需求。

2.1.2 森林可持续经营的内涵

虽然不同学者对森林可持续经营的本质或内涵的表述存在一定的差异，但是总体包含森林三大效益，即生态效益、经济效益和社会效益的可持续性。森林可持续经营思想内涵可以归纳为以下3点：

(1) 生态效益的可持续性

森林可持续性经营过程中生态效益的持续性，关注的是森林生态系统的完整性以及稳定性。通过退化生态系统的重建和已有森林生态系统的合理经营，保障森林生态系统在维护全球、国家、区域等不同层次生态稳定性方面所发挥的生态服务功能的持续性。其中的关键是保护生物多样性，保持森林生态系统的生产力，维持森林固碳能力和可再生能力以及生态系统的长期健康。

(2) 经济效益的可持续性

森林可持续经营过程中，经济可持续性的主体是森林经营者。经济可持续性关注的是经营者的长期利益。传统的森林经营思想认为，森林的经济效益指木材及其他能获得货币价值的林副产品，这种观念很难适应现代森林可持续经营的经济可持续性要求。经济可持续性除了包括上述直接经济效益以外，还应考虑因森林的存在而产生的各种生态环境价值的经济体现。因此，在森林可持续经营过程中，实现经济可持续性，除经营者获得直接的经济效益以外，还需要生态补偿、国家扶持等外部环境的支持。

(3) 社会效益的可持续性

森林可持续经营的社会效益的可持续性，强调满足人类基本需要和高层次的社会文化需求。持续不断地提供林产品以满足社会需要，这是森林可持续经营的一个主要目标。合理的森林经营不仅可以提高森林生态系统的健康度和稳定性，促进经济社会可持续发展，还能满足人类精神文化的需求。作为社会经济大系统的林业产业，担负着为社会发展提供生活资料和生产资料的重要任务。随着全球范围内不可再生资源的不断消耗，森林作为主要的再生资源，满足人类社会物质需求的作用越来越显著。

2.2 森林可持续经营理论的形成

2.2.1 森林永续利用概念

森林永续利用(forest sustained yield)也称为"森林永续经营""森林永续收获"或"森林永续作业"等。森林永续利用是指在一定范围内，通过育林、护林和合理利用森林资源等一系列的经营活动，发挥森林的再生作用，使木材、各种林副产品及森林的各种有益性能，在数量和质量上保证不间断地满足人类日益增长的需要，使森林周而复始地得到均衡利用。

森林永续利用思想雏形出现得很早，但形成完整的木材永续利用体系是在18世纪。19世纪到20世纪中叶，永续利用完成了从木材永续利用到森林多种效益永续利用的过渡。森林永续利用思想的发展基本经历了思想雏形阶段、木材永续利用阶段和森林多种效益永续利用阶段3个阶段。

(1) 思想雏形阶段

工业革命之前，人类处于农耕时代，森林永续利用思想处于萌芽阶段。在当时的条件下，没有也不可能产生真正的、具有实际意义的完整的森林永续利用思想。因这一时期人类对森林资源的利用强度低，人类与自然处于和谐共处的平衡状态，森林等自然资源承载能力在生产力水平不高的情况下，可以容易地供养其范围内的人口。这一阶段永续利用思想开始产生，并不断加强，但没有形成完整的思想和理论。

(2) 木材永续利用阶段

工业革命及后期，人们对自然资源的消耗速度急剧增加，现有的森林资源不足以满足人们的需求。人们逐渐认识到必须改变原有的森林利用方式，用永续利用思想经营管理森林，才能实现木材资源的持续供给。1713年，森林永续利用思想创始人汉里希·冯·卡洛维茨首先提出了森林永续利用原则，提出了人工造林思想。18世纪末19世纪初，木材永续利用的完整定义和相应的森林经营体系逐渐成熟。1795年，德国林学家哈尔蒂希(G. L. Hartig)发表了关于森林永续利用思想的论述："每个明智的林业领导人必须不失时机地对森林进行估价，尽可能合理地经营森林，使后人至少也能得到像当代人所得到的同样多的利益。从国家森林所采伐的木材，不能多于也不能少于良好经营条件下永续经营所提供的数量。"他主张大力营造人工纯林。19世纪，德国许多天然阔叶林都变为人工针叶纯林。1826年，德国另一著名林学家洪德斯哈根在其《森林调查》中，提出了法正林(normal forest)理论，从作业级水平上，确立了同龄林永续利用的经典经营模型。这一阶段永续思想、理论和经营方法形成了完整的体系，但主要是木材的永续利用。

(3) 森林多种效益永续利用阶段

随着大面积人工纯林负面影响的日益突出，19世纪中后期，在欧洲出现了批判单纯以木材生产为目标的人工纯林的浪潮，尤其针对国有林中的人工纯林。众多批评者认为，森林经营的目标不仅需要生产人们所需的木质产品，而且需要兼顾森林多种效益的生产，这是森林多种效益永续利用理论的早期思想。1898年，盖耶提出森林生产的关键在于森林内部起作用力量各方面的和谐，这一思想开启了"近自然林业"之门。"近自然林业"强调通过森林经营，实现森林多种效益的永续利用，改变了工业革命以来以木材永续利用为导向的经营模式。20世纪50年代后，德国、美国、苏联、罗马尼亚等国政府相继批准了森林多种效益经营政策和法规，这一阶段由单纯木材生产发展为森林多种效益永续利用。100多年以来，森林永续利用是我国和世界许多国家森林经营管理的基本准则，为全球森林资源稳定和世界环境保护做出了重要贡献。在可持续发展战略提出以前，林业是最早提出永续(或可持续)思想，并形成系统理论的行业，林业行业具有最完善的永续利用体系思想和理论。

2.2.2　实现森林永续利用的条件

实现森林永续利用必须从现实森林的具体情况出发，确定合理经营和合理采伐措施，把它的结构秩序逐步调整到符合森林永续利用的要求上。在我国，森林永续利用在两类空间尺度上开展：第一类是指林业局、林场、公司等经营森林资源的企业和事业单位；第二类是森林经营类型(也称作业级)。第二类森林经营类型永续利用的条件主要是森林的自然属性和条件,又称为内部条件;第一类永续利用的条件不仅有森林的自然属性和条件,还包括经济、社会和人文等方面的条件,称为外部条件。

(1)永续利用的内部条件

永续利用的内部条件主要指森林资源的自然属性条件,包括林地条件和林木条件。

①林地条件 林地是从事林业生产的主要平台或载体,它的数量与质量是实现森林永续利用的必备条件。林地是指所有用于林业生产的地块,不仅仅是现实有林木的土地,也包括计划用于种植林木但暂时没有林木的土地。

a. 林地数量:无论是何种空间尺度的森林永续利用,具备一定数量的林地是最基本的条件,它关系到森林经营的规模、生产成本、森林结构与优化、设备和人力资源配置、生产经营管理的效率等。林地数量不仅包括林地的总量,还包括各种用途森林土地面积的数量及比重。森林多种效益的永续利用,要求实现其经济效益、生态效益和社会效益的永续,就必须使商品林和公益林保持合适的比例、结构,再细分就应该是用材林、防护林、能源林、经济林和特种用途林各林种的林地数量保持恰当数量和比例。一般而言,一个国家的发展水平与商品林、公益林的比例密切相关,或者说商品林、公益林比例的合理状况与一个国家的经济水平紧密相关。发达国家的公益林比重比发展中国家的公益林比重大,这是由于人们对森林效益的需求随着经济水平的提高而会更注重生态环境效益和社会效益。

我国在20世纪60年代初提出森林永续利用的原则,并提出"以场定居,以场轮伐",将林场作为森林永续利用的经营管理单位,但在计算采伐收获、更新造林、林分改造等生产环节时则是以森林经营类型为永续利用的单位。

从国家级空间尺度上论证森林的数量,一些学者和专家曾提出,要使一个国家的发展与生态环境和谐、稳定,森林覆盖率应达到30%以上。

b. 林地质量:指林地的立地质量,它主要包括林地的土壤、地形地势、水文气候等方面的状况,是林地生产能力的基本条件。林地质量高,加上好的经营管理,就能产生较高的林地生产力。

林地质量的稳定与提高,是永续利用必不可少的条件。如果土壤退化,立地质量下降,林地生产能力必然下降,则表现为不可永续。

②林木条件 林木条件是指林木的各种结构、生长状况等,其中主要包括年龄结构、树种结构、密度结构、径级结构、蓄积量结构和生长量结构等。

a. 年龄结构:森林资源的生命周期和生产经营周期较长,少则几年、十几年,多则上百年或几百年,通常为几十年,因此,要永续利用则各种年龄阶段的森林资源都要有,并保持合理的比例(年龄结构),这也是保证森林永续利用最基础和最重要的因子。

在一定的地域空间内,无论何种森林资源,要实现永续利用都必须保证各种年龄的森林资源比例基本均匀或完全均匀,即各种年龄的林木都有,且面积基本或完全相等。例如,在用材林中,同龄林在经营类型级别上的永续利用模型——法正林就是最典型的例子,还有完全调整林模型等。

b. 树种结构:我国是森林物种多样性最丰富的国家。生物多样性保护是森林可持续经营的最重要的条件之一。我国自然保护区中数量最多的是森林生态系统的保护区，主要目的就是保护物种和森林生态系统。天然林中多数是混交林，多树种混交是保护生物多样性最好的途径，包括生态系统多样性、物种多样性和遗传多样性。在混交林中，各树种的大小、数量、珍稀性等构成了树种结构的主要特征。保持合理的树种株数、径级、断面积和蓄积量比例数量是实现天然林可持续经营的基本条件。

c. 密度结构：是表示林木利用其所在空间程度的质量、数量和竞争指标，主要包括株数密度、疏密度、郁闭度和密度指数等。森林在不同的发育阶段有不同的合理密度值。例如，森林的株数密度随年龄的增加而逐步减少，但疏密度和郁闭度则会随森林平均年龄的增加而增大，林木只有处于合理密度时才会最适应且生长的最好。合理密度是处在动态变化过程中的，森林生态系统在发育的各个阶段都有相应的合理密度。在天然林经营中，符合经营总目标的阶段有生态系统整个生命过程中的合理密度。

d. 径级结构：是各种大小林木在林分中所占的比例数量，合理的径级结构的表达方式依据同龄林和异龄林可分为两种。同龄林径级结构的曲线常为对称的或右偏的山状曲线，较好的拟合函数有威布尔分布和正态分布；异龄林径级结构的曲线常呈反"J"形，其他类型的分布不利于永续利用，较好的拟合函数有负指数分布和威布尔分布等。通常，径级结构的描述主要是达到检尺径级以上的林木构成情况，其实检尺径级以下的林木数量也应该包括在径级结构中，甚至可以从中描述幼苗幼树的数量结构。

e. 蓄积量结构：主要用于用材林中，是指林木各树种和大中小径级林木的蓄积量比重。要实现永续利用，合理的蓄积量结构是必备的条件。根据森林永续利用空间尺度的不同，合理的蓄积量结构分两种情况。在较大的地域空间内，如国家、省（自治区、直辖市）、林业局、林场和公司等，合理的蓄积量结构可从林木的年龄结构中得到反映，即成熟的、近熟的、中龄的、幼龄的林分比例和大中小径级林木组成合理的蓄积量结构，应能满足市场的需求；在较小的地域空间内，单个的同龄林林分是不能做到永续利用的，只有组成了森林经营类型才能实现永续利用。在典型的异龄林林分中，各种年龄、径级的林木都有，原则上单个林分就可以做到永续利用，但是从合理的生产规模和生产效率的角度，林分作为永续单位并不可行，现实中常常将若干个相同类型的异龄林林分组织在一起，作为永续利用的经营单位。

f. 生长量结构：一般情况下，无论地域空间有多大，只要每年的收获量（更确切地说是消耗量）小于或等于当年林木的蓄积生长量就可以做到永续利用。当然，这也仅是从林木产品永续的角度而言，未包括其他内容的永续利用。但在较小的地域空间内，收获量小于或等于蓄积生长量这一原则，只在年龄结构合理的情况下适用。例如，《森林法》规定：不能采伐未成熟的林木。还有，在成熟林、过熟林比重大的情况下，如果简单遵循上述原则，则会造成枯损量增加；如果在幼龄林、中龄林比重大的情况下，按上述原则进行生产经营，则会造成收获未成熟的林木。

(2) 永续利用的外部条件

森林永续利用在较大的空间内，如国家、省（自治区、直辖市）、林业局、林场和公司等，仅有森林的自然属性条件——林地和林木是不够的，还必须有外部条件，即经济、政策法规、社会和文化，以及经营管理水平等方面的条件。

①经济条件 主要指经济发展水平。经济发展水平对森林永续利用的影响主要表现在以下几个方面：

a. 与森林集约经营密切相关：经济水平高、道路交通发达、林道密度大等，有利于提高生产效率，降低成本，且有利于防治病虫害、控制火灾，加强森林安全。

b. 与管理手段密切相关：例如，使用计算机进行生产经营管理，软件、硬件、高素质生产管理人员等都需要一定的经济水平支持。

c. 与生活水平呈正相关：高水平生活对森林效益的需求不仅高，而且广。人们在解决生活温饱水平阶段，对森林的需求主要注重的是木材和能源；在解决温饱之后，人们对森林的环境、景观、游憩等方面的效益需求日益加强。

②政策法规 政策法规的数量与合理性对永续利用至关重要，主要涉及以下几个方面：

a. 可以规范人的行为，对森林要科学合理地经营和利用。

b. 明确森林在人们社会生活中的地位和作用，保持人与环境的和谐状态。

c. 明确森林资源的所有权、经营管理权等，有利于明确森林经营者的"责、权、利"，提高经营管理水平。

例如，《森林法》(2019)中规定："保护、培育、利用森林资源应当尊重自然、顺应自然，坚持生态优先、保护优先、保育结合、可持续发展的原则。"《国有林场管理办法》(2021)中规定："按照科学利用和永续利用的原则，组织开展国家储备林建设、森林资源经营利用工作。"

③社会和文化 森林景观等文化现象在人们生活中的地位和作用逐步提高，人们对森林的认识水平，林业从业人员的受教育程度、专业知识水平和掌握新技术的能力等都与永续利用密切相关。

④经营管理水平 在上述条件较好的情况下，经营管理水平是实现森林永续利用的关键因素。经营管理水平低下则不可能实现森林永续利用，甚至可能将已经实现了永续利用的森林变为不能永续利用的森林。

2.2.3 森林可持续经营的理论及特点

森林永续利用起源于林业领域，森林可持续经营则是环境领域提出的可持续发展思想在森林资源经营管理中的应用。两者既有联系又有差异，两者的总目标都是探寻森林如何更好地为人类的生存服务，为人与环境(森林是自然环境的一部分)和谐相处探索途径。可持续发展最初由环境人士提出，森林可持续经营是根据可持续发展的总战略，结合林业的具体情况以及森林经营中的历史问题而提出的森林经营战略。关于森林可持续经营与森林永续利用的联系及差异见表2-2。

从技术上讲，森林可持续经营是通过各种森林经营方案的编制和实施，调控森林目的产品的收获和永续利用，维持和提高森林的各种生态功能。森林可持续经营是人类与自然关系史、森林经营管理史上的一种新的思想和发展观，它继承和发展了森林永续利用的思想，它继承的是该思想的"连续"或"继续"的合理内核，而发展的是森林对人类生存与发展的重要性认识，以及实现森林经营利用中"连续"或"继续"的途径和标准。目前，森林

表 2-2　森林可持续经营与森林永续利用的联系及差异

异同	内容	森林可持续经营	森林永续利用
相同点	思想类型	虽然提出的历史年代不同,但它们都是人类如何经营管理森林的一种思想或理论	
相同点	总目标	总目标一致,即森林如何为人类的生存与发展服务,为人类的发展创造良好的环境条件,为人与森林(自然的一部分)和谐相处探索实现的途径	
不同点	提出背景	根据可持续发展的总战略,结合林业具体情况和森林经营中的历史问题而提出的森林经营战略	完全由林业人提出和发展的,在某些方面出现了"就林业而论林业"的倾向,对于区域社会整体协调发展的情况考虑不足
不同点	具体内容	继承了森林经营管理中的合理内容,并根据现实发展提出了新的内容,如包含生物多样性保护、森林对全球碳循环贡献和保持等	也包含生物多样性的内容,但是生物多样性保护的内容不全面;较少提到森林对全球碳循环贡献的问题
不同点	判别标准	根据现实发展提出了新的判别标准	缺少全面的判别标准

可持续经营已经成为森林经理的主要指导原则,并在社会生产实践中得到应用。

2.3　森林可持续经营原则

2.3.1　不同时期森林经理的指导原则

由于森林资源及林业生产的特殊性,永续思想最早出现于林业领域,并逐步形成一套完善的理论体系。自从18世纪形成了完整的木材永续利用体系,经过100多年的发展完善,森林永续利用成为我国和世界许多国家森林经营管理的基本准则,为全球森林资源稳定和世界环境保护做出了重要的贡献。20世纪90年代,随着可持续发展思想在森林资源经营管理中得到体现,森林可持续经营已成为科学管理森林的指导原则。森林经理指导原则随着历史的发展及人类对森林的需求而不断进化,其发展历程可概括为以下4个阶段:

(1)第一阶段:前工业革命阶段

第一阶段指工业革命之前,人类处于生产力不发达的农耕阶段,此时森林永续利用思想处于雏形阶段,该阶段森林经理没有系统化的指导原则,而是朴素的永续利用思想。从这一时期开始至以后很长一段时间,森林永续利用思想都只是处于萌芽阶段。因为当时的自然资源的承载力能够满足人们的生存需求,人类与自然环境和谐共生,在这样人少资源多的条件下,没有也不可能产生真正的、具有生产实践意义和完善的森林永续利用思想。

(2)第二阶段:后工业革命阶段

第二阶段开始于工业革命,终止于19世纪后期。在该阶段,木材永续利用是森林经理的指导原则。因为此时欧洲的生产能力和人口急剧增长使得自然资源承受着前所未有的压力,森林作为重要能源和建筑材料,很快就出现了供不应求的局面,逐渐产生了森林危机,人们的生活也受到了影响。人们逐渐意识到必须改变原有的森林利用方式,用恒续的思想经营管理森林。到18世纪末19世纪初,木材永续利用的完整定义和相应的森林经营体系日渐成熟。

(3)第三阶段:19世纪后期到20世纪80年代

随着对于单纯木材生产的批评声日益高涨,人们的认知进一步发生了转变,森林多种效益永续利用逐步成为森林经理的指导原则，永续利用的多种效益概括起来包括3个方面：森林的经济效益、生态效益和社会效益。19世纪前，持续的单纯追求木材产量，导致土地生产能力持续以及森林安全问题被忽视。许多林业人都对单纯木材永续利用的思想提出了批评，并积极推进森林多种效益的永续经营。到20世纪50年代，德国政府批准了森林多种效益永续利用的林业政策，并在《森林法》(1975)中规定了森林经营的三大目标：经济效益、保持自然平衡和提供休憩场所。美国于1960年制定了森林多种效益经营的法规，苏联、罗马尼亚等国也出台了类似的政策和法规。

(4) 第四阶段：1992年(20世纪90年代)

世界环境发展大会提出可持续发展作为人类发展的唯一战略，森林可持续经营成为森林经理的指导原则。该大会是在全球环境持续恶化、发展问题更趋严重的情况下召开的。会议围绕环境与发展这一主题，在维护发展中国家主权和发展权、发达国家提供资金和技术等根本问题上进行了艰苦的谈判。大会发布的《关于森林问题的原则声明》中首次提出了森林可持续经营的观点，即森林资源和林地应当采取可持续方式进行经营管理，以满足当代和子孙后代在社会、经济、文化和精神方面的需要，第一次突出地强调林业可持续发展在全球可持续发展中的重要性和它的战略地位。此后，不同国家和组织积极推动森林可持续经营的进程，形成了包括蒙特利尔进程、泛欧进程、ITTO进程、非洲木材组织进程、塔拉波托进程、干旱非洲进程、近东进程、干旱亚洲进程和中美洲进程的九大国际进程。到目前，森林可持续经营经过20年的发展，依然是国际发展的热点问题之一。

2.3.2 森林经理指导原则的演变

在森林经理指导原则的演变过程中，除了森林永续利用到森林可持续经营，还包含其他原则，它们作为永续利用原则的核心内涵或重要补充，在不同历史时期发挥了重要作用。例如，林业扩大再生产的原则、以营林为基础的原则、不同作用的森林分别经营的原则、林业赢利(也有称林业盈利)的原则等。这些指导原则在苏联的森林经理中发挥了很好的作用。我国在新中国成立初期学习苏联的先进经验时也运用了这些指导原则，其提法一直沿用到改革开放初期。

(1) *林业扩大再生产原则*

一方面扩大森林资源的外延，即增加森林资源的面积；另一方面增加森林资源的内涵，即提高单位面积蓄积量。通过营造速生丰产林，提高生产力，使森林资源不断增加，满足国民经济建设日益增长的需要。除此之外，还包括一些制约生产力发展的体制机制方面的发展和完善。

(2) *以营林为基础原则*

把造林、培育、护林等培育森林资源的营林工作作为林业建设最基本的工作。不管是针对人工林还是天然林，都坚持造林护林、科学经营，培育后备资源，为林业的发展提供资源保障。

(3) *不同作用的森林分别经营原则*

对不同用途的森林采取不同的经营措施，分别考虑其利用问题。这一原则是根据森林所起的作用与效用的不同，适当分类，分别对待。苏联把森林分为三类：第一类森林、第二类森林和第三类森林。我国将森林划分为五大林种，即用材林、经济林、薪炭林、防护林和特用林。

(4) 林业赢利原则

赢利是经营合理与否的标准，也是经营效果评价的主要指标。但不应用商人的眼光看待林业赢利，而要从整个国民经济的角度，考虑长期赢利。同时，对森林的公益性和非营利性也要进行客观的评价。

除此之外，还包括其他原则，如全面而充分地满足国民经济对木材及森林其他有利特性的日益增长的需要等。上述指导原则在总体思想方面与森林永续利用、森林可持续经营思想一致，只是侧重对某些方面及其效能进行强调。森林可持续经营继承了森林经理历史中的合理内容，并根据现实发展提出了新的内容和判断标准，发展了森林经理的理论，成了森林经理的核心指导原则。

2.3.3 森林可持续经营成为森林经理的核心指导原则

森林生命周期的长期性和森林类型的多样性决定了森林经营措施的多样性，同时，经营方案作为经营主体行为，是进行经营活动的依据。正如国际生态学会发布的《一个持续的生物圈：全球性号令》所说："当前的时代是人类历史上第一次拥有毁灭整个地球生命能力的时代，同时也是具有把环境退化的趋势扭转，并把全球改变为健康持续状态的时代。"因此，"可持续发展"作为人类社会发展的模式问题，备受人们的关注。

1987年，联合国环境与发展世界委员会发表的《我们共同的未来》中，真正把"可持续发展"概念化、国际化，从此，"可持续发展"成为一个较为严谨的概念，标志着"可持续发展"进入了一个崭新的时期；1992年，联合国环境与发展大会真正把"可持续发展"提到国际日程上，明确提出了人类社会必须走可持续发展之路。由此，森林可持续经营成为实现林业乃至全社会可持续发展的前提条件。

2.4 中国森林可持续经营的应用与实践

2.4.1 森林可持续经营实践

自1992年联合国环境与发展大会举行以来，中国便积极参与到森林可持续经营的实践中来。自1997年，中国就逐步开展了全国范围的森林可持续经营实践，首批8个地区分别位于黑龙江、河北、甘肃、江西、浙江、广东等省份。在应用森林可持续经营理论的过程中，将分类经营和明晰产权作为实现森林可持续经营的有效途径，将林业产业化与森林认证作为我国森林资源可持续经营与管理工作的重点。

我国在发展森林可持续经营理论的过程中不断进行实践，并且取得了一定的成果。如黑龙江省伊春林区森林以可持续经营为目标，从生态可持续性、经济可持续性和社会可持续性3个方面对伊春林区的可持续性经营进行综合评价。自1953年以来，伊春林区森林总面积不断增加，有林地中的幼、中龄林所占比重很大，具有丰富的后备资源；森林蓄积量有所增长，森林资源增长潜力大；树种结构发生了较大变化，由最初的以红松为主的针叶纯林变为以杨、桦、柞、椴等阔叶树为混交树种的异龄复层混交林。2012年，伊春市森林资源在总体上已经处于可持续发展状态。江西省崇义县通过合理布局森林经营分类、探索多类森林经营模式、坚持成果导向以及精准监测森林经营成效，全面促进森林可持续经营。经过10年的实践，到2022年，该地已将全县林地划分为7个森林经营区，创新13种森林经营类别和21种森林作业法，当地杉木及阔叶树林分年均生长量在经营后均有所提升，全县整体森林林分结构得到优化，森林质量得到提升，生态系统整体功能不断增强，森林多种功能和效益得到提升。通过对吉林省长白山东部过伐林区天然云冷杉针阔混交林的森林结构及空间配置进行调整，经过20年的经营，其树种结构得到优化，林木空间配置趋于合理，呈均匀或者群状分布，且没有大尺度的林隙；同时，其蓄积生长量增大，获得了较高的生态效益，实现了森林的可持续经营。

2.4.2 森林可持续经营试点示范

2012年11月，国家林业局组织并公布了全国森林经营样板基地的名单，国家森林经营样板基地建设工作由此启动，逐步在全国设立了15个（2016年增加到20个）森林经营样板基地，结合各个基地的典型森林经营类型开展了多功能森林作业法试验示范和经营动态监测工作。这些基地在布局上横跨热带、亚热带、北温带3个气候区，以大陆性季风气候为主，地形地貌包括了低山丘陵、高原等多种类型。在经营的过程中，以林分层次上同时实现森林的供给、调节、文化和支持这四大功能中的两个或两个以上功能为经营目标，以多功能森林经营理念、全周期经营理念、近自然森林经营理念及森林作业法为基础进行展开，并进一步实践示范了三级结构的多功能经营作业法技术体系。

到2018年10月止，在首个《全国森林经营规划（2016—2050年）》中提出的多功能经营目标和一级森林作业法的技术框架内，每个样板基地针对其典型森林类型和具体区位的功能定位设计并实施了78个二级森林作业法定义的典型森林经营类型；并在三级作业法技术支持下落实到具体示范森林的小班经营计划中，共建立经营示范区的总面积为17 050.33 hm^2，其中面积最小的为北京西山林场的53.3 hm^2，是以景观游憩森林文化服务为主导功能的集约经营类型，面积最大的为江西省崇义县林业局的3 500 hm^2，包括了用材主导人工混交林、水源涵养保护、兼顾多样性保护的天然林近自然经营等多种经营类型。国家样板基地针对各自的优势和典型的森林经营类型设置了由作业和对照两个大类组成的经营动态监测样地体系。在样板基地中，共有监测样地490个（样地面积最小为400 m^2、最大10 000 m^2），每木调查监测的总面积为498 669 m^2（49.9 hm^2），其中作业监测样地281个，总面积282 901 m^2（28.3 hm^2），对照样地209个，总面积215 768 m^2（21.6 hm^2）。

全国15个森林经营样板基地建设面积和主要多功能森林类型概况见表2-3。这些基地均建立于2012年，示范森林建立前多数为马尾松、杉木、油松等主要人工针叶树种的纯林，建立后大部分根据主导功能和附属功能的综合目标调整为以混交林为目标林相的多功能经营类型，部分森林还保持用材林主导的经营方向；同时，为推进纯林到混交林的转变、强化森林景观文化服务功能，经营使用的主要乔木树种由最初的28个提高到了100个。

78个二级作业法从功能类型来说全面涵盖了生产、生态、服务等方面的内容。以生产功能为主的二级作业法有河北塞罕坝机械林场的樟子松大径材群团状择伐作业法，辽宁省清原县的落叶松人工林皆伐作业法，落叶松人工林渐伐作业法，吉林省汪清林业局的落叶松多功能人工林目标树单株择伐作业法等共计28个；以生态功能为主的二级作业法有北京市西山试验林场的侧柏高密度纯林目标树单株抚育择伐作业法，黑龙江省哈尔滨市丹清河实验林场蒙古栎低效林提质转化珍贵大径用材林择伐作业法等共计24个；以服务功能为主的二级作业法包括北京市西山试验林场的松栎混交景观游憩林单株择伐作业法，河北省塞罕坝机械林场的华北落叶松生态文化林目标树单株择伐作业法等10个。

表2-3 全国森林经营样板基地建设面积和主要多功能森林类型概况　　　　　　hm²

序号	基地名称	自然特征	主要多功能森林类型和二级作业法	示范林主要经营使用的树种	示范林总面积
1	北京市西山试验林场	低海拔石质山区；温带季风气候	生态功能兼具景观游憩功能的非用材林	侧柏、油松、栓皮栎、山桃、山杏	53.33
			生态功能兼具景观游憩功能的非用材林	刺槐、侧柏、油松	
			风景游憩林	油松、栓皮栎、白蜡、栾树、枫树	
2	河北省塞罕坝机械林场	冀北山地与蒙古高原交会区，是坝下、坝上过渡带和森林—草原、森林—沙漠交错带；温带季风气候	生态防护兼用材生产的土层较厚、立地条件较好的白桦天然次生林经营类型	樟子松、云杉、华北落叶松、黄波罗、水曲柳、胡桃楸、元宝槭	2 000
			木材生产兼防风固沙为培育目标的樟子松人工林经营类型	白桦、蒙古栎	
			景观游憩主导，兼顾生态、木材生产为培育目标的旅游核心区和沿线落叶林经营类型	华北落叶松	
3	辽宁省清原县	低山、丘陵为主的地貌；温带大陆性季风气候	培育落叶松大径材和中小径材为主，兼顾发挥水源涵养等功能	落叶松、红松、水曲柳、栎类	100
			培育落叶松大径材为主，兼顾发挥水源涵养等功能	落叶松、水曲柳、栎类	
			水源涵养、景观美化等生态服务功能	落叶松、红松、栎类	
			水源涵养、景观美化等生态服务功能	槭、榆、椴、枫桦、水曲柳、胡桃楸、黄波罗、花曲柳、怀槐	
4	吉林省汪清林业局	中低山丘陵区；温带大陆性季风气候	用材为主，兼顾生物多样性保护	红松、云杉、水曲柳、黄波罗、紫椴	585
			用材为主，兼顾生物多样性保护	蒙古栎、椴树、白桦、色木槭、水曲柳	
			用材为主，兼顾生物多样性保护及碳汇功能	红松、蒙古栎、椴树、水曲柳	
			用材为主，兼顾生物多样性及固碳功能	红松、云杉、冷杉、水曲柳、胡桃楸、黄波罗	
			用材为主，兼顾生物多样性及固碳功能	云杉、冷杉、红松、水曲柳、黄波罗、胡桃楸、椴树	

(续)

序号	基地名称	自然特征	主要多功能森林类型和二级作业法	示范林主要经营使用的树种	示范林总面积
5	黑龙江省哈尔滨市丹清河实验林场	低山丘陵地带；中温带大陆性季风气候	生态防护兼顾用材生产培育目标的蒙古栎、红松阔叶混交林经营类型	蒙古栎、红松、紫椴、胡桃楸、黑桦	1 211
			生态防护兼顾用材生产目标的水曲柳、红松针阔叶混交林经营类型	落叶松、红松、水曲柳	
			生态防护兼顾用材生产培育目标的红松、阔叶混交林经营类型	红松、紫椴、水曲柳、胡桃楸	
6	浙江省建德市	地形复杂；亚热带季风气候区	杉木人工林向珍贵硬阔叶林演替经营类型	杉木、楠木	593
			天然次生林目标树单株抚育经营类型	壳斗科植物	
7	福建省永安市	多山间盆地谷地；中亚热带季风气候区	闽楠—杉木混交林目标树单木择伐经营类型	闽楠、杉木	757
			杉木纯林向兼顾生态景观功能的杉锥混交林导向的近自然化改造类型	杉木、红锥	
8	江西省崇义县	中山、低山、高丘、低丘等四个类型；中亚热带季风湿润气候区	生产珍贵阔叶材为主，兼顾水源涵养、景观游憩等辅助功能	乐昌含笑、醉香含笑、深山含笑、金叶含笑、木荷、南酸枣	3 500
			人工杉木林大径材复层林目标树择伐经营类型	杉木、闽楠、木荷、丝栗栲、柃木	
			天然阔叶混交林大径材目标树单株择伐经营类型	米槠、木荷、丝栗栲	
9	湖南省永州市金洞林场	山峦起伏、山体密集、坡度陡峭、沟壑纵横；亚热带东南季风湿润气候区	珍贵树种大径材生产	闽楠	2 861
			水源涵养兼顾珍贵大径材生产	杉木、闽楠、木荷、红豆杉	
			用材林大径材生产	杉木	
			大径阶高价用材并兼顾公益性服务功能	闽楠、木荷	
10	广西壮族自治区国有高峰林场	丘陵为主；南亚热带气候	用材生产兼顾生态防护和土壤肥力培育目标	杉木、马尾松	560
			用材生产兼顾生态防护和土壤肥力培育目标	桉树	
			一般公益林	杉木	
			一般公益林	降香黄檀、杉木	
			一般公益林	厚荚相思、红锥、米老排	
11	四川省洪雅林场	山岭连绵，沟壑纵横，河谷深切，地势陡峭；中亚热带湿润气候区	兼顾风景及培育特大径级木材为目标	酸枣、槭树、鹅掌楸、银杏、柳杉	100
			柳杉纯林培育大径材培育经营类型	柳杉、杉木	
			珙桐封育保护经营类型	珙桐、灯台、石栎	

（续）

序号	基地名称	自然特征	主要多功能森林类型和二级作业法	示范林主要经营使用的树种	示范林总面积
12	陕西省延安市黄龙山林业局		用材生产兼水源涵养	油松、栎类	1 514
			木材生产兼水土保持	辽东栎、漆树、胡桃楸、茶条槭	
13	甘肃省小陇山林业实验局	地形复杂；大陆性季风气候	水源涵养功能兼用材	锐齿栎、油松、华山松	199
			水源涵养功能兼用材	锐齿栎、油松、华山松	
			水源涵养功能兼用材	油松、华山松	
			水源涵养功能兼用材	华山松	
14	大兴安岭林业集团公司松岭林业局	低山丘陵地貌；温带大陆性季风气候	低质次生林向针阔混交林导引改造类型	兴安落叶松、樟子松、白桦、山杨、水曲柳、胡桃楸、夏栎	117
			生态防护	白桦、山杨	
			培育用材林为主，兼顾发挥森林的多种功能为辅	兴安落叶松	
			生态防护	白桦	
			培育中大径级材为主，兼顾发挥森林多种功能为辅	兴安落叶松、白桦、山杨	
			天然针阔混交异龄林目标树单株抚育类型	兴安落叶松、樟子松、白桦、山杨	
			阻燃林带建设封育保护类型	兴安落叶松、赤杨、柳树	
15	中国林业科学研究院热带林业实验中心		高价值大径级珍贵用材兼顾水源涵养	红锥、杉木、火力楠、米老排、西桦	2 900
			培育优质大径材为主导，兼顾生物多样性保育、地力修复和森林碳汇等多种功能	马尾松、杉木、格木、红锥、香梓楠	
			用材生产兼顾生态防护和土壤肥力培育目标	马尾松、大叶栎	
			用材生产兼顾生态效益培育目标	降香黄檀、速生桉	

2018 年下半年，我国全面开展了基地建设总结，在实地调研和梳理总结了 15 个样板基地建设中期总结报告的基础上，形成了全国森林经营样板基地技术总结报告。基于样板基地森林经营动态观测数据，从林分结构、林分生长等方面进行动态分析，认为科学合理的经营活动使林分中优势林木生长加速、林分的树种组成和径级结构显著改善、森林生长活力显著提高、森林生态系统整体进步。

（1）林分中优势林木生长加速

科学合理的经营活动有效地调整了林分的组成和结构，缓解了株间光、热、水等环境资源的竞争，促进了林分中包括目标树在内的优势个体快速生长，对森林的单木质量、林分质量、林木个体质量和活力有显著的促进作用。其中，蒙古栎低效林提质转化大径用材林经营模式作业林分内单木平均生长量较同期对照林分高 0.027 64 m^3；马尾松近自然化改造模式作业和对照林分在年生长率上相差5.29%。

(2) 林分的树种组成和径级结构显著改善

科学的经营处理快速优化了森林的树种构成，经过经营作业的林分树种组成、林分结构显著改善，林分生产力等方面优势明显。间伐作业开辟了林窗，促进了林下天然更新，天然更新与人工补植的幼苗、幼树较快进入主林层，丰富了树种组成与垂直结构；经营中使用的主要树种数量大幅增加，从起步时以速生和针叶树为主，发展到目前涵盖了速生针阔叶树种、珍贵阔叶树种、高价值稀有树种和生态景观改良型特殊用途树种等全生态和功能类型的树种构成；抚育经营释放了优势林木的生长空间，启动了森林径级和蓄积量快速增长的过程。中国林业科学研究院热带林业实验中心和小陇山林业局等典型案例显示，森林径级结构向高端快速生长，出现了具有胸径大于50 cm的大量优势的大径级林木，经营的林分逐步从原来的人工林典型的正态径级分布，过渡到异龄混交的倒"J"形分布结构，并且林分的径级分布宽度明显高于对照林分，出现了较多的大径级林木。

(3) 森林生长活力显著提高

作业林分改善了林木生长空间、完善了树种组成、丰富了结构多样性，通过多方面综合作用，森林生长活力得到了明显的提升。经营作业的林分与对照林分相比，森林生长率平均提高了1.93%，实际生长量平均提高1.78 $m^3 \cdot hm^{-2} \cdot a^{-1}$，虽然从南到北森林条件差异较大，但82%的林分生长量都有所提高，最大值为6.31 $m^3 \cdot hm^{-2} \cdot a^{-1}$；有30.4%的林分生长量提高在3 $m^3 \cdot hm^{-2} \cdot a^{-1}$以上，有60.8%的森林生长量提高在1 $m^3 \cdot hm^{-2} \cdot a^{-1}$以上。以人工马尾松纯林为例，近自然化改造显著地提高了作业林分的蓄积生长量，高达19.51 $m^3 \cdot hm^{-2} \cdot a^{-1}$，与纯林对照比较生长量提高了3.94 $m^3 \cdot hm^{-2} \cdot a^{-1}$，单株林木的生长量比对照林提高3倍以上，在"林分水平上满足收获量小于生长量"的可持续经营基本原则的条件下，每年可获得17.3 $m^3 \cdot hm^{-2} \cdot a^{-1}$的活立木收获量，折合纯收益为每年每公顷7 000元。

(4) 森林生态系统整体进步

深化了森林生态系统层面的认知，目前可以从地上部分各组分间的作用关系、地上部分与地表微生物分解层关系、地上部分与地下土壤和根系子系统关系、地上部分与周围环境和气候要素关系等几个方面解释其作用机制。其中最重要的就是调控"地上乔木层对太阳能吸收积累—地表微生物层分解转换—地下土壤层存储利用"的森林生态系统关键作用过程，而传统的人工林模式向生态系统模式发展的关键环节在于地表微生物主导的分解层子系统发育和野生动物水平的进步。

在中国林业科学研究院热带林业实验中心的马尾松人工林近自然化改造示范林的经营成效显示，经营处理8年后，林分中0~10 cm土壤理化性质发生显著变化，土壤有机碳增加了18.8%、pH值上升了4.1%、全磷降低了18.6%、铵态氮增加了32.3%、土壤碳氮比降低了8.9%、土壤微生物碳增加31.1%，且均达到统计学上的显著差异（$p < 0.05$）；土壤孔隙度在树种之间存在显著差异，而同一树种不同处理间无显著差异。

经过6年的建设，多功能森林经营的理念已经在15个国家样板基地普遍得到接受，培育混交—复层—异龄林实现健康、稳定、高效的森林生态系统已成为共识。在此基础上，各基地运用多功能森林经营的原理和技术，总结出了78个森林经营模式，并建立了示范林 17 050.3 hm²，为新时期森林经营提供了样板。

2.4.3 典型案例分析

2012年年底，国家林业局将中国林业科学研究院热带林业实验中心确定为全国森林经营样板基地，进行多功能森林经营的研究和示范。建设前，实验中心共有森林面积 1.33×10^4 hm²，森林蓄积量 139×10^4 m³，乔木林每公顷蓄积量 104.7 m³；森林主要由马尾松组成，还有一部分乡土珍贵树种；在林龄结构上，中龄林和近熟林占比很大，其中，中龄林占 42.91%、近熟林占 28.95%、成熟林占 17.13%、过熟林占 3.28%、幼龄林占 7.73%。

样板基地探索总结出 7 种经营类型：①珍贵树种大径材经营类型；②针叶人工纯林近自然化改造经营类型；③马尾松脂材兼用林近自然化经营类型；④速生桉—珍贵树种混交经营类型；⑤松杉人工针叶林经营类型；⑥速生阔叶树纯林经营类型；⑦退化天然次生林改造经营类型，并从这 7 种森林经营类型中选择了 5 种森林经营类型的 7 个经营模式，建立了 49 块长期监测的样板样地，进行森林经营成效监测。同时，中国林业科学研究院热带林业实验中心以样板基地的成功模式为基础，应用近自然经营理论和目标树经营技术，营建了 10 种多功能近自然经营模式，见表 2-4。

表 2-4　中国林业科学研究院热带林业实验中心 10 种多功能近自然经营模式

造林年份	经营模式
1983	珍贵树种红锥大径材定向培育模式
1981	珍贵树种火力楠大径材定向培育模式
1989	珍贵树种西南桦与红锥异龄混交模式
1993	松杉人工纯林近自然化改造模式
1987	马尾松—楠木异龄混交模式
1991	马尾松脂材兼用林近自然化改造模式
2010	速生桉—降香黄檀同龄混交模式
1991	马尾松—大叶栎异龄混交模式
2002	优良速生阔叶树灰木莲小面积皆伐模式
2016	退化天然次生林—珍贵树种改造模式

下面以中国林业科学研究院热带林业实验中心马尾松近自然化改造模式为例，对森林经营效果进行评价。该马尾松人工林营造于 1993 年，于 2007 年实施目标树作业法的第一次抚育采伐作业，并在强阳性速生马尾松主林层下补植了速生树种大叶栎、中性喜光树种香梓楠和灰木莲、早期耐阴的慢生珍贵树种格木和红锥等；于 2016 年执行第二次抚育采伐，进一步调整林分结构，促进补植林木的生长。

在 2007 年首次作业时，设置了作业区和对照区，布设了定位观测样地并完成了本底数据的调查。此后，每 2 年复测一次，获取林分及土壤数据，作为森林经营效果评价的依据。经过 10 年的建设，马尾松人工林在森林结构、生长动态和生产力、森林生产功能和生态环境服务能力及经济效益方面都发生了显著变化（表 2-5）。

表 2-5　中国林业科学研究院热带林业实验中心马尾松人工林经营后变化情况

变化指标	10 年后林分变化情况	
	经营作业林分	未经营作业林分(对照)
森林结构	a)林木直径分布呈现倒"J"形分布，胸径分布范围 5～40 cm b)为异龄复层混交林结构，补植的速生阔叶种大叶栎快速进入主林层，珍贵树种红锥生长良好 c)林下出现大叶栎及其他树种的天然更新	a)林木直径分布仍呈现典型的山状曲线分布，胸径分布范围 5～35 cm b)仍为单层同龄纯林，未形成明显的垂直结构 c)林下致密，未发现天然更新
森林生长和生产力	a)年公顷生长量为 19.51 m³ b)林木下层补植珍贵阔叶树年公顷生长 0.612 m³ c)年平均单株林木生长量为 0.048 7 m³ d)作业林分的当前蓄积量与 2007 年、2016 年间伐蓄积量累计的公顷蓄积量为 372 m³	a)年公顷生长量为 15.57 m³ b)林下无其他阔叶树种生长量 c)年平均单株林木生长量为 0.013 8 m³ d)林分公顷蓄积量 337.62 m³
森林生产功能	a)10 年间的总抚育采伐收获量为 173.86 m³·hm⁻² b)每年获得 17.3 m³·hm⁻² 的活立木收获量 c)通过抚育性采伐获得的纯收益为每年每公顷 7 600 元 d)出现生活力强、干性通直、具备大径材培育前途的目标林木	a)10 年间无抚育收获量 b)每年无活立木收获量 c)无货币收益 d)缺乏培育潜力的优秀林木个体
森林生态功能	a)土壤发育速度和养分水平显著提高 b)生物多样性明显提升，林下出现菌类 c)10 年来未出现松毛虫害等常规 5～6 年周期性森林病虫害	a)土壤发育不良，林下松针不易分解，缺乏有机质层 b)仍为马尾松纯林，生物多样性低 c)10 年来出现松毛线虫等常规 5～6 年周期性病害

总体来说，经过建设后，中国林业科学研究院热带林业实验中心森林面积增加了 3.78%，蓄积量增加了 4.20%，乔木林单位面积蓄积量增加了 12.9 m³·hm⁻²。从林龄结构看，幼龄林、中龄林和近熟林的面积、蓄积量均减少，成熟林和过熟林的面积和蓄积量大幅增加，过熟林面积和蓄积量甚至较作业前翻了几番；从树种组成看，马尾松面积减少但蓄积量增加，乡土珍贵树种面积和蓄积量都有所增加；样板基地建设后，该实验中心的森林林分结构显著改善，林龄结构、径级结构和层次结构更趋合理，林分结构丰富度(在 5～40 cm 径级内均有林木分布的结构状态)得到提高；林分内的生物多样性明显增加，森林乔木树种多样性、微生物种群增加并促进土壤养分发育加速，土壤碳储量明显提高，土壤理化性质明显改善，细根生物量和年凋落量显著提高；天然更新能力显著增强；生态系统服务功能明显改善，森林处于健康稳定的生长发育状态和经济有利的格局。这一系列的变化提高了森林质量，减少了病虫害的发生，森林的物质生产功能也进一步提高。

本章小结

本章在阐述森林可持续经营及森林永续利用的基本概念、内涵的基础上，介绍了森林可持续经营理论的形成过程及理论特点。阐述了不同时期森林经理指导原则及演变过程，并通过分析典型案例，论述了在以森林可持续经营作为森林经理的核心指导原则后，森林可持续经营理论在我国的应用与实践。

思考题

1. 简述森林可持续经营的概念和内涵。
2. 简述森林永续利用的定义和条件。
3. 简述森林可持续经营与森林永续利用的联系及差异。
4. 简述不同时期的森林经理指导原则。

3 森林的理想结构

森林结构是指森林各要素之间在数量上的比例和时间或空间上的排列组合形式,包括空间结构和非空间结构。空间结构是与树木空间位置有关的结构,包括林木空间分布格局、树木竞争关系、树种相互隔离关系等;非空间结构是与树木空间位置无关的结构,如树种组成、林分密度、直径结构、年龄结构等。森林的理想结构就是遵循森林自然生长规律且最符合经营目标的结构。森林的理想结构是依据人类对森林自然变化范围的认识和满足社会经济发展需要的长期经营实践而确定的。

提高森林质量,发挥森林的多种效益,要求具有与立地条件相适应的树种结构。树种结构是指一个森林经营单位或林分中树种的组成、数量及其彼此之间的关系。在一个林业局(场)范围内,各林种比例反映了森林的生态效益与经济效益究竟哪一个是主要目标。不同林种对树种组成有不同要求:用材林要求速生优质的树种,防护林要求根深叶茂、落叶丰富并能改良土壤、耐旱、耐瘠薄及抗火、抗灾能力强的树种,经济林以早实性、丰产性、经济效益高的树种为宜,能源林要求生物量大、发热量高、萌蘖力强的树种。无论哪个林种,其树种组成应以乡土树种为主。理想的树种结构是:适应环境,种间共生互补,林分健康稳定,环境资源利用效率高,物质产品和生态产品持续生产能力强。

森林永续利用和森林可持续经营均要求森林具有合理的时间序列(即年龄结构)。异龄林理想的年龄结构是在一个林分内有不同年龄的树木,每年都有成熟林木可供采伐(择伐),一个林分就可以形成永续利用的时间序列。在同龄林林分中,树木的年龄都相同,一旦成熟,均可采伐利用(皆伐或渐伐),采伐之后通过更新,林分生长到再次可采伐的期间是一个轮伐期。因此,同龄林的一个林分不可能实现永续利用,必须把若干个不同年龄的林分组织起来形成一个森林经营单位,在这个森林经营单位中具有从幼龄林到成熟林各个年龄阶段的林分且面积尽可能相等,才能实现永续利用。

3.1 同龄林理想结构

同龄林实现永续利用的理论模型与理想结构主要包括法正林、完全调整林和广义法正林等。

3.1.1 法正林

(1) 法正林的概念

法正林(normal forest)的名称及其理论产生于奥地利皇家的规定(Normale,1783),后由德国林学家洪德斯哈根对法正林理论加以补充之后才逐步完善。一般认为,19世纪初,洪德斯哈根创立了法正林学说。法正林作为传统森林经营管理的理想目标，也是一种理想结构的森林模式，对实现森林永续用具有较大的指导意义。到20世纪初，一直是森林经理学的中心支柱。

所谓法正林，就是在同龄林实行皆伐作业和一定轮伐期的前提下，能持久地每年提供一定数量木材的森林。法正林的对象不是指一个林分，而是指经营目的和经营措施相同的多个林分的集合体，即通常所说的经营类型或作业级。法正林属于同龄林的经营类型，各林分应有相同的树种、轮伐期和作业法。森林经营措施的实施是以林分为基础，森林结构的分析与调整也以林分为基本单元。

（2）法正林的条件

法正林要求的条件包括以下4个。

①法正龄级分配（normal age class） 具备1年生到轮伐期（u）的林分，并且各龄级林分的面积相等；每年采伐 u 年生的林分，第2年造林形成1年生林分，其他林分都长1年。即每年持续收获定量木材，又保持龄级结构不变（图3-1）。

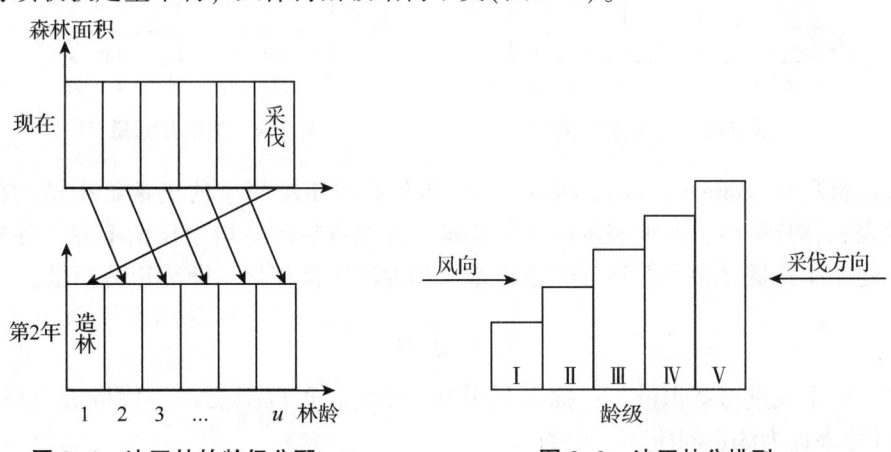

图3-1 法正林的龄级分配　　图3-2 法正林分排列

②法正林分排列（normal stand arrangement） 林分的排列有利于森林更新、保护和作业。如图3-2所示，假如风从左方来，则采伐（皆伐）方向应与风向相反（右），这样可以利用风力天然下种，保护幼树，并便于采运木材。法正的林分排列是法正林的空间结构。

③法正生长量（normal growth） 各林分有与年龄相应的最大生长量（疏密度等于1.0）。如果满足了以上两个条件，可以假设各林分每年的生长量相同，分别记为 Z_1，Z_2，…，Z_u，各林分年平均生长量记为 Z，各林分的蓄积量分别为 m_1，m_2，…，m_u，则：

$$Z_1 = m_1$$
$$Z_2 = m_2 - m_1$$
$$\cdots$$
$$Z_{u-1} = m_{u-1} - m_{u-2}$$
$$Z_u = m_u - m_{u-1}$$

$$Z_n = uZ = \sum_{i=1}^{u} Z_i = m_u \tag{3-1}$$

由式(3-1)可知,法正生长量 Z_n 是各林分的连年生长量 Z_1, Z_2, $\cdots$, Z_u 的总和,它等于经营类型的年总生长量($u \cdot Z$),也等于最老林分的蓄积量 m_u。每年采伐最老林分,也就是收获每年的总生长量,并且使每年收获相等,以保持永续收获(图3-3),故称式(3-2)为永续利用的基本式:

$$E_n = Z_n = m_u \tag{3-2}$$

式中,E_n 为法正年伐量;Z_n 为法正生长量;m_u 为最老林分(u 年生)的蓄积量。

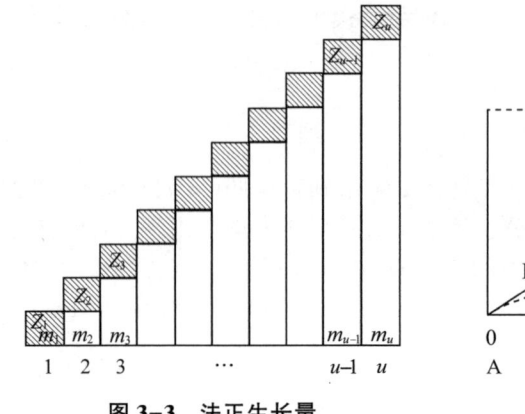
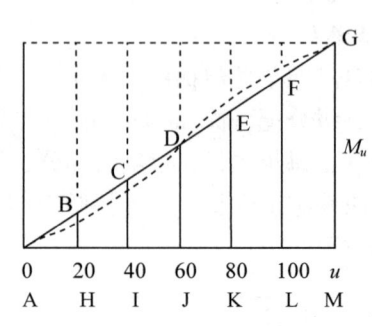

图3-3 法正生长量　　　　图3-4 法正蓄积量

④法正蓄积量(normal growing stock)　各林分有与年龄相应的正常蓄积量。在图3-4中,横轴表示林分年龄,纵轴表示法正生长量。假设各龄级平均生长量不变,各林分的蓄积量等于连年生长量之和,各林分的蓄积量之和为法正蓄积量,即法正蓄积量:

$$V_n = \sum_{i=1}^{u} m_i \tag{3-3}$$

通常,把采伐量与蓄积量之比称为利用率。因此,可以把法正年伐量 E_n 对法正蓄积量 V_n 的百分率称为法正利用率,记为:

$$P = \frac{E_n}{V_n} \times 100\% \tag{3-4}$$

当采用皆伐作业时,有:

$$E_n = m_u, \quad P = \frac{E_n}{V_n} \times 100\%, \quad V_n = \frac{um_u}{2}$$

则有:

$$P = \frac{E_n}{V_n} \times 100\% = \frac{m_u}{\frac{um_u}{2}} \times 100\% = \frac{200}{u} \tag{3-5}$$

根据式(3-4)可知,法正利用率 P 是与轮伐期成反比的,对于同一类林分而言,轮伐期通常一致,故 P 也是一个常数。法正利用率通常可用于粗略计算一个经营类型的年伐量,但必须是龄级结构接近均匀(即法正状态)的条件才能适用,否则结果相差较远。

(3)法正林的评价

从法正林诞生时起,就有不少人对法正林表示怀疑甚至进行批判。法正林理论作为实现永续利用的一种理想状态，不仅在欧洲，在古代中国也有类似做法，南北朝的《齐民要术》中有关于种植白杨的记载。后来，人们把法正林称为一种思想，实质上是作为一种学说而为广大森林经营工作者所理解。这个学说简单通俗，是森林经理学中一个卓越的思想，而且是截至19世纪60年代林业上唯一的思想。

法正林理论由德国林学家提出并广泛应用于生产实践，在德国森林经营学科技和生产领域中主导了100多年。该理论在新中国成立后由苏联专家引入我国，在我国的森林经营方针、规程与办法、林区总体规划及森林经营方案中普遍体现及应用，并一直持续到现在。在长期的森林经营实践中，根据法正林理论把现实森林导向法正状态一直是森林经理工作的重要任务之一，把法正林作为人为调节和控制森林结构的一种规范的经营手段一直得到应用。

法正林理论在森林经营活动中仍然具有重要的现实意义，具体优点有：

①法正林的基本原理仍有指导意义。法正林是木材资源永续利用的重要理论，法正林理论的核心思想是用生长量来控制采伐量，并保持两者之间的相对平衡，这反映了采育结合、合理经营、永续利用的观点。在现代林业中，用生长量来控制采伐量仍是林业生产的主要准则之一。我国《森林法》规定的国家根据森林资源消耗量低于生长量的原则，严格控制森林年伐量，就是根据这个原理制定的。

②法正林理论提出了一种实现森林永续利用的理想森林结构，对用材林的森林结构调整具有重要的指导意义。可以利用法正林的4个基本条件，检查、衡量现实森林与永续利用或理想状态的差距。特别是4个基本条件中的法正龄级分配是森林结构调整的首要条件。把同龄林的年龄结构导向面积按年龄均匀分配的标准状态仍是现代森林经理工作的主要内容之一。

③法正林分排列不仅有利于天然下种更新和保护幼树，对于生态环境建设和国土保护也有现实意义。

④法正林理论关于组织森林经营的许多技术要素，如森林区划、经营单位的组织、轮伐期等在森林经理实践中仍广泛采用，行之有效。

⑤法正林理论简单易懂，可操作性强，容易被广大林业工作者所理解和掌握。该理论已有近200年的历史，至今仍然是森林结构调整的目标之一，在指导世界林业发展中具有难以替代的作用。

以实现木材永续利用的法正林思想的诞生，表明了人类具有恢复森林的能力，人工林的营造和经营使人类不再纯粹依靠原始森林获得木材，缓解了当时的木材供需矛盾。但是，以追求经济利益为主的木材永续利用，导致大批同龄针叶纯林的出现，造成地力严重衰退，破坏了森林的生态结构，这也是某种程度上造成生态问题的根源之一。纵观近200年来的实践，法正林理论也有明显的缺陷，主要体现在：

①法正林条件过于苛刻，在现实林中很少见到，也是不容易在短期内实现的一种理想森林结构。世界上除瑞典等少数国家外，一般很少见到。现实林很少见到像法正林那样的分布，在导向法正状态过程中可能要等待几十年。特别是树种、龄级比较复杂的天然林，在导向法正状态时，为了形成均匀分配的龄级结构，会出现过早采伐尚未成熟的中龄林、近熟林或使成、过熟林推迟采伐的不合理现象。

②法正林是一种简单再生产,不能扩大再生产。只着眼于现有森林的合理经营和利用,对于如何扩大森林资源,没有足够的考虑。而且只考虑木材的永续利用,从现代林业要求来看,显然是不够的。现在提倡的森林可持续经营准则是以实现森林的全部价值为经营取向,它是从森林生态系统在生命支持系统中的整体作用出发,将森林生态系统的物质产品生产和环境服务放在统一的高度来看待,目的在于通过对森林生态系统的管理,向社会提供可持续的福利,包括经济效益、生态效益和社会效益,而不仅仅是某种物质产品的利用。

③法正林只考虑森林内部条件,根据理想化的森林结构和林分生长过程来分析森林数量和质量变化,没有考虑自然因素和人为因素对森林的影响。因此,在林业实践中要完全按照法正林的要求去组织林业生产是很困难的。

④法正林主要针对森林,不能解决大面积宜林荒山荒地的林业规划及更大地区、林区的规划问题。

大多数学者认为法正林是一种理论模型,是指导现实用材林经营的理想范式,是一个可供比较的参考。导向法正林是实现永续利用的手段之一,而不是森林经营的最终目的。

3.1.2 完全调整林

由于法正林要求条件苛刻,现实林要达到理想的法正结构,可能需要经过几个轮伐期。而且即使达到法正林状态,也仅仅是维持生长量与采伐量的长期平衡,也不符合扩大再生产的要求。因此,严格追求这种法正林是不切实际的。

美国林学家戴维斯(K. P. Davis)、克拉特(J. L. Clutter)、鲁斯克纳(W. A. Leuschner)先后提出完全调整林(简称调整林)概念来代替古典的法正林理论。

鲁斯克纳指出,完全调整林的定义是每年或定期收获蓄积量、大小和质量上大体相等的森林。这个定义是对林木而言,如果定义的收获量包括野生动物、游憩、美学价值和其他林产品,它则是适用于所有林产品的一般定义。关于收获的种类及所希望的蓄积量、大小或质量都可以规定目标。

戴维斯和克拉特等则提出,完全调整林的基本条件仍是各个直径级或龄级的林木保持适当的比例,能够每年或定期取得数量大致相等,达到期望大小的收获量。这就要求具有各个径级和龄级的林木,并保证有大致相等数量的蓄积量可供每年或定期采伐。

克拉特拓展了完全调整林概念,将其定义为"在一定采伐水平上龄级结构保持不变的森林"。总之,现有林经过调整后能达到法正状态的森林,就是完全调整林。

因此,调整林是根据实现永续利用森林结构秩序的要求,面对现实森林结构的特点,通过人为措施(采伐与更新)进行不断调整,调整后的森林基本能符合永续利用的要求。其基本想法和法正林是一致的,只是做法上力求切合实际。既要切合森林的自然规律,也要结合林业生产要求。在形式上不要求长期平衡的静止状态,在边生产边调整过程中,逐步形成符合永续利用的完全调整林。

可见,完全调整林与法正林相似,但更加灵活、现实,其区别如下:

①法正林要求法正生长量,但完全调整林不强调法正生长量,只提在相应条件下的生长量,该生长量可小于法正生长量,其大小取决于经营水平。

②法正林要求法正蓄积量，而完全调整林不要求法正蓄积量。完全调整林的蓄积量水平取决于经营水平，可小于或大于法正蓄积量，但往往不是最大的。

③各龄级面积相等，并不因时间而改变，这是法正林的主要条件。但完全调整林各龄级希望尽量相等，但不必完全相等。

④法正林条件下其蓄积量、年伐量是最大的，而完全调整林的年伐量往往不是最大的，只希望在一定的采伐水平上龄级结构保持不变，能够永续利用森林，其采伐量大小取决于经营水平。

⑤法正林是一个极限概念，它的疏密度最大，同时只适用于同龄林、皆伐作业，而完全调整林可以是同龄林，也可以是异龄林。

总之，法正林和完全调整林是有联系的，但在概念上又是不同的。鲁斯克纳指出，区别在于所有的法正林都是调整林，但并非所有的调整林都是法正林。法正林是调整林的充分条件但不是必要条件。一片森林可以是完全调整林，但不一定是法正林。

完全调整林没有严格的条件，因此无法用数学语言描述。

3.1.3 广义法正林

1961年，日本森林具备幼、中龄林占优势，而成、过熟林占少数的特点，如果从法正林的观点来看，这种森林是典型不法正的，但日本名古屋大学铃木太七教授认为是法正状态，并称之为广义法正林(generalized normal forest)。广义法正林的理论基础是林龄空间理论和减反率法。

(1) 林龄空间理论

在林龄空间理论中，一个森林经营单位的面积动态变化可以用各个时期的林龄向量表示。林龄向量是以经营单位各龄级面积为分量的向量，即：

$$\boldsymbol{\alpha} = (a_1, a_2, \cdots, a_n) \tag{3-6}$$

式中，$\boldsymbol{\alpha}$ 为林龄向量；$a_1, a_2, \cdots, a_n$ 分别为 I，II，$\cdots$，n 龄级的面积。

林龄向量 $\boldsymbol{\alpha}$ 随时间的变化可以认为是向量 $\boldsymbol{\alpha}_0$、$\boldsymbol{\alpha}_1$、$\boldsymbol{\alpha}_2$ 等在移动，所有林龄向量构成 n 维向量空间 A，此空间称为林龄空间。

假设 j 龄级的林分经过1个分期(分期等于龄级期)后，共有3种可能的变化：①皆伐后不更新，变为0龄级的林地(通常不出现这种情况)；②不采伐，上升一个龄级，变为 $j+1$ 龄级的林分；③皆伐后立即更新，变为 I 龄级的林分。设 j 龄级的林分在1个分期后向 0 龄级、I 龄级、$j+1$ 龄级转移的概率分别为 $P_{j,0}$、$P_{j,1}$ 和 $P_{j,j+1}$。

一般地，假设 j 龄级林分向任意 k 龄级转移的概率为 $P_{j,k}$，现在的林龄向量 $\boldsymbol{\alpha}$ 与下一个分期的林龄向量 $\boldsymbol{\alpha}' = (a_1', a_2', \cdots, a_n')$ 之间有下列关系：

$$\begin{aligned}
a_1 P_{1,1} + a_2 P_{2,1} + \cdots + a_n P_{n,1} &= a_1' \\
a_1 P_{1,2} + a_2 P_{2,2} + \cdots + a_n P_{n,2} &= a_2' \\
&\cdots \\
a_1 P_{1,n} + a_2 P_{2,n} + \cdots + a_n P_{n,n} &= a_n'
\end{aligned} \tag{3-7}$$

令

$$\boldsymbol{P} = \begin{bmatrix} P_{1,1} & P_{2,1} & \cdots & P_{n,1} \\ P_{1,2} & P_{2,2} & \cdots & P_{2,n} \\ \vdots & \vdots & \cdots & \vdots \\ P_{1,n} & P_{2,n} & \cdots & P_{n,n} \end{bmatrix} \tag{3-8}$$

称式(3-8)的矩阵 $\boldsymbol{P}$ 为林龄转移矩阵，则式(3-6)可以写成：

$$\begin{bmatrix} P_{1,1} & P_{2,1} & \cdots & P_{n,1} \\ P_{1,2} & P_{2,2} & \cdots & P_{2,n} \\ \vdots & \vdots & \cdots & \vdots \\ P_{1,n} & P_{2,n} & \cdots & P_{n,n} \end{bmatrix} \begin{bmatrix} a_1 \\ a_2 \\ \vdots \\ a_n \end{bmatrix} = \begin{bmatrix} a'_1 \\ a'_2 \\ \vdots \\ a'_n \end{bmatrix} \tag{3-9}$$

式(3-9)可以简写为：

$$\boldsymbol{P\alpha} = \boldsymbol{\alpha}' \tag{3-10}$$

下一个分期，林龄向量 $\boldsymbol{\alpha}'$ 转移到 $\boldsymbol{\alpha}''$，设此期间的林龄转移矩阵为 $\boldsymbol{Q}$，则有：

$$\boldsymbol{\alpha}'' = \boldsymbol{Q\alpha}' = \boldsymbol{QP\alpha} \tag{3-11}$$

同理，以后各分期的林龄转移矩阵分别用 $\boldsymbol{R}$、$\boldsymbol{S}$、$\boldsymbol{T}$ 等表示。任意分期后的林龄向量可通过初始(期初)林龄向量及林龄转移矩阵 $\boldsymbol{P}$、$\boldsymbol{Q}$、$\boldsymbol{R}$、$\boldsymbol{S}$、$\boldsymbol{T}$ 等求出。

假设林龄转移矩阵 $\boldsymbol{P}$、$\boldsymbol{Q}$、$\boldsymbol{R}$、$\boldsymbol{S}$、$\boldsymbol{T}$ 等均相等，林龄向量序列就构成马尔科夫链，任意 L 分期后的林龄向量为：

$$\boldsymbol{\alpha}^{(L)} = \boldsymbol{P}^L \boldsymbol{\alpha} \tag{3-12}$$

在式(3-12)中，当 $L \to \infty$ 时，$\boldsymbol{\alpha}$ 就达到稳定状态即广义法正状态，称为广义法正林。广义法正状态与初始龄级无关，只与林龄转移矩阵有关。

应当指出，当林龄向量在林龄空间内按 $\boldsymbol{P\alpha}$、$\boldsymbol{P}^2\boldsymbol{\alpha}$、$\boldsymbol{P}^3\boldsymbol{\alpha}$ 等关系变动时，并不是自由地在全空间内变动，因为经营单位的森林面积 F 是一定的，要求满足下列条件：

$$a_1 + a_2 + \cdots + a_n = F \tag{3-13}$$

根据初始林龄向量 $\boldsymbol{\alpha}$ 和林龄转移矩阵 $\boldsymbol{P}$，能预测以后各分期的林龄向量。由林分收获表(生长过程表)，可以查出各龄级单位面积蓄积量 v_1, v_2, $\cdots$, v_n，则某个分期总蓄积量为：

$$M = a_1 v_1 + a_2 v_2 + \cdots + a_n v_n \tag{3-14}$$

收获(采伐)量为：

$$E = a_1 P_{1,1} v_1 + a_2 P_{2,1} v_2 + \cdots + a_n P_{n,1} v_n \tag{3-15}$$

由此可见，只要知道初始林龄向量 $\boldsymbol{\alpha}$ 和转移矩阵 $\boldsymbol{P}$，就可以预测未来的森林资源动态及收获量。

(2)减反率法

在式(3-15)中，林龄转移概率 $P_{j,1}$ 可以根据减反率计算。所谓减反率就是面积减少的概率。

假设某时期所造的林分，随着年龄的增长，可能在各种龄级采伐。设新造林分恰好在 j 龄级时采伐的概率为 q_j。那么，现在已经到 j 龄级的林分，对其最初的林分而言，平均只剩下 $1-q_1-q_2-\cdots-q_{j-1}$。因此，它在本分期采伐的概率为：

$$q_{j,1}=\frac{q_j}{1-q_1-q_2-\cdots-q_{j-1}} \tag{3-16}$$

它在下一个分期采伐的概率为:

$$q_{j,2}=\frac{q_{j+1}}{1-q_1-q_2-\cdots-q_{j-1}} \tag{3-17}$$

一般,它在第 k 分期采伐的概率为:

$$q_{j,k}=\frac{q_{j+k}}{1-q_1-q_2-\cdots-q_{j-1}} \tag{3-18}$$

式(3-16)~式(3-18)中,q_j 为 j 龄级的减反率;$q_{j,1}$,$q_{j,2}$,$\cdots$,$q_{j,k}$ 为 j 龄级在第 1 分期,第 2 分期,$\cdots$,第 k 分期的减反率。

因为:

$$q_j=P_{1,2}P_{2,3}\cdots P_{j-1,j}P_{j,1} \tag{3-19}$$

$$1-q_1-q_2-\cdots-q_{j-1}=P_{1,2}P_{2,3}\cdots P_{j-1,j} \tag{3-20}$$

根据式(3-16)、式(3-19)和式(3-20),有:

$$q_{j,1}=\frac{q_j}{1-q_1-q_2-\cdots-q_{j-1}}=\frac{P_{1,2}P_{2,3}\cdots P_{j-1,j}P_{j,1}}{P_{1,2}P_{2,3}\cdots P_{j-1,j}}=P_{j,1} \tag{3-21}$$

可见,$P_{j,1}$ 等于 $q_{j,1}$。因此,式(3-15)中的 $P_{j,1}$ 可以根据 $q_{j,1}$ 计算,并由此求出各分期的采伐面积,这就是减反率法。

假设现在的林龄向量为:

$$\boldsymbol{\alpha}=(a_1, a_2, \cdots, a_n) \tag{3-22}$$

式中,$\boldsymbol{\alpha}$ 为林龄向量;a_1,a_2,$\cdots$,a_n 分别为 Ⅰ,Ⅱ,$\cdots$,n 龄级的面积。

一个分期后的林龄向量为:

$$\boldsymbol{\alpha}'=(a_1', a_2', \cdots, a_n') \tag{3-23}$$

式中,$\boldsymbol{\alpha}'$ 为林龄向量;a_1',a_2',$\cdots$,a_n' 分别为一个分期后 Ⅰ,Ⅱ,$\cdots$,n 龄级的面积。

根据式(3-16),现在已经到 j 龄级的林分在本分期的采伐面积 $c_{j,1}$ 为:

$$c_{j,1}=a_jq_{j,1}=\frac{a_jq_j}{1-q_1-q_2-\cdots-q_{j-1}} \tag{3-24}$$

根据式(3-17),现在已经到 j 龄级的林分在下一个分期的采伐面积 $c_{j,2}$ 为:

$$c_{j,2}=a_jq_{j,2}=\frac{a_jq_{j+1}}{1-q_1-q_2-\cdots-q_{j-1}} \tag{3-25}$$

假设现在已经到 j 龄级的林分,当它在 1 龄级时的面积为 a,则保留到下一个分期时 $j+1$ 龄级的面积 a_{j+1}' 为:

$$\begin{aligned}a_{j+1}'&=a_j-c_{j,1}=a_j-a_jq_{j,1}=a_j(1-q_{j,1})\\&=a_j\left(1-\frac{q_j}{1-q_1-q_2-\cdots-q_{j-1}}\right)\\&=\frac{a_j(1-q_1-q_2-\cdots-q_{j-1}-q_j)}{1-q_1-q_2-\cdots-q_{j-1}}\\&=a(1-q_1-q_2-\cdots-q_{j-1}-q_j)\end{aligned} \tag{3-26}$$

根据式(3-25)和式(3-26)有：

$$c_{j,2} = a_j q_{j,2} = \frac{a_j q_{j+1}(1-q_1-q_2-\cdots-q_j)}{(1-q_1-q_2-\cdots-q_{j-1})(1-q_1-q_2-\cdots-q_j)}$$

$$= \frac{a_j}{1-q_1-q_2-\cdots-q_{j-1}} \cdot \frac{q_{j+1}}{1-q_1-q_2-\cdots-q_j} \cdot (1-q_1-q_2-\cdots-q_j)$$

$$= a(1-q_1-q_2-\cdots-q_j)q_{j+1,1}$$

$$= a'_{j+1} q_{j+1,1} \tag{3-27}$$

根据式(3-24)和式(3-27)可知，任意分期各龄级的采伐面积等于该分期各龄级面积与对应龄级第1分期减反率的乘积。

【例3-1】下面以福建省南平市溪后村杉木林(属于集体林)为例(表3-1)，说明如何利用减反率法计算采伐量。

表3-1　溪后村杉木林各龄级面积和减反率(1982年)

龄级	I	II	III	IV	V	VI	VII	VIII	IX	合计
面积(亩)	3 393	2 499	1 674	3 274	835	594	551	500	386	13 706
减反率	0	0	0.007	0.033	0.123	0.277	0.338	0.122	0.1	1

由表3-1可知，该村杉木林总面积为13 706亩*。表3-1中的减反率是根据过去5年伐根调查并绘制减反率曲线(略)查得的。根据表3-1中的各龄级面积和减反率，可以计算各分期的采伐面积和永续面积(保留面积)，这里只列出了第1分期、第2分期、第80分期的采伐面积和永续面积(表3-2)。各龄级保留面积等于永续面积减去采伐面积。计算过程是一个迭代过程，需要编程序完成。在相邻两个分期同龄级永续面积之差不超过1亩的约束条件下，当计算到第80分期时，采伐面积、保留面积和永续面积就达到了稳定状态即广义法正状态，也就是所谓广义法正林(图3-5)。

表3-2　各分期采伐面积和永续面积　　　　　　　　　　　亩

龄级 j	减反率 q_j	第1分期减反率 $q_{j,1}$	期初面积	第1分期		第2分期		第80分期	
				采伐面积	永续面积	采伐面积	永续面积	采伐面积	永续面积
I	0	0	3 393	0	1 419	0	1 304	0	2 054
II	0	0	2 499	0	3 393	0	1 419	0	2 053
III	0.007	0.007 0	1 674	12	2 499	17	3 393	14	2 054
IV	0.033	0.033 2	3 274	109	1 662	55	2 482	68	2 040
V	0.123	0.128 1	835	107	3 165	406	1 607	253	1 973
VI	0.277	0.330 9	594	197	728	241	2 759	569	1 720
VII	0.338	0.603 6	551	333	397	240	487	695	1 151
VIII	0.122	0.549 5	500	275	218	120	157	250	456
IX	0.1	1.000 0	386	386	225	225	98	205	205
合计	1		13 706	1 419	13 706	1 304	13 706	2 054	13 706

---

* 1亩≈0.067hm²。

(3) 广义法正林评价

广义法正林比古典法正林更有现实意义。古典法正林要求龄级结构过于严格均衡，采伐只限在最老龄级进行，这个过于苛刻的条件现实中不易实现，同时也易受外界干扰而破坏其稳定性，且不符合扩大再生产的要求。而广义法正林突破了各龄级面积相等的约束，采伐也不限于最老龄级。理论和实际模拟可证明，不管初始状态是否规整，总是可以达到稳定的永续状态。特别是集体林区的用材林，经

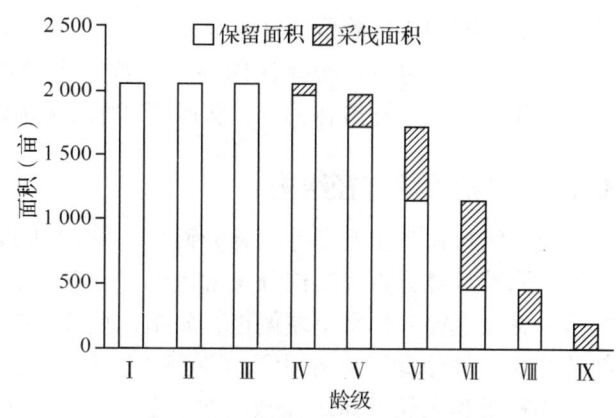

图 3-5 广义法正林的龄级分布

营主体有比较充分的自主经营权，可能采伐各龄级林分，只要各龄级的采伐概率保持不变，就可以达到稳定的永续状态。

广义法正林具有严密的数学逻辑。理论上，广义法正林采伐对象不限于成、过熟林，从幼龄林到成、过熟林的各龄级林分均有可能被采伐。但是，采伐未成熟林如Ⅰ龄级林分是不会出现的，因为树木太小，远未到达可利用阶段，各种效益很低，采伐是无意义的。

3.2 异龄林理想结构

可持续的理想异龄林结构尚不十分清楚，仍需进一步研究。根据现有研究，异龄林的理想结构至少包括以下4个方面：年龄结构、直径结构、树种结构和蓄积量结构。

3.2.1 异龄林的年龄结构

异龄林在一块林地上存在着不同发育阶段的林木。关于异龄林的最佳年龄结构，至今还缺乏深入的系统研究。美国把理想的异龄林称为全龄林(all-aged forest)，即包含从1年生到采伐时所有年龄的林木，当然现实中也是少见的。根据经验，异龄林的年龄 t 与林分株数 N 应符合下式要求：

$$N = c_1 e^{-c_2 t} \tag{3-28}$$

式中，c_1，c_2 为参数；e 为自然常数。

讨论异龄林的年龄结构时，应考虑以下几个方面的因素：

①除了通常的用时间尺度衡量的树木年龄外，掌握各树种所达到的发育阶段(幼龄林、中龄林、近熟林、成熟林、过熟林)也是很重要的。林木个体发育阶段的持续时间因各树种和立地条件而异。

②林木的外形(树冠、树皮、树枝)能反映其年龄、遗传所决定的个体发育阶段以及环境的影响等状况和特征。

③森林生态系统经营所要求的年龄多样性与树种多样性的关系。

④对异龄林来说，一个林分就可以构成一个永续利用的时间序列，其理想的年龄结构

就是要保持不同年龄阶段的林木都要有。但在实际中，为了减少每年择伐对异龄林生长环境的不利影响，也可以按择伐周期，把若干个异龄林林分组织起来形成一个森林经营单位，每年择伐一个异龄林林分，从而实现永续利用。

3.2.2 异龄林的直径结构

直径结构调整主要是针对林分而言，同龄林和异龄林有着不同的林分直径结构特点。典型的同龄林林分直径结构分布常呈正态分布。但在幼、中龄林时期，林分小径级林木株数多，林分直径结构常呈左偏正态分布，且分布曲线的峰度值、峭度值很高；随着林分年龄的增加，林分直径结构逐渐向典型正态分布发展，即具有林分平均直径的林木株数最多，小径级和大径级林木株数较少，且分布曲线的峰度和峭度值减小；林分年龄继续增加，其直径结构又会变为右偏正态分布。在由左偏正态分布向典型正态分布再向右偏正态分布变化的过程中，林分单位面积的总株数减少，曲线的峰度减小，即曲线变得平缓。相比较而言，异龄林的直径结构具有相对稳定的倒"J"形分布。因此，异龄林经营取决于直径结构，而不是年龄结构。稳定的异龄林直径结构才能维持稳定的蓄积生长量。

早在1898年，法国林学家德莱奥古(de Liocourt)就发现，理想的异龄林株数按径阶的分布是倒"J"形，即相邻径阶的立木株数之比趋向于一个常数q，或称为q值法则。q值的计算公式为：

$$q = \frac{N_D}{N_{D+h}} \tag{3-29}$$

式中，q为两个相邻径级株数之比(递减系数或常数)；N_D，N_{D+h}为林分在某时刻D径阶、$D+h$径阶的株数；h为径阶距。

美国林学家迈耶(Meyer)发现，异龄林株数按径阶的倒"J"形分布可用负指数分布表示，公式如下：

$$N = Ke^{-aD} \tag{3-30}$$

式中，N为株数；e为自然常数；D为径阶；a，K为表示直径分布特征的常数，K是相对立木密度，抽象地表示胸径为零径阶的立木株数系数，实际可以是最小径阶的单位面积立木株数，a是连续径阶立木株数呈对数减少的比率。

把式(3-30)代入式(3-29)，得到：

$$q = \frac{N_D}{N_{D+h}} = \frac{Ke^{-aD}}{Ke^{-a(D+h)}} = e^{ah} \tag{3-31}$$

式中，q为两个相邻径阶株数之比；a为负指数分布的结构常数；h为径阶距；e为自然常数。

显然，如果已知现实异龄林株数按径阶的分配，通过对式(3-30)做回归分析，就可以求出常数K和a，把a和径阶距h代入式(3-31)，可求得q值。德莱奥古认为，q值几乎是一个常数，一般在1.2~1.5。迈耶的研究表明美国宾夕法尼亚州的栎林的q值在1.2~2.0。K值较高时，a的值也较高，表明异龄林分中小林木密度较高，分布曲线较陡，立木株数随径级增大而衰减的速度快；K值较低时，a的值也较小，表明分布曲线较平缓，立木株数衰减率低。

q 值一直被作为描述异龄林理想直径分布的结构指标。也可以把具有合理 q 值的异龄林称为"法正"异龄林。

【例 3-2】常绿阔叶林是亚热带的顶极群落，也是典型的异龄林。为研究常绿阔叶林的结构特征，有学者于 2005 年在浙江天目山国家级自然保护区内，选择典型的常绿阔叶林，设置 1 个 100 m×100 m 的固定标准地，对胸径大于等于 5 cm 的树木进行每木调查。2020 年，再对该标准地进行复查。根据 2020 年的复查数据，拟合株数按径阶的负指数分布公式为：$N=512.86e^{-0.102D}$，$R^2=0.9607$（图 3-6）。径阶距 $h=2$ cm，$a=0.102$，则 $q=e^{ah}=e^{0.102\times2}=1.2263$。可见，$q$ 值为 1.2~1.5，这也表明天目山常绿阔叶林的直径结构是合理的。

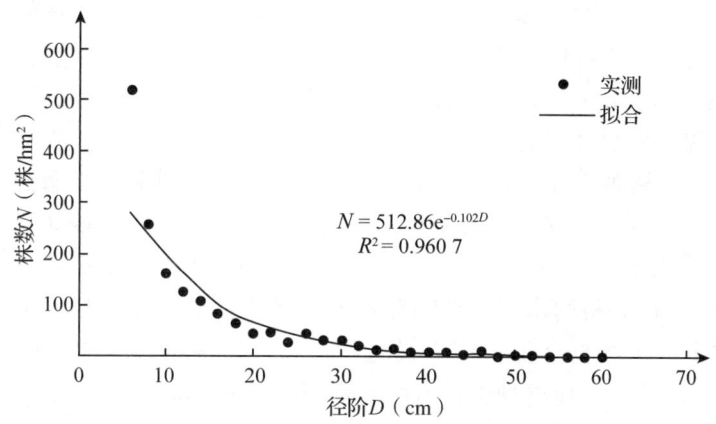

图 3-6 天目山常绿阔叶林株数按径阶分布

关于异龄林的直径结构，也有学者采用威布尔分布函数等进行描述，也取得了较好的效果，这里不作详细介绍。

3.2.3 异龄林的树种结构

根据克莱门茨（Clements，1916）的群落演替理论，在同一气候区内，无论演替初期的条件差距多大，植被总是趋向于顶极方向发展，最终成为一个相对稳定的顶极群落。顶极群落通常是异龄林。异龄林多系天然林，其树种结构形成于群落演替过程。在森林群落演替过程中，乔木层优势种起着构建群落的作用，常称为建群种。从先锋群落到顶极群落的进展演替中，群落的组成种类不断更替，优势树种随时间发生明显改变，通常是耐阴树种取代喜光树种而成为优势树种，每一阶段群落比上一阶段的结构更为复杂和稳定，对环境的利用更为充分，改造环境的作用也更强。如喜光树种组成的杨桦林，会因为耐阴的云杉（*Picea asperata*）、冷杉（*Abies fabri*）树种的侵入而逐渐演变为云冷杉林；喜光的马尾松（*Pinus massoniana*）组成的针叶林或喜光的落叶阔叶树种组阔叶林被耐阴的青冈（*Cyclobalanopsis glauca*）、木荷（*Schima superba*）、栲（*Castanopsis fargesii*）、楠木（*Phoebe zhennan*）等树种取代而形成常绿阔叶林。异龄林的理想树种结构就是在一定气候区的顶极群落的树种结构。北方森林多为单建种群落，热带森林几乎全是共建种群落。

北方针叶林是寒温带的地带性植被，它以针叶树为建群种，可形成针叶纯林、针叶混交林和针阔混交林，主要分布在欧洲大陆北部和北美洲。北方针叶林群落结构十分简单，乔木层常由1个或2个树种组成，林下有灌木层、草本层和苔藓层。我国的北方针叶林主要分布于东北地区、西南高山峡谷地区和西北地区的大小兴安岭、长白山、横断山脉、祁连山、天山和阿尔泰山等地。大兴安岭的兴安落叶松林以兴安落叶松（Larix gmelinii）为建群种。小兴安岭的云冷杉林以冷杉、云杉为建群种。阿尔泰山的西伯利亚落叶松林以新疆落叶松（Larix sibirica）为建群种。天山的天山云杉林以天山云杉（Picea schrenkiana var. tianschanica）为建群种。

落叶阔叶林是在温带、暖温带地区海洋性气候条件下形成的地带性森林类型，它由夏季长叶、冬季落叶的乔木组成，又称夏绿阔叶林，主要分布在西欧。落叶阔叶林主要由杨柳科、桦木科、壳斗科等的乔木树种组成。我国的落叶阔叶林主要分布于东北和华北地区，以栎属落叶树种为建群种，如辽东栎（Quercus wutaishanica）、蒙古栎（Quercus mongolica）和栓皮栎（Quercus variabilis）等以及椴属、槭属、桦属、杨属等落叶树种。

亚热带常绿阔叶林发育在湿润的亚热带气候地带，主要由樟科、壳斗科、山茶科、金缕梅科等的常绿阔叶树种组成。我国的亚热带常绿阔叶林是世界上分布面积最大的，从秦岭—淮河以南一直分布到广东、广西中部，东至黄海和东海海岸，西达青藏高原东缘。我国的常绿阔叶林主要由壳斗科的栲、青冈，樟科的香樟（Cinnamomum camphora）、润楠（Machilus nanmn），山茶科的木荷等常绿乔木树种组成，还有木兰科、金缕梅科的一些树种。在浙江天目山国家级自然保护区内设置的1 hm² 常绿阔叶林样地内，胸径大于等于5 cm 的乔木树种有72个，建群种主要有细叶青冈（Cyclobalanopsis gracilis）、青冈、短尾柯（Lithocarpus brevicaudatus）和豹皮樟（Litsea coreana var. sinensis）等常绿阔叶树种。

热带雨林是分布于赤道两侧10°范围内的地带性生物群落，植物种类异常丰富，具有常绿、湿生特性。我国的热带雨林主要分布在台湾省南部、海南省南部、云南省南部河口和西双版纳地区。西藏自治区墨脱县境内也有热带雨林分布，这是世界热带雨林分布的最北界。我国热带雨林中占优势的乔木树种有：桑科的见血封喉（Antiaris toxicaria）、高山榕（Ficus altissima）、聚果榕（Ficus racemosa）、波罗蜜（Artocarpus heterophyllus），无患子科的番龙眼（Pometia pinnata），以及番茄枝科、肉豆蔻科、橄榄科和棕榈科的树种等。在海南岛尖峰岭自然保护区内设置的1 hm² 热带雨林样地内，胸径大于等于5 cm 的乔木树种有171个，建群种主要有粗毛野桐（Mallotus hookerianus）、白颜树（Gironniera subaequalis）、厚壳桂（Cryptocarya chinensis）、托盘青冈（Cyclobalanopsis patelliformis）、海南韶子（Nephelium topengii）、海南山龙眼（Helicia hainanensis）等树种。

可见，不同气候区的顶极群落有不同的树种结构。确定森林群落的演替阶段和识别顶极群落的树种结构是异龄林树种结构调控的重要前提。林业工作者需要在正确掌握当前群落演替阶段和演替方向的基础上，以促进群落进展演替为原则，以顶极群落树种结构为目标，通过合理调控异龄林的树种结构（择伐与天然更新或人工补植），来缩短到达稳定的顶极群落的时间。

3.2.4 异龄林的蓄积量结构

异龄林的蓄积量结构可以用异龄林各径级蓄积量按径级的比例表示。瑞士林学家毕奥莱(H. Biolley)在对异龄林进行研究时,把云杉和冷杉混交林划分为3个径级,各径级的蓄积量比例为:小径木(20~30 cm)的蓄积量占20%;中径木(35~50 cm)的蓄积量占30%;大径木(55 cm)的蓄积量占50%。认为这3个径级的蓄积量比例为2∶3∶5时,能保持林分最高的生产力。因此,一般认为,异龄林的理想蓄积量结构是蓄积量按径级的比例呈"J"形分布。

【例3-3】常绿阔叶林是典型的异龄林。根据【例3-2】中,2020年常绿阔叶林标准地复查数据,分析常绿阔叶林的蓄积量结构。首先,按10 cm径级距,划分4个径级:小径木[5~15 cm)、中径木[15~25 cm)、大径木[25~35 cm)和特大径木[35~45 cm],胸径大于45 cm的树木也归入特大径木。然后,统计各径级的蓄积量,并计算蓄积量比例,4个径级的蓄积量比例为1∶2∶3∶4(表3-3)。再根据表3-3的径级中值和蓄积量,拟合二者的关系曲线(图3-7)。可见,常绿阔叶林的蓄积量按径级呈"J"形分布,属于异龄林的理想蓄积量结构。

表3-3 常绿阔叶林蓄积量按径级的比例

径级 (cm)	径级中值 (cm)	蓄积量 ($m^3 \cdot hm^{-2}$)	蓄积量比例 (%)
[5, 15)	10	25.629 8	12
[15, 25)	20	40.398 4	19
[25, 35)	30	60.381 8	28
[35, 45]	40	88.729 0	41
合计		215.139 1	100

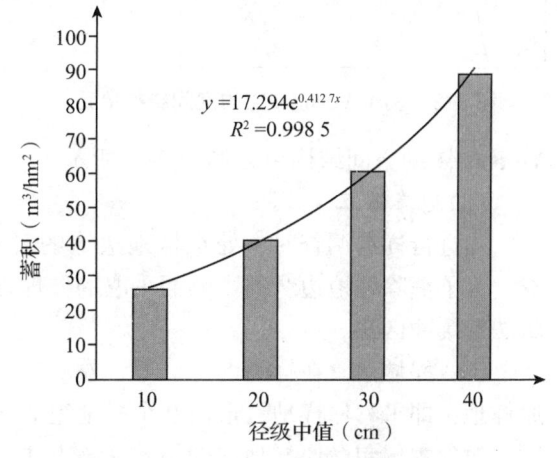

图3-7 常绿阔叶林蓄积量与径级的关系

3.3 林分空间结构

3.3.1 林分空间结构的概念

(1)林分空间结构的定义

林分空间结构就是森林中树木及其属性在空间的分布形式和树木之间的相互作用关系,包括林木空间分布格局、树木竞争关系、树种相互隔离关系等方面,分别采用林木空间分布格局指数、竞争指数、混交度等指标描述。林分空间结构依赖于树木的空间位置,这是区别于林分非空间结构的主要标志。因此,在进行林分空间结构分析之前,需要测定树木的坐标。如果移动树木的空间位置,不会发生变化的林分结构就是林分非空间结构,如树种组成、直径分布、树高分布、年龄结构和株数密度等;否则,属于林分空间结构。与林分非空间结构相比较,林分空间结构具有更精确的结构信息,在林分结构优化调控中具有重要意义。

(2)林分空间结构单元

目前,林分空间结构分析是采用局部结构推算整体结构的方法。所谓局部结构就是以对象木为中心的邻域范围的空间结构,又称林木点结构。对象木及其邻域范围内的 n 株最近邻木构成空间结构单元,建立空间结构单元及其最近邻木株数 n 的取值方法有以下3种。

①固定 n 对象木及与其距离最近的 n 株树构成空间结构单元,如聚集指数,$n=1$;混交度,$n=3$ 或 $n=4$。

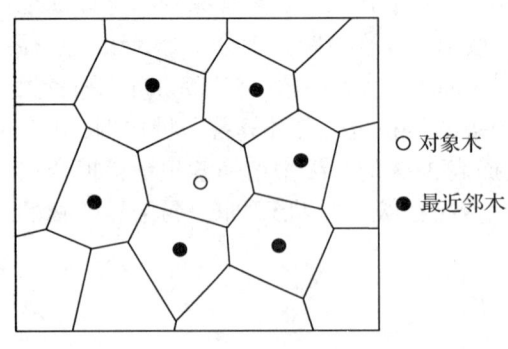

图3-8 基于 Voronoi 图的空间结构单元

②固定半径圆 对象木及以其为中心的固定半径圆内的其他树木构成空间结构单元,多用于竞争关系分析,半径的取值有多种,如 4 m、5 m、6 m、8 m 等。

③Voronoi 图 将林分中每一株树木视为 1 个点,创建 Voronoi 图。根据 Voronoi 图的特征,每个 Voronoi 多边形内仅包含 1 株树木。对象木所在 Voronoi 多边形的相邻 Voronoi 多边形内的树木就是其最近邻木。对象木的最近邻木株数与相邻 Voronoi 多边形的个数相等。基于 Voronoi 图的空间结构单元如图3-8所示。

(3) 边缘矫正

当进行样地调查时,处在样地边缘的对象木的最近邻木可能位于样地之外而没有调查。为了消除样地边缘的影响而采取的处理方法称边缘矫正。常用的边缘矫正方法有八邻域法和缓冲区法。

①八邻域法 在样地的上、下、左、右、左上、左下、右上、右下 8 个邻域方向复制原样地,即平移原样地,形成 9 个样地组成的大样地即矫正样地。计算空间结构结构指数时,对象木仅包含原样地内的树木。该方法多用于最小边长小于 30 m 的样地。

②缓冲区法 以样地各条边向样地内部一定距离的范围作为缓冲区。原样地去除缓冲区后称为矫正样地。计算空间结构指数时,对象木仅包含矫正样地内的树木。该方法多用于最小边长大于等于 30 m 的样地。

3.3.2 理想的林分空间结构

汤孟平等(2004b)最早从混交、竞争与分布格局 3 个方面研究了异龄林的理想空间结构,认为异龄林的理想空间结构是林木均匀分布、竞争强度低且树种相互隔离程度高,并以此为基础建立了以空间结构为目标的林分择伐空间结构优化模型。下面主要从林木空间分布格局、树木竞争关系和树种相互隔离关系 3 个方面介绍异龄林的理想空间结构。

(1) 林木空间分布格局

林木空间分布格局是指林木个体在水平空间的分布状况,它反映了初始格局、微环境差异、气候和光照、植物竞争以及单株树木生长等综合作用的结果。林木空间分布格局形式包括聚集分布、随机分布和均匀分布(或规则分布、分散分布),分别如图3-9所示(图中圆圈表示树木)。

可以用林木空间分布格局指数对种群(或群落)的林木空间分布形式进行定量描述。林

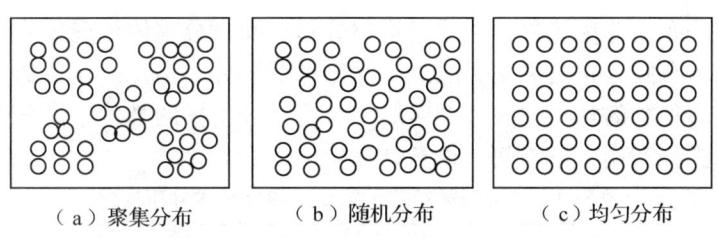

(a) 聚集分布　　　(b) 随机分布　　　(c) 均匀分布

图 3-9　林木空间分布格局

木空间分布格局指数有聚集指数、Ripley's $K(d)$ 函数和角尺度等。由于聚集指数具有计算简便、结果明确的优点，所以得到广泛应用。

聚集指数是最近邻单株距离的平均值与随机分布下的期望平均距离之比：

$$R = \frac{\frac{1}{N}\sum_{i=1}^{N} r_i}{\frac{1}{2}\sqrt{\frac{F}{N}}} \tag{3-32}$$

式中，R 为聚集指数，$R \in [0, 2.1491]$；r_i 为第 i 株树木到其最近邻木的距离；N 为样地内树木株数；F 为样地面积。

当 $R<1$ 时，林木有聚集分布趋势；当 $R=1$ 时，林木有随机分布趋势；当 $R>1$ 时，林木有均匀分布趋势，特别当林木呈正六边形分布时，$R=2.1491$。

聚集分布是自然界最常见的种群分布形式，资源分布不均匀、无性繁殖或种子掉落在母株附近是形成聚集分布的主要原因。均匀分布常见于人工林，在自然界中较少见。随机分布则介于二者之间。从充分利用光照、营养和生长空间角度，均匀分布是最佳分布形式。

【例 3-4】在吉林省汪清林业局金沟岭林场的天然云冷杉异龄混交林内，设置 1 个大小为 50 m×40 m 的样地，进行每木调查，并测量树木坐标。样地共有树木 147 株，其中：鱼鳞云杉（*Picea jezoensis*）38 株、臭冷杉（*Abies nephrolepis*）31 株、紫椴（*Tilia amurensis*）22 株、红松（*Pinus koraiensis*）16 株、水曲柳（*Fraxinus mandshurica*）4 株、榆树（*Ulmus pumila*）2 株、色木槭（*Acer pictum*）9 株、枫桦（*Betula costata*）5 株和其他树种 20 株。鱼鳞云杉、臭冷杉、椴木和红松共 107 株，占总株数的 73%，因此这 4 个树种是林分的优势种群。采用聚集指数[式（3-32）]分析林木空间分布格局。采用缓冲区法进行边缘矫正，缓冲区宽度为 5 m（图 3-10）。结果表明，优势

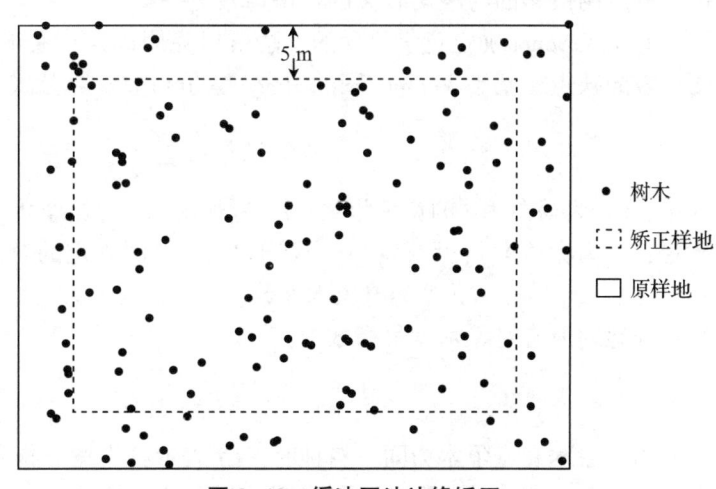

图 3-10　缓冲区法边缘矫正

种群主要呈聚集分布，非优势种群主要呈均匀分布，而林分整体呈聚集分布(表3-4)。说明林分整体的林木空间分布格局主要取决于优势种群的分布格局。可以通过合理择伐或补植，重点调整优势种群的林木空间分布格局，并使林分整体的林木空间分布格局趋于均匀分布状态，以便充分利用生长空间，提高森林生产力。

表3-4 金沟岭林场的天然云冷杉林林木分布格局

树种	样地面积（m²）	矫正样地面积（m²）	株数（株）	对象木株数（株）	平均最近距离（m）	期望平均距离（m）	聚集指数	判断准则	分布格局
鱼鳞云杉	2 000	1 200	38	20	3.291 8	3.873 0	0.849 9	<1	聚集分布
臭冷杉	2 000	1 200	31	19	4.647 6	3.973 6	1.169 6	>1	均匀分布
椴木	2 000	1 200	22	15	3.574 9	4.472 1	0.799 4	<1	聚集分布
红松	2 000	1 200	16	10	4.605 5	5.477 2	0.840 8	<1	聚集分布
色木槭	2 000	1 200	9	7	9.122 1	6.546 5	1.393 4	>1	均匀分布
枫桦	2 000	1 200	5	4	15.021 3	8.660 3	1.734 5	>1	均匀分布
水曲柳	2 000	1 200	4	3	11.013 9	10.000 0	1.101 4	>1	均匀分布
春榆	2 000	1 200	2	2	9.972 5	12.247 4	0.814 2	<1	聚集分布
其他树种	2 000	1 200	20	13	4.639 4	4.803 8	0.965 8	<1	聚集分布
林分总体	2 000	1 200	147	93	1.767 1	1.796 5	0.983 9	<1	聚集分布

(2) 树木竞争关系

植物竞争一直是生态学研究的核心问题。竞争是指在同种或异种的两个或多个体间，由于它们的需求超过了当时空间或共同资源供应，从而发生对环境资源和空间的争夺现象。物种竞争实质是争夺有限资源，导致适合度降低，对物种生存有负面影响。

树木竞争意味着有限资源不足以支持同一生存空间范围内两株或多株树木的充分生长。树木竞争会降低树木的生长量。在树木竞争关系研究中，广泛采用与距离有关的竞争指数。Hegyi竞争指数计算简便，又包含反映树木生长状况的重要因子——胸径，因此是国内外应用最多的与距离有关的竞争指数之一。

基于Voronoi确定竞争单元的方法可以克服固定半径圆方法存在尺度不统一、结果不便比较的缺点。基于Voronoi图的Hegyi竞争指数计算公式为：

$$CI_i = \sum_{j=1}^{n_i} \frac{d_j}{d_i L_{ij}} \qquad (3-33)$$

式中，CI_i 为对象木 i 的竞争指数；L_{ij} 为对象木 i 与竞争木 j 之间的距离；d_i 为对象木 i 的胸径；d_j 为竞争木 j 的胸径；n_i 为基于Voronoi图确定的对象木 i 所在竞争单元的竞争木株数，$i=1,2,\cdots,N$；N 为对象木株数。

样地内所有对象木竞争指数为：

$$CI = \sum_{i=1}^{N} CI_i \qquad (3-34)$$

当对象木和竞争木为同一树种时，CI 表示种内竞争指数；当对象木和竞争木为不同树种时，CI 表示种间竞争指数。无论种内还是种间竞争，对建群种或目的树种生长均有不利影响。因此，理想的竞争关系是维持建群种或目的树种及林分整体处于较低竞争水平。

【例3-5】根据【例3-4】的调查数据，采用式(3-33)和式(3-34)，分析天然云冷杉林的竞争关系。结果表明，天然云冷杉林以种间竞争为主，种间竞争指数占76.56%；4个优势种群鱼鳞云杉、臭冷杉、椴木和红松的竞争指数占总竞争指数的73.03%；优势种群鱼鳞云杉、臭冷杉、红松以种间竞争为主，分别占总竞争指数的86.65%、77.23%、80.91%，椴木以种内竞争为主，占58.42%(表3-5)。因此，该林分竞争关系调整重点是降低种间竞争强度，特别是降低优势种群鱼鳞云杉、臭冷杉和红松的种间竞争强度。人们可以通过择伐先锋树种、伴生树种以及达到成熟或生长不良的建群种树木，来降低优势种群和林分整体竞争强度。

表3-5 金沟岭林场的天然云冷杉林竞争指数

树种	种内竞争指数	种间竞争指数	总竞争指数	占比(%)
鱼鳞云杉	13.133 5	85.260 1	98.394 1	29.18
臭冷杉	7.992 4	27.114 5	35.106 8	10.41
椴木	49.022	34.886 2	83.908 4	24.89
红松	5.504 4	23.333 3	28.837 6	8.55
色木槭	0	12.438 1	12.438 1	3.69
枫桦	0	8.039 5	8.039 5	2.38
水曲柳	0	8.120 0	8.120 0	2.41
春榆	0	14.151 4	14.151 4	4.20
其他	3.364 2	44.809 6	48.173 9	14.29
林分总体	79.016 5	258.152 7	337.169 8	100
占比(%)	23.44	76.56	100	—

(3) 树种相互隔离关系

迄今为止，表示树种混交程度的方法有多种。林学上常用的混交比仅说明林分中某一树种所占的比例，缺乏判知该树种在林分中的分布信息，更无法说明一树种周围是否有其他树种。费希尔(Fisher et al., 1943)提出的物种多样性指数只是对物种丰富程度的度量，无法对物种间的分布做出判断。皮鲁(Pielou, 1969)提出的分隔指数仅适用于树种的两两比较。为此，加多和菲尔德纳(Gadow & Füldner, 1992)提出混交度的概念(以下称简单混交度)。此后，又提出了树种多样性混交度、物种空间状态和全混交度。一般认为，林分混交度越高，林分越稳定。

① 简单混交度 简单混交度用来说明混交林中树种空间隔离程度，它被定义为对象木 i 的 n 株最近邻木中，与对象木不属同种的个体所占的比例，用公式表示为：

$$M_i = \frac{1}{n}\sum_{j=1}^{n} v_{ij} \tag{3-35}$$

式中，M_i 为对象木 i 的简单混交度；n 为对象木 i 的最近邻木株数；v_{ij} 为离散变量，当对象木 i 与第 j 株最近邻木非同种时 $v_{ij}=1$，反之，$v_{ij}=0$。

当考虑对象木周围的4株相邻木即 $n=4$ 时，M_i 的取值有5种，如图3-11所示。这5

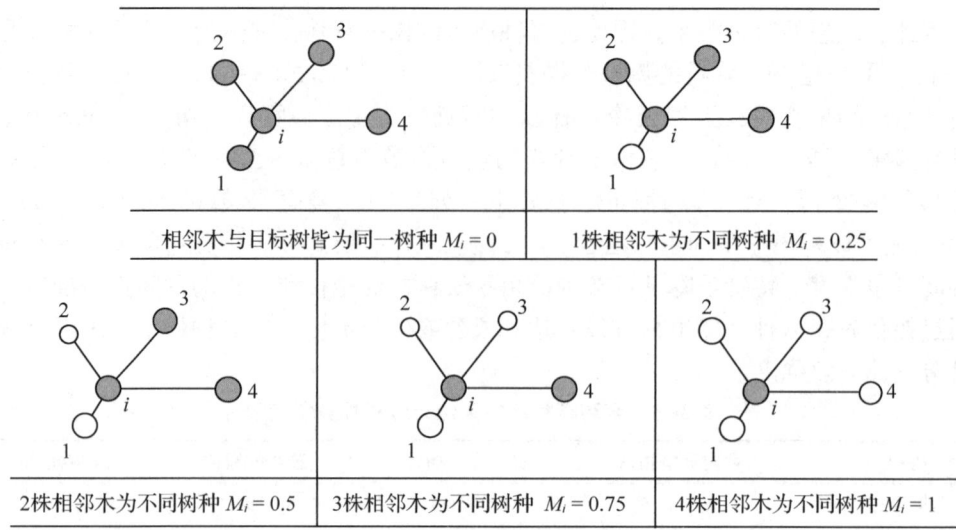

图 3-11 简单混交度取值

种可能对应于零度、弱度、中度、强度、极强度混交(相对于此结构单元而言)。

按式(3-35)计算的简单混交是以对象木为中心的局部混交度。林分平均混交度为:

$$\overline{M} = \frac{1}{N} \sum M_i \tag{3-36}$$

式中,N 为林分总株数;M_i 为第 i 株树木的混交度。

②树种多样性混交度 简单混交度仅以对象木与最近邻木之间的树种异同为基础,并不考虑最近邻木之间的树种差异,因此,不能完全反映树种的空间隔离程度。为此,汤孟平等(2004a)在简单混交度基础上提出树种多样性混交度。树种多样性混交度除考虑对象木与最近邻木树种差异之外,还考虑最近邻木之间的树种异同,计算公式为:

$$Mt_i = \frac{n_i}{n} M_i \tag{3-37}$$

式中,Mt_i 为对象木 i 的树种多样性混交度;n_i 为对象木 i 的 n 株最近邻木中的树种个数;n 为最近邻木株数;$M_i = \frac{1}{n} \sum_{j=1}^{n} v_{ij}$,当对象木 i 与第 j 株最近邻木属不同树种时,$v_{ij} = 1$。当对象木 i 与第 j 株最近邻木属同一树种时,$v_{ij} = 0$。

③物种空间状态 惠刚盈等(2008)认为,树种多样性混交度在考虑树种多样性时没有包含对象木。为此,提出了物种空间状态:

$$Ms_i = \frac{s_i}{5} M_i \tag{3-38}$$

式中,Ms_i 为对象木 i 的物种空间状态;M_i 为简单混交度;s_i 为结构单元的树种个数。

④全混交度 实际上,树种多样性混交度和物种空间状态都不能区分 4 个邻体中有 3 株树种相同[图 3-12(a)]和 4 个邻体中有 2 株树种相同[图 3-12(b)]的混交结构单元。为此,汤孟平等(2012)又提出了全混交度的概念。全混交度全面考虑对象木与最近邻木之间,以及最近邻木相互之间的树种隔离关系,同时兼顾结构单元树种多样性,引入了辛普

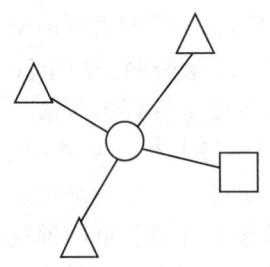 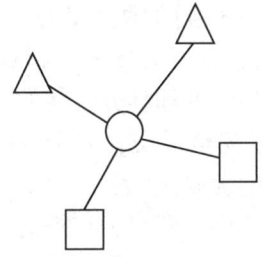

（a）4个邻体中有3株树种相同　　　　（b）4个邻体中有2株树种相同

图 3-12　两种不同的混交结构单元

森多样性（Simpson）指数来描述树种多样性。全混交度的计算公式为：

$$Mc_i = \frac{1}{2}\left(D_i + \frac{c_i}{n_i}\right)M_i \tag{3-39}$$

式中，Mc_i 为第 i 空间结构单元中对象木的全混交度，$Mc_i \in [0, 1]$。$M_i = \frac{1}{n_i}\sum_{j=1}^{n_i} v_{ij}$。$n_i$ 为基于 Voronoi 图确定的最近邻木株数。c_i 为对象木的最近邻木中成对相邻木非同种的个数。$\frac{c_i}{n_i}$ 表示最近邻木树种隔离度。D_i 为空间结构单元的辛普森多样性指数，它表示树种分布均匀度，$D_i = 1 - \sum_{j=1}^{s_i} p_j^2$，$D_i \in [0, 1]$，当只有 1 个树种时，$D_i = 0$；当有无限多个树种且株数比例均等时，$D_i = 1$。$p_j$ 是空间结构单元中第 j 树种的株数比例，s_i 为空间结构单元的树种数。

根据各种混交度的取值范围[0, 1]，统一划分7个混交度等级：0，零度混交；(0, 0.2]，极弱度混交；(0.2, 0.4]，弱度混交；(0.4, 0.6]，中度混交；(0.6, 0.8]，强度混交；(0.8, 1)，极强度混交；1，完全混交。

对图 3-12 所示的两种混交结构单元，分别采用式(3-35)、式(3-37)、式(3-38) 和式(3-39)，计算简单混交度、树种多样性混交度、物种空间状态和全混交度，结果见表 3-6。可见，简单混交度均为 1，完全不能区分两种不同混交结构单元。树种多样性混交度和物种空间状态对树种空间隔离程度的灵敏性虽然有所提高，但计算两种不同混交结构单元的混交度都是相同的，分别为 0.5 和 0.6，仍不能区别这两种不同的混交结构单元。但是，这两种混交结构单元的全混交度是不同的，分别为 0.53 和 0.57，因而可区分两种不同的混交结构单元。说明全混交度具有较强的树种隔离程度分辨能力，是一个能较好反映现实情况的混交度指数。

表 3-6　各种混交度的比较

混交结构单元	简单混交度	树种多样性混交度	物种空间状态	全混交度
4个邻体中有3株树种相同	1	0.5	0.6	0.53
4个邻体中有2株树种相同	1	0.5	0.6	0.57

【例3-6】根据【例3-4】的调查数据，采用基于Voronoi图的简单混交度[式(3-35)]、全混交度[式(3-39)]，分析天然云冷杉林的混交度。结果表明，简单混交度对树种相互隔离程度估计偏高，各树种和林分整体的混交度均在强度混交以上等级，甚至有4个树种的混交度等于1，属于完全混交；而全混交度对不同树种的相互隔离程度的区分度较大，林分整体混交度属于中度混交（表3-7）。可以看出，无论用简单混交度还是全混交度，优势种群鱼鳞云杉、臭冷杉、椴木和红松的混交度均低于非优势种群的混交度。因为林分混交度越高，林分越稳定。所以，提高优势种群的树种相互隔离程度是该林分空间结构调整的重点之一。

表3-7 天然云冷杉林的混交度

树种	简单混交度		全混交度	
	混交度	等级	混交度	等级
鱼鳞云杉	0.733 6	强度混交	0.551 0	中度混交
臭冷杉	0.790 6	强度混交	0.576 2	中度混交
椴木	0.731 4	强度混交	0.520 6	中度混交
红松	0.746 3	强度混交	0.523 4	中度混交
色木槭	1	完全混交	0.755 5	强度混交
水曲柳	1	完全混交	0.634 3	强度混交
枫桦	1	完全混交	0.859 7	极强度混交
春榆	1	完全混交	0.911 4	极强度混交
其他	0.790 7	强度混交	0.594 0	中度混交
林分总体	0.800 2	极强度混交	0.593 4	中度混交

本章小结

本章分别阐述了同龄林和异龄林森林的理想结构。同龄林理想结构包括法正林、完全调整林和广义法正林，其中法正林要求的4个条件是法正龄级分配、法正林分排列、法正生长量和法正蓄积量。异龄林的理想结构包括年龄结构、直径结构、树种结构和蓄积结构。另外，介绍了林分空间结构的概念、结构指数与计算案例。

思考题

1. 什么是森林的理想结构？
2. 什么是法正林？法正林要求具备哪些条件？法正林有哪些优点和缺点？
3. 什么是完全调整林？完全调整林与法正林有什么关系？
4. 如何评价广义法正林？
5. 理想的异龄林年龄结构是什么？
6. 同龄林和异龄林有什么不同的林分直径结构特点？
7. 什么是异龄林的理想树种结构？
8. 什么是异龄林的理想蓄积量结构？
9. 什么是林分空间结构？与非空间结构有什么区别？

10. 什么是林分空间结构单元？建立林分空间结构单元的方法有几种？
11. 什么是边缘矫正？
12. 什么是林木空间分布格局？什么是聚集指数？
13. 什么是树木竞争？
14. 什么是混交度？简单混交度与全混交度有什么不同？
15. 已调查了1个针叶混交林样地，样地大小为10 m×10 m，测定了每株树木坐标。采用宽度为2 m的缓冲区进行边缘矫正。计算对象木到最近邻木的距离如图3-13、表3-8所列。试用聚集指数分析该混交林的林木空间分布格局。

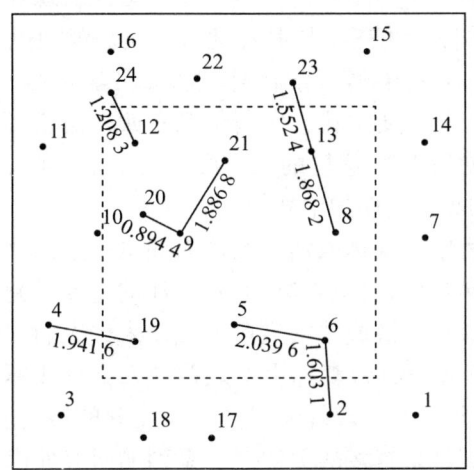

图3-13　对象木到最近邻木的距离

表3-8　最近邻木距离

对象木编号 i	距离(m) r_i
5	2.039 6
6	1.603 1
8	1.868 2
9	0.894 4
12	1.208 3
13	1.552 4
19	1.941 6
20	0.894 4
21	1.886 8
平均	1.543 2

我国第一片人工红松林，位于辽宁本溪草河口，于20世纪30年代造林

4 森林成熟与经营周期

森林成熟和经营周期的探索有着悠久的历史,因为确定森林的采伐利用和更新是经营森林资源过程中不能回避的现实问题,也是提高森林生产力水平的关键。在我国经营森林的几千年的历史中,关于森林成熟的记载很多。例如,在《齐民要术》(北魏·贾思勰)中,有关于柞木成熟的记载:"十年中椽,可杂用。二十岁中傅,柴在外。"在《农学合编》(清·杨巩)中,有关于竹林成熟的记载:"竹有六、七年便生花,所谓留三去四,盖三者留,四年者伐去。"还有广泛流传的谚语"留三去四勿留七"(这里的三、四、七是指"度",一度为2年)。此外,还有很多关于不同林种成熟和经营周期的记载。

在国外森林经理的理论与实践的产生与发展过程中,森林成熟与经营周期也一直是核心内容之一。在林分水平的经营决策中,最佳主伐年龄(森林成熟龄)是被关注的重要研究内容。从1849年福斯特曼(Faustmann)创立了判断森林经济成熟的经典公式以来,人们一直没有停止对森林成熟的研究。1976年,哈特曼(Hartman)将森林生态效益纳入森林成熟计算公式,标志着由最初的只考虑经济效益和木材生产为经营目标到多目标经营的转变。另外,经营过程中涉及的各种风险和不确定性也受到越来越多的关注。一系列的研究使森林成熟的理论和方法得到不断发展和丰富。经营周期是经营者依据森林成熟对其经营范围内的某类森林资源在经营时间上的安排,是指相邻两次收获之间的间隔期。森林是一个复杂的生态系统,对于一个经营单位来说,所拥有的森林是各种不同林分、林木与环境的集合,因此,这里所说的森林,不是泛指的森林,而是指个别林木或林学特征相同的林分。根据所涉及林分特性和经营方式的不同,经营周期一般分为针对同龄林的轮伐期和针对异龄林的择伐周期。近年来,基于森林近自然经营理念的实践受到重视,森林经营作为贯穿森林整个生长发育过程中的抚育性的持续过程,全周期森林经营在森林经营实践中发挥着越来越重要的作用。

森林的营造、培育再到采伐更新需要一定的时间,要保证持续地生产木材和提供各种非木林产品,以及持续地发挥生态环境效益和社会效益,必须对森林进行合理的空间组织和时间安排,确定森林成熟与经营周期,这在森林经营中起着重要作用,关系到生产计划、经营措施等一系列生产活动的安排。

4.1 森林成熟

森林成熟(forest maturity)是人类经营森林资源实践中的重要问题之一,是确定采伐更新和经营周期所依赖的主要技术经济指标。一般来说,森林的生长发育过程比较长,同时,人们经营森林会有各种不同的目的,当最符合经营目标的状态出现时,进行收获利用的效果最好。即在森林生长发育过程中，将最符合经营目标时的状态称为森林成熟。森林达到成熟时的年龄称为森林成熟龄。

由于森林资源生长发育过程的特殊性和经营目标的多样性，森林成熟相对农作物成熟来说更加复杂和难以判断。首先，由于森林生命期比较长，其外部形态和色泽在一定时期内变化不明显，使用价值和货币价值在短期内变化也不大，难以成为直观判断森林是否成熟的指标。其次，随着社会经济的发展、科学技术和人类文明的进步，人们经营森林的目标越来越多样化，除了传统林产品的生产，森林的生态效益和社会效益的开发也逐渐受到重视。同一类型的森林，生产不同规格的林产品（如纸浆材、能源材和人造板材等）将会有不同的森林成熟，如果以开发生态环境功能（如水土保持、水源涵养或者森林旅游等）为主要经营目的，则其森林成熟又会不同。如果经营森林的主要目的是经济效益的最大化，则可以用不同的方法和指标来判断森林成熟。

4.1.1 数量成熟

4.1.1.1 数量成熟的概念

数量成熟一般适用于各种用材林，主要考虑森林产品生产数量的最大化。人们在经营商品林时，很自然地希望从林地上获得最多的物质产品。以生产木材为例，数量成熟可以是针对单株树木，也可以针对条件基本一致的林分。无论是树木还是林分，在其生长期内材积或蓄积量生长速度都呈现由慢到快再到慢的变化过程。显然，能够生产最多木材的年份应该是年平均生长量最大的年份。因此，林分或树木的蓄积量或材积平均生长量达到最大值时，称为林分或树木的数量成熟。达到此状态时的年龄称为数量成熟龄。用公式可以表示为：

$$\max Z_i = V_i / i \tag{4-1}$$

式中，V_i 为树木或林分第 i 年的材积或蓄积量；i 为年龄，$i=1, 2, \cdots, n$；Z_i 为第 i 年的材积平均生长量。

树木或林分的材积或蓄积量生长过程和规律也可以用图 4-1 表示。图中的平均生长量曲线和连年生长量曲线皆为二次曲线，即初期较小，随着年龄的增加而增大，到达某一年龄时达到最大值，然后逐渐下降。两者的不同在于连年生长量的最大值较大且出现较早，当连年生长量最大值出现后并开始下降的一段时间内，平均生长量仍然继续上升，直到两者相等（即两条曲线相交），平均生长量达到最大值。图中 A_1、A_2 分别是连年生长量和平均生长量达到最大时的年龄，对应的蓄积量是 m_1 和 m_2。连年生长量代表的只是单个年份的蓄积量或材积的边际增加量，而平均生长量是整个生长期平均每年的增加量，其最大值的出现代表收获最多的木材，也就是数量成熟。从图 4-1 可以看出，A_2 为数量成熟龄，此时采伐，可以收获年均最多的木材 m_2。

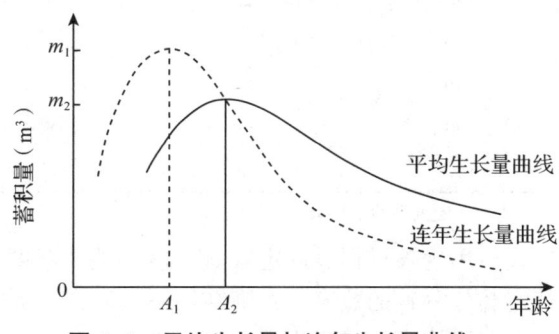

图 4-1 平均生长量与连年生长量曲线

4.1.1.2 影响数量成熟的因素

林分或树木的数量成熟出现的早晚受许多因素的影响,主要有以下几个:

①树种 不同的树种(或品种)有不同的生长规律,一般来说,喜光速生树种数量成熟较早,而阴性慢生树种数量成熟较晚。

②立地条件和生长环境 其能直接影响树木和林分的生长规律,进而影响到数量成熟。立地条件好、生长环境优越时,数量成熟较早;反之较晚。

③林分密度 不同的林分密度,影响林分和林分中单株树木的生长节律。林分密度越大,数量成熟来得越早;林分密度越小,数量成熟来得越晚。

④经营技术 人们在经营森林过程中会采取不同的经营技术措施,目的就是促进林木的生长,提高经济效益。任何改变林木生长过程的技术措施都将影响到数量成熟。例如,修枝、间伐、施肥、浇水以及林分起源(即更新方式——萌生或实生等),都会影响到林分的生长,对林分或树木的数量成熟产生影响。

4.1.1.3 数量成熟的确定方法

数量成熟的理论虽然简单,但对于具体的林分或树木来说,无法直观地进行判断,必须借助一定的方法和手段,下面介绍两种常见的方法。

(1)生长过程表法

生长过程表是人工编制的反映某林分在一定立地条件下、疏密度为1.0时的生长变化过程的表格,是林业生产中常用的基础表格之一。表4-1就是云南松Ⅰ地位级生长过程表。一般生长过程表中包括林分年龄、单位面积蓄积量、平均生长量和连年生长量等。因此,有了生长过程表,确定数量成熟便非常容易,查出表中蓄积量平均生长量最大时的林龄即可。

表 4-1 云南松Ⅰ地位级生长过程表(疏密度=1.0)

林分年龄 (a)	每公顷蓄积量 (m^3)	平均生长量 (m^3)	连年生长量 (m^3)	生长率 (%)
10	68	—	—	—
20	176	8.8	10.8	8.85
30	276	9.2*	10.0	4.42
40	357	8.9	8.1	2.56
50	419	8.4	6.2	1.60
60	471	7.9	5.2	1.17
70	518	7.4	4.7	0.95
80	556	6.9	3.8	0.71
90	588	6.5	3.2	0.56

注:*代表平均生长量最大。

应用生长过程表确定数量成熟必须注意两个问题:一是要找到树种和立地条件与现实待定林分一致的数表,否则结果不可靠;二是现实林分的疏密度一般达不到1.0,相应的蓄积量平均生长量要小,数量成熟龄也短,应该根据林分具体情况进行适当调整。

（2）标准地法

很多树种（或品种）在现实中没有合适的生长过程表，可以利用标准地实测的方法求算数量成熟龄，具体步骤如下：

①选择标准地　在待定树种的各龄级林分中选择标准地，要求所设各标准地的林分特征基本一致，如林分起源、立地条件、林分密度以及经营措施等。这样，各标准地蓄积量的不同将主要由林分年龄不同所致，实现以空间代替时间，正确反映林分的生长变化规律。

②设立标准地　根据具体情况，确定在各龄级林分中设立标准地的数量。标准地调查结果要充分反映林分的实际情况，标准地越多，数据代表性越强，成本也越高。另外，所调查林分的均匀程度也是确定标准地数量的重要依据。

③将选定标准地内的树木伐倒并区分求积，查定平均年龄，计算蓄积量总量和蓄积量平均生长量。

④将计算出的各龄级标准地的年龄、蓄积量平均生长量列表，查出最大值对应的年龄，即为数量成熟龄。

标准地法是在没有生长过程表时通过实测获得林分生长过程数据，进而确定数量成熟龄的方法。该方法比较实用，但成本费用较高。同时，选定的标准地林分疏密度一般较标准林分低。实际上，如果所选标准地疏密度为1.0，该方法就是编制生长过程表的过程，所得数表就可用于相同条件林分的数量成熟的确定。

4.1.2　工艺成熟

4.1.2.1　工艺成熟龄的概念

工艺成熟主要适用于用材林，相对于数量成熟，工艺成熟对木材的产出提出了质量的要求。有一定规格要求的木材种类称为材种，每个材种都有一定长度、径级和质地的标准。人们在经营森林时，往往要根据具体情况，设定一个培育材种目标，如各种规格的原木、板材、锯材、纸浆材等，以满足市场不同材种的需求，同时提高单位面积生产效率。因此，很多情况下，仅考虑林分生产木材量的最大化是不够的，还要考虑一定规格要求下的木材产量。因此，将林分生长发育过程中（通过皆伐）目的材种材积平均生长量达到最大时的状态称为工艺成熟，此刻的年龄称为工艺成熟龄。由于有木材规格的限制，同一个林分，经营的目的材种不同，工艺成熟龄也不同。

工艺成熟和数量成熟都是衡量成熟的数量指标，但工艺成熟加上了材种规格要求，是数量成熟的特例。工艺成熟考虑了市场对不同规格材种的需求，密切了林木生产与市场需求的关系，以需定产，产销结合。另外，工艺成熟的提出，也为充分而切合实际地开发不同立地条件的林地资源提供了依据，因为不是任何条件的林地都能培育所有的材种，比如若要以立地条件差的林地来培育大径级的材种，那工艺成熟龄就永远不会出现。

4.1.2.2　工艺成熟的确定方法

确定工艺成熟的方法很多，常用的有生长过程表结合材种出材量表法、标准地法、马尔丁法等。

(1)生长过程表结合材种出材量表法

在具备合适的生长过程表和材种出材量表时,应用此方法确定工艺成熟龄最为简单。主要步骤如下:

① 从生长过程表(表4-2)查出各年龄(或龄级)林分的平均树高、平均胸径和每公顷蓄积量列入工艺成熟龄计算表(表4-4)。

表4-2 大兴安岭草类落叶松林(Ⅰ地位级)生长过程表

林龄 (a)	平均树高 (m)	平均胸径 (cm)	断面积 (m^2)	蓄积量 (m^3)	平均生长量 (m^3)
10	3.5	2.9	8.4	—	—
20	8.1	6.5	21.5	96	4.8
30	11.4	9.9	30.0	174	5.8
40	14.8	12.9	33.0	238	6.0
50	17.7	15.9	34.8	294	5.9
60	20.4	18.9	36.0	345	5.8
70	22.6	21.7	37.2	388	5.5
80	24.4	24.3	38.0	421	5.3
90	25.7	26.9	38.4	445	4.9
100	26.7	29.0	38.8	463	4.6

② 根据各年龄的平均高、平均直径,从材种出材量表(表4-3)中相对应的栏目中查出材种的出材率,列入表4-4。

表4-3 兴安落叶松出材量表(Ⅰ出材级)　　　　　　　　　　%

林分平均因子		商品材							废材
树高 (m)	胸径 (cm)	经济用材					薪材	合计	
		各级原木	车辆材	各级锯材	矿柱车立柱	合计			
(1)	(2)	(3)	(4)	(5)	(6)	(7)	(8)	(9)	(10)
12~13	12	25	6	1	32	69	16	85	15
	14	33	8	2	26	71	13	84	16
14~15	12	26	6	1	35	70	15	85	15
	14	34	8	2	28	72	13	85	15
	16	42	12	2	21	73	12	85	15
	18	50	17	5	16	75	11	86	14
16~17	12	27	6	1	37	71	14	85	15
	14	36	8	2	29	73	12	85	15
	16	44	12	3	22	74	11	85	15
	18	51	17	5	17	76	10	86	14
	20	56	22	8	13	76	10	86	14

(续)

林分平均因子		商品材							废材
树高 (m)	胸径 (cm)	经济用材					薪材	合计	
		各级原木	车辆材	各级锯材	矿柱车立柱	合计			
(1)	(2)	(3)	(4)	(5)	(6)	(7)	(8)	(9)	(10)
18~19	12	28	6	1	39	72	13	85	15
	14	38	8	2	31	74	11	85	15
	16	46	13	3	23	75	10	85	15
	18	52	18	5	18	76	10	86	14
	20	57	23	7	14	77	9	86	14
	22	61	26	8	11	77	9	86	14
	24	63	29	11	9	77	9	86	14
	26	65	33	12	8	77	9	86	14
20~21	16	46	13	3	24	75	10	85	15
	18	53	19	5	18	76	10	86	14
	20	58	23	7	14	77	9	86	14
	22	62	27	8	11	78	8	86	14
	24	64	30	11	9	78	8	86	14
	26	66	34	12	8	78	8	86	14
	28	67	36	13	7	77	10	87	13
	30	68	38	15	7	77	10	87	13
	32	68	40	15	7	77	10	87	13
22~23	18	54	21	4	18	76	10	86	14
	20	59	25	7	14	77	9	86	14
	22	63	28	8	11	78	8	86	14
	24	65	31	11	9	78	8	86	14
	26	67	35	12	8	79	8	87	13
	28	68	37	13	7	78	9	87	13
	30	69	39	15	7	78	9	87	13
	32	69	41	15	6	78	9	87	13
	34	69	42	16	6	77	10	87	13
24~25	20	60	27	6	15	78	8	86	14
	22	64	29	8	11	78	8	86	14
	24	66	33	10	9	78	8	86	14
	26	68	37	11	8	79	8	87	13
	28	69	38	13	7	79	8	87	13
	30	70	40	15	6	79	8	87	13
	32	69	41	15	5	78	9	87	13
	34	69	42	16	5	77	10	87	13
	36	69	43	17	4	77	10	87	13
	38	68	43	17	4	76	12	88	12

(续)

林分平均因子		商品材							废材
树高 (m)	胸径 (cm)	经济用材					薪材	合计	
		各级原木	车辆材	各级锯材	矿柱车立柱	合计			
(1)	(2)	(3)	(4)	(5)	(6)	(7)	(8)	(9)	(10)
26~27	22	65	30	8	11	79	7	86	14
	24	67	35	9	9	79	7	86	14
	26	68	38	11	8	79	8	87	13
	28	70	40	13	6	79	8	87	13
	30	71	43	14	5	79	8	87	13
	32	70	43	15	5	78	9	87	13
	34	70	44	16	4	77	10	87	13
	36	69	44	16	4	77	10	87	13
	38	68	44	16	3	76	12	88	12

说明：
1. 材种出材量表中所列出的是各材种的出材率；"经济用材"材种有许多种，表中仅列出常见的几种。
2. 材种出材量表不是按年龄编制，而是分别出材级，依树高和胸径分组编制，因此，使用时要和生长量表协调一致，把树高和胸径结合起来使用。
3. "经济用材"各材种是互相平行、独立的，即一定树高和胸径的林分可出某个材种的出材率，各材种[(3)~(6)]的合计要大于(7)"合计"中的数值。(7)"合计"的含义是总共可出经济用材的最高百分率。
4. 材种出材量表中各项的关系：(7)加上(8)等于(9)；(9)加上(10)等于100%。

表4-4 大兴安岭草类落叶松林工艺成熟龄计算表

林龄 (a)	树高 (m)	胸径 (cm)	每公顷 蓄积量 (m^3)	商品材						薪材			合计		
				经济用材											
				车辆材			合计			出材率 (%)	材积 (m^3)	Z (m^3)	出材率 (%)	材积 (m^3)	Z (m^3)
				出材率 (%)	材积 (m^3)	Z (m^3)	出材率 (%)	材积 (m^3)	Z (m^3)						
10	3.5	2.9													
20	8.1	6.5	96												
30	11.4	9.9	174												
40	14.8	12.9	238	6	14	0.4	70	167	4.2						
50	17.7	15.9	294	13	38	0.8	75	221	4.4						
60	20.4	18.9	345	19	79	1.3	77	265	4.4						
70	22.6	21.7	388	28	109	1.6	78	303	4.3						
80	24.4	24.3	421	33	139	1.7	78	328	4.1						
90	25.7	26.9	445	38	169	1.9	79	352	3.9						
100	26.7	29.0	463	43	199	2.0	79	366	3.7						

注：Z为某材种材积平均生长量。

③ 用各年龄林分蓄积量乘以材种出材率，得到材种出材量。

④ 用材种出材量除以相应的年龄，得到该材种的各年的平均生长量。

⑤ 对材种平均生长量排序，其最大值所对应的年龄即为该材种的工艺成熟龄。

从表4-4可以看出，车辆材工艺成熟龄为100年，而经济用材工艺成熟龄为50~60年。

(2) 标准地法

在没有合适的生长过程表和材种出材量表时，可以用标准地实测的方法求算林分的工艺成熟龄。主要步骤如下：

① 在某树种的各龄级林分中设置标准地，要求标准地之间立地条件要基本一致，疏密度中等。

② 测定标准地林分平均年龄、树高、胸径、每公顷蓄积量等因子。

③ 对各标准地林木造材，求出各材种的出材率、出材量和材积平均生长量。

④ 按年龄对各龄级标准地进行排序，找出材积平均生长量最大值，该值对应的年龄（或龄级）就是工艺成熟龄。

(3) 马尔丁法

马尔丁法是一种灵活方便地测算某材种工艺成熟龄的方法。这种方法要调查林分中一定数量的解析木，其计算公式如下：

$$u = a + \frac{nd}{2} = a + nr \tag{4-2}$$

式中，u 为某材种工艺成熟龄；a 为树高达到材种长度时所需年数；n 为材种小头半径方向上 1 cm 内的年轮数；d 为材种小头直径；r 为材种小头半径。

【例 4-1】求算某地区人工杉木林檩材的工艺成熟龄。该材种规格要求是：平均长度 4.4 m (3.6~5.0 m)，小头直径平均 14 cm (8~18 cm)。经过现地调查，选取平均木 41 株，经树干解析、造材后，得到所需数据（表4-5）。

表 4-5 经树干解析、造材后的人工杉木数据

解析木号	N_0	N_L	N_R	解析木号	N_0	N_L	N_R
1	30	22	9	22	38	31	12
2	32	25	10	23	39	31	14
3	30	23	11	24	35	27	11
4	38	30	12	25	37	29	12
5	31	24	10	26	32	25	10
6	32	25	10	27	36	28	11
7	32	24	11	28	39	31	13
8	35	28	11	29	40	32	15
9	34	27	11	30	32	25	11
10	35	27	11	31	39	30	12
11	35	28	12	32	30	27	10
12	34	27	11	33	38	29	11
13	32	25	10	34	35	27	11
14	40	32	14	35	35	28	11
15	40	32	15	36	36	26	10
16	39	31	14	37	32	24	9
17	38	31	13	38	40	30	16
18	40	33	15	39	39	28	15
19	36	29	12	40	40	28	16
20	36	29	13	41	37	28	12
21	37	30	13	合计	1471	1146	492

注：N_0 为零号盘的年轮数；N_L 为达到材种长度(4.4 m)时小头断面上半径的年轮数；N_R 为材种小头(14 cm)半径内的年轮数。

将表 4-5 中数据代入式(4-2)中，求解各参数：

$a = (\sum N_0 - \sum N_L)/N = (1471 - 1146)/41 = 7.9$ (a)

$n = (\sum N_R/N)r = 1.7$

$r = d/2 = 7$ (cm)

$u = a + nr = 7.9 + 1.7 \times 7 = 19.8$ (a) ≈ 20 (a)

因此，计算结果表明所测林分的杉木檩材工艺成熟龄为20年。

应用马尔丁法时，应注意表中 N_L 与 N_R 的差异。N_L 是材种长度断面上的年轮数，它表示材种长度以上部分生长的年数。用 N_0 减去 N_L 就是林木高生长达到材种长度时所需的年数。N_R 是材种小头半径内的年轮数，它表明了林木直径生长到材种小头直径要求时所用的年数。

马尔丁法是一种灵活方便、工作量小、技术难度低的工艺成熟龄求算方法，比较适合在立地条件较一致的小范围内求某个材种的工艺成熟龄。但也存在两个不足之处：①将树干主体作为某一特定的材种，而树干其余部分的用途没有考虑；②未能像前述方法一样同时求出多个材种的工艺成熟龄，比较林分生产哪个材种效益最好。

4.1.3 自然成熟

4.1.3.1 自然成熟的概念

林分或单株林木在正常生长发育情况下，都要经历从小到大、衰老、逐渐枯萎死亡的过程。林分或树木生长到开始枯萎阶段时的状态称为自然成熟，也称生理成熟，此时的年龄为自然成熟龄。

自然成熟状态下的森林已经不能维持正常的生长，森林结构和功能也已发生变化，不能维持有效的防护功能，因此是判断防护成熟的主要依据之一。而对于用材林和其他林种的森林经营，同样有着重要的作用。达到或超过自然成熟龄都会降低林地生产率，减少平均年收获量。因此，我国《森林采伐更新管理办法及说明》中规定，自然成熟"是森林经营中确定主伐年龄的最高限"。

4.1.3.2 自然成熟龄的确定

单株树木的自然成熟比较容易确定，通常可以从树木的形态上得到确认。达到自然成熟的树木，通常有高生长停滞、树冠扁平、梢头干枯、树心腐烂等现象；如果生长在较阴湿环境中，树干上常有大量的地衣、苔藓等植物附生。

林分自然成熟的确定要比单株树木的复杂许多。在林分生长发育过程中，有两种现象同时存在：一种现象是林分中的部分树木因竞争、分化、自然稀疏等原因而死亡，林分蓄积量会减少；另一种现象是活着的林木继续生长，林分蓄积量又会增加。当林分处于幼龄、中龄阶段，活立木生长增加的蓄积量总是大于死亡林木减少的蓄积量，因而林分的总蓄积量不断增加。当到达一定年龄时，每年活立木增加的蓄积量与死亡林木减少的蓄积量相等，随后林分蓄积量开始出现负增长，即死亡林木的蓄积量大于活立木增加的蓄积量，此时就达到了自然成熟。到达自然成熟时，虽然林分的平均生长量不是最高的，但林分的蓄积量是最高的。表 4-6 中列举了苏联时期阿尔格尔州松林的生长过程。

表 4-6 苏联时期阿尔格尔州中等地位级松林主林木生长量

林龄 （a）	总断面积 （$m^2 \cdot hm^{-2}$）	每公顷蓄积量 （$m^3 \cdot hm^{-2}$）	平均生长量 （$m^3 \cdot hm^{-2}$）	连年生长量 （$m^3 \cdot hm^{-2}$）
120	29.9	288	2.4	1.1
140	30.3	320	2.2	0.7
160	29.7	304	1.9	0.2
180	28.5	295	1.6	−0.4
200	26.5	279	1.3	−0.9
220	23.5	251	1.1	−1.3
240	19.8	217	0.9	−1.7

由表 4-6 可知，林分蓄积量出现负生长在 180 年（准确地说在 160~180 年），此时达到了自然成熟。

很明显，自然成熟受很多因素的影响，包括树种组成、立地条件、林分密度、营林措施、环境条件等，这些都会影响森林的生长发育过程，从而影响森林的自然寿命，即自然成熟龄。因此，判断一个林分是否达到自然成熟，最好的方法是根据林分的生长状态，特别是生长量来进行。

4.1.4 经济成熟

4.1.4.1 经济成熟的概念

经济成熟是从经济效益和经济效率的视角考虑森林成熟，既适用于像用材林这样的追求物质产品生产的林种，也适用于以生态效益为主要目标的林种，因为生态公益类的林种，也要追求高的投资产出效率，达到经济效率的最大化。在森林经营的实践中，经典的森林成熟，是根据林地或林木所产生的木材的数量与质量以及生理状态等指标来确定的，用以衡量森林经营的效果。然而，林业生产具有"三大效益"，除了生产木材以外，森林还提供多种林副产品，以及改善环境、涵养水源、净化空气等多种公益功能。因此，林业生产的社会性增加了。随着商品经济机制的确立、价值规律和竞争机制的引入，即商品经济的特点被逐步确立，衡量森林经营的经济效果成为重要的需求，其衡量标准也逐渐被货币收入量所取代。

森林经济成熟正是从商品生产的经济效益原则出发，以货币为计量依据来分析测算森林经营的经济效益状况，并借此确定森林最佳采伐年龄的一种技术。关于经济成熟新的概念为：在森林的正常生长发育过程中，货币收入估值达到最多时的状态。此时的年龄称为经济成熟龄。适宜的经济成熟龄，不仅可以提供经济收益最佳的主伐年龄，而且常能适当地降低轮伐期，从而缓解可采资源不足和经济的矛盾，并能改善龄级结构，使森林经过调整，逐步达到永续利用的目的。

经济成熟的应用范围比前面几种成熟更为广泛，可用于能源林、用材林、经济林等林种。现在有许多人的研究集中于将森林的防护效益、观赏价值、物种多样性效益等评价用货币量表示，以便将森林的多种效益用统一的量纲计量，有助于分析和评价森林多功能的发挥。一旦找到客观、公正、准确、可操作的方法，经济成熟也可用于防护林和特种用途林等不同的林种经营。

4.1.4.2 利息相关的基本概念

为了便于理解经济成熟的计算方法,先简述几个常用的概念。

(1) 利率

使用货币资金的补偿称为利息。在货币资金运转的期间内,利息量占资本金的百分率称为利率。常见的计算利息的方法有单利式与复利式。

① 单利式 资金投入运营都有一定的时间期限,称为期间。期间开始时称为期初,期间结束时称为期末。在期初投入的资金也称为本金。单利式的计算方法是在资金运营期间,只对本金部分计算利息,对资金运转中产生的利息不再计算利息。其计算公式如下:

$$N = V_0 + V_0 nP$$
$$= V_0(1+nP) \tag{4-3}$$

式中,V_0 为期初本金;N 为本金与利息之和,简称本利和;P 为利率;n 为期间,一般以年或月为单位。

例如,现有本金 100 元,利率为年利 10%,期间为两年,到第 2 年年末时本利和为:
$$N = 100 \times (1+2 \times 0.1) = 120(元)$$

② 复利式 复利式在计算本利和时将前期产生的利息计入本金,在后期同样计算利息。该方法是将期间内第 1 时段(月或年)的利息与本金合在一起,作为期间内第 2 时段的本金投入运转,第 1 时段的利息在第 2 时段中也要计算利息,以后各时段依此类推。按复利计算各年的本利和为:

第 1 年 $N_1 = V_0 + V_0 P = V_0(1+P)$

第 2 年 $N_2 = N_1 + N_1 P = N_1(1+P) = V_0(1+P)(1+P) = V_0(1+P)^2$

$N_3 = N_2 + N_2 P = V_0(1+P)^2(1+P) = V_0(1+P)^3$

……

第 n 年 $N_n = N_{n-1} + N_{n-1}P = N_{n-1}(1+P) = V_0(1+P)^{n-1}(1+P) = V_0(1+P)^n \tag{4-4}$

此公式为复利计算的一般式。

例如,现有本金 100 元,年利率 10%,使用期间两年,则第 2 年年末的本利和为:
$$N = 100 \times (1+0.1)^2 = 121(元)$$

资金使用期间短、利率低时,单利与复利计算结果差别不大;如果期间长、利率高,两者计算的结果差别会迅速增大。从社会经济活动的一般情况分析,复利式比较符合资金在社会再生产过程中的运动规律,复利计算法更能真实地反映货币流通的规律。

在市场经济中,企业从银行贷款或在金融市场中拆借资金都是要付利息的,同样,企业的资金存入银行,银行也要付给企业利息。那么企业投入生产的资金在运营中也有利息问题,这利息应计入生产的成本中。

由于经营森林的生产周期长,许多国家在制定利率政策时,对林业贷款(也包括农业贷款)的利率常常低于商业、工业等行业贷款的利率。

(2) 现值、贴现率

在式(4-4)中,本金 V_0 在期间 n 中运转,在只考虑利息而不考虑别的因素的情况下,

期末变成 N_n。在这个过程中，称 V_0 为这笔资金的前价，也叫现值；称 N_n 为后价，也叫终值。按照利率 P、期间 n，将终值 N_n 换算为现值 V_0 的过程称为贴现，此时的利率 P 称为贴现率。贴现计算公式如下：

$$V_0 = \frac{N_n}{(1+P)^n} \tag{4-5}$$

式中，V_0 为现值；N_n 为终值；P 为贴现率；n 为期间，一般以年或月为单位。

例如，预计 10 年后获得利润 10 000 元，年贴现率为 10%，这笔资金的现值为：

$$V_0 = \frac{N_n}{(1+P)^n} = \frac{10\ 000}{(1+0.1)^{10}} = 3\ 855.43(元)$$

4.1.4.3 经济成熟的计算方法

计算经济成熟的方法很多，大致分为两大类：总收入最多和纯收入最多的成熟龄，其中计算纯收入最多的方法又可以分为两类：未计算利息和计算利息的成熟龄计算方法。只计算收入而不计算成本和利息的方法有：森林总收益最多的成熟龄、森林纯收益最高成熟龄、收益率最大成熟龄等，这些方法目前在世界各国的森林经营中已很少采用。主要原因是不含费用、利息的资金运行分析，不能真实地反映生产经营效果的优劣。因为林业和其他部门不同，从投入生产费用到实际有收益为止，需要几十年的时间，如不考虑这个期间的利息显然是不合理的，而且随着木材价格的变动，不同时期算出的成熟龄也有所变化，所以不含利息的货币运转不符合一般情况下的经济规律。在商品经济中，费用(成本)从经营活动发生起，直到投资期末都要支付利息，所有的收入从它们被收到起也都将获取利息。下面是几种有代表性的经济成熟龄计算式。

(1) 净现值

净现值(present net worth，PNW)(也有用 NPW、PNV 表示的)，是当下世界各国广泛采用的一种评价投资效果的方法，是最具有代表性和应用最广的方法。净现值法确定的成熟龄，充分考虑了所有未来的费用、收入以及利息，同时考虑了林木生长规律、营林成本和市场价格等因素，其最大优点是它说明了在什么时间采伐投资的总收益最大。它的特点是考虑了货币的时间价值，将森林经营期间各时间段的货币按贴现率换算为前价，再计算（或评价）经营的盈利与亏损。其计算公式如下：

$$PNW = \sum_{t=0}^{n} \left[\frac{R_t - C_t}{(1+P)^t} \right] \tag{4-6}$$

式中，PNW 为净现值；R_t 为 t 年时的货币收入；C_t 为 t 年时的货币支出；t 为年份 $t=0$，1，…，n；P 为利率，也是贴现率；n 为期间(a)。

在公式中，(R_t-C_t) 为第 t 年的纯收入；$(R_t-C_t)/(1+P)^t$ 是将第 t 年的纯收入贴现为前价。用 PNW 评价经营经济效果和经济成熟的方式为：

①$PNW>0$ 时，说明继续经营还能赢利。

②$PNW<0$ 时，继续经营则亏损(经营初期除外)。

③$PNW=0$ 时，是赢利与亏损临界，是判断经济效益的重要数值点，但一般不是单位面积林地年均经济效益最多的状态。

④当有的年份 $t_0(0<t_0 \leq n)$，使 PNW/t_0 达到最大值，即年均净现值最大时，则判断达到经济成熟。t_0 为净现值经济成熟龄。这是经营者最希望得到的收获。

【例 4-2】经营人工落叶松林，造林费每亩 100 元，抚育管理费平均每年 5 元，40 年生时主伐。40 年间的主、间伐收入合计 3 000 元。PNW 计算结果见表 4-7。

表 4-7 人工落叶松 40 年期间现值计算

项目	年份	货币量（元）	不同贴现率的现值（元）		
			3%	5%	8%
造林费	1	100	-97.1	-95.2	-92.6
抚育管理费	1~40	5	-115.5	-75.5	-59.8
采伐	40	3 000	919.7	426.1	138.1
合计			707.1	255.4	-14.3

从表 4-7 中可以看出，由于贴现率 P 的不同，经营效果差异很大：

①$P=5\%$，主伐后纯收益 255.4 元。
②$P=3\%$，主伐后纯收益 707.1 元。
③$P=8\%$，主伐后亏损 14.3 元。

这表明由于森林经营周期长，更新造林费在总费用中比重大，贴现率则成为影响经营效果的重要因子。

刘建国、于政中等对吉林汪清林业局的长白落叶松人工林经济成熟进行了研究，结果见表 4-8。

表 4-8 长白落叶松人工林的净现值 元·hm^{-2}

林龄（a）	主间伐收入合计	营林成本	森林纯收益	年平均纯收益	净现值（PNW）		
					3.5%	6.0%	7.92%
15	11 691	6 076	5 615	374.3	3 352	2 343	1 979
20	16 917	7 675	9 242	462.1	4 648	2 882	2 012
25	29 150	9 074	19 876	795.0	8 410	4 631	2 957*
30	39 892	10 873	29 019	967.3	10 339	5 053*	2 949
35	50 374	12 473	37 902	1 082.5	11 369*	4 931	2 631
40	58 887	14 071	44 816	1 120.4	11 319	4 357	2 125

注：* 代表不同利率 P 时，PNW 或（PNW/t）的最大值。

表 4-8 中 PNW 最高值出现的时间是：$P=3.5\%$ 时，$t=35(a)$；$P=6.0\%$ 时，$t=30(a)$；$P=7.92\%$ 时，$t=25(a)$。显然，P 高时，PNW 最大值出现得早。

如果以 PNW 最高为成熟标准只能说明 PNW 的总收益最高，但还不是最优的经营效果。根据前面定义的经济成熟标准：max PNW/t_0，计算结果见表 4-9。

从表 4-9 中可知，不同利率水平下的经济成熟龄应该是 $P=3.5\%$，$t_0=30(a)$；$P=6.0\%$，$t_0=25(a)$；$P=7.92\%$，$t_0=25(a)$。

应该说明，现实中许多人直接用 max PNW 作为经济成熟龄的标准，这是一种方法，但不是林地上每年货币纯收入最多的方法。经营森林资源,是以林地为基础资本的,只有单位面积林地上平均每年收获的效益最多,即 max PNW/t_0 才能保证持续经营情况下效益总量是最多的,这也是经营者最希望得到的。

表 4-9　长白落叶松年均净现值　　　　　　　　　　　　　　　　　　元·hm^{-2}

| 林龄 | 3.5% | | 6.0% | | 7.92% | |
(a)	PNW	PNW/t	PNW	PNW/t	PNW	PNW/t
15	3 352	223	2 343	156	1 679	112
20	4 648	232	2 882	144	2 012	101
25	8 410	336	4 631	185*	2 957*	118*
30	10 339	344*	5 053*	168	2 949	98
35	11 369*	324	4 931	141	2 631	75
40	11 319	283	4 357	109	2 125	53

注:*代表不同利率 P 时, PNW 或(PNW/t)的最大值。

(2)内部收益率

内部收益率(internal rate of return, IRR)是指净现值为零时的利率,即费用现值与收入现值相等时的利率(或称贴现率)。内部收益率内含的经营目标是投资的收益最大。这个标准也有与净现值标准同样的特点,包括了所有费用和收入,考虑了货币的时间价值,比用材积平均生长量确定的成熟龄短,其优点是它以利率的形式提供结果,这个数字比净现值更容易说明问题。

其计算公式如下:

$$\sum_{t=0}^{n}\left[\frac{R_t}{(1+P)^t}\right] = \sum_{t=0}^{n}\left[\frac{C_t}{(1+P)^t}\right] \quad (4-7)$$

式中,R_t 为 t 年收入;C_t 为 t 年费用;t 为年度;n 为期间;P 为利率(IRR)。

用 IRR 确定经济成熟,是将所经营的林分的各年度收入与费用代入公式中,求出各年度 IRR,找出最大值发生的年度,即为经济成熟龄。

利用表 4-8 资料进行计算,结果见表 4-10。IRR 最大值出现在 25 年。

表 4-10　长白落叶松人工林内部收益率

林龄(a)	15	20	25	30	35	40
IRR(%)	6.42	6.48	7.41*	6.98	6.42	5.77

注:*代表 IRR 的最大值。

IRR 的求解是一个设值迭代的过程。求算时先预估一个接近 IRR 的利率 P_1,计算结果若为正值,再取一个 P_2,$P_2 > P_1$,再进行计算;如果仍为正值,再找一个 P_3,$P_3 > P_2$,…,直到出现负值。然后用插值计算,直到计算结果刚好为零时,此时的利率即为 IRR。用手工求 IRR 较为烦琐;用功能强的计算器或计算机求解十分方便,只需编写一个插值的循环语句,很容易求出 IRR 收敛于零的结果。

IRR 能直接反映投资以何种速度增长(即投资回报率),有利于对不同投资方向的效果进行比较。其判断经营效果的标准是:

①如果林分的 IRR 最大值大于社会平均利率，说明经营能够盈利，应该继续经营。
②如果 IRR 的最大值小于社会平均利率，说明经营已经亏损。
③如果 IRR 的最大值刚好等于社会平均利率，说明经营不亏不盈。

(3) 增值指数

在森林经营中常遇到这样的问题：在众多的林分中收获秩序如何确定，现有林分如果继续经营时，哪些林分收益仍可增加，哪些林分将发生亏损，增值指数(value in gain, VG)能顺利地解决这些问题。

VG 是指每立方米蓄积量在经营 n 年后，扣除贴现的纯收入增量。其计算公式如下：

$$VG = \frac{A_m^1 - A_m}{M} = \frac{A_{m+n}/(1+P)^n - A_m}{M} \tag{4-8}$$

式中，A_m 为第 m 年的纯收入；A_{m+n} 为第 $m+n$ 年的纯收入；A_m^1 为将 A_{m+n} 贴现到第 m 年的纯收入；P 为贴现率；n 为经营期间；M 为单位面积上的蓄积量。

用 VG 确定林分的林木是否成熟的方法是：
①$VG>0$，未成熟，可继续经营。
②$VG<0$，过熟，继续经营则亏损，先从负值最大的开始采伐。
③$VG=0$，成熟，采伐、不采伐皆可。

例如，某林分 2010 年与 2020 年的情况见表 4-11。

表 4-11 某林分 2010 年与 2020 年采伐收入比较

年份	蓄积量(m^3)	立木价(元)	成本(元)	纯收入(元)
2010	15.3	2 300	850	1 450
2020	20.0	3 000	1 000	2 000

从纯收入看，2020 年比 2010 年多 550 元，是否说明 2020 年采伐比 2010 年采伐好呢？经计算：

a. 当 $P=3\%$，$n=10$ 时，有：
$VG = [2\,000/(1+0.03)^{10} - 1450]/15.3 = 2.5(元 \cdot m^{-3})$

b. 当 $P=5\%$，$n=10$ 时，有：
$VG = [2\,000/(1+0.05)^{10} - 1450]/15.3 = -14.5(元 \cdot m^{-3})$

由此得出结论：当 $P=3\%$ 时，未达成熟，继续经营到 2020 年还能盈利；如果 $P=5\%$，则要亏损，应在 2020 年之前采伐收获。

在有多个林分的情况下，可根据 VG 的大小安排采伐收获秩序。例如，某林场现有 10 个林分要在以后的几年中采伐，经测算各林分的 VG 和采伐顺序见表 4-12。

表 4-12 某林场林分的增值指数和采伐顺序

林分号	1	2	3	4	5	6	7	8	9	10
VG 值	8.6	-3.0	7.2	-5.0	2.3	-1	0.5	4.0	-0.2	1.0
采伐顺序	十	二	九	一	七	三	五	八	四	六

(4) 土地纯收益最高成熟龄(Faustmann 公式)

土地纯收益最高即林地期望价最高的成熟。它将纯收益换算为前价，再求年平均最大值。此法是从无林地造林开始，实行永续皆伐作业为前提条件，不仅考虑了收入和费用，而且考虑了利息。因此，以此法确定的成熟龄比其他方法确定的成熟龄偏短，往往形成短轮伐期。一般来说，利率越高，成熟龄越短。

土地期望价是指经营林地能永久取得土地纯收益，并用林业利率将收益贴现为前价的合计，以此作为评定的地价。当土地资本按期望价计算时，称为土地期望价。纯收益最高时达到经济成熟。林地期望价的计算公式如下：

$$B_u = \frac{A_u + D_a(1+P)^{u-a} + D_b(1+P)^{u-b} + \cdots - C(1+P)^u}{(1+P)^u - 1} - \frac{V}{P} \tag{4-9}$$

式中，B_u 为林地期望价；A_u 为主伐收入；u 为轮伐期；D 为间伐收入；P 为利率；V 为管理费；C 为造林费；$a, b, \cdots$ 为间伐年度。

$$\text{林地的连年收益} = B_u P \tag{4-10}$$

此方法以永续皆伐作业为前提，并假定每个轮伐期 u 的林地收益都一样，各个 u 的费用也相同。下面用一个落叶松人工林的实例说明 B_u 的计算过程。

【例 4-3】表 4-13、表 4-14 是主伐、间伐收入，表 4-15 是 B_u 和林地连年收益计算。

表 4-13　主伐收入

年度	15	20	25	30	35	40
收入(元)	10 954	15 463	26 894	37 571	46 472	54 137

表 4-14　间伐收入

年度	15	20	25	30	35	40
收入(元)	736	1 456	2 256	3 057	3 902	4 570

表 4-15　林地期望价和林地纯收益计算($p=6\%$)

	年限(a)	收入(元)	15a	20a	25a	30a	35a	40a
	15	736	985	1 318	1 764	2 360	3 159	
	20	1 456		1 948	2 607	3 489	4 670	
间伐	25	2 256			3 019	4 040	5 407	
收入	30	3 057				4 091	5 475	
	35	3 902					5 222	
	40	4 570						
间伐收入后价合计			985	3 266	7 390	13 980	23 933	
主伐收入			10 954	15 463	26 894	37 571	46 472	54 137
主伐、间伐收入合计			10 954	16 448	30 160	44 961	60 452	78 070
造林费(1 280元)后价			3 068	4 105	5 494	7 352	9 838	13 166
主、间伐收入合计－造林费			7 886	12 343	24 666	37 609	50 614	64 904
(收入合计－造林费)/(1.0p^u－1)			5 647	5 592	7 493	7 929	7 570	6 990
管理费 $V=v/p(v=320$ 元)			5 333	5 333	5 333	5 333	5 333	5 333
林地期望价 B_u			314	259	2 160	2 596	2 237	1 657
林地纯收益 $B_u p$			19	16	130	156	134	99

注：数据来自吉林省汪清林业局人工落叶松林。

从表 4-15 中得到林地期望价最高值发生在 30 年，此时的林地期望价是 2 224 元，林地连年收益（纯收益）133 元。因此，依据土地纯收益判定的经济成熟龄为 30 年。

由于假设条件的影响，土地纯收益成熟龄计算出的成熟龄较短，基本都小于数量成熟龄。近年来这种方法的应用日趋减少。

(5) 指率式

指率式（indicating percent）有多种，包括普雷斯勒的指率式、海耶的指率式、尤代希的指率式、克拉夫特（Kraft）的指率式等，本节所述是指率的"一般式"。

指率的本质就是连年收益率，即 1 年间价值生长量与生产资本相比的百分数。但由于实际上不易调整 1 年间价值生长，故一般按定期价值生长进行计算（这与测树学上调查生长量是一样的）。立木价值生长意味着如不能按预定经济利率运用生产成本，这时立木继续存在，在经济上是不合算的，正因为这种关系，可利用指率从经济上分析立木采伐的合理时期，也就是可以判断经济成熟龄。

下面举例说明指率的计算方法和判别成熟龄的要点。

例如，设某林分 m 年生时的立木价为 A_m，又经营了 n 年，立木价变为 A_{m+n}，则 n 年的价值生长量为：

$$A_{m+n} - A_m$$

假定 n 年里的价值生长率为 W，则有关系式：

$$A_{m+n} = A_m (1+W)^n \tag{4-11}$$

在 n 年经营中，投入的生产资金是立木价 A_m，地价 B 和管理费 V。要计算出林分的价值生长率 W，则有下列等式：

$$A_{m+n} - A_m = (A_m + B + V)[(1+W)^n - 1] \tag{4-12}$$

公式中的 W 即为指率。

将公式展开、合并同类项后有：

$$(1+W)^n = \frac{A_{m+n} + B + V}{A_m + B + V}$$

$$W = \left(\sqrt[n]{\frac{A_{m+n} + B + V}{A_m + B + V}} - 1 \right) \times 100\% \tag{4-13}$$

式(4-13) 称为指率一般式，当 $n=1$ 时，W 就成为价值连年生长率：

$$A_{m+1} - A_m = (A_m + B + V) W$$

$$W = \left(\frac{A_{m+1} - A_m}{A_m + B + V} \right) \times 100\% \tag{4-14}$$

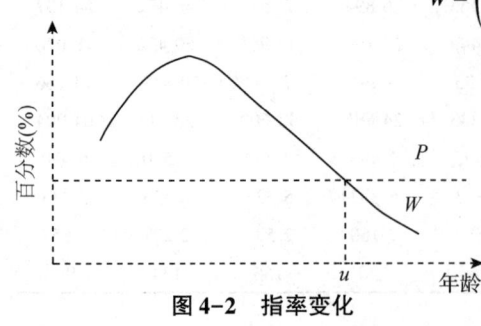

图 4-2 指率变化

W 的变化规律与材积连年生长量的相似（图 4-2），呈抛物线状，开始较小，然后迅速增长，达到最大值后下降；当到达一定年龄 u 时，$W = P$（利率），u 年后，W 永远小于 P。当指率 W 等于预定的林业利率 P 时，可判定为已到达林木的经济成熟龄。

即用 W 判别森林是否成熟，是用 W 与利率

P 进行比较，当：

①$W>P$，未达成熟。

②$W=P$，到达成熟。

③$W<P$，已过熟。

因为 $W>P$ 时，幼林生长好，价值生长超过利息率，继续经营盈利；当 $W<P$ 时，继续经营则会亏损，应马上采伐；当 $W=P$ 时是盈利与亏损的临界状态，也是采伐收获决策的阶段。

4.1.4.4 影响经济成熟的因素

经济成熟主要使用货币收入指标衡量森林的成熟，直观易懂，有利于决策者实现经济效益最佳的目标，适合市场经济条件下的企业运行机制。然而，经济成熟龄的科学与否、计算结果的高低会受计算过程中假设的合理性以及市场信息的准确度影响。

(1) 利率

利率水平的确定，将直接影响各种经济成熟龄的高低。其中净现值、林地期望价的计算值都直接受选定的利率水平的影响，不同的利率会得到不同的计算值，从而直接影响成熟龄的大小。内部收益率、增值指数和指率在判定经济成熟时，也要参考市场利率和社会收益率，代表货币时间价值高低的利率也会间接影响判定经济成熟的结果。市场上的利率种类很多，有银行存款利率、商业贷款利率、低息或贴息贷款利率等，而且市场主导利率又随国家经济政策的变化而不断调整。因此，在计算和判定经济成熟时，要根据具体情况，考虑企业内、外部条件，特别是资金来源和运作情况，确定相应的利率水平，才能计算出切合实际的经济成熟龄。

(2) 更新成本与立木价格

是否存在更新成本及其高低将影响森林经济成熟发生，更新成本的存在使更新后的森林价值量降低，导致森林价值增长率提高，在同样的利率水平对比下，经济成熟状态发生较晚。因此，更新成本的提高，将延缓经济成熟龄的到来。同样，立木价格的高低也将影响森林价值量的高低和森林价值增长率的高低。立木价格的增加将导致经济成熟龄的降低。

(3) 林地生产力水平

不仅更新成本，任何增加森林培育成本的因素都会延长经济成熟龄，同样，任何降低森林价值或者通过降低林地生产力影响林地产生价值的因素都会有类似的作用，即延长经济成熟龄。换句话说，在其他因素不变的情况下，林地生产力越高，经济成熟龄越低。

(4) 成本与价格的不确定性

以上经济成熟龄的计算方法，都是在假定生产成本和木材市场价格不变的前提下进行的，忽略了市场风险的存在。现实中木材市场价格是不断变化的，用不变的现行成本和价格推算的经济成熟龄，当实际情况发生变化时就会产生一定的不确定性。因此，有必要探索分析经营成本和林产品价格的变化趋势，在计算经济成熟龄时以适当的方式包括到计算分析过程中。对市场风险下森林成熟的确定以及相应的收获决策进行研究，以适应生产实践的需求也是有必要的。

(5) 非木林产品价值

森林资源除了提供木材等直接林产品以外，还包括众多的非木林产品，即水土保持与水源涵养、固碳释氧、生物多样性保护、净化空气、美化环境等，以及野生花卉、野生食用菌和野生经济动物等。这些产出的水平都与森林的生长发育、森林的年龄和状态密切相关。非木林产品越来越受到重视，特别是生态产品，对改善生态环境、维持生态平衡十分重要，符合现代绿色发展的新理念和生态文明的新需求，已经成为林业行业的重要责任和使命。林业经济学家 Richard Hartman 将非木林产品加入经济成熟龄的计算中，改进了林地期望价公式(Faustmann 公式)。一般来说，只要所考虑的非木森林产出与林龄呈正相关，所对应的经济成熟龄就会延长。在充分考虑森林的多功能产出价值时，有些情况下边际收益可能永远超过边际成本，意味着森林的经济成熟永远不会到来。

4.1.5 防护成熟

4.1.5.1 防护成熟的概念

防护林是公益林的主体，是以发挥防护效益为主要经营目的的森林，也是五大林种之一。我国为促进林业发展而实施的六大林业工程中，防护林就占了 5 个。从面积上来说，防护林已经成为用材林之后的第二大林种。在我国，防护林主要有水土保持林、农田防护林、水源涵养林、防风固沙林、护路林和护岸林等。

防护林的主要目的是保护、稳定和改善生态环境，同时具有生产木材及其他林产品的功能。因此，在评价和计算防护林的总体效益时，要以防护效益为主，兼顾经济效益。当林木或林分的防护效能出现最大值后，开始明显下降时称为防护成熟，此时的年龄称为防护成熟龄。

4.1.5.2 防护成熟的确定方法

无论上述哪种防护林，其防护效能的发展变化规律是基本一致的，即随着森林的生长期从幼龄林、中龄林、近熟林到成熟林、过熟林，防护效能由小到大，达到最高值后保持一定时间，然后逐渐变小。因此，可以参照用材林的数量成熟的理论，将防护林各年度所发挥的防护效能看成连年防护效能，将到某一年龄为止的累计防护效能与年龄的比看成平均防护效能，平均效能最大的时间应该是与连年防护效能相等的年份，也就是防护成熟龄。所以，防护林的防护效能(连年防护效能)开始下降时，并不意味着到达防护成熟，只有当其下降到平均防护效能的水平时，才是真正的防护成熟，此时更新，整个经营期内的累计防护效能最大。

对森林的生态环境效益进行量化评价，特别是货币化评价是目前世界上的热点研究课题，这一工作可以使人们进一步认识森林的重要作用，正确理解森林生态效益的价值，为科学合理地保护、经营和利用好有限的森林资源打下基础。除农田防护林外，其他种类的防护林，如水土保持林和水源涵养林，在对其防护功能进行科学的调查和评价基础上，同样可以找到平均防护效能最大的年份。如果能进行货币化评价，也可以确定包括森林本身的直接经济效益在内的综合价值效益最高的年龄。

【例 4-4】以山东省成武县一个典型林网为例，计算防护成熟龄，其中防护效益以林网中受保护农田农作物增产带来的货币价值量来表示,林网自身效益用木材生产产值表示,见表4-16。

表4-16 农田林网防护成熟计算表

林龄 (a)	树高 H(m)	材积 V(m³)	H连年 生长量 (m)	H平均 生长量 (m)	V连年 生长量 (m³)	V平均 生长量 (m³)	林网 净现值 (元)	净增产 面积 (亩)	年均粮 食增产 (kg)	增产 净现值 (元)	综合 净现值 (元)
8	16.3	0.290 3	0.8	2.0	0.050 0	0.036 3	12 575	205.4	7 860	2 516	34 258
9	16.9	0.334 9	0.6	1.9	0.044 6	0.037 2	18 865	204.7	8 654	2 257	42 805
10	17.5	0.378 3	0.6	1.8	0.043 4	0.037 8	19 354	204.0	9 268	2 024	45 318
11	17.9	0.411 9	0.4	1.6	0.033 6	0.037 4	19 106	203.5	9 757	1 822	46 892
12	18.3	0.444 4	0.4	1.5	0.032 5	0.037 0	18 679	203.0	10 152	1 640	48 105
13	18.7	0.475 8	0.4	1.4	0.031 4	0.036 6	18 115	202.6	10 476	1 479	49 020
14	19.0	0.506 0	0.3	1.4	0.030 2	0.036 1	17 442	202.2	10 746	1 333	49 680
15	19.3	0.534 8	0.3	1.3	0.028 8	0.035 7	16 683	201.8	10 971	1 202	50 123
16	19.5	0.562 2	0.2	1.2	0.027 4	0.035 1	15 862	201.5	11 164	1 088	50 390
17	19.7	0.589 2	0.2	1.2	0.027 0	0.034 7	15 029	201.2	11 328	981	50 538
18	19.9	0.615 2	0.2	1.1	0.026 0	0.034 2	14 178	201.1	11 472	890	50 577
19	20.0	0.640 2	0.1	1.1	0.025 0	0.033 7	13 321	201.0	11 599	808	50 528
20	20.1	0.664 4	0.1	1.0	0.024 2	0.033 2	12 474	200.9	11 711	733	50 414
21	20.2	0.688 2	0.1	1.0	0.023 8	0.032 8	11 652	200.8	11 812	665	50 257

可以看出,综合净现值最大值出现在第18年,因此,该林网防护成熟龄为18年。

4.1.5.3 影响防护成熟的因素

防护林防护成熟到来的早晚也要受很多因素的影响,主要有以下几个方面:

(1)树种

不同的树种有不同的生长速度、寿命和生长规律,各个生长期持续的时间不同,到达衰老阶段的早晚也不同,因此,防护效益明显下降时间也就不同。一般来说,速生喜光树种防护成熟来得早,慢生阴性树种防护成熟来得晚。

(2)林分结构

林分结构包括密度结构、树种结构和年龄结构。密度大的林分,郁闭较早,单株林木营养空间小,衰老期提前,因此防护成熟较早;合理搭配的混交林,生态稳定性较纯林高,有望发挥较大的防护功能,并且推迟防护成熟的到来;由不同年龄林木组成的异龄林,同样有较高的生态稳定性,可以采用择伐作业的方式更新,保持林分防护效能的持续发挥,从而避免或弱化防护成熟的出现。可以看出,营造和调整合理的林分结构,是提高和保持防护林防护效益持续稳定的重要措施。

(3)经营管理措施

不同的经营管理措施,如造林、修枝间伐、施肥浇水等,都会影响林分的生长规律和林分结构,从而影响防护成熟龄的大小。例如,用萌生方式更新的林分,初期生长快,但林分老化早,因此,防护成熟龄较小。

(4)更新方式

当防护林的防护效能明显下降以后,应及时进行更新。如果采用皆伐方式更新,因为更新期间有防护空白期,应该适当推迟采伐时间,延长防护成熟龄;如果采用择伐或渐伐方式更新,更新期间仍然保持一定的防护效能,开始采伐时间可以适当提前,减小防护成熟龄。一般情况下,为保持防护效益的持续发挥,宜采用择伐或渐伐的方式对防护林进行更新。例如,农田防护林、护路林进行更新时,如果该防护林有几行,可以隔行采伐,待更新后再采伐剩余行的林木;如果防护林是单行,可以隔株采伐,待采伐位置更新后再采伐剩余部分。

4.1.6 更新成熟

4.1.6.1 更新成熟的概念

更新成熟适用于可以天然更新,而又有必要天然更新的树种和林分中。种子更新和萌芽更新是森林天然更新的主要方式。在生长发育过程中,树木或林分生长到结实或萌芽能力最强的时期称为更新成熟。

在商品经济条件下,使用资金要计算利息,而且常按复利计算。占用资金的时间越长,利息所占的比重也会增加。在森林经营中,更新造林费用发生在投资周期的初始阶段,因而在木材收获后的总费用中利息占有很大的比例。所以,对能够天然更新的树种和林分应充分予以考虑。

更新成熟因林分起源不同可分为两种:种子更新成熟和萌芽更新成熟。实生起源林分用种子更新,其结实能力旺盛时期可以保持很久(但质量可能不同)。在林业生产实践中掌握各树种的更新成熟期,对森林更新具有更重要的意义。在天然下种更新的情况下,一般应以树木或林分开始大量结实,而且种子质量达到《中华人民共和国种子法》规定标准的最低年龄作为种子更新成熟龄。但是,萌芽更新的萌芽力一般从幼年时期就很旺盛,经过一定年龄之后会减弱或丧失,因此,在采取萌芽更新的情况下,应当特别注意萌芽力开始衰退的时期,即以树木或林分在采伐后能保持旺盛萌芽力的最高年龄作为萌芽更新龄。

除用材林外,更新成熟对经营母树林和经济林也有意义。在组织矮林作业和中林作业时,也必须考虑萌芽更新成熟。若超过了成熟龄,就不能利用萌芽更新来恢复森林了。

4.1.6.2 影响更新成熟的因素

影响更新成熟的因素很多,主要有树种、起源、立地条件等。乔木树种的种子更新成熟年龄一般在树高连年生长量达到最大值以后开始。树种相同时,萌芽林、立地条件不好、郁闭度小或者受过伤害的林木,其种子更新成熟到来较早;而实生林、立地条件好、郁闭度大或未受过伤害的林木,开始大量结实的年龄较迟。萌芽更新成熟关注的是森林生长发育过程中,根茎萌芽能力的变化,一般来说随着林龄的增加,该能力有一个逐渐增加然后降低的过程,但同时又与树种、伐根年龄、立地条件、采伐方式和采伐季节等因素有密切关系。

4.1.7 竹林成熟

竹林是我国森林资源中特殊的组成部分，占有重要的位置。据第九次全国森林资源清查结果，我国竹林面积为 641.16×10^4 hm^2，占森林总面积的 2.91%，其中毛竹林面积 467.78×10^4 hm^2，占 72.96%。我国的竹林主要分布在长江流域及以南地区，有约 30 个属 300 余种。

竹子属于禾本科单子叶植物，实际上是草本植物，因此与一般乔灌木的生物学特性不同。其生长速度快，笋出土后 1 年内高生长和直径生长就基本完成，之后材积/蓄积量基本稳定，后续的生长主要是改变物理性能和化学成分，如硬度、韧性、各种成分的比重等。相对来说，竹子的生命周期较短，一般 10 年以上就会衰老死亡，虽然地下鞭根和茎还活着，并能进行繁殖，但地上的竹株使用价值降低或完全丧失。

竹子种类繁多，用途广泛，可用于建筑、编织、造纸、工艺品加工、观赏和食用(竹笋)等，同时也能发挥各种生态防护功能和碳汇功能。除了数量成熟外，在竹林资源的经营管理中，也存在工艺成熟、更新成熟、防护成熟和自然成熟的问题。

根据竹子的种类和用途，存在不同的工艺成熟龄。以毛竹为例，用于造纸和纤维原材料的竹林需要用嫩竹，以 1 年生为宜，在当年竹子新叶展开时即可收获；编织用材以 2~4 年生为宜；建筑用材至少 5 年；特殊用途的主材需要 8 年以上。

从竹林更新的角度来看，不同竹子种类有不同的更新能力变化规律。研究认为，毛竹在 1~5 年为幼龄竹，竹材力学性质差，但更新能力最强；6~10 年为中龄竹，力学性质稳定，但更新能力下降；10 年以上为老龄竹，理学性质变差，更新能力弱。因此，如果要实现顺利天然更新，应根据不同竹种，在其具有足够的更新能力的时间进行采伐利用。

和其他森林资源一样，在竹林的生长过程中也发挥着各种生态防护功能和碳汇功能，这些功能的大小随着竹林的生长发育、成熟衰老而变化。如果是公益林，经营目标是生态环境效益的最大化，成熟龄的确定应该以生态效益为主，一般是能够维持基本生态防护功能的最高年龄；如果是用材林，也应适当考虑生态效益的发挥，在保证经济效益的前提下，适当兼顾生态效益，实现综合效益的最大化。

竹子生长周期较短，达到一定年龄后逐渐衰老死亡，出现自然成熟。不同竹种自然成熟龄不同，但共同表现是工艺价值降低、生长逐渐衰退、更新能力降低、鞭根开始腐朽、呈现枯萎状态。因此，自然成熟龄应该是采伐更新的上限。

竹林通常为异龄林，收获一般采用择伐方式，加上竹子没有年轮，要确定正确的竹林成熟龄，需要掌握单株年龄的确定方法。在生产实践中，通常根据外部形态识别年龄，主要是根据竹秆颜色、表皮上的蜡粉、斑纹、竹枝生长状态和竹叶脱落状况等判断。为了精确查定竹子年龄，也可以采用在新竹秆上注明年度或符号的标记法，以便作为今后判断成熟及进行采伐的依据。

竹林作为特殊的森林资源，在其森林成熟方面需要进一步探索，尤其是防护成熟和碳汇成熟等。

4.2 轮伐期

传统的经营周期主要指轮伐期和择伐周期(回归年)。它们主要用于用材林、能源林、经济林等林种中。轮伐期用于同龄林、择伐周期用于异龄林森林经营。

4.2.1 轮伐期的概念

轮伐期是一种生产经营周期。它是以森林永续利用为基础，在法正林理论思想下，把培育方向相同的林分组成经营类型(作业级)，用轮伐期作为经营类型的时间秩序，即经营周期。因此，轮伐期就是为了实现永续利用伐尽整个经营单位内全部成熟林分之后，可以再次采伐成熟林分的间隔时间。或者说，是采伐完经营单位全部林分所需要的时间。它表示这种采伐—更新—培育—再采伐—再更新—再培育，进行周而复始，长期经营，永续利用的生产周期。

应该注意，"采伐年龄""伐期龄"和"主伐年龄"等概念与"轮伐期"的概念是有差异的。所谓采伐年龄，是指在同一经营类型里，树木或林分到达成熟而进行主伐的最低年龄，也叫伐期龄，或称主伐年龄。主伐年龄只适用于皆伐作业的同龄林，按一般规定，主伐年龄以龄级符号表示，如Ⅲ、Ⅳ、Ⅵ、Ⅸ等。而轮伐期则以具体年数表示，如50、70、80、100、120等。另外，主伐年龄是指采伐成熟林的年龄，没有考虑更新的年限，而轮伐期则是包括了更新期在内的生产周期。

例如，某经营单位轮伐期为50年，采伐后及时更新，在此种情况下，轮伐期和主伐年龄是一致的。

4.2.2 轮伐期的作用

(1) 轮伐期是确定利用率的依据

一般情况下，只有当经营单位(经营类型)内各龄级结构均匀，且面积相等，完全满足法正林状态时才有可能使年伐量等于年生长量，以实现该森林经营单位内的永续利用。在年龄结构均匀的条件下，可以应用公式 $P=2/u\times100\%$ 计算采伐利用率。

【例4-5】某经营单位蓄积量为 300 000 m³，轮伐期为50年，则：

$$P=\frac{2}{u}\times100\%=\frac{2}{50}\times100\%=4\%$$

其标准年伐量为 300 000×4% = 12 000(m³)

从上例中可以看出轮伐期与采伐量、生长量和蓄积量之间的关系。当轮伐期不同时，利用率也随之变化。例如，轮伐期为100年、50年、40年、20年、10年时，则利用率相应为2%、4%、5%、10%、20%，相应年伐量为 6 000 m³、12 000 m³、15 000 m³、30 000 m³ 和 60 000 m³。

因此，利用率与轮伐期成反比，即轮伐期越长，利用率越小；反之，轮伐期越短，利用率越大。

(2) 轮伐期是划分龄组的依据

在森林经营中，如果主伐年龄等于轮伐期，即采伐后立即更新，可以利用轮伐期来划分龄组。通常把达到轮伐期的那一个龄级加上更高一个龄级的林分划为成熟林龄组；超过成熟林龄组的各龄级为过熟林龄组；比轮伐期低一个龄级的林分为近熟林龄组。其他龄级更低的林分，若龄级数为偶数，则一半为幼龄林，一半为中龄林；若龄级数为奇数，则幼龄林比中龄林多分配一个龄级。下面举例说明如何由轮伐期划分龄组。

【例4-6】某林场林分主伐年龄为40年，10年为一个龄级，采伐后立即更新。各龄级的面积和蓄积量分配情况见表4-17。

表4-17 落叶松经营类型各龄级的面积和蓄积量分配表

龄级	年龄(a)	面积(hm^2)	蓄积量(m^3)
Ⅰ	1~10	88	640
Ⅱ	11~20	69	2 073
Ⅲ	21~30	101	5 122
Ⅳ	31~40	65	4 791
Ⅴ	41~50	119	10 215
Ⅵ	51~60	76	7 765
Ⅶ以上	61以上(70)	70	8 520
合计		588	39 126

因为采伐后立即更新，所以轮伐期等于主伐年龄，即轮伐期为40年。
各龄组的划分为：
成熟林：Ⅳ、Ⅴ。
过熟林：Ⅵ、Ⅶ以上。
近熟林：Ⅲ。
幼龄林：Ⅰ。
中龄林：Ⅱ。

(3) 轮伐期是确定间伐的依据

轮伐期不仅与主伐量有直接关系，对间伐量也有影响。因为木材产量主要是由主伐量、补充主伐量和间伐量3部分构成。轮伐期确定后，明确了经营单位的经营目的和目的材种。这样林分在到达轮伐期以前，可以适当安排几次间伐，结合间伐可以生产部分木材。由此可见，林分间伐次数、间伐量比重等都和轮伐期的长短有关系。

4.2.3 轮伐期的确定依据

确定轮伐期时，森林成熟是主要的依据。除此之外，还应考虑经营单位的面积和龄级结构等因素。

(1) 森林成熟龄

轮伐期是林业生产中一个重要的林学技术经济指标。它反映着森林的经营目的和培养目标。各种各样的森林成熟都是不同经营目的在林学技术上的反映。因此，应该根据各种森林在国民经济中的作用不同来确定不同的轮伐期。一般来说，轮伐期不应低于数量成熟龄。同时，还应根据不同的更新方式，考虑更新成熟龄。对于防护林应以防护成熟龄和自然成熟龄为主，并结合经济指标进行辅助分析，以确定适宜的轮伐期。

(2)经营单位的生产力和林况

经营单位的林木生产力和林况等，是确定轮伐期时不可忽视的一个重要自然因素。从充分利用林木生产力方面看，用材林的轮伐期不应低于数量成熟龄。低于数量成熟龄时，平均生长量尚未达到最高峰，林木的生产力无法充分发挥，因此，数量成熟龄只能作为确定轮伐期的最低年龄。同时，还应考虑林分的立地条件好坏，使确定的轮伐期有利于充分发挥林地的生产潜力。如果林况(生产状况和卫生状况)不良，也应降低轮伐期，以便迅速伐去劣质林分，而代之以生产力较高的新林。

(3)经营单位的龄级结构

经营单位内林分面积按龄级分配情况是确定轮伐期的重要因素之一。如经营单位内中、幼龄林比重过大，就应规定较高的轮伐期。当成、过熟林过多或病虫害严重时，应考虑适当缩短轮伐期。为了避免森林资源遭到不应有的损失，轮伐期不应高于自然成熟龄。

4.2.4　轮伐期的计算

轮伐期由成熟龄和更新期组成。可用下列公式计算：

$$u = a \pm v \tag{4-15}$$

式中，u 为轮伐期；a 为采伐年龄；v 为更新期。

更新期对轮伐期的影响有3种：

①采用伐前更新时，$u = a - v$。

②当采用伐后更新时，$u = a + v$。

③如采伐后及时更新，$u = a$。

图4-3(a)是采伐后及时更新的情况，更新期为0，轮伐期50年；图4-3(b)是伐后更新，更新期为10年，轮伐期则为60年，这种情况多见于采伐后由相邻林分或母树进行的更新；图4-3(c)是伐前更新，更新期为10年，轮伐期为40年。这种情况常见于用渐伐方式进行的采伐更新。

当前，我国大都以林场为轮伐单位，往往要为林场确定综合轮伐期或平均轮伐期。可在各树种或各经营类型确定轮伐期的基础上，以加权平均法计算：

$$\bar{u} = \sum_{i=1}^{m} s_i u_i \tag{4-16}$$

式中，$\bar{u}$ 为综合轮伐期；s_i 为第 i 经营类型所占面积的比重；u_i 为第 i 经营类型的轮伐期。

4.3　择伐周期

4.3.1　择伐周期的概念

异龄林的收获适用于择伐，典型的异龄林分，即从幼龄到老龄各种年龄的林木和从小到大各种径级的林木都有的林分，主伐方式只能用择伐，即每次只采伐部分成熟林木。

在异龄林经营中，采伐部分达到成熟的林木，使其余保留林木继续生长，到林分恢复

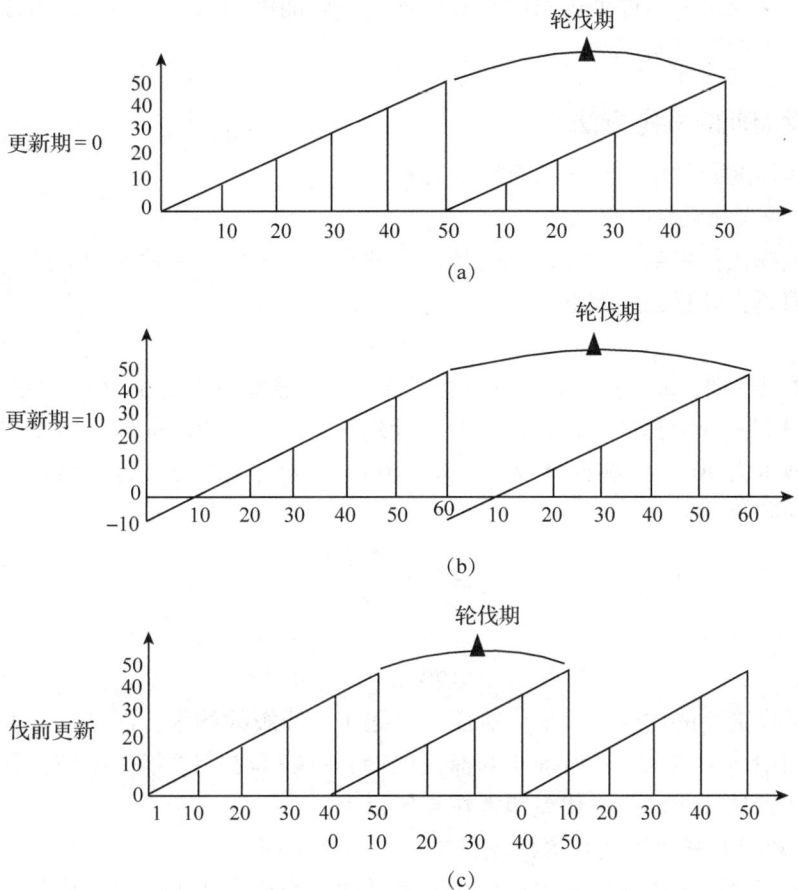

图 4-3 更新期与轮伐期的关系

至伐前的状态时，所用的时间称为择伐周期，也称回归年。用比较简单的定义为 2 次相邻择伐的间隔期。

异龄林的状态与择伐周期的关系如图 4-4 所示。在图 4-4(a)的异龄林有 3 个林层，采伐时只收获上层的林木，第 2、3 层林木保留。20 年后，林分状态恢复到图 4-4(b)状

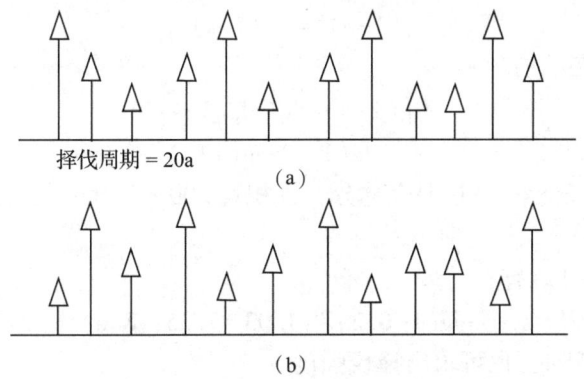

图 4-4 异龄林与择伐周期的关系

83

态,又可进行择伐作业。这个过程周而复始地进行就能做到永续利用,也可以说在林分级水平上做到了可持续经营。

4.3.2 择伐周期的确定方法

确定择伐周期的常用方法主要有以下几种:

(1)径级择伐确定择伐周期

所谓径级择伐是将某一径级以上的林木全部采掉的择伐。此种采伐方式计算择伐周期的方法比较简单,计算公式如下:

$$A = an \tag{4-17}$$

式中,A 为择伐周期;a 为所采林木平均生长1个径级所需年数;n 为采伐的径级数。

【例4-7】有一异龄林分进行择伐作业,计划凡直径大于 30 cm 的林木都采掉。林分中最大径级的林木为 40 cm。在此林分中,30~40 cm 的林木每生长1个径级(2 cm)平均用4年。因此,回归年为:

$$A = 4 \times \frac{(40-30)}{2}$$
$$= 4 \times 5$$
$$= 20(a)$$

在经营强度更高的情况下,采伐对象不只限于大径级的林木,而且还要择伐许多不符合经营要求的中、小径木。其所确定的择伐周期,一般为 5~10 年。在经营强度很高的经营类型中,如森林公园内,择伐周期常在5年以下。

(2)用生长率和采伐强度确定择伐周期

只要确定了林分蓄积量生长率和采伐强度,便可测算出择伐周期。其计算公式如下:

$$A = \frac{-\lg(1-s)}{\lg(1+p)} \tag{4-18}$$

式中,A 为择伐周期;s 为择伐强度;p 为蓄积量生长率。

证明:根据择伐周期的定义,有关系式:

$$(m-ms)(1+p)^A = m \; (m \text{ 为主伐前蓄积量})$$
$$(1-s)(1+p)^A = 1$$
$$(1+p)^A = 1/(1-s)$$

等号两边取对数后,有

$$A\lg(1+p) = \lg 1 - \lg(1-s)$$

所以

$$A = -\lg(1-s)/\lg(1+p)$$

【例4-8】有一个云杉、冷杉混交林分,蓄积量 200 m³·hm⁻²,蓄积量生长率 $p = 3\%$,$s = 20\%$,求回归年。

将数据代入式(4-17)有:

$$A = -\lg(1-0.2)/\lg 1.03 = 7.55 \approx 8(a)$$

如果已知 p 和给定 A,也可求出择伐强度 S:

$$(m-ms)(1+p)^A = m$$

$$(1-s)(1+p)^A = 1$$
$$(1+p)^A - s(1+p)^A = 1$$

所以 $\quad s = [(1+p)^A - 1]/(1+p)^A = 1 - [1/(1+p)^A] \quad (4-19)$

在现实中使用式(4-18)求择伐周期时应注意，p 的正确与否是关键，p 应该取择伐后 A 年间的平均值。现实中择伐后的 p 常常不知道，一般用伐前几年的平均值代替，这会产生一定的误差，要想解决这个问题，最好的方法是设固定样地长期监测。

(3) 根据最小径级和最大径级年龄差确定择伐周期

择伐要预先确定择伐的最小径级和最大径级。最小径级一般是根据能销售的材种规格而定，而最大径级则是按林分立地条件长到某材种工艺成熟的径级为准。如果规定了择伐的最小径级和最大径级，即确定了择伐的直径变动范围，就可根据最小径级和最大径级之间的年龄差数确定择伐周期。具体方法是：选择最小可伐径级林木 5 株，最大可伐径级林木 3 株，伐倒实测其年龄，各求出其平均年龄，两者之差即为择伐周期。这种方法要求选择的树木具有充分代表性，研究方法比较粗放。

(4) 转移矩阵法

这种方法使用矩阵描述林分的径级分布、各径级林木的生长率等状况，模拟林分各径级林木的生长过程、采伐收获过程，用最优控制理论确定择伐周期。转移矩阵法的主要步骤是：将异龄林分的径级分布株数、进界生长株数、各径阶林木在一定时间(n 年)内生长到更大径阶的株数及保留在原来径阶的株数，采伐的株数等用向量或矩阵方式描述，在限定的约束条件下，提出目标函数，然后求解。于政中等对吉林、黑龙江、甘肃、新疆等省（自治区）的异龄林用转移矩阵方法进行了研究，得出东北冷杉林最优回归年 10 年，新疆云杉林 10 年，甘肃冷杉林 15 年的研究结果。

4.3.3 影响择伐周期的因素

(1) 择伐强度

异龄林的择伐周期长期以来一直是森林经营中的热点问题，讨论的焦点主要是择伐强度的大小。有人认为择伐强度应大一些，每次择伐的收获量较多，作业成本较低；也有人认为择伐强度应该小一些，每次的收获量少一些，虽然作业成本稍高，但能较好地保持林分结构、生态系统稳定和减少环境破坏等。近年来国内外择伐强度的应用趋势是小一些。

我国东北阔叶红松混交林的采育择伐回归年为 20~40 年不等，主要看择伐强度和生长速度等因素。于政中、亢新刚等对吉林省东部云冷杉林研究的结论是采伐强度 10%~15%，回归年 10 年左右为好。在国外，日本用材林择伐作业回归年多为 10~20 年，薪炭林 10~15 年，在欧洲，欧洲赤松林回归年常在 6~10 年，挪威云杉林回归年 6~8 年；布德鲁 (Boudru) 研究认为，栎树林择伐作业回归年以 10 年为好。

采伐强度较低时，虽然在采伐、集材等生产环节上工效较高强度择伐、皆伐低一些，但它能够较好地保持森林生态系统的稳定并减少环境的破坏，持续地发挥森林的多种效能，与皆伐相比还能免除造林更新费，即用材林培育中投入最大的一项费用，整体经济效果更好。

(2) 树种特性

对喜光树种，为了给林下幼树生长创造条件，有时需加大择伐强度，此种林分回归年就要长些。对耐阴树种林分可通过多次弱度择伐,使其林下幼树郁闭,因此回归年要短些。浅根性树种抗风倒能力差,回归年应短些。在我国东北及其他地区的云冷杉林中,北美洲变型黄杉原始林中都发生过择伐后保留林木大量风倒死亡的情况。

(3) 经营水平

经营水平高(集约)时,在采伐、集材等工序中对保留林木损坏小,回归年可短些;林道密度大,交通条件好,劳动效率就高,回归年也可短些。

(4) 立地条件

立地条件较差时,如土壤贫瘠肥力低,坡度大水土易流失,海拔高气温低,纬度高地区的林木生长缓慢,气候条件恶劣,植被恢复困难等,择伐强度要小,回归年应该短一些。当然,立地条件差到一定程度时,其森林应该划为防护林而不是用材林,也就不涉及回归年的问题了。

本章小结

本章阐述了森林成熟和经营周期的概念、确定方法等。森林成熟包括数量成熟、工艺成熟、自然成熟、经济成熟、防护成熟、更新成熟、竹林成熟等。经营周期包括适用于同龄林皆伐作业的轮伐期和适用于异龄林择伐作业的择伐周期,对其作用、确定方法和影响因素进行了系统介绍。最后还分析了森林成熟、主伐年龄和轮伐期等的关系。

思考题

1. 什么叫森林成熟?森林成熟具体包括哪些种类?
2. 数量成熟的定义是什么?怎样计算?
3. 影响数量成熟的因素有哪些?
4. 数量成熟有哪些确定方法?
5. 什么叫工艺成熟?它与数量成熟有什么区别?
6. 工艺成熟有哪些确定方法?
7. 如何用马尔丁法确定工艺成熟龄?
8. 如何利用生长过程表结合材种出材量表法确定工艺成熟龄?
9. 如何理解更新成熟?
10. 什么叫防护成熟及防护成熟龄?如何确定防护成熟龄?
11. 防护成熟受哪些因素的影响?若要延长防护成熟龄,应当采取什么措施?
12. 什么是自然成熟?如何确定自然成熟龄?
13. 什么叫森林经济成熟?经济成熟的计算方法有哪些?
14. 怎样用净现值法计算经济成熟龄?净现值法有哪些优点?
15. 如何应用内部收益率法确定经济成熟龄?
16. 何为轮伐期?简述其作用及确定方法。
17. 简述择伐周期的确定方法。
18. 影响择伐周期的因素有哪些?
19. 有一异龄林分进行择伐作业,计划凡直径大于 26 cm 的林木都采掉。林分中最大径级的林木为 36 cm。在此林分中,26~36 cm 的林木每长 1 个径级(2 cm)平均用 2 年。试计算回归年。
20. 有一个云、冷杉混交林,蓄积量 160 m³·hm^{-2},蓄积量生长率 $p=2\%$,择伐强度 $s=25\%$,求回归年。

5 森林区划与组织经营单位

森林区划是森林经理工作的重要内容，也是调查规划的基础工作，合理的区划对森林资源调查及其经营管理具有重要的意义。组织森林经营单位是有效进行森林经营规划设计和高效组织林业生产、经营和管理的重要手段。林业作为国民经济的重要组成部分，是培育和保护森林以取得木材及其他林产品，并发挥森林的生态效益以保护环境、改善环境、美化环境的建设事业，也是经济效益、生态效益和社会效益同步发展的多功能的综合性行业，并且具有生产周期长、经营面积辽阔、区域性差异显著的特点。因此，要经营管理好森林，使森林更好地为人类服务，就必须了解森林。首先要做的就是区划，即将一定地域内的森林按照自然、林学、经济等方面特性的不同分成面积大小不同的单位以便经营管理。

5.1 区划概述

5.1.1 区划的概念

区划是区域划分的简称，就是分区划片，是对地域差异性和相同性的综合分类，它是揭示某种现象在区域内共同性和区域之间差异性的手段。这种划分的地域范围(或称地理单元)，其内部条件、特征具有相似性，并有密切的区域内在联系性，各区域都有自己的特征，具有一定的独立性。

5.1.2 区划的种类

由于区划的目的和区划方法的不同，区划的种类多样，常见的区划有行政区划、自然区划和经济区划三大类。

(1) 行政区划

行政区划是指国家为了便于行政管理而进行的区域分级划分。不同的国家有着不同的行政区划系统，中国采用的行政区划系统是省(自治区、直辖市)—地区(市、盟、州)—县(市、旗)—乡(镇)。根据国家管理以及政治、经济、民族、国防的特殊需要，行政区划是可以变动的。省、县变化较小，变化比较大的是乡的行政管理机构和区域范围。随着社会经济深入发展，行政区划变动受经济因素的影响越来越大。

(2) 自然区划

自然区划是按照自然因子的差异性对自然区域进行的分级分区。按多种因子划分的自然区划称作综合自然区划；按单项因子划分的自然区划称作部门区划，如气候、地貌、土壤、植被、水资源等区划。自然区划的划分依据是纯自然的、客观的因素，因此，一旦区划确定后，除特殊原因外，在相当长的时期内是不会变化的。

(3) 经济区划

经济区划是根据客观存在，各具特色的经济现象所进行的区域划分。它是社会劳动地域分工的一种形式，是以一定经济结构、中心城市为核心，紧密联系的地域经济(生产)的综合体。经济区划有综合经济区划和部门经济区划。综合经济区划类似国民经济区划，包括工业、农业、交通运输业等全面的区划；部门经济区划有工业区划、综合农业区划、交通运输区划、商业网区划等。综合农业区划还可细分为畜牧业区划、农作物区划、林业区划等。

5.1.3 林业区划

(1) 林业区划的概念

林业区划(forestry division)是依据自然地理条件和社会经济的差异性，森林与环境的相关性，林业的基础条件与发展潜力，以及社会经济发展对林业的主导需求和可持续发展规律等，对林业用地地域进行逐级划分，明确各级分区单元的林业发展方向、功能定位和生产力布局，为现代林业的发展构建的空间布局框架。

林业区划是根据林业的特点，在自然、经济和技术条件的基础上，分析、评价林业生产的特点与潜力，按照地域分异的规律进行分区划片，进而研究其区域的特点、生产条件以及优势和存在的问题，提出其发展方向、生产布局和实施的主要措施与途径，以便因地制宜、扬长避短，发挥区域优势，为林业建设的发展和制定长远规划等提供基本的依据。简言之，林业区划即以全国或省(自治区、直辖市)、县(市、旗)为总体，在区域之间，区别差异性，归纳相似性，予以地理分区，使之成为各具特点的"林区"。

(2) 林业区划的作用

林业生产具有很强的地域性，因地制宜是指导林业生产的一个重要原则。中国幅员辽阔，自然条件、自然资源、社会经济状况以及技术条件等在不同地区之间千差万别，这些差异，不仅在全国，而且在一个省、一个县之内也明显存在，但在一定范围内又有共同性。这些差异性与共同性是有地理分布规律的，研究林业生产条件的地域分区划片，制定各级林业区划，对合理开发利用自然资源、科学指导林业生产、加速实现林业现代化等具有重要的意义。

由此可见，林业区划既是组织林业建设的一项必不可少的基础工作，也是揭示地域分异和规律的一种重要手段。其主要作用有：

①有助于因地制宜，分类指导，正确组织生产，避免工作上的盲目性。

②便于全面贯彻林业方针政策，扬长避短，发挥优势，改造不利条件，挖掘生产潜力，加速现代林业的发展。

③可为科学制订林业发展规划，实现领导科学化和决策科学化打下有利的基础。

④提出分区发展方针和科学布局，为林业生产区域化、专业化和现代化创造条件。

⑤可为合理进行森林区划提供指导和依据。

(3) 中国林业区划系统

根据全国林业发展区划工作组编写的《全国林业发展区划三级区区划办法》(2007)，

中国林业区划采用三级分区体系。一级分区(自然条件区)旨在反映对我国林业发展起到宏观控制作用的水热因子的地域分异规律,同时考虑地貌格局的影响;二级分区(主导功能区)是以区域生态需求、限制性自然条件和社会经济对林业的发展的根本要求为依据,旨在反映不同区域林业主导功能类型的差异,体现森林功能的客观格局;三级分区(布局区)包括林业生态功能布局和生产力布局,旨在反映不同区域林业生态产品、物质产品和生态文化产品生产力的差异性,为实现林业生态功能和生产力的区域落实。

通过一、二、三级区划,将形成一套完整、科学、合理的符合中国国情的全国林业发展区划体系,对全国林业发展进行分区管理和指导,从而提高全国林业发展水平。这不仅是实施以生态建设为主的林业发展战略的重要举措,也是构建完备的林业生态体系、发达的林业产业体系和繁荣的生态文化体系的迫切需要。当前,我国林业区划共划分为10个一级区,62个二级区。

5.2 森林区划

5.2.1 森林区划概述

(1)森林区划的概念

森林区划(forest division)是针对林业生产的特点,根据自然地理条件、森林资源以及社会经济条件的不同,将整个林区进行地域上的划分,将林区区划为若干不同的单位。

森林区划与林业区划不同。林业区划为部门经济区划,是综合农业区划的一个组成部分,它侧重于在分析研究林业生产地域性的条件和规律的基础上,综合论证不同地区林业生产发展方向和途径,具有相对的稳定性,能在较长的时间内起作用;森林区划则是在林业区划的原则指导下在基层地域上的具体落实,是林业局(场)内部的区划,是针对调查规划、行政管理、资源管理及组织林业生产措施的需要而进行的。

(2)森林区划的目的

林业生产的特点之一是地域辽阔,林区面积较大,少则数万公顷,多则十多万、几十万以至上百万公顷,在如此大的范围内,自然地理条件、森林资源以及社会经济条件的差异不可避免。为了便于开展森林经营管理工作以及组织林业生产,必须对辽阔的林区进行区划。

森林区划又称林地区划,主要目的有:

①便于调查、统计和分析森林资源的数量和质量。
②便于组织各种经营单位。
③便于长期的森林经营利用活动,总结经验,提高森林经营水平。
④便于实施各种科学管理技术,经济核算等工作。

(3)森林区划系统

中国目前采用的森林区划系统如下:

①国有林业局区划系统　林业局—林场—林班—小班。较大的林场,在林场与林班之间可增划营林区或施业区。
②国有林场区划系统　总场(林场)—分场(营林区或施业区)—林班—小班。

③集体林区区划系统 县(市)—乡(镇)—村—林班—小班。

在近几次森林资源二类调查中,有些省份(如江西省),采用的区划系统稍有变化,即不再区划林班,且在小班内根据地类、立地、树种、龄组、起源、郁闭度等的不同区划细班,小班区划则以明显地物(如山脊、山谷、溪谷、道路等)界线、山林权属界为主。国有林场区划系统为林场—分场—小班—细班;集体林区划系统为县(市)—乡(镇)—村—小班—细班。

国外对森林区划也很重视,认为它是合理组织森林经营的一项基础性工作。例如,苏联时期的森林区划大多分林管区(国有林场)、施业区、林班、小班;美国分林场、施业区、林班、小班或林分;德国分林业局、施业区、林班、小班、细班;日本在营林署下分施(事)业区、林班、小班;印度在各邦以下有林管区(林业局)、施业区、林班、小班等。

在进行森林区划时,应根据区划范围内的实际情况,从今后经营管理、资源利用及资源调查等工作的需要综合考虑。各级森林区划单位的区划原则与方法分述如下。

5.2.2 林业局区划

林业局是林区中一个独立的林业生产和经营管理单位。合理确定林业局的范围和境界,是实现森林可持续经营的重要保证。根据全国林业区划,大部分林区已建立了林业局。但在初次开展森林经营管理工作的地区,首先应合理地确定林业局的范围和境界。影响林业局境界确定的主要因素一般有:

(1)企业类型

林业企业类型是根据林权及经营重点划分的。现阶段我国林地所有权分为全民和集体所有制。在国有林区有林业局、国有林场等企业单位;在集体林区有乡办或村办的林场。

(2)森林资源情况

森林资源是林业生产的物质基础。在林业局范围内,只有具备一定数量和质量的森林资源时,才能有效地、合理地进行森林经营利用活动。森林资源主要表现在林地面积上,从森林可持续利用的要求出发,林业局的经营面积一般以 $5\times10^4 \sim 30\times10^4 \text{ hm}^2$ 为宜,北方一般是 $15\times10^4 \sim 30\times10^4 \text{ hm}^2$,南方一般是 $5\times10^4 \sim 10\times10^4 \text{ hm}^2$。

(3)自然地形与地势

自然地形、地势对确定林业局的境界和范围有重要作用。以大的山系、水系等自然界线和永久性的地物(如公路、铁路)作为林业局的境界,对于经营、利用、管理、运输、生活等方面均有重要作用。

(4)行政区划

确定林业局边界时,应尽量与行政区划一致,这样有利于林业企业与地方行政机构协调关系,特别是在林政管理、护林防火、劳动力调配等方面。

林业局的范围,应充分考虑有利于生产、生活以及交通情况,一般境界线确定后,不宜轻易变动。林业局的面积不宜过大,其形状也以规整为好,切忌将局址设在管辖范围以外。

5.2.3 林场区划

林场是林业局下属的一个具体实施林业生产的单位,也有的林场是具备法人资格的企业单位。其区划应以全面经营森林和以"以场定居,以场轮伐",森林可持续经营为原则。林场的境界应尽量利用山脊、河流、道路等自然地形及永久性标志。林场的范围应便于开展经营活动、合理组织生产及方便职工生活,因此,林场的形状以较规整为宜。

关于林场的经营面积,根据各地具体的经济条件和自然历史条件,南方各林场的面积大多在 1×10^4 hm^2 以下;北方则一般为 $1\times10^4 \sim 2\times10^4$ hm^2,根据林业企业的森林资源情况,木材生产工艺过程和营林工作的需要,也不应大于 3×10^4 hm^2。总之,林场的面积不宜过大或过小。过大不利于合理组织生产和安排职工生活;过小则可能造成机构相对庞大等缺点。

林业局以下的林业管理机构名称也有多种,如主伐林场、经营所、采育场、伐木场等。从长远看,应统称为"林场"较为适合。

5.2.4 营林区区划

在林场内,为了合理地进行森林经营利用活动,开展多种经营以及考虑生产和职工生活的方便,根据有效经营活动范围,特别是防护林防火工作量的大小,将林场区划为若干个营林区或施业区。营林区是林场内的管理单位。由于森林资源的分散和集中程度、地形与地势条件、居民点分布、火险等级、经营水平和交通条件等的不同,营林区的大小也有所不同。但应以工作人员步行到达最远的现场花费时间不超过 1.5 h 为宜。营林区界线一般与林班线一致,即将若干个林班集中在一起组成营林区。

营林区常以地名冠名,如帽儿山林场老山营林区、老爷岭营林区、三号营林区等。

5.2.5 林班区划

林班(compartment)是在林场的范围内,为便于森林资源统计和经营管理,将林地划分为若干面积大小相对一致的基本单位。在开展森林经营活动和生产管理时,大多以林班为单位。因此,林班是林场内具有永久性经营管理的土地区划单位。

区划出的林班及林班线,主要用途为便于测量和求算面积、清查和统计森林资源、辨认方向、护林防火及林政管理、开展森林经营措施活动及森林资源的多种经营等。区划出林班并埋设林班桩后,每个林班的地理位置及面积就固定下来了,为长期开展林业生产活动提供了便利条件。因此,合理区划林班,是森林经营管理工作中的重要内容之一。林班区划还要考虑森林经理等级要求。

林班的区划方式有 3 种,即人工区划法、自然区划法和综合区划法。

(1)人工区划法

人工区划法是以方形或矩形进行的人工区划,林班的形状呈规整的图形,林班线需要人工伐开,呈直线或折线状。这种区划法的优点是设计简单,林班面积大小基本一致,林班线的走向容易辨别,在平原及丘陵地区有利于调查统计和开展各种经营活动,并可作为防火线及道路使用;缺点是起伏较大的林区,如果人工区划,会大大增加伐开林班线的工作量,而林班线起不到对经营管理有利的作用。此法适用于平坦地区、丘陵地带林区及部分人工林区。如 1951—1954 年我国在东北及部分南方林区曾大量使用的人工区划(图 5-1)。

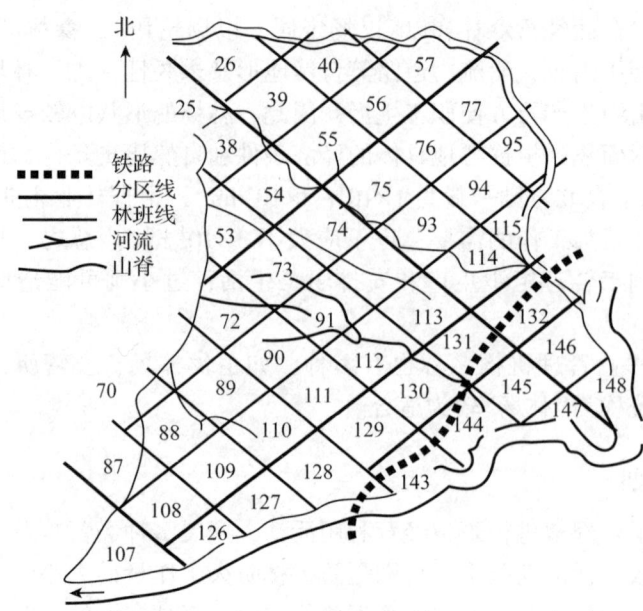

图 5-1 人工区划法

(2) 自然区划法

自然区划法是以林场内的自然界线及永久性标志，如河流、沟谷、分水岭及道路等作为边界线划分林班的方法，因而林班面积的大小不一，形状也不规整。自然区划的林班多为两面山坡夹一沟，这样便于经营管理。如面积过大时，可以一个坡面作为一个林班。林区中永久性的道路是进行森林经营利用重要的设施及标志，因而多用作林班线。自然区划的林班线因利用已有的自然境界，因此通常不需伐开，但必须标明。这种区划法的优点是可保持自然景观，对防护林、特种用途林有积极的意义，对自然保护区也有特殊的作用；缺点是林班面积往往大小不一，形状各异。此法适用于山区(图5-2)。

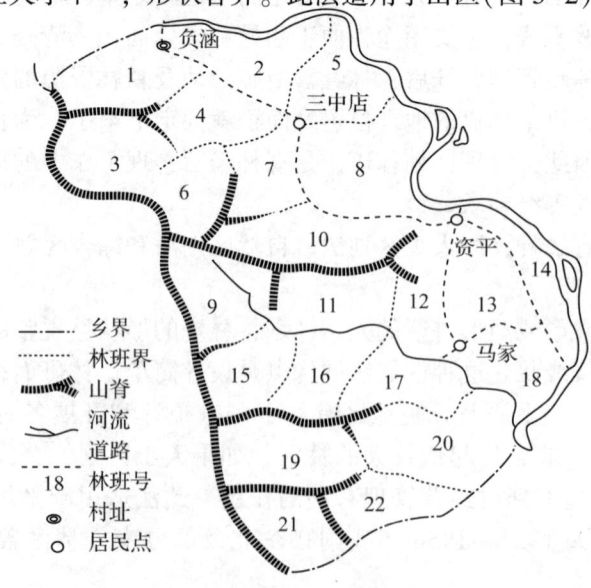

图 5-2 自然区划法

（3）综合区划法

综合区划法是人工区划法和自然区划法的综合。一般是在自然区划的基础上加部分人工区划而成。综合区划法的林班面积大小也不一致，但能避免过大过小，比自然区划法要好。它是我国在山区区划林班的主要方法。综合区划法虽克服了上述两种方法的不足，但在组织实施上，技术要求比人工区划法复杂，实地区划时仍有时出现林班线不易正确落实的情况（图5-3）。

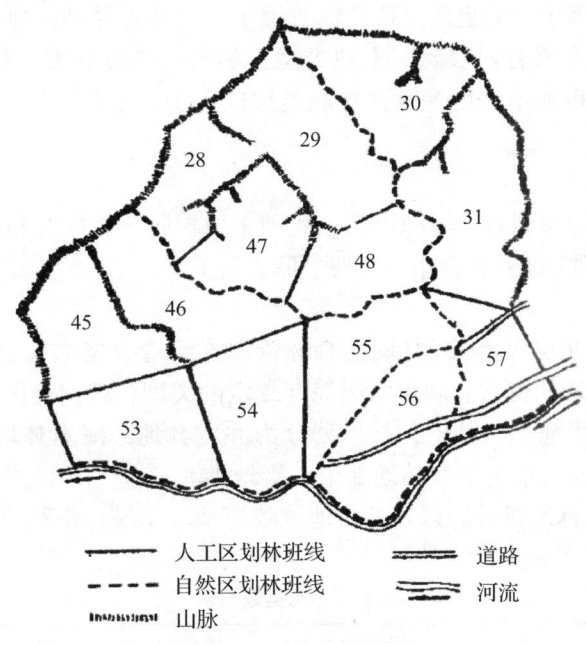

图5-3　综合区划法

林班面积的大小，应根据经营的目的、经济条件和自然历史条件等而定。在我国南方经济条件较好的地区，林班面积可小于50 hm²，北方林区林班面积一般为100~200 hm²。少数地区、自然保护区和西南高山地区以及近期不开发林区的林班面积，根据需要可适当放宽标准。同一林场，林班面积的变动幅度不宜超过要求标准的±50%。应防止在区划时，将林班划得过大而给以后长期经营带来不便。速生丰产林、特种用途林的林班面积，可小于50 hm²。

林班的编号和命名。一般以林场为单位，用阿拉伯数字由小到大，从林场的西北角起向东南、由上到下依次编号。

林班区划设计后，应根据设计的林班线，利用地形图、航摄像片或测量成果在现地落实，也就是在现地伐开林班线及标记，并在林班线相交处按规定和条件埋设林班桩。林班桩的材料，以坚实耐用为原则。林班编号除特殊情况外，一般不应更改或重新编号，以免引起经营管理上的混乱。

5.2.6　小班区划

林班是林场内固定的经营管理的土地区划单位，但林班的面积仍是很大，其中的土地状况和林分特征仍有较大的差别，为了便于调查规划和因地制宜地开展各种经营活动，必须根据经营要求和林学特征，在林班内划出不同的地段(林地或非林地等)，这样的地段称为小班(subcompartment)。划分出的小班，其内部具有相同的林学特征，因此，其经营目的和经营措施是相同的，它是林场内最基本的经营单位，也是森林资源清查、统计计算和管理最基本的单位。

小班划分的原则是每个小班内部的自然特征基本相同并与相邻小班又有显著的差别。这些差别表现在调查因子上。也就是说，调查因子的显著差异是区划小班的依据。

划分小班的条件主要有：权属、土地类型、林种、林分起源、优势树种或优势树种组、龄级(组)、郁闭度或覆盖度等级、立地类型或林型、地位指数级或地位级、坡度级、出材率等级等。

(1) 权属

土地权属不同，均应划分为不同小班。我国土地权属分为国有和集体，林木权属分国有、集体、个人和其他(合资、合作、合股、联营等)。

(2) 土地类型

根据国家林业局 2014 年颁布的《国家森林资源连续清查技术规定》中规定，土地类型(简称地类)是根据土地的覆盖和利用状况综合划定的类型，把调查区域内的土地类型分为林地和非林地两个一级地类。其中，林地划分为乔木林地、灌木林地、竹林地、疏林地、未成林造林地、苗圃地、迹地、宜林地 8 个二级地类，13 个三级地类，地类划分的最小面积为 0.066 7 hm^2；非林地指林地以外的耕地、牧草地、水域、未利用地和建设用地(表 5-1)。

表 5-1 地类划分表

一级	二级	三级	一级	二级	三级
林地	乔木林地	—	非林地	耕地	—
	竹林地	—		牧草地	—
	疏林地	—		水域	—
	灌木林地	特殊灌木林地		未利用地	—
		一般灌木林地			
	未成林造林地	—		建设用地	工矿建设用地
	迹地	采伐迹地			城乡居民建设用地
		火烧迹地			
		其他迹地			交通建设用地
	苗圃地	—			
	宜林地	造林失败地			其他用地
		规划造林地			
		其他宜林地			

地类不同则应划分不同小班。地类划分标准如下：

① 林地

a. 乔木林地：由乔木组成的片林或林带，郁闭度大于或等于 0.20。其中，林带行数应在 2 行以上且行距小于等于 4 m 或林冠冠幅水平投影宽度在 10 m 以上；当林带的缺损长度超过林带宽度 3 倍时,应视为两条林带;两平行林带的带距小于等于 8 m 时按片林调查。包括郁闭度达不到 0.20,但已到成林年限且生长稳定,保存率达到 80%(年均降水量 400 mm 以下,不具备灌溉条件的地区为 65%)以上人工起源的林分,也包括由以乔木型红树植物为主体组成的红树林群落。

b. 灌木林地:附着有灌木树种,或因生境恶劣或因人工栽培矮化成灌木型的乔木树种以及胸径小于 2 cm 的小杂竹丛,以经营灌木林为主要目的或专为防护用途,覆盖度在 30% 以上的林地。其中,灌木林带行数应在 2 行以上且行距小于等于 2 m;当灌木林带的缺损长度超过林带宽度 3 倍时,应视为两条灌木林带;两平行灌木林带的带距小于等于 4 m 时按片状灌木林调查。包括由以灌木型红树植物为主体组成的红树林群落。

特殊灌木林地:指国家特别规定的灌木林地,按照国务院林业主管部门的有关规定执行。特殊灌木林地细分为年均降水量 400 mm 以下地区灌木林地、乔木分布线以上灌木林地、热带亚热带岩溶地区灌木林地、干热(干旱)河谷地区灌木林地及以获取经济效益为目的的灌木经济林。

一般灌木林地:不属于特殊灌木林地的其他灌木林地。

c. 竹林地:附着有胸径 2 cm 以上的竹类植物,郁闭度大于或等于 0.20 的林地。由不同竹类植物构成的竹林的具体划分标准由各省自行制定,并报国务院林业主管部门备案。

d. 疏林地:乔木郁闭度在 0.10~0.19 的林地。

e. 未成林造林地:人工造林(包括直播、植苗)和飞播造林后不到成林年限或者达到成林年限(表 5-2)后,造林成效符合下列条件之一,苗木分布均匀,尚未郁闭但有成林希望或补植后有成林希望的林地。

——人工造林后不到成林年限,成活率 85% 以上(含 85%),其中年均降水量 400 mm 以下地区造林成活率 70% 以上(含 70%)。

——人工造林后不到成林年限,成活率 41%~85%(含 41%),待补植的人工造林地,其中年均降水量 400 mm 以下地区造林成活率 41%~70%(含 41%)。

——飞播造林后不到成林年限,成苗调查苗木 3 000 株·hm^{-2} 以上或飞播治沙成苗 2 500 株·hm^{-2} 以上,且分布均匀。

——造林更新达到成林年限后,未达到乔木林地、灌木林地、疏林地标准,保存率 41%~80%(含 41%)(年均降水量 400 mm 以下,不具备灌溉条件的地区保存率 41%~65%),待补植的造林地。

表 5-2 不同营造方式成林年限 [a]

营造方式		400 mm 年均降水量以上地区				400 mm 年均降水量以下地区	
		南方		北方			
		乔木	灌木	乔木	灌木	乔木	灌木
飞播造林		5~7	4~7	5~8	5~7	7~10	5~7
人工造林	直播	3~8	2~6	4~8	3~6	4~10	4~8
	植苗、分殖	2~5	2~4	2~6	2~5	3~8	3~6

注:慢生树种取上限,速生树种取下限;短轮伐期用材林由各省自行规定;大苗造林由各省自行规定,但至少经过 1 个生长季,或者 1 年以上;青藏高原参照北方地区。

f. 苗圃地：固定的林木和木本花卉育苗用地，不包括母树林、种子园、采穗圃、种质基地等种子、种条生产用地以及种子加工、储藏等设施用地。苗圃地应依据《苗圃建设规范》(LY/T 1185—2013)等的有关规定确定。

g. 迹地：包括采伐迹地、火烧迹地和其他迹地。

采伐迹地：乔木林地采伐作业后3年内活立木达不到疏林地标准、尚未人工更新的林地。

火烧迹地：乔木林地火灾等灾害后3年内活立木达不到疏林地标准、尚未人工更新的林地。

其他迹地：灌木林经采伐、平茬、割灌等经营活动或者火灾发生后，覆盖度达不到30%的林地。

h. 宜林地：经县级以上人民政府规划用于发展林业的土地，包括造林失败地、规划造林地和其他宜林地。

造林失败地：人工造林后不到成林年限，成活率低于41%，需重新造林的林地；造林更新达到成林年限后，未达到乔木林地、灌木林地、疏林地标准，保存率低于41%，需重新造林的林地。

规划造林地：未达到上述乔木林地、灌木林地、竹林地、疏林地、未成林造林地标准，经营造林(人工造林、飞播造林、封山育林等)可以成林，规划为林地的荒山、荒(海)滩、荒沟、荒地、固定或流动沙地(丘)、有明显沙化趋势的土地等。

其他宜林地：经县级以上人民政府规划用于发展林业的其他土地。包括培育、生产、存储种子、苗木的设施用地；贮存木材和其他生产资料的设施用地；集材道、运材道；野生动植物保护、护林、森林病虫害防治、森林防火、木材检疫、林业科学研究与试验设施用地；具有林地权属证明，供水、供热、供气、通信等基础设施用地等。

②非林地

a. 耕地：指种植农作物的土地。

b. 牧草地：指以草本植物为主，用于畜牧业的土地。

c. 水域：指陆地水域和水利设施用地，包括河流、湖泊、水库、坑塘、苇地、滩涂、沟渠、水利设施、冰川和永久积雪等。

d. 未利用地：指未利用和难利用的土地，包括荒草地、盐碱地、沼泽地、沙地、裸土地、裸岩石砾地、高寒荒漠、苔原等。

e. 建设用地：指建造建筑物、构造物的土地。包括以下4类：

工矿建设用地：指工厂、矿山等建设用地。

城乡居民建设用地：指城镇、农村居民住宅及其公共设施建设用地。

交通用地：指各类道路(铁路、公路、农村道路)及其附属设施和民用机场用地，不含集材道、运材道。

其他用地：除以上地类以外的建设用地，包括旅游设施、军事设施、名胜古迹、墓地、陵园等。

除了2014年国家林业局颁布的《国家森林资源连续清查技术规定》对地类的规定以外，我国还有一些相关文件涉及地类的划分，地类划分标准经历了多次修订，既体现与时俱进又保证了整体上的连续性，如《林地分类》(LY/T 1812—2021)对《林地分类》(LY/T 1812—2009)进行了局部调整，删除了宜林地等；《森林资源连续清查技术规程》(GB/T 38590—2020)规定林地包括：生长乔木、竹类、灌木的土地及沿海生长红树林的土地；《国土空间调查、规划、用途管制用地用海分类指南(试行)》规定林地包括：乔木林地、竹林地、灌木林地、其他林地；《2022年全国森林、草原、湿地调查监测技术规程》规定林地包括：乔木林地、竹林地、灌木林地(含特殊灌木林地和一般灌木林地)和其他林地(含疏林地、未成林造林地、苗圃地、采伐迹地和火烧迹地)。

为适应新时期森林分类经营、集体林权制度改革和森林生态效益补偿的需要，我国公益林实施了区划界定，林权得到进一步落实，林地落界后形成了各省"林地一张图"。林地落界确定的林地之外还存在具有森林、一般灌木林、未成林造林地特征的土地，因此，森林调查时，增加了林地管理类型的划分，将林地分为林业部门管理的林地和非林业部门管理的林地(非林地森林、非林地一般灌木林、非林地未成林造林地)。

为了客观、详细地反映地类，根据我国林业的实际特点与情况，在引据不同标准或规定时应做标注或说明。

(3) 林种

我国对森林的经营管理是以功能为目标，形成多层次森林经营组织系统，按森林主导功能把森林划分为商品林和公益林两大类别，按照用途把森林分为防护林、特种用途林、用材林、经济林和能源林5个林种，其中：用材林、经济林、能源林属于商品林，防护林、特种用途林属于公益林，在同一林种内再组织具有不同经营目标的经营类型或经营小班并制订相应的经营措施。

林种不同，应划分为不同的小班。2014年颁布的《国家森林资源连续清查技术规定》中规定，按主导功能的不同将森林(林地)划分为公益林(地)和商品林(地)两个类别。根据经营目标的不同，将乔木林地、灌木林地、竹林地、疏林地分为5个林种、23个亚林种，其中，公益林(地)包括防护林和特种用途林，商品林(地)包括用材林、薪炭林和经济林，按照2019年新修订的《森林法》的表述，把薪炭林改为能源林，见表5-3。

其技术标准如下：

①防护林 以发挥生态防护功能为主要目的。

a. 水源涵养林：以涵养水源、改善水文状况、调节区域水分循环，防止河流、湖泊、水库淤塞，以及保护饮用水水源为主要目的。具有下列条件之一者，可划为水源涵养林：

——流程在500 km以上的江河发源地汇水区，主流与一级、二级支流两岸山地自然地形中的第一层山脊以内。

——流程在500 km以下的河流，但所处地域雨水集中，对下游工农业生产有重要影响，其河流发源地汇水区及主流、一级支流两岸山地自然地形中的第一层山脊以内。

——大中型水库与湖泊周围山地自然地形第一层山脊以内或平地1 000 m以内，小型水库与湖泊周围自然地形第一层山脊以内或平地250 m以内。

——雪线以下500 m和冰川外围2 km以内。

——保护城镇饮用水源为目的的。

表 5-3 林种分类系统

森林类别	林种	亚林种
公益林	防护林	水源涵养林
		水土保持林
		防风固沙林
		农田牧场防护林
		护岸林
		护路林
		其他防护林
公益林	特种用途林	国防林
		实验林
		母树林
		环境保护林
		风景林
		名胜古迹和革命纪念林
		自然保护林
商品林	用材林	短轮伐期用材林
		速生丰产用材林
		一般用材林
	能源林	能源林
	经济林	果树林
		食用原料林
		林化工业原料林
		药用林
		其他经济林

b. 水土保持林：以减缓地表径流、减少冲刷、防止水土流失、保持和恢复土地肥力为主要目的。具备下列条件之一者，可划为水土保持林：

——东北地区(包括内蒙古东部)坡度在25°以上，华北、西南、西北等地区坡度在35°以上，华东、中南地区坡度在45°以上，森林采伐后会引起严重水土流失的。

——土层瘠薄，岩石裸露，采伐后难以更新或生态环境难以恢复的。

——土壤侵蚀严重的黄土丘陵区塬面、侵蚀沟、石质山区沟坡、地质结构疏松等易发生泥石流地段的。

——主要山脊分水岭两侧各 300 m 范围内的。

c. 防风固沙林：以降低风速、防止或减缓风蚀，固定沙地，以及保护耕地、果园、经济作物、牧场免受风沙侵袭为主要目的。具备下列条件之一者，可以划为防风固沙林：

——强度风蚀地区，常见流动、半流动沙地(丘、垄)或风蚀残丘地段的。

——与沙地交界 250 m 以内和沙漠地区距绿洲 100 m 以外的。

——海岸基质类型为沙质、泥质地区，顺台风盛行登陆方向，距离固定海岸线 1 000 m 范围内，其他方向 200 m 范围内的。

——珊瑚岛常绿林。

——其他风沙危害严重地区的。

d. 农田牧场防护林：以保护农田、牧场减免自然灾害，改善自然环境，保障农牧业生产条件为主要目的。具备下列条件之一者，可以划为农田牧场防护林：

——农田、牧场境界外 100 m 范围内，与沙质地区接壤 250~500 m 内的。

——为防止、减轻自然灾害，在田间、牧场、阶地、低丘、岗地等处设置的林带、林网、片林。

e. 护岸林：以防止河岸、湖岸、海岸冲刷或崩塌，固定河床为主要目的。具备下列条件之一者，可以划为护岸林：

——主要河流两岸各 200 m 及其主要支流两岸各 50 m 范围内的，包括河床中的雁翅林。

——堤岸、干渠两侧各 10 m 范围内的。

——红树林或海岸 500 m 范围内的。

f. 护路林：以保护铁路、公路免受风、沙、水、雪侵害为主要目的。具备下列条件之一者，可以划为护路林：

——林区、山区国道及干线铁路路基与两侧(设有防火线的在防火线以外，下同)的山坡或平坦地区各 200 m 以内，非林区、丘岗、平地和沙区各 50 m 以内。

——林区、山区、沙区的省、县级道路和支线铁路路基与两侧各 50 m 以内，其他地区各 10 m 范围以内。

g. 其他防护林：以防火、防雪、防雾、防烟、护渔等其他防护作用为主要目的。

②特种用途林 以保存物种资源、保护生态环境，用于国防、森林旅游和科学实验等为主要经营目的。

a. 国防林：以掩护军事设施和用作军事屏障为主要目的。具备下列条件之一者，可以划为国防林：

——边境地区的有林地、疏林地和灌木林地，其宽度由各省按照有关要求划定。

——经林业主管部门批准的军事设施周围的。

b. 实验林：以提供教学或科学实验场所为主要目的，包括科研试验林、教学实习林、科普教育林、定位观测林等。

c. 母树林：以培育优良种子为主要目的的有林地、疏林地和灌木林地，包括母树林、种子园、子代测定林、采穗圃、采根圃、树木园、种质资源和基因保存林等。

d. 环境保护林：分布在城市及城郊接合部、工矿企业内、居民区与村镇绿化区，以净化空气、防止污染、降低噪声、改善环境为主要目的。

e. 风景林：分布在风景名胜区、森林公园、度假区、滑雪场、狩猎场、城市公园、乡村公园及游览场所内,以满足人类生态需求,美化环境为主要目的。

　　f. 名胜古迹和革命纪念林:位于名胜古迹和革命纪念地(包括自然与文化遗产地、历史与革命遗址地)内的,以及纪念林、文化林、古树名木等。

　　g. 自然保护林:各级自然保护区、自然保护小区内以保护和恢复典型生态系统和珍贵、稀有动植物资源及栖息地或原生地,或以保存和重建自然遗产与自然景观为主要目的。

③用材林　以生产木材或竹材为主要目的。

　　a. 短轮伐期用材林:以生产纸浆材及特殊工业用木质原料为主要目的,采取集约经营措施进行定向培育。

　　b. 速生丰产用材林:通过使用良种壮苗和实施集约经营,森林生长指标达到相应树种速生丰产林国家或行业标准。

　　c. 一般用材林:其他以生产木材和竹材为主要目的。

④能源林　以生产热能燃料为主要经营目的。《2022年全国森林、草原、湿地调查监测技术规程》把能源林分为油料能源林和木质能源林两个亚林种,油料能源林以生产生物柴油、工业乙醇所需原料为主要经营目的,木质能源林以生产木质生物质能源燃料为主要经营目的。

⑤经济林　以生产油料、干鲜果品、工业原料、药材及其他副特产品为主要经营目的。

　　a. 果品林:以生产各种干鲜果品为主要目的。

　　b. 食用原料林:以生产食用油料、饮料、调料、香料等为主要目的。

　　c. 林化工业原料林:以生产树脂、橡胶、木栓、单宁等非木质林产化工原料为主要目的。

　　d. 药用林:以生产药材、药用原料为主要目的。

　　e. 其他经济林:以生产其他林副特产品为主要目的。

(4)林分起源

根据林分生成方式,分天然林和人工林两类。按《森林资源连续清查技术规程》(GB/T 38590—2020),天然林可分天然下种、人工促进天然更新和萌生形成的森林;人工林可分植苗、直播、飞播和人工林采伐后萌生形成的森林:植苗包括植苗、分殖和扦插3种造林方式,直播包括穴播和条播两种造林方式,飞播包括飞机播种和人工撒播两种方式,人工林采伐后萌生特指集约经营的人工林或种植林。林分起源不同划分不同小班。

(5)优势树种或优势树种组

树种调查应记载树种的种名。按林分之间的优势树种或优势树种组相差两成(25%)者可划出不同的小班。如为纯林,则优势树种应占七成(65%)以上。个别珍贵树种,如东北的红松林,占四成(35%)就可以划出小班。树种很多难以分清优势树种时,可将几个树种合并为树种组记载。南方优势树种较多,必要时可按树种组划分小班。

(6)龄级(组)

林分在Ⅵ龄级以下相差1个龄级的,Ⅶ龄级以上相差2个龄级以上的,可划出不同小班。如按龄组划分小班,则分幼(龄)、中(龄)、近(熟)、成(熟)、过(熟)5个龄组。我

表 5-4　优势树种(组)龄组划分

树种	地区	起源	龄组划分					龄级划分
			幼龄林	中龄林	近熟林	成熟林	过熟林	
			1	2	3	4	5	
红松、云杉、柏木、紫杉、铁杉	北方	天然	60以下	61~100	101~120	121~160	161以上	20
		人工	40以下	41~60	61~80	81~120	121以上	20
	南方	天然	40以下	41~60	61~80	81~120	121以上	20
		人工	20以下	21~40	41~60	61~100	101以上	20
落叶松、冷杉、樟子松、赤松、黑松	北方	天然	40以下	41~80	81~100	101~140	141以上	20
		人工	20以下	21~30	31~40	41~60	61以上	10
	南方	天然	40以下	41~60	61~80	81~120	121以上	20
		人工	20以下	21~30	31~40	41~60	61以上	10
油松、马尾松、云南松、思茅松、华山松、高山松	北方	天然	30以下	31~50	51~60	61~80	81以上	10
		人工	20以下	21~30	31~40	41~60	61以上	10
	南方	天然	20以下	21~30	31~40	41~60	61以上	10
		人工	10以下	11~20	21~30	31~50	51以上	10
杨、柳、桉、檫、泡桐、木麻黄、楝、枫杨、相思及软阔叶树种	北方	人工	10以下	11~15	16~20	21~30	31以上	5
	南方	人工	5以下	6~10	11~15	16~25	26以上	5
桦、榆、木荷、枫香、珙桐	北方	天然	30以下	31~50	51~60	61~80	81以上	10
		人工	20以下	21~30	31~40	41~60	61以上	10
	南方	天然	20以下	21~40	41~50	51~70	71以上	10
		人工	10以下	11~20	21~30	31~50	51以上	10
栎、柞、槠、栲、樟、楠、椴、水、胡、黄、硬、阔叶树种	南北	天然	40以下	41~60	61~80	81~120	121以上	20
	南北	人工	20以下	21~40	41~50	51~70	71以上	10
杉木、柳杉、水杉	南方	人工	10以下	11~20	21~25	26~35	36以上	5

国各树种(组)的龄级期限和龄组的划分标准见表 5-4。

(7)郁闭度或覆盖度等级

商品林郁闭度相差 0.20 以上,公益林相差一个郁闭度级及灌木林相差一个覆盖度均可以划为不同小班。有林地郁闭度等级采用三级划分:高(0.70 以上)、中(0.40~0.69)、低(0.20~0.39);灌木林覆盖度等级采用密(70%以上)、中(50%~69%)、疏(30%~49%)3 级划分。

(8)立地类型或林型

立地类型或林型不同,可划分小班。立地类型主要根据地形、土壤、植被确定。

(9)地位指数级或地位级

地位指数级或地位级相差 1 级及以上时,可划分小班。

(10)坡度级

坡度级分 6 级,相差 1 级时划分出小班。坡度级的划分为:Ⅰ级为平坡 0°~5°,Ⅱ级为缓坡6°~15°，Ⅲ级斜坡16°~25°，Ⅳ级为陡坡26°~35°，Ⅴ级为急坡36°~45°，Ⅵ级为险坡46°以上。

此外，根据树种特性、经营水平和经营要求等还可以考虑依据坡向、坡位的不同划分小班，其划分如下：

①坡向　分东、南、西、北、东北、东南、西北、西南及无坡向9个方向。

②坡位　分脊、上、中、下、谷、平地、全坡7个坡位。

(11) 出材率等级

在用材林中的近、成、过熟林，如出材率等级相差1级时，可划分为小班。根据林分出材量占林分蓄积量的百分比或林分中商品用材树的株数占林分总株数的百分比，出材率等级分3级，结果见表5-5。

表5-5　用材林近、成、过熟林出材率等级

出材率等级	林分出材率(%)			商品用材树株数比(%)		
	针叶林	针阔混交林	阔叶林	针叶林	针阔混交林	阔叶林
1	≥70	≥60	≥50	≥90	≥80	≥70
2	50~69	40~59	30~49	70~89	60~79	45~69
3	<50	<40	<30	<70	<60	<45

(12) 经济林产期、经营集约度

经济林产期划分为产前期、初产期、盛产期和衰产期；经济林的经营管理集约程度分为3级：高集约经营管理的经济林、一般经营水平的经济林和粗放经营的经济林。经济林产期或经营集约度不同时，可划分不同小班。

(13) 林业工程类别

林业工程主要包括天然林资源保护工程、三北和长江中下游地区等重点防护林体系建设工程、退耕还林还草工程、京津风沙源治理工程、野生动植物保护及自然保护区建设工程、重点地区速生丰产用材林基地建设工程六大林业重点工程和其他林业工程(六大林业重点工程之外的林业工程)。具体见表5-6。不同工程类别可划分为不同小班。

表5-6　林业工程类别

工程类别	工程涉及的区域
天然林资源保护工程	长江上游地区
	黄河上中游地区
	东北、内蒙古等国有林区
三北和长江中下游地区等重点防护林体系建设工程	三北防护林
	长江中下游防护林
	淮河太湖流域防护林
	沿海防护林
	珠江防护林
	太行山绿化
	平原绿化

(续)

工程类别	工程涉及的区域
退耕还林还草工程	
京津风沙源治理工程	
野生动植物保护及自然保护区建设工程	国家级自然保护区
	地方级自然保护区
重点地区速生丰产用材林基地建设工程	
其他林业工程(六大林业重点工程之外的)	

(14) 公益林的事权与保护等级

公益林按事权等级划分为国家公益林(地)和地方公益林(地),国家公益林(地)是由地方人民政府根据国家有关规定,并经国务院主管部门核查认定的公益林地;地方公益林地是由各级地方人民政府根据国家和地方的有关规定,并经同级林业主管部门核查认定的公益林(地)。公益林按保护等级划分为特殊、重点和一般3个等级。国家公益林按生态区位差异分为特殊和重点公益林(地),地方公益林(地)按生态区位差异一般分为重点和一般公益林(地)。公益林的事权或保护等级不同划分不同小班。

小班面积的大小,应根据各地森林状况和经营水平而定,平均小班面积一般为3~20 hm^2,最小小班面积以能在基本图上反映出来为准。公益林小班面积可适当放宽,但一般不应大于35 hm^2。上述各划分小班的条件是以调查因子的差别而划分的,因此称为调查小班,如结合经营要求划分,则划出的小班称为经营小班,经营小班在北方一般的面积在20 hm^2 左右。

根据我国《森林资源规划设计调查技术规程》(GB/T 26424—2010),小班最小面积和最大面积依据林种、绘制基本图所用的地形图比例尺和经营集约度而定。最小小班面积在地形图上不小于 4 mm^2,对于面积在 0.067 hm^2 以上而不满足最小小班面积要求的,仍应按小班调查要求调查、记载,在图上并入相邻小班。南方集体林区最大小班面积一般不超过 15 hm^2,其他地区一般不超过 25 hm^2。无林地小班、非林地小班面积不限。

区划小班的方法可分为3种,即用航空像片或卫星像片判读勾绘、用地形图现地勾绘和用罗盘仪实测。不论采用何种方法划分小班,均应到现地核对,对不合理的界线进行修正。在有条件的地区,应尽量利用明显的地形、地物等自然界线作为小班界线或在小班线上设立明显标志,使小班位置固定下来,以便统一编码管理。

小班编号以林班为单位,用阿拉伯数字注记,其顺序、编写方法与林班号编写相同。

5.3 森林经营单位的组织

森林区划对林地进行了面积上划分,还不能满足实施各种经营措施的需要。在同一林场(或者在同类型的林业生产单位)范围内,森林的类型多种多样,各种森林类型的经营目标、立地条件、资源的组成和结构等有许多差异,它们的经营方针、目的和经营措施也不相同,因此,有必要根据森林的作用、立地条件和经营措施的差异,将林地组织成一些经营的空间单位,形成完整的经营措施体系,因林制宜和因地制宜地开展森林经营活动。

森林经营单位主要有 3 种：经营区(林种区)、森林经营类型(作业级)和经营小班。在林场中直接划分出来经营区，通常情况下在各个经营区范围内组织经营类型，以便落实经营措施。只有在经营水平很高的情况下，在经营区内直接以独立小班或地域上相互连接的若干个调查小班合并起来为落实经营措施的单位，这种单位称为经营小班。

5.3.1 经营区(林种区)

5.3.1.1 经营区的概念

森林在社会经济中的作用不同，形成了不同的林种，由此经营措施体系也不相同。为了合理经营森林，有必要根据森林的作用划出各林种所占的区域范围，这种空间单位称为经营区或林种区。

经营区的定义是在林业局或林场的范围内，在地域上相连接，经营方向相同，林种相同，以林班线为境界的地域空间。经营区常以林班线作为境界线，这样便于经营管理。经营区的界线可以和行政管理或营林区界线一致。一个林场，可能是一个经营区或几个经营区。经营区划定后，有关森林资源的统计，大多数森林经营及利用措施、规划设计均以经营区为单位汇总。其他的工作，如护林防火、病虫害防治、运输和工程建设等则是从整个林场的范围来安排。

5.3.1.2 经营区划分的依据

经营区的划分根据森林的作用而定。根据有关规定，可以将林种分为不同等级。每个等级中的林种类型数量不同。首先将森林分为公益林和商品林两个森林类别，其林种有 5 个类型，亚林种有 23 个类型。林种之间是包含的关系：所有森林都隶属于两个森林类别；5 个林种中，防护林和特种用途林属于公益林，而用材林、经济林和能源林属于商品林；亚林种可归于 5 个类型。

但是，我国现有的林种划分还比较粗放，有的亚林种还不便组织经营区。例如，自然保护林这一亚林种，有的自然保护区面积很大，几万公顷甚至几十万公顷的面积，内部又分核心区、缓冲区和实验区等区域，而且各区的功能作用又有明显的不同，可以实施的经营措施差异较大，如若提高经营水平必须进一步分类划分。

5.3.1.3 经营区划分的方法

经营区划分的细致程度取决于林区的经济条件、自然条件和经营水平。只有在经营利用方向和经营利用水平有明显差别时，才划分不同经营区。经营水平低时经营区不应划分过细，划分细致要求经营水平高，经营措施体系复杂。每个经营区均要有一定的面积，通常每个经营区面积至少不低于林场总面积的 5%。

经营区的界线通常利用林班线。对于沿铁路、公路的护路林经营区，以及沿大河流、湖泊、水库的护岸林经营区，如以林班线作为界线不便时，可用小班界线人工划定。在此情况下，经营区的边界必须在外业区划时在现地确定。一般经营区的界线应与行政区划及林业行政管理(营林区)的界线相一致。

经营区的命名是以具体的林种冠之，可用森林类别、林种或亚林种中各自的类型名称。

5.3.2 森林经营类型(作业级)

5.3.2.1 森林经营类型的概念

在同一经营区(林种区)内,虽然所有森林的经营利用方向一致,但各小班的自然特点和经营目的往往有很大的差别,因而不能采取相同的经营方式和经营措施。因此,在划分经营区后,还需要根据小班特点,将经营目标和经营措施相同的小班组织起来,采取系统的经营利用措施,这种组织起来的单位,称作森林经营类型或作业级,通常简称为经营类型(working group,working section)。因此,经营类型就是在同一经营区内,由一些在地域上不一定相连,但经营目标相同,能够采取相同的经营措施的许多小班组合起来的一种森林经营单位。

经营类型确定以后,便于组织生产活动,具体落实经营区的经营方向。经营类型是实现森林永续利用的最基本单位,在进行规划设计时,常常按照经营类型设立经营目标,建立一套森林作业法和完整的经营措施技术体系。例如,对用材林经营区来讲,经营类型就成为确定主伐年龄、主伐方式、主伐年伐量、间伐时间、间伐强度、更新方式以及一切相关的经营措施的单位。

5.3.2.2 组织森林经营类型的依据

组织经营类型的依据,主要有以下4个方面。

(1) 树种或树种组

对纯林和优势树种明显的林分以单个树种为单位,对混交林或优势树种不明显的以树种组为单位确定经营类型。

有林地小班之间,最显著的差异是树种不同产生的。其他条件相同而树种不同时,小班或林分状态、生长过程、产生的各种效能等常不相同。例如,在用材林中,为了培育某一类型的材种(如生产锯材),就需要把能够生产锯材规格立木的小班组织成一个经营类型,以便统一定向培育;在防护林或其他林种中,为了充分发挥某个树种特有的效用,也需要按不同树种组织经营类型。所以,树种的不同是组织经营类型的首要因素。

对天然林而言,每个小班的树种常形成混交林,应以优势树种为准建立经营类型。但是,有时小班的优势树种不是主要树种,而是次要树种占优势,这种情况下可以组织临时经营类型,以便通过合理经营使其转变为以主要树种占优势的经营类型。另外,在组织经营类型时,如果某些优势树种的小班面积占总面积的比例过小(一般小于经营区面积的5%)时,可将性质相近的几个主要树种(又是优势树种)合并在一起,组织成一个经营类型,如针叶树经营类型、软阔叶经营类型等。

(2) 立地质量

小班的优势树种或主要树种相同,而立地质量不同,表现在地位级、地位指数(级)不同时,小班(林分)的自然生产力则有较大差别,生长过程和实现的最终状态也有较大差异。例如,立地质量高的林地适于培育大径材,而立地质量低的只能培育出中、小径级材或能源材。如果在立地质量低的林地上设定了培育大径材的经营目标,有可能经营目标永远不能实现。

(3) 林分起源

优势树种相同而林分起源不同，则林木的寿命、生产率、材种和防护效能等均不相同。所谓林分起源不同，一般指天然林或人工林，有时也指林分是实生或萌生。因而林分起源不同时，可分别组织经营类型、如杉木实生经营类型、杉木萌生经营类型等。

(4) 经营目的

由于经营上的需要，可以根据经营目的差异组织不同的经营类型。在经济条件好、交通方便的林区，经营目的往往是组织经营类型主要的依据之一。如在用材林林区，有一些分散的特种经济林小班，就可以作为特用经济林；又如，母树经营类型、油茶林经营类型等。有时为了满足国民经济对某一种特殊需要而组织专门生产某材种的经营类型，如矿柱材经营类型、造纸材经营类型等。

对有林地小班应根据上述条件组织经营类型。对无林地小班，则应按其立地条件和经营目的差异，分别归到相应的经营类型中去，以便对经营类型设计森林经营措施时一并考虑。

5.3.2.3 组织森林经营类型的方法

在林场内，组织经营类型的数量，除取决于上述4个条件外，还取决于森林经营水平的高低。经营水平越高，经营类型的个数也越多。因为每个经营类型均需要有一套完整的经营措施体系，即经营目标、抚育采伐、森林更新、作业法、轮伐期等，各经营类型都应有各自的特点。如果在经营利用措施上没有显著的差别，则没有必要强求组织过多的经营类型。

组织经营类型后，同一经营类型中的各小班，在不同时期(表现在各个龄级中)应实施不同的经营措施，即在同一经营类型中，同龄级的各小班的经营利用措施是相同的。这样就可以按龄级来实施同一经营利用措施，简化了规划设计工作，提高了工作效率，也便于在经理期内按经营措施统计工作量。

经营类型的组织是一项复杂细致的工作。其工作步骤是通过外业的森林资源调查之后，在内业经过森林资源统计分析和论证，才能够确定经营类型。组织经营类型是采用龄级法经营森林的基础，是目前世界多数国家经营林业采用的方法。

经营类型的命名，一般根据主要树种命名。有时可以在主要树种之前，再加上起源、立地质量高低、产品类型及防护性能等名称。当主要树种由几个树种组成时，也可按树种组命名。

5.3.2.4 同龄林与异龄林的经营类型

(1) 同龄林的经营类型

在同龄林中，林分中各林木年龄完全一致或是基本一致，单独小班不可能实现永续利用，因此在林场中，将经营目标和经营利用措施体系一致的小班联合在一起组成经营类型，作为执行各种经营措施的单位。同龄林中的树木直径相对一致，可以用正态分布、威布尔分布模型拟合，其具有平均直径的林木最多。

【例5-1】某林场用材林经营区内，有人工杉木同龄纯林小班76个，总面积1 245 hm^2，分布在不同土壤肥力等级的林地中。其中，土壤肥力等级Ⅱ的小班有31个，面积为525 hm^2，这些小班在地域上多数是不相连接的，其经营目标是培育杉木中径材，成熟龄在第Ⅵ龄级(年龄26~30)，5年一个龄级，将这31个杉木用材林小班组成一个"人工杉木同龄纯林中径材经营类型"(表5-7)。经营区内剩余的45个杉木林小班同样可根据其土壤等立地条件、经营目标来组织相应的经营类型。

表5-7　人工杉木同龄纯林中径材经营类型

龄组	幼龄林	中龄林	近熟林	成熟林	过熟林
龄级	1、2	3、4	5	6、7	8以上
所处年龄(a)	10以下	11~20	21~25	26~35	36以上
小班个数	8	9	5	7	2
面积(hm^2)	128.2	162.2	86.6	118.5	29.5

组织经营类型后，可分别不同龄级设计经营措施，这样就形成了杉木中径材经营类型一套完整的经营措施体系，设计内容主要包括：种苗、整地、造林、幼龄林抚育、中龄林抚育采伐、病虫害和火灾防治、主伐设计以及经济核算等。

(2)异龄林的经营类型

异龄林中绝大多数是天然林，并且是复层的和多树种混交的。在全龄的异龄林中，即林中林木从最小直径到最大直径的林木都有，而且各径级林木株数分布呈负指数分布，或反"J"形分布。异龄林的发育阶段可用林分平均年龄表示，但要准确调查林分平均年龄是十分困难的。在生产中，常用平均木的年龄替代。然而由于异龄林中林木直径与年龄的关系变动很大，常常在3倍的距离。例如，某个异龄林平均直径是20 cm，在这个林分中直径20 cm的林木由于微环境的变化，生长时间可能在40~120年。因此，异龄林的发育阶段有时也用蓄积量的数量表达。

由于典型异龄林的直径结构是负指数分布，小径级林木多，随直径增大林木株数下降，最大径级林木应该是达到成熟的林木。采伐方式采用择伐，经营水平高的用集约择伐，择伐强度较小，通常在5%~20%。

从森林永续利用的基本原理而言，单个异龄林分可以实现永续利用。但是在现实生产中，尤其是从降低生产成本的角度出发，常常将若干个基本情况相同或相似异龄林林分组织在一起，形成经营类型进行生产活动。

【例5-2】某林场的用材林经营区中，在立地条件为Ⅰ地位级的林地中，天然异龄云冷杉针阔混交林类型的林分有20个小班，面积400 hm^2(表5-8)。这些小班在地域上多数是不相连的。这些小班的经营目标是生产直径50~60 cm

表5-8　云冷杉针阔混交林(Ⅰ地位级)

蓄积量(m^3)	250	300	350
年龄(a)	90	100	110
小班个数	4	6	10
面积(hm^2)	80	120	200

的原木。林分的蓄积量在250~350 m^3，平均年龄90~110年，每年的蓄积生长量在8~12 m^3。在这些林分中，只有蓄积量达到350 m^3时才能生产直径50~60 cm的原木，才可以进行主伐，并且应该采用集约择伐的方式。云冷杉树种龄组划分方法见表5-4。

这个天然异龄林的经营类型可针对不同龄组设计其经营措施构成的经营措施体系，其设计内容主要包括：天然更新、少量人工促进更新、中龄林抚育、病虫害和火灾防治、资源调查、择伐方式与强度、打枝、造材、清林、集材、归楞、出材率和经济核算等。

5.3.3 经营小班

前述组织经营类型的基础是小班在树种组成、立地条件、森林起源和经营目的等方面具有共性。也就是说将经营类型内的所有小班可以同等看待，认为各小班具有共同的经营特征。这样做对大多数林分来说是合适的。但随着森林经营水平的提高，对于部分林分来说，按森林经营类型进行规划设计仍显粗略，不能充分反映林分特点。为了使森林经营措施更加符合实际，更有针对性制定经营措施，随着我国国民经济的发展和林业经营水平的提高，在生产实践中也逐步发展以经营小班为单位进行规划设计和开展经营活动。

5.3.3.1 来源

1847年，法国林学家顾尔诺(A. Gurnaud)提出了检查法，这种方法不设作业级，以林分为基础把森林区划为 $6\sim15\ hm^2$ 的林班或小班为作业对象(详见第7章，7.2.2.2 异龄林收获调整方法)。1871年，德国森林经理学家尤代希提出了林分经营法(method of management by compartment)，也称为林分施业法，即将林分作为一个经营单位进行经营，其经营目的不是以永续利用为前提，而是以经济收益最大为首要条件，在判断林分是否到达成熟时要通过土地期望价或指率来计算(详见第4章)，这种以林分为基本经营单位，采用皆伐作业，如每个小班所采取的措施是经济合理的，那么将所有小班集中起来的整片森林也是经济合理的经营。

后人把以上两种方法称作小班经营法(小班法或小班经理法)，小班经营法的核心是按经营小班进行设计和施工作业。

5.3.3.2 经营小班的概念与特点

在经营区内直接以一个调查小班，或将林分特点、自然条件及经营要求上基本一致，且在地域上相互连接的若干个调查小班合并起来，这种以独立调查小班或多个调查小班合并组织的森林经营单位称作经营小班。

经营小班是实施小班经营法的基础，也是森林经营规划设计和组织森林经营的空间单位，其主要特点：

① 经营小班为固定小班。
② 经营小班内的林分(小班)在地域上要相互连接，且林分特点、立地特征基本一致。
③ 经营小班内的林分(小班)的经营目的和经营利用方式相同，作业条件基本一致。
④ 作业法是以择伐为主，特别是以集约择伐为主。

应用经营小班组织森林经营时，一般要求具有比较优越的经营条件，在详细的立地调查和林分调查的基础上，首先划分出经营小班，并直接以经营小班为单位进行采伐、更新、改造及病虫害防治等经营措施体系的设计和开展森林经营活动，因此，适用于经营水平较高的林场或林场中的局部经营区。另外，在经营强度比较高的局部林区，如珍贵树种林分、风景林、特种用途林等可以考虑采用经营小班来组织森林经营。采用经营小班与采用经营类型组织森林经营相比，经营管理措施更具针对性，能更大程度发挥林地生产力，有利于森林质量的精准提升。

5.3.3.3 经营小班区划条件

组织经营小班需在森林资源外业调查时，按林分特点、自然条件及经营要求，直接以独立调查小班或将在地域上相连的若干个调查小班合并为经营小班，并在现地划出小班线及埋设小班标桩。经营小班也可在调查小班的基础上，在内业进行合并形成经营小班，然后在开展经营活动时，在现地落实。同龄林和异龄林均可区划经营小班，但经营小班主要用于天然林，特别适用于天然异龄复层混交林经营。

经营小班的面积不宜过大，国外一般为 $5\sim10\ hm^2$，国内以 $10\sim30\ hm^2$ 为宜。区划经营小班的条件如下：

①经营目的、利用方式相同，作业条件基本一致。
②立地条件，如土壤和肥力等基本一致。
③同一立地类型或林型、坡向、坡度、坡位基本相似。
④小班最小面积在 $0.5\ hm^2$ 以上。

5.3.3.4 同龄林与异龄林经营比较

同龄林与异龄林在结构上具有不同的特点，其生长过程、经营方式、经营措施和收获方式等都有所不同，因此，采用的经营方法等也有所差异。

同龄林主要是采用龄级法，即在经营区内将经营目的相同，可以采取相同经营措施，而且有相同经营技术要素的许多不同林龄的小班组合起来，形成森林经营类型，在经营类型内按龄级设计各种经营利用措施并分别以小班为单位实施；异龄林主要采用小班经营法，也就是以一个小班或将地域上相邻，并且在立地质量、树种组成、林况等相近的几个调查小班组织起来，形成一个具有相同经营目的、能够采取相同经营措施的经营小班，并根据其经营目的、立地条件和林分状况，设计相应的从现阶段直到采伐的经营措施，每个经营小班都设计一套与其经营目标和自然条件相适应的森林作业法。当然，同龄林与异龄林采用何种经营单位来组织森林经营，还要根据林场的技术力量、经营水平等综合考虑。人工同龄林与天然异龄林经营对比情况见表 5-9。

表 5-9　人工同龄林与天然异龄林经营比较

序号	项目内容	异龄林	同龄林
1	经营措施设计单位	经营小班或经营类型	经营类型（作业级）
2	计算采伐量的方法	按小班连年生长量	按龄级平均生长量
3	采伐方式	集约择伐	伐区式皆伐
4	木材产品种类	以大径材为主	大、中径材
5	经营措施成本	两者相等	两者相等
6	每立方米立方成本	较低	较高
7	每立方米采伐成本	稍高	稍低
8	每立方米调查成本	稍高	稍低
9	管理费	相同	相同
10	土地利用程度	完全	不完全
11	森林多种效益	较高	较低
12	环境成本	较低	较高

5.4 森林经营措施类型

尽管每一种森林经营类型都有相应于其经营目标的一套森林作业法和完整的森林经营措施技术体系，但有部分林区，在组织森林经营类型和安排森林经营措施时，通常也以小班目前需要采取的经营措施进行归类，如主伐型、抚育型、改造型、封育型等，这就是阶段性的森林经营措施类型(forest management measurement category)。森林经营类型组织和森林经营措施类型设计是森林经营的基础和森林经营方案编制的重要环节，但与森林经营类型不同，森林经营措施类型并不是长期的森林经营单位。

5.4.1 森林经营措施类型概述

森林经营措施类型是指按照森林经营全周期的主要环节或技术措施，将当前需要采取的森林经营措施和技术特征相同的小班组织为同一类型的小班集合体。它是针对特定森林类型的经营目标和林分特征，从森林的建立、培育、采伐利用到更新造林全部生产过程所采用的一系列技术措施的有序组合，是将森林经营理论与具体生产经营技术相结合落实到具体小班的技术措施的总和。

森林经营措施类型与森林经营类型不同。森林经营类型是立足于长期经营目标而组织的，强调经营类型的稳定性和长期性，目的是可持续利用，没有反映目前林分状况、具体经营措施等方面的差异，理论性较强；森林经营措施类型则是经营目标导向下本经理期内应落实的具体作业方法，其操作性和实践性强。同时，森林经营类型和森林经营措施类型又密切相关，二者都是计划和组织森林经营工作的基本类型单位，森林经营措施类型是基于森林经营类型而产生的。

森林经营措施类型划分旨在更好完成森林经营目标，指导实际生产，为编制森林经营方案提供依据。合理划分森林经营措施类型是森林经营和合理利用的基础。森林经营措施类型之所以重要，是因为其直接影响了森林经营，开发森林多功能价值的所有森林经营理论与技术设计，都需要通过特定的经营措施类型表达并落实到具体的森林地段。科学合理地划分森林经营措施类型，不仅能提升森林经营管理水平与效果，为外业调查提供便利，对提高森林质量和森林可持续经营的实施也具有重要指导意义。

森林经营措施类型划分的作用体现在：
①充分发挥森林的多种功能，提升林地质量，提高森林生态与经济效益。
②因地制宜，合理利用林地潜力，实现森林资源精细化管理。
③有利于制订科学经营措施，简化森林规划设计工作，提高森林经营方案编制效率。

5.4.2 森林经营措施类型划分

森林经营措施类型是森林经营中最基础、实践性强的技术成分，森林经营措施类型直接关系到林区的发展水平。确定小班的经营措施要以森林可持续经营理论为依据，以培育健康、稳定、高效的森林生态系统为目标，乡土树种优先，因地制宜，适地适树，积极发展森林资源，科学经营、严格保护、持续利用森林资源，提高森林资源数量与质量，增强森林生产力和森林生态系统的整体功能。

森林经营措施类型划分得过于粗放，不能充分利用立地条件，森林质量不高；森林经营措施类型划分得过细，实际经营水平又难以达到其要求。因此，经营措施类型划分应合理，立足可行的经营能力，实现科学森林经营。

5.4.2.1 划分原则

①科学性原则　划分森林经营措施类型时应以森林可持续经营为前提，综合考虑森林的立地条件、林分条件、生物学特性和生态学特性，结合经济发展状况，制订科学可行的经营措施类型。

②目的性原则　划分森林经营措施类型时首先应明确经营目标，在经营过程中首先考虑如何实现经营目标，具体经营措施都应朝着有利于经营目标实现的方向进行。

③差异性原则　划分经营措施类型的因子应有区分性，反映各经营措施类型之间的显著差异。

④可操作性原则　与森林资源的经营管理水平相称，便于经营者制订经营措施和组织生产，确保划分的经营措施类型在经营生产中具有实际指导意义。

5.4.2.2 划分依据

(1) 森林资源现状

针对不同的森林资源现状，同样需要采取不同的经营措施。不同地类、不同的林种有不同的培育目标，如用材林、经济林、能源林、防护林和特种用途林等，培育目标不同，选择的经营措施也不同。公益林在林分结构和树种组成方面更为复杂，树种、树龄、林分结构和空间等更为多样，所以经营措施也要有所差异；不同树种（或树种组）的林分，一般情况下其生长过程、对立地条件的要求、经营技术与措施，满足市场需求程度等均不相同。因此，需根据林分或小班的优势树种（组）来制订经营措施类型。不同林分年龄的小班，也需要根据林分生长状况，采用符合其林分生长阶段的经营措施，如成熟林和过熟林采用采伐利用和更新改造、幼龄林和中龄林采用抚育和间伐等经营措施。

(2) 自然环境条件

自然环境条件对树种的适宜性、组成、结构及其生产力有决定性的作用，深刻地影响着造林树种的选择、森林培育措施的设计和实施，决定着森林经营的方向和目标。不同气候条件、地形地势、土壤因子的小班，其经营技术措施均不相同，也应划分不同的经营措施类型，如在生境脆弱的石漠化地区，首先就要考虑保护生境，采取能提高森林生态系统稳定性的经营措施。

(3) 森林经营水平

林区的经营水平和经营能力是影响森林类型划分的主要依据，前者包括栽培技术、科技含量；后者则涉及资金、人力、物资、基础设施等。划分森林经营措施类型要结合当地的森林经营水平，才能确保所设计出来的森林经营措施类型得以实施。

5.4.2.3 划分结果

由于我国幅员辽阔，森林类型种类众多，采取的经营措施更是种类繁多。为了更好地命名，将森林经营措施类型技术体系分为二级：第一级为按森林形态和主导功能或者地类的不同划分为森林经营措施类型组；第二级为根据具体森林植被类型或目的树种特征相关的森林经营措施类型。

（1）森林经营措施类型组

①基于营林措施分类的森林经营措施类型组　即皆伐型、渐伐型、择伐型、抚育采伐型、低效林改造型、更新造林型、封山育林型、经济利用型、管护经营型、特种经营型等经营措施类型组。

②基于不同地类的森林经营措施类型组　即乔木林、竹林、疏林、灌木林、苗圃、未成林造林地、迹地和宜林地等经营措施类型组。

（2）森林经营措施类型

在第一级森林经营措施类型组下，结合具体森林类型、地理区域和功能定位来设计和实施具体的"森林经营措施类型"。经营者就能够以具体的小班（或林分）为对象，根据经营目标、立地条件、群落生境、当前状态等经营要素，选择制定的森林经营措施类型，落实该小班（林分）从森林建立、抚育经营、采伐利用、林分更新等森林培育全周期的生长发育状态和关键作业过程所采取的一系列技术措施。

森林经营措施类型具体命名方式为：优势树种（组）+亚林种+森林经营措施类型组，如"杉木一般用材林抚育采伐型""侧柏—楸树水源涵养林管护经营型""八角食用原料林经济利用型""桉树速生丰产用材林全面皆伐型"等。

5.4.2.4　划分实例

2015年，中南林业调查规划设计院和中南林业科技大学以云南省临沧市和德宏傣族景颇族自治州的13个县（市、区）为对象，首先根据不同地类划分7个森林经营措施类型组，再按不同森林类别、林种和立地因子来划分森林经营措施类型，其中芒市的森林经营措施类型划分结果见表5-10。

表5-10　云南省德宏傣族景颇族自治州芒市森林经营措施类型

经营措施类型组	经营措施类型编号	经营措施类型名称	经营措施类型特征	主要经营措施
Ⅰ迹地和宜林地经营措施类型组	Ⅰ-1	人工造林型	地类：迹地、宜林地 坡度等级：平坡、缓坡、斜坡	1. 海拔较低且土壤厚度≥40 cm的小班，可培育经济林（澳洲坚果、核桃等）、速生丰产林等 2. 海拔较高且土壤厚度<40 cm的小班造林树种以乡土树种优先 3. 造林后应及时实施除草、松土等幼苗管护措施
	Ⅰ-2	人工促进天然更新型	地类：迹地、宜林地 坡度等级：陡坡、急坡、险坡	1. 封山育林 2. 采用补播、撒播、割草除灌等方式人工促进更新 3. 严禁放牧和人为破坏

(续)

经营措施类型组	经营措施类型编号	经营措施类型名称	经营措施类型特征	主要经营措施
Ⅱ乔木林经营措施类型组	Ⅱ-1	水土保持林管护型	地类：乔木林地 亚林种：水土保持林	1. 明确界限，设立宣传牌，由专人管护（或承包管护），防止偷砍盗伐 2. 水土流失严重等小班，可采取全封等方式封山育林 3. 郁闭度≥0.7的中、幼林，可进行抚育采伐，伐除非目的树种和过密幼树、有害木，保留优良木 4. 郁闭度<0.4的小班，可补植补播目的树种 5. 对低质低效的林分进行改造 6. 在牲畜活动频繁地区设置围栏，严禁各种人畜破坏 7. 加强病虫害监测与防治和森林防火
	Ⅱ-2	水源涵养林管护型	地类：乔木林地 亚林种：水源涵养林	1. 明确界限，设立宣传牌，由专人管护（或承包管护），防止偷砍盗伐 2. 水库等周边的小班，可采取全封等方式封山育林 3. 郁闭度≥0.7的中、幼林，可进行抚育采伐，伐除非目的树种和过密幼树、有害木，保留优良木 4. 郁闭度<0.4的小班，可补植补播目的树种 5. 对低质低效的林分进行改造 6. 在牲畜活动频繁地区设置围栏，严禁各种人畜破坏 7. 加强病虫害监测与防治和森林防火
	Ⅱ-3	其他防护林管护型	地类：乔木林地 亚林种：其他防护林	1. 明确界限，设立宣传牌，由专人管护（或承包管护），防止偷砍盗伐 2. 郁闭度≥0.7的中、幼林，可进行抚育采伐，伐除非目的树种和过密幼树、有害木，保留优良木 3. 郁闭度<0.4的小班，可补植补播目的树种 4. 对低质低效的林分进行改造 5. 在牲畜活动频繁地区设置围栏，严禁各种人畜破坏 6. 加强病虫害监测与防治和森林防火
	Ⅱ-4	国防林封禁保护型	地类：乔木林地 亚林种：国防林	1. 明确界限，设立警示牌，防止偷砍盗伐 2. 由军事部门进行管理 3. 加强病虫害监测与防治和森林防火 4. 禁止采伐利用
	Ⅱ-5	环境保护林管护型	地类：乔木林地 亚林种：环境保护林	1. 明确界限，设立宣传牌，由专人管护（或承包管护），防止偷砍盗伐 2. 加强病虫害监测与防治，防火防盗 3. 禁止采伐利用

(续)

经营措施类型组	经营措施类型编号	经营措施类型名称	经营措施类型特征		主要经营措施
Ⅱ乔木林经营措施类型组	Ⅱ-6	短轮伐期工业原料林经营利用型	地类：乔木林地	亚林种：短轮伐期用材林	1. 中幼龄林及时松土、除草、施肥等，集约经营 2. 郁闭后进行适度修枝，促进透光 3. 成熟林皆伐利用，及时更新，良种壮苗，混交换茬，维护地力 4. 加强病虫害监测与防治和森林防火
	Ⅱ-7	速生丰产用材林经营利用型	地类：乔木林地	亚林种：速生丰产用材林	1. 幼龄林及时松土、除草、施肥等 2. 中龄林抚育采伐，调控林分密度 3. 成熟林采伐利用，及时更新，乡土树种、珍贵树种优先 4. 加强病虫害监测与防治和森林防火
	Ⅱ-8	其他用材林经营利用型	地类：乔木林地	亚林种：一般用材林	1. 健康等级为不健康的、林相残破的稀疏林分，可补植补造目的树种 2. 对低质低效用材林进行林分改造，优先选择乡土树种和珍贵树种 3. 郁闭度≥0.7的中、幼林，可进行抚育采伐，间伐强度应根据经营目的、立地条件、林分状况等因素综合考虑 4. 近、成、过熟林实施采伐更新，严格按采伐作业设计进行 5. 加强病虫害监测与防治和森林防火
	Ⅱ-9	木质能源林经营利用型	地类：乔木林地	林种：木质能源林	1. 合理利用，控制采伐，有计划进行轮伐，及时更新造林 2. 加强管护措施，增加产量 3. 加强病虫害监测与防治和森林防火
	Ⅱ-10	油料能源林经营利用型	地类：乔木林地	林种：油料能源林	1. 优化林分密度，加强管护，集约经营，提高单产 2. 引进良种壮苗，改造低产林分 3. 加强病虫害监测与防治和森林防火
	Ⅱ-11	经济林经营利用型	地类：乔木林地	林种：经济林	1. 及时实施修枝、整形、施肥、灌溉等抚育措施 2. 根据立地条件和环境因子选择合适的林粮（药、饲等）进行间作，以耕代抚 3. 对衰产期的经济林进行更新改造 4. 对健康等级为不健康的低效经济林进行品种改良 5. 加强病虫害监测与防治和森林防火
	Ⅱ-12	风景林管护型	地类：乔木林地	亚林种：风景林	1. 根据美学特征及生态学规律进行森林景观经营管理 2. 由专人管护、承包管护或建立专业管护组织进行管护 3. 加强病虫害监测与防治和森林防火 4. 禁止采伐利用

（续）

经营措施类型组	经营措施类型编号	经营措施类型名称	经营措施类型特征	主要经营措施
Ⅲ 竹林经营措施类型组	Ⅲ-1	竹林公益林经营利用型	地类：竹林地 森林类别：公益林	1. 明确界限，设立宣传牌，由专人管护（或承包管护），防止偷砍盗伐 2. 采用定株采伐的方法，适度采笋、采竹（特别是4°及以上竹林） 3. 对健康等级为不健康的低质低效竹林分进行林分改造 4. 加强病虫害监测与防治和森林防火
	Ⅲ-2	竹林商品林经营利用型	地类：竹林地 森林类别：商品林	1. 根据培育目的，调节竹种和龄级分布 2. 成林后根据龄级择伐，适当地采笋、采竹 3. 择伐后应继续打蔸、施肥、培土 4. 对健康等级为不健康的低质低效竹林进行林分改造 5. 加强病虫害监测与防治和森林防火
Ⅳ 疏林地经营措施类型组	Ⅳ-1	疏林地封育改造型	地类：疏林地	1. 对于海拔在3 000 m以上，或者坡度为急坡、险坡的疏林地实行封禁措施，避免人、畜破坏 2. 对于其他的疏林地实行改造措施，补植补播目的树种，乡土树种优先；适宜地段可补植珍贵树种、经济林树种 3. 加强病虫害监测与防治和森林防火
Ⅴ 灌木林地经营措施类型组	Ⅴ-1	灌木经济林经营利用型	地类：灌木林地 林种：经济林	1. 及时实施修枝、整形、施肥、灌溉等抚育措施 2. 根据立地条件和环境因子选择合适的林粮（药、饲等）进行间作，以耕代抚 3. 对衰产期的经济林进行更新造林 4. 对健康等级为不健康的低效经济林进行品种改良 5. 加强病虫害监测与防治和森林防火
	Ⅴ-2	其他特别灌木林封禁保护型	地类：灌木林地 森林类别：公益林	1. 明确界限，设立警示牌，防止偷砍盗伐 2. 加强病虫害监测与防治和森林防火 3. 禁止采伐利用
	Ⅴ-3	其他灌木林经营利用型	地类：灌木林地	1. 对健康等级为不健康、林相残破的稀疏林分进行补植补造，引入乔木树种 2. 对健康等级为健康、亚健康、中健康等林相整齐的林分进行封山育林 3. 加强病虫害监测与防治和森林防火
Ⅵ 未成林造林地经营措施类型组	Ⅵ-1	未成林造林地抚育型	地类：未成林造林地	1. 及时松土、锄草、除蘖、抗旱、施肥，促进成林 2. 保存率低的造林地实施补植补播 3. 在人为活动频繁的地段设立标志牌，建立（生物）围栏或开挖防牛沟，设专人巡护，防止人畜践踏 4. 加强病虫害监测与防治和森林防火
Ⅶ 苗圃地经营措施类型组	Ⅶ-1	苗圃地经营利用型	地类：苗圃地	1. 育苗前做好作业设计 2. 严防病虫害 3. 及时实施松土、除草、灌溉等管护措施

本章小结

本章阐述了森林区划与森林经营单位的组织。介绍了森林区划的概念、作用、区划系统和区划方法,主要是林业局区划、林场区划、营林区区划、林班区划和小班区划的条件与方法等,介绍了林种区、森林经营类型和经营小班等森林经营单位的概念及其组织的依据。另外,介绍了森林经营措施类型的概念及其划分。

思考题

1. 简述林业区划、森林区划的概念及其之间的关系。
2. 简述我国森林区划系统。
3. 简述林班的概念、用途及其区划方法。
4. 简述小班的概念、特征及其划分条件。
5. 简述经营区、森林经营类型的概念及其之间的关系。
6. 试述组织森林经营类型的主要依据。
7. 简述经营小班的概念、特点及其区划条件。
8. 试述同龄林与异龄林经营的主要异同点。
9. 简述森林经营措施类型的概念、作用及其划分依据。

小班区划工作简介视频

6 森林调查

森林资源调查(forest resource inventory)简称森林调查,是对林业用地进行自然属性和非自然属性的调查,包括对森林资源状况、森林经营历史、经营条件及未来发展等方面的调查。对林业用地进行其自然属性和非自然属性的多次连续的调查或清查称为森林资源监测(forest resource monitoring)。森林资源调查和监测是为了掌握森林资源的数量、质量、动态变化及其与自然环境和经济、经营等条件之间的依存关系,更好地为林业区划、规划、计划、各种专业设计和经营,指导林业生产提供基础资料,以便制定国家、地方、林业生产单位的林业发展规划、林业生态建设、产业发展和年度计划,实现森林资源科学经营、有效管理、持续利用,充分发挥森林多种功能的目的。

不同国家和地区的自然条件、社会文明和经济发展水平不同,对森林资源调查的认识和发展也不同。一些经济发达的国家,如德国、美国、瑞典等较早认识到森林资源调查的重要性,建立了较完备的森林资源调查体系。

自20世纪70年代以来,按照森林资源调查的对象、目的和范围不同,我国先后建立了不同级别森林资源调查体系:①国家森林资源连续清查(原称为全国森林资源连续清查),简称"一类调查";②森林经理调查(原称为森林资源规划设计调查),简称"二类调查";③作业设计调查(也称作业调查),简称"三类调查"。

6.1 国家森林资源连续清查

6.1.1 国家森林资源连续清查概述

6.1.1.1 国家森林资源连续清查概念及历史沿革

国家森林资源连续清查(national continuous forest inventory)是以宏观掌握森林资源现状及其动态变化,客观反映森林的数量、质量、结构和功能为目的,以省(自治区、直辖市)或重点国有林区林管理局为单位,设置固定样地为主进行定期复查的森林资源调查方法,简称"一类调查"。固定样地(permanent plot)是指具有一定形状和大小,按一定的抽样方案布设、编号,并设置永久性标志进行定期复查的地块。

1973—1976年,我国组织开展了以县、国营林业企业局为单位的第一次全国森林资源清查,初步查清了全国森林资源现状。为了同时掌握森林资源现状及其动态变化,我国借鉴国际先进经验,于1977—1981年,采用世界公认的"森林资源连续清查"方法,在全国范围内建立了以省(自治区、直辖市)为单位,以固定样地为主的定期复查的国家森林资源连续清查体系,形成了我国森林资源连续清查体系的基本框架。并于1984—1988年在全国先后开展了连续清查第一次复查工作,即第三次国家森林资源连续清查。该体系以抽样技术为理论基础,以省(自治区、直辖市)为抽样总体,通过系统布设固定样地进行调查和定期复查,既可查清森林资源现状,又能估计森林资源变化,并保证森林面积、森林蓄积量等主要调查指标达到抽样设计的精度要求。

国家森林资源连续清查固定样地共计41.5万个,从1977年开始,5年为一个周期,截至2018年年底,全国已经完成了9次森林资源清查工作。但从第十次国家森林资源连续清查工作开始,在5年清查周期基础上,鼓励各省实施年度监测,每年产出主要森林资源清查结果,即森林资源年度出数。

6.1.1.2 国家森林资源连续清查目的和任务

国家森林资源连续清查的目的是为制定和调整林业各类管理、保护、利用方针和政策,编制林业发展规划、国民经济与社会发展规划等提供科学依据,为国家层面的宏观决策管理提供数据支撑。

国家森林资源连续清查的任务是定期准确查清全国和各省森林的数量、质量、结构、功能及其消长动态,分析森林资源发生变化的原因,对森林资源及其生态状况进行综合评价。工作内容包括:制订一类调查工作方案、技术方案和操作细则;完成样地设置、外业调查和辅助资料收集;进行森林资源与生态状况的统计、分析和评价;定期提供全国和各省森林资源连续清查成果;建立和完善一类调查数据库和信息管理系统。

6.1.2 调查原理与抽样设计

6.1.2.1 调查原理

国家森林资源连续清查是基于数理统计理论和抽样调查原理而开展的固定样地调查,常用抽样调查方法包括简单随机抽样、系统抽样、分层抽样、双重回归抽样和联合抽样等。国家森林资源连续清查的初始样本单元数量是在重复抽样的条件下利用简单随机抽样确定的。按系统抽样方法进行样本单元布设。如果总体特征数(面积、蓄积量、生长量、消耗量和净增量等)抽样精度达不到预期要求,则需要再增加样本数量,直至抽样精度都满足精度要求。由于国家森林资源连续清查是以省(自治区、直辖市)为抽样总体,对于省以上的区域及全国汇总,可利用分层抽样估计。从第十次开始,以5年为周期,在每个调查总体内每年完成1/5的调查样本,采用双重回归抽样的方法推算总体样本,以满足全国森林资源调查年度出数的需求。如果各省(自治区、直辖市)固定样地面积大小不统一,需要借助联合抽样解决省内数据汇总。

6.1.2.2 抽样设计

(1)样本单元数的确定

在重复抽样的条件下,利用简单随机抽样可确定初始样本单元数量,可按照式(6-1)计算:

$$n = \left(\frac{t_\alpha C}{E}\right)^2 \tag{6-1}$$

式中,n为样本单元数量;E为抽样误差;C为样本变异系数;α为可靠性;t_α为对应的可靠性指标,通常95%的可靠性,对应的可靠性指标1.96。

(2)固定样地点间距确定

国家森林资源连续清查样地一般均匀布设在调查区域内,固定样地点间距可用式(6-2)计算。

$$D=\sqrt{\frac{A}{n_p}} \tag{6-2}$$

式中,D 为固定样地点间距;A 为调查区域面积;n_p 为固定样地数量。

【例6-1】某省有林地面积为 14 726 400 hm²,确定的固定样地数为 2 301 个,试求样地点间距是多少米?

计算过程如下:

$$D=\sqrt{\frac{A}{n_p}}=\sqrt{\frac{14\ 726\ 400\times10^4}{2\ 301}}=8\ 000(\text{m})$$

(3)固定样地布设

国家森林资源连续清查是以省(自治区、直辖市)为抽样总体,在1:5万地形图的公里网交叉点上系统布置固定样地,是在样地尺度内的调查。固定样地间距是根据调查区域面积大小和固定样地数量等因素确定的,间距规格有 4 km×8 km、6 km×8 km、8 km×8 km 等。样地形状和面积大小设置要有利于布设、复位、测定、管理、提高工效和保证精度。固定样地形状一般为矩形,面积在 0.06 hm² 以上。固定样地的编号是以省(自治区、直辖市)为单位,编写顺序是由西向东、自上而下,长期不变。固定样地应该设立永久性标志(金属、水泥、木制的标桩)。

(4)抽样精度要求

①总体抽样精度要求 以全省(自治区、直辖市)范围作为一个总体时,总体的抽样精度即为该省(自治区、直辖市)的抽样精度(按95%可靠性)。一个省(自治区、直辖市)划分为若干个副总体,总体的抽样精度由各副总体按分层抽样进行联合估计得到。总体抽样要同时满足森林资源现状和活立木蓄积量消长动态抽样精度要求。

a. 森林资源现状抽样精度要求

森林面积:森林面积占全省(自治区、直辖市)土地面积15%以上的省(自治区、直辖市),精度要求在95%以上;其余各省(自治区、直辖市)在90%以上。

森林蓄积量:森林蓄积量在 5×10^8 m³ 以上的省(自治区、直辖市),精度要求在95%以上;北京、上海和天津3个直辖市的精度要求在85%以上;其余各省(自治区、直辖市)的精度要求在90%以上。

b. 活立木蓄积量消长动态抽样精度要求

总生长量:森林蓄积量在 5×10^8 m³ 以上的省(自治区、直辖市)要求90%以上,其余各省为85%以上。

总消耗量:森林蓄积量在 5×10^8 m³ 以上的省(自治区、直辖市)要求90%以上,其余各省为85%以上。

森林面积和森林蓄积量净增量:应做出增减方向性判断。

②样地和样木复位精度要求

样地复位率(plots remeasured rate)：指本期复测样地和目测样地总数占前期清查的固定样地总数的百分比。样地复位率要求达到98%以上。

样木复位率(sample trees remeasured rate)：指本期复位样木总株数占前期清查的活立木总检尺株数的百分比。样木复位率要求达到95%以上。

6.1.3 调查内容和内业统计

6.1.3.1 调查内容

国家森林资源连续清查的主要对象是森林资源及其生态状况。总体来说，国家森林资源连续清查的主要内容包括：调查各土地利用类型和森林覆被类型的面积及分布、植被类型面积及分布；调查林地和林木的数量、质量、结构和分布，森林按起源、权属、龄组、林种、树种的面积和蓄积量，生长量和消耗量及其动态变化；调查森林健康状况与生态功能，森林生态系统多样性，土地沙化、荒(石)漠化和湿地类型的面积和分布及其变化；林地立地状况调查地貌、海拔、坡度、坡向、坡位、土壤、枯枝落叶厚度、植被盖度等。按照工作流程，国家森林资源连续清查的具体内容可分为外业调查内容和内业监测内容。

(1)外业调查内容

各省(自治区、直辖市)调查实施单位以固定样地调查的方法完成外业调查内容。国家森林资源连续清查固定样地调查(permanent plot inventory in national continuous forest inventory)是以固定样地为单元，采用地面调查的方法，调查更新样地(样方)、样木因子，获取各类林草资源储量、质量、结构及其动态变化信息的过程。各省(自治区、直辖市)调查实施单位不能简化国家林业和草原局约定的外业调查内容，也不能随意改变因子间的顺序，必须严格按所列项目、代码及精度要求详细调查填记。如要增加调查内容，可自行补充。具体外业调查内容见表6-1。

表6-1 国家森林资源连续清查外业调查内容

调查内容	具体因子
立地和土壤	地理坐标、地貌、地形(包括坡向、坡度、坡位和海拔)、基岩裸露、土壤类型、土壤质地、土壤砾石含量、土壤厚度、腐殖质厚度、枯枝落叶厚度、林地质量等级等
利用和覆盖	森林覆被类型、土地利用类型、植被类型、覆被类型面积等级、覆被类型变化原因、灌木覆盖度、灌木平均高、草本覆盖度、草本平均高、植被总覆盖度等
林分特征	起源、优势树种、年龄、龄组、径阶、平均胸径、平均树高、平均优势高、郁闭度、自然度、密度、断面积、蓄积量、毛竹株数、其他竹株数等
森林结构	群落结构、树种结构、林层结构、林龄结构等
森林健康	森林灾害类型、森林灾害等级、森林健康等级等
森林生产力	活立木总蓄积量、森林蓄积量、疏林蓄积量、散生木蓄积量、四旁树蓄积量、采伐蓄积量、枯损蓄积量(含枯立木和枯倒木)、森林生物量、森林碳储量、生长量、消耗量等
森林经营管理	土地权属、林木权属、林地保护等级、公益林事权等级、公益林保护等级、商品林经营等级、可及度、人工林类型、抚育措施、经济林产期、天然更新等级等

(续)

调查内容	具体因子
森林生态功能	森林类别、林种、生态功能等级,以及固碳释氧、涵养水源、保育土壤、净化大气环境、森林防护、生物多样性保护等方面的功能和效益
其他内容	各省可根据实际需要,增加清查内容,增设调查因子

(2) 内业监测内容

各省(自治区、直辖市)调查实施单位需要收集辖区内历年林草资源数据库(包括林地一张图、林地保护规划、草原监测成果等)和近期遥感影像等数据材料,完成图斑监测工作,将土地利用类型和森林覆被类型前后期有变化的样地挑出,作为本期外业需要调查的样地,以辅助年度出数。国家森林资源连续清查图斑监测(polygons monitoring in national continuous forest inventory)是以图斑为单元,采用遥感判读和地面核实相结合的方法,监测图斑变化,更新图斑属性,获取各类林草资源面积构成及其动态变化信息的过程。各省(自治区、直辖市)调查实施单位选择前后期遥感影像特征有变化的区域,参照历年林草资源数据库记录的图斑信息与前后期遥感影像变化特征进行对照分析,按建设项目占用,林地、草地、湿地开垦破坏,林木采伐,自然灾害及生态保护修复等判别变化类型,并分别类型进行标定,形成遥感解译标志和变化类型数据标签。具体内业监测内容见表6-2。

表6-2 国家森林资源连续清查内业监测内容

调查内容	具体因子
行政区域和经营范围界线变化	包括省界、县界、乡界等行政界线以及村界、林业经营单位、自然保护地界线等变化
土地利用类型和植被覆盖类型变化	包括林地、草地、湿地和其他土地之间的变化,以及林地内、草地内、湿地内类型之间的变化。乔木、竹林、灌木、幼树、草本等覆盖类型之间的变化
自然属性变化	包括森林的起源、优势树种(组)、龄组、单位面积蓄积量等的变化
管理属性变化	包括权属、森林类别、林种、公益林事权等级、保护等级等的变化

6.1.3.2 内业统计

(1) 面积和精度估计

林地是国家重要的自然资源,是森林赖以生存与发展的根基,在保障木材及林产品供给、维护国土生态安全中具有核心地位。国家森林资源连续清查估计林地面积计算公式如下:

$$p_i = \frac{m_i}{n} \tag{6-3}$$

式中,p_i 为类型 i 的面积成数估计值;n 为总样地数;m_i 为类型 i 的样地数(包括土地利用类型、森林覆被类型、植被类型、森林类型及其他各种土地分类属性)。

$$\hat{A}_i = A p_i \tag{6-4}$$

式中,$\hat{A}_i$ 为类型 i 的面积估计值;A 为总体面积;p_i 为类型 i 的面积成数估计值。

$$S_{p_i} = \sqrt{\frac{p_i(1-p_i)}{n-1}} \tag{6-5}$$

式中，S_{p_i} 为第 i 类型面积成数估计值的标准误；p_i 为第 i 类型面积成数的估计值；n 为总样地数。

$$\Delta_{A_i} = A t_\alpha S_{p_i} \tag{6-6}$$

式中，Δ_{A_i} 为第 i 类型面积估计值的误差限；A 为总体面积；t_α 为可靠性指标；S_{p_i} 为第 i 类型面积成数估计值的标准误。第 i 类型的面积估计区间为 $Ap_i \pm \Delta_{A_i}$。

$$P_{A_i} = \left(1 - \frac{t_\alpha S_{p_i}}{p_i}\right) \times 100\% \tag{6-7}$$

式中，P_{A_i} 为第 i 类型面积估计值的抽样精度；t_α 为可靠性指标；S_{p_i} 为第 i 类型面积成数估计值的标准误；p_i 为第 i 类型面积成数的估计值。

(2)森林覆盖率和林木绿化率计算

国家森林资源连续清查计算得到的全国和各省森林覆盖率和林木绿化率结果具有权威性。森林覆盖率(forest coverage percentage)是指森林面积占土地总面积的百分比，即乔木林地面积、竹林地面积、特殊灌木林地面积之和占土地总面积百分比。森林覆盖率是反映森林资源和林地占有的实际水平的重要指标；林木绿化率(virescence rate)是乔木林地面积、竹林地面积、灌木林地面积(包括特殊灌木林地和一般灌木林面积)、农田林网以及四旁(村旁、路旁、水旁和宅旁等)林木的覆盖面积之和占土地总面积百分比。林木绿化率是衡量一个行政区域林木绿化状况的经济技术指标。

$$P_{SC} = \frac{(A_a + B_a + S_{ta})}{L_a} \times 100\% \tag{6-8}$$

式中，P_{SC} 为森林覆盖率；A_a 为乔木林地面积；B_a 为竹林地面积；S_{ta} 为特殊灌木林地面积；L_a 为土地总面积。

$$P_g = \frac{(A_a + B_a + S_a + Q)}{L_a} \times 100\% \tag{6-9}$$

式中，P_g 为林木绿化率；A_a 为乔木林地面积；B_a 为竹林地面积；L_a 为土地总面积；S_a 为灌木林地面积；Q 为农田林网面积与四旁树占地面积之和，四旁树占地面积按 1 650 株·hm^{-2}(每亩 111 株)来折算。

【例 6-2】某省土地面积为 47 822 400 hm^2，共布设了连清固定样地 9 964 个，间距为 6 km×8 km，固定样地面积为 0.067 hm^2(25.82 m×25.82 m)，其各地类样地数量见表 6-3。求算：该省各地类面积、森林覆盖率，以及各地类面积估计值的标准差、误差限和抽样精度(α = 0.05)。

表 6-3 某省各地类样地数量表

地类	乔木林地	竹林地	疏林地	特殊灌木林地	一般灌木林地	未成林造林地	苗圃地	采伐迹地	火烧迹地	其他迹地	造林失败地
样本量	2 744	122	82	923	888	51	1	8	6	8	9

地类	规划造林地	其他宜林地	耕地	牧草地	水域	未利用地	工矿建设用地	城乡居民建设用地	交通建设用地	其他用地
样本量	212	1	1 740	1 683	194	999	45	156	56	35

计算过程如下:

①计算该省各地类面积估计值的标准误 S_{P_i}、误差限 Δ_{A_i} 和抽样精度 P_{A_i} 列为表 6-4。

表 6-4　某省 9 963 块样地各地类面积估计值、标准差、误差限和抽样精度表

地类	样本量	各地类面积估计值（hm²）	各地类面积成数估计值（%）	各地类面积估计值标准误 S_{P_i}	各地类面积估计值误差限 Δ_{A_i}	各地类面积估计值抽样精度 P_{A_i}（%）
乔木林地	2 744	13 171 200	27.54	0.004 476	419 513	96.81
竹林地	122	585 600	1.22	0.001 1	103 093	82.33
疏林地	82	393 600	0.82	0.000 904	84 690.2	78.40
特殊灌木林地	923	4 430 400	9.27	0.002 906	272 351	93.86
一般灌木林地	888	4 262 400	8.91	0.002 854	267 540	93.72
未成林造林地	51	244 800	0.51	0.000 714	66 894.3	72.57
苗圃地	1	4 800	0.01	0.000 1	9 390.58	—
采伐迹地	8	38 400	0.08	0.000 283	26 551.3	30.60
火烧迹地	6	28 800	0.06	0.000 245	22 996.4	19.85
其他迹地	8	38 400	0.08	0.000 283	26 551.3	30.60
造林失败地	9	43 200	0.09	0.000 3	28 160.5	34.57
规划造林地	212	1 017 600	2.13	0.001 447	135 590	86.69
其他宜林地	1	4 800	0.01	0.000 1	9 390.58	—
耕地	1 740	8 352 000	17.46	0.003 803	356 507	95.73
牧草地	1 683	8 078 400	16.89	0.003 754	351 848	95.64
水域	194	931 200	1.95	0.001 385	129 854	86.08
未利用地	999	4 795 200	10.03	0.003 01	282 107	94.12
工矿建设用地	45	216 000	0.45	0.000 671	62 855.2	70.79
城乡居民建设用地	156	748 800	1.57	0.001 245	116 742	84.45
交通建设用地	56	268 800	0.56	0.000 748	70 079.1	73.83
其他用地	35	168 000	0.36	0.000 6	56 244.8	67.33
总计	9 963	47 822 400	—	—	—	—

②计算该省森林覆盖率 P_{SC}。

$$P_{SC} = \frac{(A_a + B_a + S_{ta})}{L_a} \times 100\% = \frac{13\ 171\ 200 + 585\ 600 + 4\ 430\ 400}{47\ 822\ 400} \times 100\% = 38.03\%$$

(3) 国家森林资源连续清查森林蓄积量和精度估计

森林蓄积量(forest volume)是指森林中所有活立木材积的总和。可按树种、径级、材种等分别统计不同活立木的森林蓄积量总量。森林蓄积量是反映国家或地区生产力的一项重要指标，随树种和立地条件等的不同而发生有规律的变化。国家森林资源连续清查估计森林蓄积量计算公式如下：

$$\bar{V}_i = \frac{1}{n}\sum_{j=1}^{n} V_{ij} \tag{6-10}$$

式中，$\bar{V}_i$ 为样本平均数；V_{ij} 为第 i 类型第 j 个固定样地蓄积量；n 为固定样地数量。

$$V = \sum_{i=1}^{N} \hat{V}_i = \sum_{i=1}^{N} \frac{A}{a} \bar{V}_i \tag{6-11}$$

式中，V 为调查区域总蓄积量；$\hat{V}_i$ 为第 i 类型蓄积量的总体总量估计值；A 为总体面积；a 为样地面积；N 为类型数量。

$$S_{\bar{V}_i} = \sqrt{\frac{1}{n(n-1)} \sum_{j=1}^{n} (V_{ij} - \bar{V}_i)^2} \tag{6-12}$$

式中，$S_{\bar{V}_i}$ 为第 i 类型蓄积量估计值的标准误；$\bar{V}_i$ 为第 i 类型蓄积量平均值；V_{ij} 为第 i 类型第 j 个样地蓄积量估计值；n 为固定样地数量。

$$\Delta_{V_i} = \frac{A}{a} t_\alpha S_{\bar{V}_i} \tag{6-13}$$

式中，Δ_{V_i} 为第 i 类型蓄积量估计值的误差限；t_α 为可靠性指标；A 为总体面积；a 为样地面积；$S_{\bar{V}_i}$ 为第 i 类型蓄积量估计值的标准误；总体总量估计值的估计区间为 $\frac{A}{a}\bar{V}_i \pm \Delta V_i$。

$$P_{\bar{V}_i} = \left(1 - \frac{t_\alpha S_{\bar{V}_i}}{\bar{V}_i}\right) \times 100\% \tag{6-14}$$

式中，$P_{\bar{V}_i}$ 为第 i 类型蓄积量估计值的抽样精度；t_α 为可靠性指标；$S_{\bar{V}_i}$ 为第 i 类型蓄积量估计值的标准误；$\bar{V}_i$ 为第 i 类型蓄积量平均值。

(4) 森林蓄积量净增量和精度估计

森林蓄积量净增量（forest volume net increment）是指森林期末蓄积量和期初蓄积量两次调查的差值。国家森林资源连续清查估计森林蓄积量净增量计算公式如下：

$$\bar{\Delta} = \bar{V}_2 - \bar{V}_1 \tag{6-15}$$

式中，$\bar{\Delta}$ 为固定样地森林蓄积量净增量；$\bar{V}_1$ 为固定样地前期森林蓄积量平均值；$\bar{V}_2$ 为固定样地后期森林蓄积量平均值。

$$\Delta_{总} = \bar{\Delta} \frac{A}{a} \tag{6-16}$$

式中，$\Delta_{总}$ 为调查区域森林蓄积量总净增量；$\bar{\Delta}$ 为固定样地森林蓄积量净增量；A 为总体面积；a 为样地面积。

$$S_\Delta^2 = S_{V_2}^2 + S_{V_1}^2 - 2R S_{V_2} S_{V_1} \tag{6-17}$$

式中，S_Δ^2 为样地蓄积量净增量估计值的方差；$S_{V_2}^2$ 为后期样地蓄积量估计值的方差；$S_{V_1}^2$ 为前期样地蓄积量估计值的方差；R 为前后期样地蓄积量相关系数；S_{V_1} 为前期样地蓄积量的标准差；S_{V_2} 为后期样地蓄积量的标准差。

$$S_{\bar{\Delta}} = \frac{S_\Delta}{\sqrt{n}} \tag{6-18}$$

式中，$S_{\bar{\Delta}}$ 为样地蓄积量净增量估计值的标准误；S_Δ 为样地蓄积量净增量的标准差；n 为样地数。

$$R = \frac{\text{cov}(V_1, V_2)}{S_{V_1} S_{V_2}} \quad (6-19)$$

式中，R 为前后期样地蓄积量相关系数；V_1 为前期样地蓄积量；V_2 为后期样地蓄积量；S_{V_1} 为前期样地蓄积量的标准误；S_{V_2} 为后期样地蓄积量的标准误。

$$\Delta_{\Delta_{\text{总}}} = t_\alpha S_{\bar{\Delta}} \frac{A}{a} \quad (6-20)$$

式中，$\Delta_{\Delta_{\text{总}}}$ 为总体蓄积量净增量估计值误差限；t_α 可靠性指标；A 为总体面积；a 为样地面积；$S_{\bar{\Delta}}$ 为样地蓄积量净增量估计值的标准误。总体蓄积量净增量的估计区间为：$\Delta_{\text{总}} \pm \Delta_{\Delta_{\text{总}}}$。

$$P = \left(1 - \frac{t_\alpha S_{\bar{\Delta}}}{|\Delta_{\Delta_{\text{总}}}|}\right) \times 100\% \quad (6-21)$$

式中，P 为抽样精度，如果抽样精度 $P<0$，则取 $P=0$；t_α 可靠性指标；$S_{\bar{\Delta}}$ 为样地蓄积量净增量估计值的标准误；$\Delta_{\Delta_{\text{总}}}$ 为总体蓄积量净增量估计值误差限。

$$t = \frac{|\Delta_{\Delta_{\text{总}}}|}{S_{\bar{\Delta}}} \quad (6-22)$$

式中，t 为判断统计量；$\Delta_{\Delta_{\text{总}}}$ 为总体蓄积量净增量估计值误差限；$S_{\bar{\Delta}}$ 为样地蓄积量净增量估计值的标准误。如果 $t > t_\alpha$（$t_\alpha = 1.96$，取 $\alpha = 0.05$），则可根据 $\bar{\Delta}$ 的正负判定前后期蓄积量的增减趋势；如果 $t \leq t_\alpha$，则判定前后期蓄积量估计值无显著差异，基本持平。

(5) 森林蓄积生长量和精度估计

森林蓄积生长量（forest volume growth）是指森林所有活立木材积生长量和枯损量的代数和。国家森林资源连续清查估计森林蓄积生长量计算公式如下：

$$\bar{g} = \frac{1}{n} \sum_{j=1}^{n} g_j \quad (6-23)$$

$$\bar{g}_i = \frac{1}{n} \sum_{j=1}^{n} g_{ij} \quad (6-24)$$

式中，g_j 为第 j 个样地的生长量；g_{ij} 为第 j 个样地上属于第 i 类型的生长量；$\bar{g}_i$ 为第 i 类型的样地平均生长量；n 为样地数。

$$\hat{G} = \bar{g} \frac{A}{a} \quad (6-25)$$

$$\hat{G}_i = \bar{g}_i \frac{A}{a} \quad (6-26)$$

式中，$\hat{G}_i$ 为第 i 类型总体生长量的估计值；A 为总体面积；a 为样地面积；$\bar{g}_i$ 为第 i 类型的样地平均生长量。

$$P_{\hat{G}} = \frac{\hat{G}}{(V_1 + V_2)} \frac{2}{t} \quad (6-27)$$

式中，$P_{\hat{G}}$ 为总体生长率估计值；t 为复查间隔期；V_1，V_2 分别为前期与后期总体蓄积量。

$$S_g = \sqrt{\frac{\sum (g_j - \bar{g})^2}{n-1}} \qquad (6-28)$$

$$S_{\bar{g}} = \frac{S_g}{\sqrt{n}} \qquad (6-29)$$

$$P_g = \left(1 - \frac{t_\alpha S_{\bar{g}}}{\bar{g}}\right) \times 100\% \qquad (6-30)$$

式中，S_g 为蓄积生长量标准差；$S_{\bar{g}}$ 为蓄积生长量标准误；P_g 为总体蓄积量生长率抽样精度；g_j 为第 j 个样地的生长量；t_α 为可靠性指标；n 为样地数。

(6) 森林蓄积量消耗量和精度估计

森林蓄积量消耗量(forest volume consumption)是指一定时期内森林的木材蓄积量减少的程度。林木自然枯损、灾害损失和人类采伐森林，采、捕林内生物，以及因为种植、养殖、放牧、工程建设等而使森林减少或其他破坏森林的行为都是对森林资源的消耗。国家森林资源连续清查估计森林蓄积量消耗量计算公式如下：

$$\bar{c} = \frac{1}{n}\sum_{j=1}^{n} c_j \qquad (6-31)$$

$$\bar{c}_i = \frac{1}{n}\sum_{j=1}^{n} c_{ij} \qquad (6-32)$$

式中，c_j 为第 j 个样地的消耗量；c_{ij} 为第 j 个样地上属于第 i 类型的消耗量；$\bar{c}_i$ 为第 i 类型样地平均消耗量；n 为样地数。

$$\hat{C} = \bar{c}\frac{A}{a} \qquad (6-33)$$

$$\hat{C}_i = \bar{c}_i\frac{A}{a} \qquad (6-34)$$

式中，$\hat{C}_i$ 为第 i 类型总体消耗量的估计值；A 为总体面积；a 为样地面积；$\bar{c}_i$ 为第 i 类型样地平均消耗量。

$$P_{\hat{C}} = \frac{\hat{C}}{(V_1+V_2)}\frac{2}{t} \qquad (6-35)$$

式中，$P_{\hat{C}}$ 为总体消耗率估计值；V_1，V_2 分别为前后期总体蓄积量；t 为复查间隔期。

$$S_c = \sqrt{\frac{\sum (c_j - \bar{c})^2}{n-1}} \qquad (6-36)$$

$$S_{\bar{c}} = \frac{S_c}{\sqrt{n}} \qquad (6-37)$$

$$P_{\bar{c}} = \left(1 - \frac{t_\alpha S_{\bar{c}}}{\bar{c}}\right) \times 100\% \qquad (6-38)$$

式中，S_c 为蓄积量消耗量标准差；$S_{\bar{c}}$ 为蓄积量消耗量标准误；$P_{\bar{c}}$ 为总体蓄积量消耗率抽样精度；c_j 为第 j 个样地的消耗量；t_α 为可靠性指标；n 为样地数。

【例6-3】某地区共布设了云、冷杉幼龄林固定样地14个，样地间距为10 km×10 km，固定样地面积为 0.067 hm²(25.82 m×25.82 m)，间隔期为 5 年，共调查 2 次，前后期样地蓄积量、生长量、消耗量和净增量见表 6-5。求算：该地区云、冷杉幼龄林蓄积量、生长量、消耗量和净增量，以及估计值的标准差、误差限和抽样精度(α=0.05)。

表 6-5　某地区云、冷杉幼龄林 14 块样地前后期样地蓄积量、生长量、消耗量和净增量表

m³/亩

样地号	前期森林蓄积量	后期森林蓄积量	5 年间森林蓄积生长量	5 年间森林蓄积消耗量	5 年间森林蓄积净增量
1	3.295	4.383	1.205	0.117	1.088
2	3.336	4.380	1.168	0.124	1.044
3	3.590	4.853	1.374	0.111	1.263
4	3.340	4.325	1.107	0.122	0.985
5	3.182	4.327	1.263	0.118	1.145
6	3.312	4.373	1.174	0.113	1.061
7	3.270	4.359	1.205	0.116	1.089
8	3.272	4.332	1.183	0.123	1.060
9	3.332	4.316	1.106	0.122	0.984
10	3.296	4.340	1.168	0.124	1.044
11	3.152	4.355	1.331	0.128	1.203
12	3.131	4.087	1.063	0.107	0.956
13	3.273	4.333	1.183	0.123	1.060
14	3.256	4.368	1.225	0.113	1.112

计算过程如下：

①计算前期森林蓄积量估计值 V、标准误 $S_{\bar{V}_i}$、误差限 Δ_{V_i}、抽样精度 P_{V_i}。

$$V = \sum_{i=1}^{N} \frac{A}{a} \bar{V}_i$$

$$= \begin{pmatrix} 3.295 + 3.336 + 3.590 + 3.340 + 3.182 + 3.312 + 3.27 + 3.272 + \\ 3.332 + 3.296 + 3.152 + 3.131 + 3.273 + 3.256 \end{pmatrix} \times \frac{1}{0.067} \times 10\ 000$$

$$= 690.555 \times 10^4 (\text{m}^3)$$

$$S_{\bar{V}_i} = \sqrt{\frac{1}{n(n-1)} \sum_{j=1}^{n} (V_{ij} - \bar{V}_i)^2}$$

$$= \sqrt{\frac{1}{14 \times (14-1)} \begin{bmatrix} (49.425 - 49.325)^2 + (50.040 - 49.325)^2 + (53.850 - 49.325)^2 + \\ (50.100 - 49.325)^2 + (47.730 - 49.325)^2 + (49.680 - 49.325)^2 + \\ (49.050 - 49.325)^2 + (49.080 - 49.325)^2 + (49.980 - 49.325)^2 + \\ (49.440 - 49.325)^2 + (47.280 - 49.325)^2 + (46.965 - 49.325)^2 + \\ (49.095 - 49.325)^2 + (48.840 - 49.325)^2 \end{bmatrix}}$$

$$= 0.438$$

$$\Delta_{V_i} = \frac{A}{a} t_\alpha S_{\bar{V}_i} = \frac{1}{0.067} \times 1.96 \times 0.438 = 12.813$$

$$P_{V_i} = \left(1 - \frac{t_\alpha S_{\bar{V}_i}}{\bar{V}_i}\right) \times 100\% = \left(1 - \frac{1.96 \times 0.438}{49.325}\right) \times 100\% = 98.26\%$$

② 计算后期森林蓄积量估计值 V'、标准误 $S_{\bar{V}'_i}$、误差限 $\Delta_{V'_i}$、抽样精度 $P_{V'_i}$。

$$V' = \sum_{i=1}^{N} \frac{A}{a} \bar{V}'_i$$

$$= \begin{pmatrix} 4.383 + 4.380 + 4.853 + 4.325 + 4.327 + 4.373 + 4.359 + \\ 4.332 + 4.316 + 4.340 + 4.355 + 4.087 + 4.333 + 4.368 \end{pmatrix} \times \frac{1}{0.067} \times 10\,000$$

$$= 916.965 \times 10^4 (\mathrm{m}^3)$$

$$S_{\bar{V}'_i} = \sqrt{\frac{1}{n(n-1)} \sum_{j=1}^{n} (V'_{ij} - \bar{V}'_i)^2}$$

$$= \sqrt{\frac{1}{14 \times (14-1)} \begin{bmatrix} (65.745 - 65.498)^2 + (65.700 - 65.498)^2 + (72.795 - 65.498)^2 + \\ (64.875 - 65.498)^2 + (64.905 - 65.498)^2 + (65.595 - 65.498)^2 + \\ (65.385 - 65.498)^2 + (64.980 - 65.498)^2 + (64.740 - 65.498)^2 + \\ (65.100 - 65.498)^2 + (65.325 - 65.498)^2 + (61.305 - 65.498)^2 + \\ (64.995 - 65.498)^2 + (65.520 - 65.498)^2 \end{bmatrix}}$$

$$= 0.633$$

$$\Delta_{V'_i} = \frac{A}{a} t_\alpha S_{\bar{V}'_i} = \frac{1}{0.067} \times 1.96 \times 0.633 = 18.617$$

$$P_{V'_i} = \left(1 - \frac{t_\alpha S_{\bar{V}'_i}}{\bar{V}'_i}\right) \times 100\% = \left(1 - \frac{1.96 \times 0.633}{65.498}\right) \times 100\% = 98.11\%$$

③ 计算 5 年间森林蓄积生长量估计值 $\hat{G}$、标准误 $S_{\bar{g}}$、抽样精度 P_g。

$$\hat{G} = \sum_{i=1}^{N} \frac{A}{a} g_i$$

$$= \begin{pmatrix} 1.205 + 1.168 + 1.374 + 1.107 + 1.263 + 1.174 + 1.205 + \\ 1.183 + 1.106 + 1.168 + 1.331 + 1.063 + 1.183 + 1.225 \end{pmatrix} \times \frac{1}{0.067} \times 10\,000$$

$$= 251.325 \times 10^4 (\mathrm{m}^3)$$

$$S_{\bar{g}} = \sqrt{\frac{\sum (g_j - \bar{g})^2}{n(n-1)}}$$

$$= \sqrt{\frac{1}{14 \times (14-1)} \begin{bmatrix} (18.075 - 17.952)^2 + (17.520 - 17.952)^2 + (20.610 - 17.952)^2 + \\ (16.605 - 17.952)^2 + (18.945 - 17.952)^2 + (17.610 - 17.952)^2 + \\ (18.0750 - 17.952)^2 + (17.745 - 17.952)^2 + (16.590 - 17.952)^2 + \\ (17.520 - 17.952)^2 + (19.960 - 17.952)^2 + (15.945 - 17.952)^2 + \\ (17.745 - 17.952)^2 + (18.375 - 17.952)^2 \end{bmatrix}}$$

$= 0.336$

$$P_{\bar{g}} = \left(1 - \frac{t_\alpha S_{\bar{g}}}{\bar{g}}\right) \times 100\% = \left(1 - \frac{1.96 \times 0.336}{17.952}\right) \times 100\% = 96.32\%$$

④ 计算5年间森林蓄积量生长率计算 $P_{\hat{G}}$。

$$P_{\hat{G}} = \frac{\hat{G}}{(V+V')} \frac{2}{t} \times 100\% = \frac{251.325}{690.555 + 916.965} \times \frac{2}{5} \times 100\% = 6.25\%$$

⑤ 计算5年间森林蓄积量消耗量估计值 $\hat{C}$、标准差 S_c、标准误 $S_{\bar{c}}$、抽样精度 $P_{\bar{c}}$。

$$\hat{C} = \sum_{i=1}^{N} \frac{A}{a} C_i$$

$$= \begin{pmatrix} 0.117 + 0.124 + 0.111 + 0.122 + 0.118 + 0.113 + 0.116 + \\ 0.123 + 0.122 + 0.124 + 0.128 + 0.107 + 0.123 + 0.113 \end{pmatrix} \times \frac{1}{0.067} \times 10\,000$$

$= 24.915 \times 10^4 (\text{m}^3)$

$$S_{\bar{c}} = \sqrt{\frac{\sum (c_j - \bar{c})^2}{n(n-1)}}$$

$$= \sqrt{\frac{1}{14 \times (14-1)} \begin{bmatrix} (1.755-1.780)^2 + (1.860-1.780)^2 + (1.665-1.780)^2 + \\ (1.830-1.780)^2 + (1.770-1.780)^2 + (1.695-1.780)^2 + \\ (1.740-1.780)^2 + (1.845-1.780)^2 + (1.830-1.780)^2 + \\ (1.860-1.780)^2 + (1.920-1.780)^2 + (1.605-1.780)^2 + \\ (1.845-1.780)^2 + (1.695-1.780)^2 \end{bmatrix}}$$

$= 0.024$

$$P_{\bar{c}} = \left(1 - \frac{t_\alpha S_{\bar{c}}}{\bar{c}}\right) \times 100\% = \left(1 - \frac{1.96 \times 0.024}{1.780}\right) \times 100\% = 97.34\%$$

⑥ 计算5年间森林蓄积量消耗率计算 $P_{\hat{C}}$。

$$P_{\hat{C}} = \frac{\hat{C}}{(V_1+V_2)} \frac{2}{t} \times 100\% = \frac{24.915}{690.555 + 916.965} \times \frac{2}{5} \times 100\% = 0.62\%$$

⑦ 计算5年间森林蓄积量净增量估计值 $\Delta_{总}$、方差 S_Δ^2、标准误 $S_{\bar{\Delta}}$、抽样精度 P、判断统计量 t。

$$\Delta_{总} = \sum_{i=1}^{N} \Delta_i \frac{A}{a}$$

$$= \begin{pmatrix} 1.088 + 1.044 + 1.263 + 0.985 + 1.145 + 1.061 + 1.089 + \\ 1.060 + 0.984 + 1.044 + 1.203 + 0.956 + 1.06 + 1.112 \end{pmatrix} \times \frac{1}{0.067} \times 10\,000$$

$= 226.410 \times 10^4 (\text{m}^3)$

$$S_\Delta^2 = S_{V_2}^2 + S_{V_1}^2 - 2R\text{cov}(V_1, V_2)$$

$$= 2.492 + 5.213 - 2 \times \frac{(31.953 - 17.952 \times 1.780)^2}{1.579 \times 2.283}$$

$= 7.705$

$$S_{\bar{\Delta}} = \frac{S_\Delta}{\sqrt{n}} = \frac{\sqrt{7.705}}{\sqrt{14}} = 0.742$$

$$\Delta_{\Delta_{总}} = t_\alpha S_{\bar{\Delta}} \frac{A}{a} = 1.96 \times 0.742 \times \frac{1}{0.067} = 21.706$$

$$P = \left(1 - \frac{t_\alpha S_{\bar{\Delta}}}{|\Delta_{\Delta_{总}}|}\right) \times 100\% = \left(1 - \frac{1.96 \times 0.742}{|21.706|}\right) \times 100\% = 93.30\%$$

$$t = \frac{|\Delta_{\Delta_{总}}|}{S_{\bar{\Delta}}} = \frac{21.706}{0.742} = 29.253$$

因为 $t > t_\alpha (t_\alpha = 1.96$,取 $\alpha = 0.05)$,则判定前后期蓄积量的增减趋势明显。总体计算结果见表6-6。

表6-6 某地区云、冷杉幼龄林前后期样地蓄积量、生长量、消耗量和净增量估计值表

样地号	前期森林蓄积量（万 m^3）	后期森林蓄积量（万 m^3）	5年间森林蓄积生长量（万 m^3）	5年间森林蓄积消耗量（万 m^3）	5年间森林蓄积净增量（万 m^3）
1	49.425	65.745	18.075	1.755	16.320
2	50.040	65.700	17.520	1.860	15.660
3	53.850	72.795	20.610	1.665	18.945
4	50.100	64.875	16.605	1.830	14.775
5	47.730	64.905	18.945	1.770	17.175
6	49.680	65.595	17.610	1.695	15.915
7	49.050	65.385	18.075	1.740	16.335
8	49.080	64.980	17.745	1.845	15.900
9	49.980	64.740	16.590	1.830	14.760
10	49.440	65.100	17.520	1.860	15.660
11	47.280	65.325	19.965	1.920	18.045
12	46.965	61.305	15.945	1.605	14.340
13	49.095	64.995	17.745	1.845	15.900
14	48.840	65.520	18.375	1.695	16.680
合计	690.555	916.965	251.325	24.915	226.410
平均值	49.325	65.498	17.952	1.780	16.172

6.1.4 双重回归抽样调查

6.1.4.1 双重回归抽样估计方法

双重抽样(two—phase sampling)是当主变量的费用高或难以获得,但与主变量相关性较高的辅助变量更容易获得或者费用较低时,利用辅助变量调查值和辅助变量与主变量相关关系,推算主变量估计值的过程。这种抽样的主要特点是抽样分两步进行。第一步抽样

称为第一重(相)抽样(the first phase sampling),是从总体中抽样一个比较大的样本,称为第一重(相)样本。对第一重(相)样本的调查主要是获取有关总体的某些辅助信息,为下一步的第二重抽样估计提供基础。第二步的第二重(相)抽样(the second phase sampling)所抽的样本相对较小,对它进行的调查才是主调查,通常这个第二重(相)样本是从第一重(相)样本中提取的,即是第一重样本的一个子样本。有时候第二重(相)样本也可以从总体中独立地抽取。回归抽样估计(regression sampling estimation)是应用回归统计分析的原理进行抽样推断。双重回归估计(double regression sampling)是用回归关系将双重抽样的第一重(相)样本和第二重(相)样本联系起来,用来估计总体的方法。

利用第二重(相)样本辅助变量调查值 x_i 和第二重(相)样本主变量调查值 y_i 建立线性回归模型:

$$y_i = a + bx_i \tag{6-39}$$

式中,y_i 为第二重(相)样本主变量调查值;x_i 为第二重(相)样本辅助变量调查值;a、b 为回归模型参数。

利用前面建立的回归模型式(6-39),将第一重(相)样本辅助变量调查值期望 $\bar{X}$、第二重(相)样本辅助变量调查值期望 $\bar{x}$ 和第二重(相)样本主变量调查值期望 $\bar{y}$ 代入式(6-40)推算出总体估计值期望 $\bar{Y}$。

$$\bar{Y} = \bar{y} + b(\bar{X} - \bar{x}) \tag{6-40}$$

式中,b 为式(6-39)的模型参数;$\bar{x}$、$\bar{y}$ 分别为第二重(相)样本辅助变量调查值期望和第二重(相)样本主变量调查值期望;$\bar{X}$ 为第一重(相)样本辅助变量调查值期望;$\bar{Y}$ 为总体期望估计值。

$$E_1 = \frac{\bar{x} - \bar{X}}{\bar{X}} \tag{6-41}$$

式中,E_1 为第一重样本的相对误差;$\bar{x}$ 为第二重(相)样本辅助变量调查值期望;$\bar{X}$ 为第一重(相)样本辅助变量调查值期望。

$$E_2 = E_1 \sqrt{1-(1-1/K)r^2} \tag{6-42}$$

式中,E_2 为后期全部样本估计值的相对误差;E_1 为第一重样本的相对误差;r 为回归模型式(6-39)的确定系数;K 为第一重(相)样本单元数与第二重(相)样本单元数的比值。

$$P = 100 - E_2 \tag{6-43}$$

式中,P 为双重回归抽样精度;E_2 为后期全部样本估计值的相对误差。

6.1.4.2 森林资源年度出数的双重回归抽样估计

森林覆盖率和森林蓄积量既是国家评估各省五年规划目标完成情况的约束性指标,也是追究损害生态环境责任的主要考核指标。由于国家森林资源连续清查工作是每5年开展1次,已经无法满足全国森林资源调查年度出数的需求。

为了满足目标考核评价的需要,从第十次国家森林资源连续清查开始,以 5 年为周期,在每个调查总体内每年完成1/5的调查样本,从第6年开始才可按新体系开展年度动态监测。利用双重回归抽样,产出年度全国及各省森林资源数据及其分类统计数据。

①利用第一年完成的 1/5 样本，计算森林蓄积量平均值 $\bar{x}$ 及其相对误差 E_1。

②利用这 1/5 样本的前后期蓄积量建立线性回归模型

$$y_i = a + bx_i \tag{6-44}$$

式中，y_i 为第 i 个样地后期蓄积量；x_i 为第 i 个样地前期蓄积量；a，b 为回归模型参数。

③利用前面建立的回归模型式(6-44)，将第一重(相)样本的平均蓄积量估计值 $\bar{x}$ 按式(6-45)更新到后期。

$$\hat{\bar{Y}} = \bar{y} + b(\bar{X} - \bar{x}) \tag{6-45}$$

式中，b 为式(6-44)的模型参数；$\bar{x}$，$\bar{y}$ 分别为 1/5 样本[第二重(相)样本]前期和后期的平均蓄积量调查值；$\bar{X}$ 为前期全部样本[第一重(相)样本]的平均蓄积量调查值；$\hat{\bar{Y}}$ 为后期全部样本的平均蓄积量双重回归估计值。

$$E_1 = \frac{\bar{x}_i - \bar{X}}{\bar{X}} \tag{6-46}$$

$$E_2 = E_1 \sqrt{1 - (1 - 1/K) r^2} \tag{6-47}$$

式中，E_1 为前期 1/5 样本的相对误差；E_2 为后期全部样本的相对误差；r 为回归模型式(6-45)的确定系数；K 为第一重(相)样本单元数与第二重(相)样本单元数的比值($K \approx 5$)。

6.1.4.3 双重回归估计效率分析

①如果第一重(相)样本等于总体单元数，则双重回归抽样估计效率与一般回归抽样的效果相同。如果第二重(相)样本等于第一重(相)样本单元数，则双重回归抽样的估计效果与简单随机抽样相同。通常回归抽样估计精度高于简单随机抽样，样本数量越大，估计效果越好。

②相关系数 r 对抽样误差影响也较大，显然，因变量与自变量之间相关性越紧密，则相关系数 r 越大，抽样方差越小。有效地利用辅助变量，对提高抽样效率是很有帮助的。

③一般情况下，双重回归抽样的估计精度低于一般回归抽样。

【例6-4】某地区共设置固定样地 1 526 个，间距为 6 km×8 km，固定样地面积为 0.067 hm²(25.82 m×25.82 m)。前期调查了全部固定样地的蓄积量，$\sum\limits_{i=1}^{1526} X_i = 4\ 005.2\ \text{m}^3$，其中机械抽取固定样地 305 个的蓄积量，$\sum\limits_{i=1}^{305} X_i = 850.8\ \text{m}^3$，后期调查了该 305 个固定样地的蓄积量 $\sum\limits_{i=1}^{305} Y_i = 1\ 080.9\ \text{m}^3$。利用前后期 305 个固定样地的蓄积量建立线性回归模型($y_i = a + bx_i$)，基于最小二乘法，求得回归模型系数 $b = \dfrac{\sum (x_i y_i) - n\bar{x}\bar{y}}{\sum (x_i - \bar{x})^2} = 1.036$，决定系数 $r^2 = 0.862$。试求：后期总体森林蓄积量估计值 $\bar{V}$、相对误差 E_2 和抽样精度 $P(\alpha = 0.05)$。

计算过程如下：

①计算前期 305 个固定样地森林蓄积量估计值 $\bar{V}_1$ 及相对误差 E_1。

$$\bar{V}_1 = \frac{\sum_{i=1}^{S/5} X_i}{S/5} = \frac{850.8}{305} = 2.790 \text{ (m}^3\text{)}$$

$$E_1 = \frac{\bar{x}_i - \bar{X}}{\bar{X}} = \frac{2.790 - \frac{4\,005.2}{1\,526}}{\frac{4\,005.2}{1\,526}} = 0.063$$

②估计后期森林蓄积量估计值 $\bar{V}_2$、相对误差 E_2 和抽样精度 $P(\alpha=0.05)$。

$$a = \bar{y} - b\bar{x} = \frac{1\,080.9}{305} - 1.036 \times \frac{850.8}{305} = 0.654$$

$$y_i = 0.654 + 1.036 x_i$$

$$\bar{V}_2 = \hat{\bar{Y}} = \bar{y} + 1.036(\bar{X} - \bar{x}) = \frac{1\,080.9}{305} + 1.036 \times \left(\frac{4\,005.2}{1\,526} - \frac{850.8}{305}\right) = 3.373 \text{ (m}^3\text{)}$$

$$E_2 = E_1\sqrt{1-(1-1/K)r^2} = 0.063 \times \sqrt{1-(1-1/5) \times 0.862} = 0.026$$

$$P = (1 - E_2) \times 100\% = (1 - 0.026) \times 100\% = 97.4\%$$

6.1.5 联合抽样估计调查

6.1.5.1 联合抽样估计方法

联合抽样估计(joint sampling estimation)是在同一总体中随机地抽取两套或两套以上的样本，对总体进行估计的方法。在简单随机抽样时，样本单元的大小要一致或与总体单元相一致。用于联合估计的各套样本单元的大小也应相同。如果两套样本单元大小不同，则要把各套样本单元的观测值换算同一水平的数量，才能进行估计。利用两套不同样本联合估计总体，目的是得到总体平均水平数的最优无偏估计值及提高估计精度。

①最优无偏估计值

$$\bar{y} = \frac{1}{\sigma^2(\bar{y}_1) + \sigma^2(\bar{y}_2)} [\bar{y}_1 \sigma^2(\bar{y}_2) + \bar{y}_2 \sigma^2(\bar{y}_1)] \tag{6-48}$$

式中，$\bar{y}$ 为总体平均数最优无偏估计值；$\bar{y}_1$，$\bar{y}_2$ 为第一套和第二套样本平均数；$\sigma^2(\bar{y}_1)$，$\sigma^2(\bar{y}_2)$ 为第一套和第二套样本平均数的方差。

从式(6-48)可看出：如果 $\sigma^2(\bar{y}_1)=0$，则 $\bar{y}=\bar{y}_1$；$\sigma^2(\bar{y}_2)=0$，则 $\bar{y}=\bar{y}_2$；若 $\sigma^2(\bar{y}_1)\neq 0$ 且 $\sigma^2(\bar{y}_2)\neq 0$，则 $\bar{y}$ 具有最小方差，所以 $\bar{y}$ 作为 $\bar{Y}$ 的估计值要比单独用 $\bar{y}_1$ 和 $\bar{y}_2$ 作为 $\bar{Y}$ 的估计值时，具有更好的估计效率。由两个估计值所组成的线性最优估计值，是两个估计值各用对方的方差进行加权的估计值。因此，这个估计值又叫做以方差进行加权的联合估计值。

如令 $w_1 = \frac{1}{\sigma^2(\bar{y}_1)}$，$w_2 = \frac{1}{\sigma^2(\bar{y}_2)}$，则式(6-48)可写成下列形式：

$$\bar{y} = \frac{w_1 \bar{y}_1 + w_2 \bar{y}_2}{w_1 + w_2} \tag{6-49}$$

有时把式(6-49)估计值 $\bar{y}$ 叫作以方差倒数进行加权的联合估计值。

从式(6-48)或式(6-49)可以看出，其实质上是把两个无偏估计值($\bar{y}_1$ 和 $\bar{y}_2$)联合起来估计总体平均数 $\bar{Y}$，联合的原则是方差大的估计值所占的权重小，方差小的估计值所占的权重大。也就是说，精度高的估计值，在联合估计值占较大比重。

②最优估计值 $\bar{y}$ 的方差

$$\sigma^2(\bar{y}) = \frac{\sigma^2(\bar{y}_1)\sigma^2(\bar{y}_2)}{\sigma^2(\bar{y}_1)+\sigma^2(\bar{y}_2)} \qquad (6-50)$$

如将 w_1 及 w_2 代入上式，便可得到联合估计值方差的另一种形式。

$$\sigma^2(\bar{y}) = \frac{1}{w_1+w_2} \qquad (6-51)$$

6.1.5.2 森林资源连续清查固定样地面积不一致的联合估计

我国各省(直辖市、自治区)森林资源连续清查固定样地的面积基本相同，略有差异，详见表6-7。如果省内(直辖市、自治区)森林资源连续清查固定样地的面积全部一致，则可利用机械抽样方法估计特征数总体；如果省内(直辖市、自治区)森林资源连续清查固定样地的面积不一致，有两套以上样本，则利用联合抽样估计来解决省内(直辖市、自治区)连清固定样地面积不同的问题。

表6-7 全国森林资源连续清查固定样地面积一览表

省份(直辖市、自治区)	固定样地面积(hm²)	省份(直辖市、自治区)	固定样地面积(hm²)	省份(直辖市、自治区)	固定样地面积(hm²)
北京市	0.067	甘肃省	0.080	上海市	0.067
天津市	0.067	青海省	0.080	浙江省	0.080
河北省	0.060	新疆维吾尔自治区	0.080	福建省	0.067
河南省	0.080	宁夏回族自治区	0.060	云南省	0.080
黑龙江省	0.060	江苏省	0.080	四川省	0.067
吉林省	0.060	安徽省	0.067	广东省	0.067
辽宁省	0.080	湖北省	0.067	广西壮族自治区	0.067
内蒙古自治区	0.060	湖南省	0.067	西藏自治区	0.067
山东省	0.067	重庆市	0.067	海南省	0.067
山西省	0.067	贵州省	0.067		
陕西省	0.080	江西省	0.080		

①估计各样本方差 由于估计值的方差 $\sigma^2(\bar{y}_1)$ 及 $\sigma^2(\bar{y}_2)$ 是未知的，因此，需用各自的样本方差 $S^2(\bar{y}_1)$ 及 $S^2(\bar{y}_2)$ 代替。

$$\bar{y} = \frac{1}{S^2(\bar{y}_1)+S^2(\bar{y}_2)}[\bar{y}_1 S^2(\bar{y}_2)+\bar{y}_2 S^2(\bar{y}_1)] \qquad (6-52)$$

$$S^2(\bar{y}_1) = \frac{1}{n_1(n_1-1)}\sum_{i=1}^{n_1}(y_{1i}-\bar{y}_1)^2 \qquad (6-53)$$

$$S^2(\bar{y}_2) = \frac{1}{n_2(n_2-1)} \sum_{i=1}^{n_2} (y_{2i} - \bar{y}_2)^2 \qquad (6-54)$$

式中，$\bar{y}$ 为联合估计的样本平均数；$\bar{y}_1$ 为第一套样本平均数；$\bar{y}_2$ 为第二套样本平均数；$S^2(\bar{y}_1)$ 为第一套样本方差；$S^2(\bar{y}_2)$ 为第二套样本方差；n_1 为第一套样本量；n_2 为第二套样本量；y_{1i} 为第一套样本第 i 个估计值；y_{2i} 为第二套样本第 i 个估计值。

②估计平均数 $\bar{y}$ 的方差

$$S^2(\bar{y}) = \frac{S^2(\bar{y}_1) S^2(\bar{y}_2)}{S^2(\bar{y}_1) + S^2(\bar{y}_2)} \left[1 + \frac{4S^2(\bar{y}_1) S^2(\bar{y}_2)}{[S^2(\bar{y}_1) + S^2(\bar{y}_2)]^2} \left(\frac{k_1 + k_2}{k_1 k_2} \right) \right] \qquad (6-55)$$

式中，k_1 为第一套样本的自由度，$k_1 = n_1 - 1$；k_2 为第二套样本的自由度，$k_2 = n_2 - 1$。

为了说明如何利用两套不同样本联合估计总体平均数及方差，下面利用林业调查中经常遇到的同样性质的问题来解释。如某个县在森林资源调查时，复查了 n_1 个 400 m² 的固定样地，为提高该县资源的调查精度，同时增设了 n_2 个 100 m² 的临时样地。用这两套样本估计总体(县)的资源状况时，需要将 n_2 个 100 m² 样地的观测值扩大 4 倍。即，$4\bar{y}_2 = \bar{y}_1$ 及 $4^2 S_2^2 = S_1^2$，使两套样本各单元的数值具有同一水平的数量，方能对总体进行联合估计。

【例6-5】设在某总体中，独立地抽取两套样本，第一套样本 $n_1 = 47$，方形样地面积为 100 m²，$\bar{y}_1 = 0.807$ m³/100 m²，$S^2(\bar{y}_1) = 0.003$；第二套样本 $n_2 = 10$，方形样地面积为 400 m²，$\bar{y}_2 = 3.210$ m³/400 m²，$S^2(\bar{y}_2) = 0.464$。试求：联合估计的平均数 $\bar{y}$、平均数的方差 $S^2(\bar{y})$，联合估计值的误差限 $\Delta(\bar{y})$，以及估计精度 $P_c(\alpha = 0.05)$。

计算过程如下：

因为第二套样本 n_2 样地面积是第一套样本面积的 4 倍则应将 $\bar{y}_1$ 扩大 4 倍，换算为相同面积的数量。所以有

$\bar{y}_1 = 4 \times 0.807 = 3.228$ m³/400 m²；$S^2(\bar{y}_1) = 4^2 \times 0.003 = 0.048$

则两套样本联合估计的平均数及方差为：

①联合估计的平均数

$$\bar{y} = \frac{1}{S^2(\bar{y}_1) + S^2(\bar{y}_2)} [\bar{y}_1 S^2(\bar{y}_2) + \bar{y}_2 S^2(\bar{y}_1)]$$

$$= \frac{0.464 \times 3.228 + 0.048 \times 3.210}{0.048 + 0.464} = 3.226 \text{ m}^3/400 \text{ m}^2$$

②平均数的方差

$$S^2(\bar{y}) = \frac{0.048 \times 0.464}{0.048 + 0.464} \times \left[1 + \frac{4 \times 0.048 \times 0.464}{(0.048 + 0.464)^2} \times \frac{9 + 46}{9 \times 46} \right] = 0.0456$$

③联合估计值的误差限

根据自由度 $k_1 + k_2 = 46 + 9 = 55$，$t_{0.05} = 2.004$，有

$$\Delta(\bar{y}) = tS(\bar{y}) = 2.004 \times \sqrt{0.0456} = 0.427$$

④估计精度

$$P = 1 - E = 1 - \frac{0.427}{3.226} = 86.8\%$$

6.2 森林经理调查

6.2.1 森林经理调查概述

6.2.1.1 基本概念

森林经理调查(forest management inventory)，即森林资源规划设计调查，简称"二类调查"，是以国有林业局(场)、自然保护区、森林公园等林业生产单位或县级行政区域为调查单位，为满足森林经营方案、总体设计、林业区划与规划设计需要而进行的森林资源调查。

森林经理调查以各省(自治区)林业调查规划设计院为主，各林业生产单位或县级行政区域为辅进行。林业生产单位应调查该单位所有经营管理的土地，县级行政单位应调查县级行政范围内所有的森林、林木和林地。森林经理调查的开展一般以林业局(或国有林场)为主体，调查间隔期一般为10年，个别集约经营的单位也可以5年进行一次。

6.2.1.2 森林经理调查目的和任务

二类调查目的是为调查区域制订和修正经营管理计划提供依据；检查、分析、评价森林经营的效果；为制定、检查、修订林业政策、方针、法规，评价其执行情况和效果提供依据；为区域社会和国家主管部门提供决策依据；为林业企业掌握森林资源现状和动态，编制和修订森林经营方案或总体设计提供科学的可靠数据。

二类调查的主要任务是就是查清森林、林地和林木资源的种类、数量、质量与分布，客观反映调查区域自然和社会经济条件，综合分析与评价森林资源与经营现状，提出对森林资源培育、保护与利用的意见。调查成果是建立或更新森林资源档案，制订森林采伐限额，进行林业工程规划设计和森林资源管理的基础，也是制订区域国民经济发展规划和林业发展规划，实行森林生态效益补偿和森林资源资产化管理，指导和规范森林科学经营的重要依据。

6.2.1.3 森林经理调查主要内容

森林经理调查是森林经营工作的重要手段。它是通过对森林资源的面积、蓄积量、生长、人为消耗、自然枯损以及经理对象内的自然历史条件、经济条件、经营条件和各种与森林生态有关因子的调查研究，以实现森林经理工作目的。

森林经理调查的主要内容包括3个方面：

①林业生产条件调查　包括自然条件、社会经济条件调查以及过去和现在森林经营情况的调查与评定等。

②小班调查　包括小班地况、林况调查、小班调查方法的选择及小班调查的具体步骤，调查簿的编制及资源档案的建立，各种图、表、卡的编制等。

③林业专业调查　包括为完成森林经理总任务或某一特定任务，所需进行的专门调查，如制表调查、生长调查、出材量调查、更新调查、土壤调查、立地类型及立地评价调查以及抚育、改造、森林病虫害、种源、林副产品等调查。

6.2.2 林业生产条件调查

森林经理调查可为林业生产单位掌握森林资源现状及动态，分析检查经营活动的效果，编制或修订可持续发展规划或总体设计提供科学可靠的数据。因此，为制订科学、合理的森林经营方案，必须对经理地区的自然条件、经济条件以及过去和现在的森林经营条件进行林业生产条件调查。

6.2.2.1 自然条件调查

在林业生产过程中，自然界的各种因素对森林的形成、林木的生长、培育以及材种的结构、林木的数量和质量，都有着直接的影响，它决定了各种技术措施的可能性。因此，森林经理学必须研究不同自然条件下森林发生、发展的自然规律，明确哪些自然条件下开展经营活动对林木生长发育有利、哪些自然条件下开展经营活动对林木生长发育不利，从而指导经营者在林业生产过程中，充分利用自然力开展经营活动，为森林的生态效益、森林的生长和扩大再生产，以及经营利用原则、方式、方法等方面的研究提供参考，为森林经营决策的重要技术做支撑。

自然条件的调查，主要包括以下几个方面：

①河川水系的调查　包括河川、湖泊的分布、深度、宽度、曲折度、流速、流量、水位、河床及两岸情况，流送能力及水源情况等。在有大河分布的林区，以及在具有侵蚀沟、流沙地及土壤流失地区，应注意搜集水流情况、冲刷情况以及对森林、农田的影响等情况。

②地质、土壤的调查　包括成土母岩及土壤种类、有机质含量、土壤厚度、风化程度、灰化程度、黏湿度、结合度、pH值、土壤微生物以及地下水位等。地形和土壤的形成，与森林分布有密切相关。在调查土壤时，一般应结合森林类型及地形进行研究。

③气象、气候的调查　应调查与林木生长有直接关系的因子，如温度、湿度、降水量、霜、雪、常风和暴风等。

6.2.2.2 社会经济条件调查

林业发展水平的高低与当地国民经济发展水平息息相关。发达的地区经济条件对发展林业与提高森林经营强度更为有利，它对整个林业生产有着决定性的影响。因此，森林经理工作对经济条件的调查显得尤为重要。进行经济条件调查时，应着重了解该地区的林业与其他国民经济部门之间的联系，特别应调查与林业关系最密切的国民经济部门，如农业、工业和交通运输等。调查的具体内容包括：

①当地国民经济发展的基本方针和远景规划，林业在当地国民经济中的地位和任务。

②当地的农、林、牧、副、渔各业生产情况以及与林业的关系。

③当地工业生产情况，当地工业对林业的要求及需材情况。

④森林与当地自然生态环境的关系，如森林的水土保持、涵养水源等作用的体现。

⑤当地土地利用规划的资料。

⑥当地交通运输情况及其与发展林业的关系。

⑦当地人口密度以及当地机关、企业情况，各种生活自用材和能源材的需要情况，以

及可供林业劳动力的情况。

6.2.2.3 经营情况调查

为了确定更合理的经营措施,在森林经理调查时,还应调查研究本地区的经营情况。过去的经营情况是今后经营活动的历史背景,森林经理工作应该从过去的经营活动中发现和总结正、反两方面经验,以便提高森林经营水平。对过去经营情况的调查,一般是指未进行过森林经理工作的地区。由于我国各个地区均已经进行过森林经理调查,国有林区和部分集体林区均编制过森林经营方案,相关过去经营情况调查主要包括以下各个方面:

①森林经营的沿革　森林经理对象地区林业机构建立经过和变迁情况。

②森林经理工作情况　所在地区过去开展各项森林经理工作情况。例如,是否开展过森林调查设计工作,是否执行过森林经营方案,森林经营方案(森林施业案)的执行情况等。

③森林采伐情况　了解森林经理对象地区是否进行过采伐,并评价采伐工作的经验和教训。特别应根据森林自然规律分析采伐方式、采伐量以及生长量与蓄积量之间的关系,这涉及森林资源消长和未来可持续发展问题。

④森林更新情况　森林更新是实现森林可持续发展的关键环节之一。特别是在过去实行过不同采伐方式的情况下,应调查其更新效果并进行评价。凡是进行过采伐的地区,都应进行更新效果的调查。在采用过人工造林和天然更新不同方式的地区,更应分析对比不同更新方式的效果。

⑤森林抚育情况　在已经进行过森林经营工作的地区,应对幼林抚育和成林抚育进行调查和评价。在已执行森林经营方案的地区,应结合森林经理复查工作的要求进行。森林抚育调查,应着重了解抚育工作的效果。对于成林抚育工作,也应对间伐量及存在问题进行调查。

⑥林分改造工作　这是一项比较复杂的综合性技术措施,主要对象为天然次生林,包括我国主要原始天然林的"过伐"林区。了解开始改造工作的过程和措施,以及改造的效果。

⑦森林保护工作　了解过去森林火灾的发生情况,包括发生火灾的原因与防止措施及其效果。森林病虫害的发生情况以及防治措施情况,也是森林保护工作的主要内容。对于采伐后的更新幼林以及人工林地区,更应重视森林病虫害防治情况的调查。关于鸟兽害情况,如有发生也应加以调查并研究防治措施。

⑧林副产品利用情况　林副产品的利用,与发展林区经济、提高经营水平和改善当地人民生活水平有密切联系。对它的种类、性质、数量等,都应进行调查了解。

⑨森林生态效益情况　任何以生产为主的林区,其森林植被都具有不同程度地改善自然环境的作用。森林经理工作在进行调查时,必须了解这方面的问题。如有必要,在森林经营方案的经营方针和经营措施中,都必须纳入这方面的要求。

⑩林区基本建设情况　应根据森林经理组织和可持续发展的要求,全面了解林区基本建设情况,包括道路、桥梁、厂房建设以及职工生活需要的住房条件等。

⑪林业企业情况　在已经进行木材生产的林区,应就企业机构、职工人数编制等进行调查了解。也应进一步就职工业务技术水平、劳动生产率以及企业收支情况等进行了解,

从而对过去企业管理水平有一个概括了解。

通过上述对过去森林经营情况的全面了解，就能在当前森林经理工作中，为编制今后的森林经营方案取得全面且可靠的依据。

6.2.3 小班调查

小班调查是森林经理调查的核心内容，可使森林经理地区的资源落实到山头地块，为规划设计提供依据，一般与小班区划结合进行，二者不可分开。小班调查的详细程度，根据林业生产单位森林资源特点、调查技术水平、调查目的和调查等级而确定。小班调查采取地面调查为主，地面调查和遥感调查相结合的方式进行，应充分利用上期调查成果和小班经营档案，以提高小班调查精度和效率，保持调查的连续性。

6.2.3.1 小班调查准备

（1）数表准备

森林资源规划设计调查应提前准备和检验当地适用的立木材积表、形高表（或树高—断面积—蓄积量表）、立地类型表、森林经营类型表、森林经营措施类型表、造林典型设计表等。为了提高调查质量和成果水平，可根据条件编制、收集或补充修订立木生物量表、地位指数表（或地位级表）、林木生长率表、材种出材率表、收获表（生长过程表）等。

（2）小班调绘

①根据实际情况，可分别采用以下方法进行小班调绘：

a. 采用由测绘部门绘制的当地最新的比例尺为1∶1万~1∶2.5万的地形图到现地进行勾绘。对于没有上述比例尺的地区可采用由1∶5万放大到1∶2.5万的地形图；

b. 使用近期拍摄的（以不超过两年为宜）、比例尺不小于1∶2.5万或由1∶5万放大到1∶2.5万的航片、1∶10万放大到1∶2.5万的侧视雷达图片在室内进行小班勾绘，然后到现地核对，或直接到现地调绘；

c. 使用近期（以不超过一年为宜）经计算机几何校正及影像增强的比例尺1∶2.5万的卫片（空间分辨率10 m以内）在室内进行小班勾绘，然后到现地核对。

②空间分辨率10 m以上的卫片只能作为调绘辅助用图，不能直接用于小班勾绘。

③现地小班调绘、小班核对以及为林分因子调查或总体蓄积量精度控制调查而布设样地时，可用GPS确定小班界线和样地位置。

6.2.3.2 小班调查内容

小班调查是二类调查中涉及地域最广、工作量最大的一项工作。为了合理地开展森林经营工作，必须将森林资源信息落实到每个林分中，小班调查就是将各种林分调查因子落实到每个林分中。依据《森林资源规划设计调查技术规程》（GB/T 26424—2010），分别商品林和公益林小班按地类调查或记载不同调查因子。小班调查因子是指在调查时对各小班应进行记录的因子，包括地况因子、林况因子和其他应调查记载项目等。

（1）一般小班调查因子与记载要求

一般小班调查因子与记载要求见表6-8。

表 6-8　一般小班调查因子与记载要求

小班调查因子	记载要求
空间位置	记载小班所在的县(局、总场、管理局)，林场(分场、乡、管理站)，营林区(工区、村)，林班号和小班号
权属	分别土地所有权和使用权、林木所有权和使用权，调查记载小班的土地和林木权属
地类	按最后一级地类调查记载小班地类
工程类别	小班的工程类别分为天然林资源保护工程、退耕还林工程、京津风沙源治理工程、三北及长江中下游等重点地区防护林体系建设工程、野生动植物保护和自然保护区建设工程、速生丰产用材林基地建设工程和其他工程
事权	公益林(地)小班填写事权等级(国家级、地方级)
保护等级	公益林(地)小班填写保护等级(特殊保护、重点保护、一般保护)
地形地势	记载小班的地貌、平均海拔、坡度和坡位等因子
土壤	记载小班土壤名称(记至土类)、腐殖质层厚度、土层厚度(A 层+B 层)、质地和石砾含量等
下木植被	记载下层植被的优势和指示性植物种类、平均高度和覆盖度
立地类型	查立地类型表确定小班立地类型
立地质量	根据小班优势木平均高和平均年龄查地位指数表，或根据小班主林层优势树种平均高和平均年龄查地位级表确定小班的立地质量。对疏林地、无立木林地、宜林地等小班可根据有关立地因子查数量化地位指数表确定小班的立地质量
天然更新	调查小班天然更新幼树与幼苗的种类、年龄、平均高度、平均根径、每公顷株数、分布和生长情况，并评定天然更新等级
造林类型	对适合造林的小班，根据小班的立地条件，按照适地适树的原则，查造林典型设计表确定小班的造林类型
林种	按林种划分技术标准调查确定，记载到亚林种
起源	按主要生成方式调查确定
林层	商品林按林层划分条件确定是否分层，然后确定主林层。并分别林层调查记载郁闭度、平均年龄、株数、树高、胸径、蓄积量和树种组成等测树因子。除株数、蓄积量以各林层之和作为小班调查数据以外，其他小班调查因子均以主林层的调查因子为准
群落结构	公益林根据植被的层次多少确定群落结构类型
自然度	天然林根据干扰的强弱程度记载到级
优势树种(组)	分别林层记载优势树种(组)
树种组成	分别林层用十分法记载
平均胸径	分别林层，记载优势树种(组)的平均胸径
平均年龄	分别林层，记载优势树种(组)的平均年龄。平均年龄由林分优势树种(组)的平均木年龄确定，平均木是指具有优势树种(组)断面积平均直径的林木
平均树高	分别林层，调查记载优势树种(组)的平均树高。在目测调查时，平均树高可由平均木的高度确定。灌木林需设置小样方或样带估测灌木的平均高度
优势木平均高	在小班内，选择 3 株优势树种(组)中最高或胸径最大的立木测定其树高，取平均值作为小班的优势木平均高
郁闭度或覆盖度	有林地小班用目测或仪器测定各林层林冠对地面的覆盖程度，取两位小数；灌木林设置小样方或样带估测并记载覆盖度，用百分数表示

(续)

小班调查因子	记载要求
每公顷株数	商品林分别林层记载活立木每公顷株数
散生木	分树种调查小班散生木株数、平均胸径,计算各树种材积和总材积
每公顷蓄积量	分别林层记载活立木每公顷蓄积量
枯倒木蓄积量	记载小班内可利用的枯立木、倒木、风折木、火烧木的总株数和平均胸径,计算蓄积量
健康状况	记载林地卫生、林木(苗木)受病虫害危害和火灾危害以及林内枯倒木分布与数量等状况。林木病虫害应调查记载林木病虫害的有无以及病虫害种类、危害程度。森林火灾应调查记载森林火灾发生的时间、受害面积、损失蓄积量
调查日期	记录小班调查时的年、月、日
调查员姓名	由调查员本人签字

(2)其他调查记载项目及要求

①用材林近成过熟林小班　除记载小班因子外,还要调查记载小班的可及度状况。

②择伐林小班　对实行择伐方式的异龄林小班,采用实测标准地(样地)、角规控制检尺等调查方法调查记载小班的直径分布。

③人工幼林、未成林人工造林地小班　除记载小班因子外,还要调查记载整地方法、规格、造林年度、造林密度、混交比、成活率或保存率及抚育措施。

④竹林小班　对商品用材林中的竹林小班增加调查记载小班各竹度的株数和株数百分比。

⑤经济林小班　调查各生产期的株数和生长状况。对有蓄积量的乔木经济林小班,应参照用材林小班调查计算方法调查记载小班蓄积量。

⑥一般公益林小班　下个经理期有经营活动的一般公益林近成过熟林或天然异龄林小班应参照用材林近、成、过熟林小班的要求补充调查因子。森林经营集约度较高地区的所有一般公益林小班均应参照商品林小班进行调查。

⑦红树林小班　红树林小班调查执行《红树林湿地健康评价技术规程》(LY/T 2794—2017)。

(3)林网、四旁树调查

①林网调查　达到有林地标准的农田牧场林带、护路林带、护岸林带等不划分小班,但应统一编号,在图上反映,除按照公益林的要求进行调查外,还要调查记载林带的行数、行距。

②城镇林、四旁树调查　达到有林地标准的城镇林、四旁林视其森林类别,分别按照商品林或公益林的调查要求进行调查。在宅旁、村旁、路旁、水旁等地栽植的达不到有林地标准的各种竹丛、林木,包括平原农区达不到有林地标准的农田林网,应以街道、行政村为单位,街段、户为样本单元进行抽样调查,具体要求由各省(自治区、直辖市)根据当地情况确定。

(4)散生木调查

散生木应按小班进行全面调查、单独记载。

6.2.3.3 小班调查方法

森林经理的蓄积量调查工作，必须落实到小班，规划设计也以小班为基础。常用的小班调查方法有以下种：

(1) 样地实测法

在小班范围内，通过随机、机械或其他的抽样方法，布设圆形、方形、带状或角规样地，在样地内实测各项调查因子，由此推算小班调查因子。布设的样地应符合随机原则（带状样地应与等高线垂直或成一定角度），样地数量应满足小班调查的精度要求。

(2) 目测法

当林况比较简单时采用此法。调查前，调查员要通过 30 块以上的标准地目测练习和一个林班的小班目测调查练习，并经过考核，各项调查因子目测的数据 80% 项次以上达到允许的精度要求时，才可以进行目测调查。小班目测调查时，必须深入小班内部，选择有代表性的调查点进行调查。为了提高目测精度，可利用角规辅助目测的方法进行实测。目测调查点数视小班面积不同而定：3 hm^2 以下选 1~2 个点；4~7 hm^2 选 2~3 个点；8~12 hm^2 选 3~4 个点；13 hm^2 以上选 5~6 个点。

(3) 航片估测法

航片比例尺大于 1:1 万可采用此法。调查前，分别林分类型或树种（组），抽取若干个有蓄积量的小班（数量不低于 50 个），判读各小班的平均树冠直径、平均树高、株数、郁闭度等级、坡位等，然后到实地调查各小班的相应因子，编制航空像片树高表、胸径表、立木材积表或航空像片数量化蓄积量表。为保证估测精度，必须选设一定数量的样地对数表（模型）进行实测检验，达到 90% 以上精度时方可使用。航片估测时，先在室内对各个小班进行判读（可结合小班室内调绘工作），利用判读结果和所编制的航空像片测树因子表估计小班各项测树因子。然后，抽取 5%~10% 的判读小班到现地核对，各项测树因子判读精度达到小班调查精度要求的 90% 以上时才可以通过。

(4) 卫片估测法

当卫片的空间分辨率达到 3 m 时可采用此法。其技术要点为：

①建立判读标志 根据调查单位的森林资源的特点和分布状况，以卫星遥感数据景幅的物候期为单位，每景选择若干条能覆盖区域内所有地类和树种（组）、色调齐全且有代表性的勘察路线。将卫星影像特征与实地情况对照，获得相应影像特征，并记录各地类与树种（组）的影像色调、光泽、质感、几何形状、地形地貌及地理位置（包括地名）等，建立目视判读标志表。

②目视判读 根据目视判读标志，综合运用其他各种信息和影像特征，在卫星影像图上判读并记载小班的地类、树种（组）、郁闭度、龄组等判读结果。对于林地、林木的权属、起源，以及目视判读中难以区别的地类，要充分利用已掌握的有关资料、询问当地技术人员或到现地调查等方式确定。

③判读复核 目视判读采取一人区划判读，另一人复核判读方式进行，二人在"背靠背"作业前提下分别判读，分别填写判读结果。当两名判读人员的一致率达到 90% 以上时，二人应对不一致的小班通过商议达成一致意见，否则应到现地核实；当两判读人员的一致率达不到 90% 以上时，应分别重新判读。对于室内判读有疑问的小班必须全部到现地

确定。

④实地验证 室内判读经检查合格后，应采用典型抽样方法选择部分小班进行实地验证。实地验证的小班数不少于小班总数的5%（但不低于50个），并按照各地类和树种（组）判读的面积比例分配，同时每个类型不少于10个小班。在每个类型内，要按照小班面积大小比例不等概选取。各项因子的正判率达到90%以上时为合格。

⑤蓄积量调查 结合实地验证，选取典型有蓄积量的小班，现地调查其单位面积的蓄积量，然后建立判读因子与单位面积蓄积量之间的回归模型，根据判读小班的蓄积量标志值计算相应小班的蓄积量。

6.2.3.4 小班调查中的回归估计

小班蓄积量调查是小班调查的核心内容，通常调查时会涉及不同方法的联合应用，建立回归模型，提高调查精度和效率。下面介绍两种回归估计方法。

(1) 航空像片判读与地面实测蓄积量的回归估计法

该法在有航空像片和航空蓄积量表或航空数量化材积表的前提下，可将蓄积量等调查因子落实到小班。并在保证一定精度条件下，显著提高小班调查效率。

航空像片判读与实测蓄积回归估计就是利用航空像片判读方法，将判读总体（指森林经理地区）内各种地类和小班的轮廓勾画出来，并对有林地小班，根据判读因子用航空蓄积量表或航空数量化材积表查定小班的判读蓄积量，然后在全部判读的小班中，随机抽出一部分小班进行现地实测，用小班的实测蓄积和判读蓄积，建立回归归程，用以估计总体蓄积量，并修正判读小班蓄积量。其工作步骤为：

①小班判读 用轮廓判读法把林区中地类和小班轮廓，在像片上勾绘出来。

②小班转绘与求积。

③计算小班的判读蓄积量 根据小班判读的优势树种、龄组、郁闭度、地位级或平均高等查相应的航空蓄积量表或航空数量化材积表，确定各小班的判读蓄积量。

④确定实测小班的数量：

$$n = \frac{t^2 c^2}{E^2}(1 - r^2) \qquad (6-56)$$

式中，n 为实测小班数量；t 为可靠性指标；c 为蓄积量变动系数；E 为相对误差限；r 为判读蓄积与实测蓄积的相关系数。

【例6-6】某林区预计小班蓄积的变动系数为0.45，判读蓄积与实测蓄积的相关系数为0.65，规定估计相对误差限为10%，可靠性为95%，则需抽取的小班数为：

$$n = \frac{1.96^2 \times 0.45^2}{0.1^2}(1 - 0.65^2) = 45(\text{个})$$

增加10%~20%的安全系数，应抽取实测小班数为50~55个。

⑤实测小班的抽取 可用随机数字表，按实测小班数抽取样本；或用随机起点机械抽取实测小班。后者比前者分布均匀。

⑥实测小班的调查 凡被抽中的小班，应在小班范围内采用全林每木检尺的方法，确定小班的实测蓄积量。但考虑到这种方法的外业工作量过大，无法推广。因此，实际上常用强精度抽样估计小班蓄积量，代替全林实测。

小班内强精度抽样的样点数量，最低限度应满足一个大样本($n>50$)，样地的面积可以适当缩小为 $0.01\sim 0.02\ \text{hm}^2$，也可以采用模拟样地法或角规控制检尺法。

在调查小班内每个样地的蓄积量时，也应对每个抽样实测小班的各种小班调查因子进行目测或在有代表性地段进行实测调查记载。

⑦建立判读蓄积量与实测蓄积量的回归方程　首先利用判读蓄积量与实测蓄积量在坐标纸上绘制散点图，根据散点图上点的分布趋势，判断方程类型的线性关系；然后利用实测小班的判读蓄积量和实测蓄积量，估计回归方程 $Y=A+Bx$ 中的参数 A 和 B。

⑧计算总体每公顷蓄积量的估计值及其方差的估计值、估计误差限和估计区间：

a. 总体每公顷蓄积量估计值：

$$\hat{\bar{Y}}_{回} = a + b\bar{X} \tag{6-57}$$

$$\bar{X} = \frac{1}{N}\sum_{i=1}^{N} X_i \tag{6-58}$$

式中，X_i 为第 i 个小班的每公顷判读蓄积；N 为总体小班总数。

b. $\hat{\bar{Y}}$ 的方差估计值：

$$S^2_{\hat{\bar{Y}}_{回}} = \frac{S^2_{yx}}{n}\left[1+\frac{(\bar{X}-\bar{x})}{S^2_x}\right] \tag{6-59}$$

c. 估计误差限($\Delta\hat{\bar{Y}}_{回}$)及估计区间：

$$\Delta\hat{\bar{Y}}_{回} = tS\hat{\bar{Y}}_{回} \tag{6-60}$$

$\hat{\bar{Y}}$ 的相关系数 r 为：

$$r = \frac{S_{yx}}{S_x S_y} \tag{6-61}$$

式中 t 按预定可靠性，以自由度 $K=n-2$，于"t 分布表"上查得。

$$E = \frac{\Delta\hat{\bar{Y}}_{回}}{\hat{\bar{Y}}_{回}}\times 100\% \tag{6-62}$$

估计区间为：

$$\hat{\bar{Y}}_{回} \pm \Delta\hat{\bar{Y}}_{回}$$

⑨计算各小班每公顷蓄积量的回归估计值及各小班蓄积量：

a. 小班每公顷蓄积量的回归估计值：

$$\hat{y}_i = a + hx_i \tag{6-63}$$

式中，x_i 为第 i 个小班每公顷判读蓄积；$\hat{y}_i$ 为第 i 个小班每公顷蓄积的回归估计值。

b. 以各小班每公顷蓄积量的估计值乘以小班面积，得各小班的蓄积量。

⑩总体总蓄积量的估计　总体每公顷蓄积量的估计值，乘以总体面积，即为总体的总蓄积量。

$$M = \hat{\bar{Y}}_{回} A \tag{6-64}$$

$$\Delta M = \Delta \hat{Y}_{回} A \qquad (6-65)$$

置信区间为：
$$M \pm \Delta M$$

【例 6-7】以福建省将乐国有林场 7 310 hm² 林地为例：某调查员用 1：5 万航空像片（放大为 1：2.5 万）目测判读调查地区各小班的林木组成、龄组、地位级、郁闭度 4 个因子。根据这 4 个因子查航空蓄积量表，得出各小班的判读蓄积量，每公顷判读蓄积量的平均数 $\bar{x}=188.74$。然后用随机抽样的方法，从全部判读小班中抽取 60 个小班作为实测小班进行现地实测，获得估计的实测蓄积量，各实测小班的调查结果见表 6-9。

将这些小班的判读蓄积和实测蓄积量结果，绘成散点图（图 6-1）。从图上可以判断小班每公顷的实测蓄积量与判读蓄积量呈线性相关。

表 6-9 各小班判读蓄积量和实测蓄积量

小班号	判读蓄积量 x_i (m³·hm⁻²)	实测蓄积量 y_i (m³·hm⁻²)	小班号	判读蓄积量 x_i (m³·hm⁻²)	实测蓄积量 y_i (m³·hm⁻²)	小班号	判读蓄积量 x_i (m³·hm⁻²)	实测蓄积量 y_i (m³·hm⁻²)
8 204	52.10	19.18	30 022	238.01	273.98	4 307	71.06	193.75
18 183	30.52	23.42	4 139	142.54	126.73	17 066	47.94	91.97
4 755	2.45	35.17	17 727	52.99	60.43	28 444	251.73	132.65
32 825	26.08	46.03	39 609	278.15	235.37	13 514	305.84	348.90
34 664	5.84	41.89	37 892	312.72	341.16	19 822	28.96	42.53
27 981	112.14	56.60	28 647	160.20	194.30	32 830	250.72	90.63
23 435	141.93	82.05	24 439	326.97	325.38	7 999	33.59	185.40
38 727	145.15	78.37	13 437	280.47	333.56	16 809	70.26	158.63
4 021	65.22	79.46	33 237	160.48	330.41	33 688	211.22	275.60
24 445	262.00	104.87	35 189	200.62	297.81	25 304	133.79	169.79
14 485	35.35	133.30	25 021	213.41	381.55	38 785	130.87	174.45
18 362	208.51	254.24	23 178	228.65	416.03	28 454	219.75	260.03
40 285	118.84	114.32	29 732	387.65	407.90	4 463	278.77	145.18
2 379	382.86	396.61	14 509	48.06	401.86	33 862	210.94	238.88
24 040	158.10	161.40	13 446	326.24	362.91	8 119	57.57	96.78
6 617	180.03	184.87	14 508	144.46	375.27	37 912	150.44	223.75
29 533	396.57	409.40	9 821	259.68	453.91	39 353	220.08	287.85
37 923	109.79	129.41	7 842	268.47	470.34	33 661	37.63	59.03
38 582	381.51	391.29	12 509	211.25	291.03	37 601	138.01	108.23
40 059	133.80	141.58	30 022	202.01	422.32	23 441	28.11	39.15

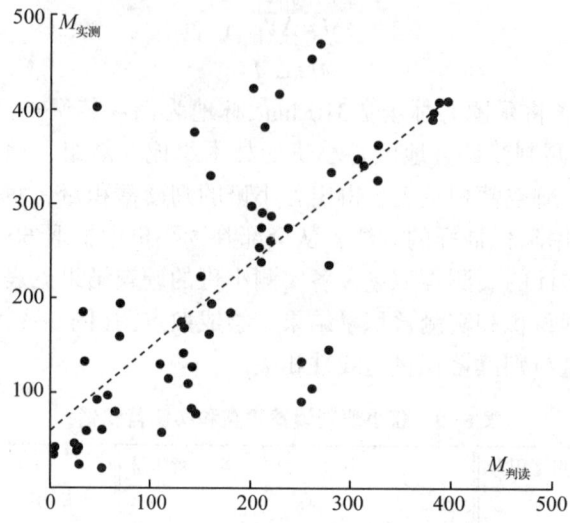

图 6-1 判读蓄积量和实测蓄积量散点图

配置回归方程和进行估计,所需要的数据见表 6-10。

表 6-10 配置回归方程和回归估计的基本数据

基本数据	值	基本数据	值	基本数据	值
$\sum x$	10 269.12	$\sum y$	12 708.86	n	60
$\bar{x}$	171.15	$\bar{y}$	211.81	$\sum xy$	2 784 217.77
$\sum x^2$	2 441 285.29	$\sum y^2$	3 733 484.64	$\frac{1}{n}(\sum x)(\sum y)$	2 175 145.51
$\frac{1}{n}(\sum x)^2$	1 757 579.06	$\frac{1}{n}(\sum y)^2$	2 691 917.60		

$$S_x^2 = \frac{\sum x^2 - \frac{1}{n}(\sum x)^2}{n-1}$$

$$= \frac{2\ 441\ 285.29 - 1\ 757\ 579.06}{59}$$

$$= 11\ 588.24$$

$$S_y^2 = \frac{\sum y^2 - \frac{1}{n}(\sum y)^2}{n-1}$$

$$= \frac{3\ 733\ 484.64 - 2\ 691\ 917.60}{59}$$

$$= 17\ 653.68$$

$$S_{xy} = \frac{\sum xy - \frac{1}{n}(\sum x)(\sum y)}{n-1}$$

$$= \frac{2\ 784\ 217.77 - 2\ 175\ 145.51}{59}$$

$$= 10\ 323.26$$

回归方程的两个参数的估计值为：

$$b = \frac{\sum xy - \frac{1}{n}(\sum x)(\sum y)}{\sum x^2 - \frac{1}{n}(\sum x)^2}$$

$$= 0.891$$

$$a = \bar{y} - b\bar{x} = 211.81 - 0.585 \times 171.15 = 59.35$$

根据样本资料实测的蓄积量及判读的蓄积量，配置的回归方程为：

$$Y = 59.35 + 0.891X$$

相关系数为：

$$r = \frac{S_{yx}}{S_x S_y} = \frac{10\ 323.26}{107.65 \times 132.87} = 0.72$$

回归方差 S_{yx}^2 和标准误 $S_{\bar{y}_\text{回}}$ 为：

$$S_{yx}^2 = \frac{S_y^2 - b^2 S_x^2}{n-2} = \frac{S_y^2 - b S_{yx}}{n-2}$$

$$= \frac{1}{58}\left[\sum y^2 - \frac{1}{n}(\sum y)^2 - 0.891 \times \left(\sum xy - \frac{1}{n}(\sum x)(\sum y)\right)\right]$$

$$= 145.82$$

总体的小班每公顷判读蓄积量的平均数 $\bar{x} = 188.74$，总体的小班每公顷实测蓄积量的估计值($\hat{\bar{y}}_\text{回}$)为：

$$\hat{\bar{y}}_\text{回} = 59.35 + 0.891 \times 188.74 = 227.48$$

$$S^2\bar{y}_\text{回} = \frac{145.82}{58} \times \left[1 + \frac{(188.74 - 171.15)^2}{11\ 588.24}\right]$$

$$= 2.517\ 9$$

$$S\bar{y}_\text{回} = \sqrt{2.517\ 9} = 1.586\ 8$$

预测的可靠性为95%，自由度 $K = 60 - 2 = 58$，从"t 分布表"上查得 t 值为 2.003，估计值的 $\bar{y}_\text{回}$ 的精度为：

$$\Delta\bar{y}_\text{回} = 2.003 \times 1.586\ 8 = 3.18$$

$$P_{\bar{y}_\text{回}} = \left(1 - \frac{tS_{\bar{y}_\text{回}}}{\bar{y}_\text{回}}\right) \times 100\%$$

$$= \left(1 - \frac{2.003 \times 1.586\ 8}{227.48}\right) \times 100\%$$

$$= 98.60\%$$

估计区间为：

$$227.48\pm3.18=[224.3,\ 230.66]$$

总体总蓄积量估计值为：

$$M=\bar{y}_{回}A=227.48\times7\ 310=1\ 662\ 878.8$$
$$\Delta M=3.18\times7\ 310=23\ 245.8$$

估计区间为：

$$1\ 662\ 878.8\pm23\ 245.8=[1\ 639\ 633,\ 1\ 686\ 124.6]$$

(2) 利用航空像片进行小班目测调查与地面实测蓄积的回归估计

该法在有航空像片，而无航空像片蓄积量表或航空数量化材积表的前提下使用。也可以在保证一定精度下，提高工作效率，把蓄积量落实到小班。其工作步骤与前法基本相同，只是第三步不是在室内利用蓄积量表判读各小班的蓄积量，而是把判读勾绘好的小班轮廓拿到现场，进行每个小班的目测调查。每个小班目测调查点的数量，根据森林经理规程要求确定。

调查员首先应选择最能代表所观察林分的地方作为调查点，并以简明的方法，将调查点与附近在像片上能明显看出的地物标连起来以便检查使用。然后确定实测小班数量、实测小班的抽取、实测小班的调查以及建立目测蓄积量与实测蓄积量回归方程、计算各小班每公顷蓄积量的回归估计值及计算各小班蓄积等，均与利用航空像片判读法相同。

6.2.3.5 调查总体蓄积量控制

在一些有条件的地区，或已经建立起了比较完备的局级或省级固定样地的调查单位，蓄积量调查可以采用小班调查和固定样地调查相结合的方法进行。通过固定样地调查，估算总体蓄积量，计算间隔期内森林资源消长变化，并控制和平差小班蓄积量，通过小班区划调查，把森林资源落实到山头地块。

①控制总体　以调查范围为总体进行蓄积量抽样调查控制。调查面积小于 5 000 hm^2 或森林覆盖率小于15%的总体可以不进行抽样控制，也可以与相邻调查区域联合进行抽样控制，但应保证控制范围内调查方法和调查时间的一致性。

②总体精度　总体抽样控制精度根据调查区域的性质确定：以商品林为主的调查总体为90%；以公益林为主的调查总体为85%；以自然保护区、森林公园为主的调查总体为80%。

③抽样方法　在抽样总体内，采用机械抽样、分层抽样、成群抽样等抽样方法进行抽样控制调查，样地数量要满足抽样控制精度要求。

④样地调查与精度计算　样地实测可以采用每木检尺、角规测树等方法。根据样地样木测定的结果计算样地蓄积量，并按相应的抽样理论公式计算总体蓄积量、蓄积量标准误和抽样精度。

⑤精度控制　当总体蓄积量抽样精度达不到规定的要求时，要重新计算样地数量，并布设、调查增加的样地，然后重新计算总体蓄积量、蓄积量标准误和抽样精度，直至总体蓄积量抽样精度达到规定的要求。

⑥蓄积量控制　将各小班蓄积量汇总计算的总体蓄积量(包括林网和四旁树蓄积量)与以总体抽样调查方法计算的总体蓄积量进行比较：

a. 当两者差值不超过±1倍的标准误时，即认为由小班调查汇总的总体蓄积量符合精度要求，并以各小班汇总的蓄积量作为总体蓄积量。

b. 当两者差值超过±1倍的标准误，但不超过±3倍的标准误时，应对差异进行检查并分析，找出影响小班蓄积量调查精度的因素，并根据影响因素对各小班蓄积量进行修正，直至两种总体蓄积量的差值在±1倍的标准误范围以内。

c. 当两者差值超过±3倍的标准误时，小班蓄积量调查全部返工。

这种控制总体蓄积量精度的方法，由于需要在调查范围内设置足够数量的固定样地，生产上难以全面推开，仅适用于经营水平比较高、经济条件比较好的实验局、实验林场等，以及基础条件比较好的省份。

6.2.3.6 调查成果

二类调查资料可形成表簿材料、图面材料和文字材料3个部分。

(1) 表簿材料

①森林调查簿　也称小班调查簿，森林资源规划设计调查的小班调查簿格式由各省（自治区、直辖市）确定。森林调查簿应以林班为单位进行森林资源信息记录和汇总的表册，简称调查簿。调查簿由封面、封里和封底组成：封面是林班内各类土地面积、蓄积量的汇总及林班概况；封里是记录各小班的调查因子状况、林分生长和经营措施意见情况，封里的形式有小班调查卡片或计算机编码记录；封底是林班内各小班经营变化情况的记录。调查簿是森林资源信息中最基础的部分，也是森林资源档案(forest resources archires)的基础组成部分。林业企业、事业单位的资源数据都是由调查簿汇总而成的，甚至有的国家的全国森林资源统计也是由森林调查簿汇总而成的。

②森林资源统计表　统计表的种类有很多，主要是根据调查内容、上报内容和经营管理需要而定。统计表是由森林调查簿汇总，以林业局(县)、林场(或相当的单位)为单位进行编制。最基本的统计表包括：各类土地面积统计表，各类森林、林木面积蓄积量统计表，林种统计表，乔木林面积、蓄积量按龄组统计表，公益林(地)统计表等。

其他统计表由各省(自治区、直辖市)确定，包括用材林面积、蓄积量按龄级统计表，用材林近、成、过熟林面积、蓄积量按可及度、出材等级统计表，用材林近、成、过熟林各树种株数、材积按径级组、林木质量统计表，用材林与一般公益林中异龄林面积、蓄积量按大径木等级统计表，经济林统计表，竹林统计表，灌木林统计表等。

(2) 图面材料

图面材料包括基本图、林相图、森林分布图、森林分类区划图和其他专题图等，它们是森林经营管理工作中应用最多的基础图面资料。

①基本图　基本图主要反映调查单位自然地理、社会经济要素和调查测绘成果，基本图是计算林地面积、编绘林相图和其他专业用图的基础图面资料。基本图的编图要素包括各种境界线(行政区域界、国有林业局、林场、营林区、林班、小班)，道路，居民点，独立地物，地貌(山脊、山峰、陡崖等)，水系，地类，林班注记，小班注记等。基本图是以航片平面图或地形图为基图绘制而成，主要以林场、营林区为单位绘制，一般比例尺为1:1万~1:2.5万不同，黑龙江省朗乡林业局东折棱河森林经营所(部分)基本图见图6-2。

基本图的成图方法分为计算机成图和手工成图。计算机成图就是直接利用调查单位所在地的国土规划部门测绘的基础地理信息数据绘制基本图的底图；或将符合精度要求的最新地形图输入计算机，并矢量化，编制基本图的底图；手工成图就是用符合精度要求的最新地形图手工绘制基本图的底图。将调绘手图(包括航片、卫片)上的小班界，林网转绘或叠加到基本图的底图上，在此基础上编制基本图，转绘误差不超过0.5 mm。

②林相图　林相图是根据小班调查材料，以林场(乡)为单位绘制的常用图表，用基本图为底图进行绘制。图中反映的主要内容包括各小班的地类、优势树种、龄组、面积等因子。林相图根据小班主要调查因子注记与着色，凡有林地小班，应进行全小班着色，按优势树种确定色标，按龄组确定色层，其他小班仅注记小班号及地类符号。可用各种颜色表示不同的小班地类和优势树种。颜色的深浅表示林分的龄组：幼龄林较浅，中龄林稍深(颜色深浅中等)，近、成、过熟林最深。林相图的比例尺可与基本图一致，在我国多为1∶2.5万。林相图中的小班注记采用分数式结构，分子为小班号和龄级，分母为地位级(或地位指数、林型、立地类型)和郁闭度(或疏密度)，黑龙江省朗乡林业局东折棱河森林经营所(部分)林相图如图6-3所示。

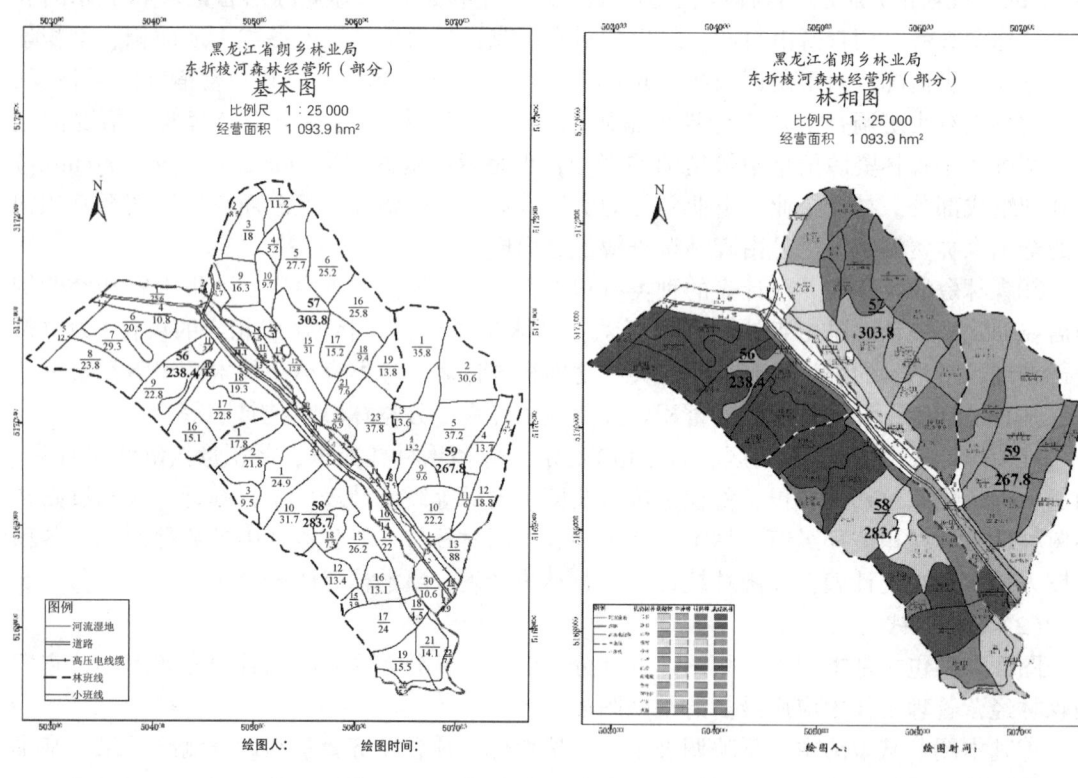

图6-2　基本图　　　　　　　　　　图6-3　林相图

③森林分布图　森林分布图是反映林业局(县)森林分布状况的图面材料，也可以林场(乡)为单位绘制。森林分布图是以林相图为基础缩绘而成，图内只反映林班及以上单位的资源状况。森林分布图着色以林班内优势林分为依据，分别工程区、森林类别、公益林保护等级和事权等级着色。比例尺多为1∶5万~1∶10万。其绘制方法是将林相图上的小班进行适当综合。凡在森林分布图上大于4 mm²的非有林地小班界均需绘出。但大于

4 mm² 的有林地小班，则不绘出小班界，仅根据林相图着色区分。

④森林分类区划图　是以生产单位或县级行政区域为单位，用林相图缩小绘制。比例尺一般为 1∶5 万~1∶10 万。分别工程区、森林类别、公益林保护等级和事权等级着色。

⑤其他专题图　是以反映林业专业调查内容为主的各种专题图，其图种和比例尺根据经营管理需要，由调查会议具体确定，但要符合林业专业调查技术规定(或技术细则)的要求。

(3)文字材料

文字材料包括森林资源规划设计调查报告、专项调查报告和质量检查报告。

二类调查需提交的材料还包括与上述表簿材料、图面材料和文字材料相对应的电子文档；基于森林资源规划设计调查建立的森林资源档案，乙级资质单位应提交调查单位的森林资源管理信息系统；各级森林资源管理部门规定的其他成果材料等。

6.2.4　林业专业调查

林业专业调查不是森林经理调查必须调查的内容，是为满足森林经营、规划设计和调查地区针对某些专业、环境因素与状况等需要特别进行的调查。根据编制森林经营方案的需要，在林业生产条件调查的基础上，进行森林资源调查的同时，对于某些林业调查项目有时需要专门组织专业人员进行重点详细的调查，即林业专业调查(forestry specialty inventories)。林业专业调查是森林经理调查的组成部分和重要基础，专业调查项目的选择应根据需要和技术条件而定，主要包括森林生长量、消耗量及出材量调查，立地类型调查，森林土壤调查，森林更新调查，森林病虫害调查，森林火灾调查，珍稀植物、野生经济植物资源调查，抚育采伐和低产林改造调查，母树林、种子园调查，苗圃调查，森林生态因子调查，森林多种效益计量与评价调查，林业经济与森林经营情况调查等。

从林业专业调查内容看，有些项目和林业生产条件调查内容相同，但在调查的要求和精度上是有区别的，林业专业调查要求更详细些。在实际调查中两者一般是结合在一起的，不作重复调查。专业调查的地域范围同二类调查，多以独立的企业、事业单位和行政区划单位进行。

6.2.4.1　林业专业调查内容

(1)森林生长量、消耗量及出材量调查

调查森林生长量主要是掌握森林资源的动态变化规律，可为确定合理采伐、预估森林资源的变化以及评价森林经营措施效果提供可靠的数据。

①森林的各种生长量主要包括胸径生长量、树高生长量和蓄积生长量。尤其是蓄积生长量是森林经营决策的重要依据。森林生长量的调查应分别优势树种、龄级(组)进行调查。

②消耗量调查以林业局(场)为单位，森林的消耗量调查内容主要有主伐、间伐及补充主伐的采伐量、薪材采伐量和其他各种生产、生活以及灾害过程中消耗的木材量。

③出材量调查分别树种调查出材量或出材率等级。用材林近、成、过熟林林分出材率等级由林分出材量占林分蓄积量的百分比或林分中商品用材树的株树占林分总株数的百分

比确定。

调查方法可采用树干解析法、标准地或标准木法、生长过程表和生长锥法，也可结合国家森林资源连续清查固定样地进行调查。具体内容见《测树学》教材。

(2) 立地类型调查

立地类型又称立地条件类型。所谓立地条件是指对林木生长有影响的各个环境因子的综合，主要包括地形地势、气候、土壤、植被等因子。立地条件的好与差直接关系到森林经营的各个方面，如生产效率、经济效益、采伐收获、森林培育的方向与速度等。

立地类型调查的目的是通过调查，准确地划分林业用地的各种土地种类的立地类型，评价立地质量，为林业区划、规划、总体设计和开展林业生产提供科学依据。它是划分造林类型、编制林业数表和其他专业调查的基础。

划分立地类型必须遵循正确地反映立地特征的科学性和便于掌握、使用的实用性的基本原则，以调查地区内决定森林生产潜力、影响森林经营效果的主要因子为依据。

表示立地条件优劣的指标是地位级和地位指数。根据优势木平均高和平均年龄查地位指数表或根据主林层优势树种平均高和平均年龄查地位级表可确定立地等级。对疏林地、无立木林地、宜林地可根据有关立地因子查数量化地位指数表确定立地等级。例如：小兴安岭的缓坡毛缘薹草枫桦红松林类型，是以地形、指示植物、优势树种(组)作为主导因子来划分的，其森林经营类型为商品林培养大径材，实施择伐作业、人工促进天然更新的措施。

立地条件的调查并不是每次森林经理调查都要进行，在没有大的自然、气候、地壳运动变化的情况下，立地条件在较长时间内基本稳定。立地类型调查一般采用路线调查和标准地调查相结合的方法进行。

(3) 林业土壤调查

林业土壤也是森林资源的重要组成部分。进行土壤调查的目的在于查清土壤资源，包括土壤种类，土层厚度、结构，土壤肥力，土壤类型分布、数量、质量以及植被分布的关系等，并给予综合评价，提出土壤种类、植被种类以及土地利用和经营措施，绘制森林土壤分布图和立地条件类型图，为林业区划、规划等提供技术依据。

在实际调查中，土壤厚度等级根据土壤 A 层+B 层厚度确定，当有 BC 过渡层时，应为 A+B+BC/2 的厚度。厚度等级划分标准见表 6-11。腐殖质厚度等级应为土壤的 A 层厚度，当有 AB 层时，应为 A+AB/2 的厚度，厚度等级见表 6-12。枯枝落叶层的厚度等级划分标准见表 6-13。

表 6-11　土壤厚度等级

等级	土层厚度(cm)	
	亚热带山地、丘陵、热带	亚热带高山、温带、暖温带、寒温带
厚	≥80	≥60
中	40~79	30~59
薄	<40	<30

林业土壤调查通常在单元内有代表性的地段挖掘深度一般 1 m 或到母岩或到地下水的土坑,采用土壤解析剖面法对土壤腐殖质、土层厚度及理化性质进行调查。调查时可结合小班调查和立地类型调查进行。

表 6-12 腐殖质厚度等级

等级	腐殖质厚度(cm)
厚	≥20
中	10~19
薄	<10

表 6-13 枯枝落叶腐殖质厚度等级

等级	腐殖质厚度(cm)
厚	≥10
中	5~9
薄	<5

(4)森林更新调查

森林更新调查包括天然更新、人工更新、人工促进天然更新的调查。

①天然更新调查 对于疏林地、灌木林地(国家特别规定的灌木林地除外)、无立木林地、宜林地等,应调查天然更新等级。主要调查天然更新幼苗(树)的种类、年龄、平均高度、平均根径、每公顷株数、分布和生长情况等。天然更新的评定标准,是根据幼苗(树)高度级按每公顷天然更新株数确定天然更新的等级(表 6-14)。

表 6-14 天然更新等级评定标准

等级	幼苗(树)高度级(cm)		
	<30	30~49	≥50
1	≥50	≥3 000	≥2 500
2	3 000~4 900	1 000~2 999	500~2 499
3	<3 000	<1 000	<500

天然更新调查的目的是了解更新情况,分析采伐方式、采伐强度、伐区配置、伐区宽度对更新的影响,各种集材方式与更新的关系,环境因子、立地条件对更新的影响;母树保留分布形式、采伐间隔以及人为活动与更新的数量和质量,以便设计更新措施。

②人工更新调查 包括未成林造林地和人工幼林调查。未成林造林地主要调查不同情况造林地的成活率和保存率,其保存率等级评定标准见表 6-15。人工幼林调查应分别立地条件类型、造林树种、造林年度、混交方式、造林密度、造林方法、整地方式、幼林抚育方法等,进行生长情

表 6-15 造林保存率等级评定

等级	保存率(%)	应采取措施
1	85 以上	抚育管理
2	41~48	补植或补插
3	40 以下	重造

况的调查。森林更新调查结果可以分析不同条件下各种造林技术措施对造林成活率和林木生长的影响,总结以往的经验教训,为今后正确设计造林措施和提高造林质量提供依据。

③人工促进天然更新调查 应分别不同立地条件及不同促进更新措施,调查促进更新的作业时间、整地方式、株数、补植株数、野生苗移植株数以及其他技术的效果。通过调查分析影响人工促进天然更新的因素,提出今后的改进意见。

天然更新、人工更新、人工促进天然更新的调查,多采用标准地和小样方的方法调查。

(5)森林健康调查

森林健康调查为记载林地卫生、林木(苗木)受病虫鼠害和火灾危害,以及林内枯倒木

分布与数量等状况。

①森林灾害类型 包括森林病虫害调查、森林火灾情况调查、气候灾害(风、雪、水、旱)和其他灾害的调查。

a. 森林病虫害调查：目的是摸清调查地区各主要林分类型的主要病虫种类、虫口密度、危害程度、分布区域、生态条件、发生发展的原因、成灾的面积、蓄积量、树种、森林更新、森林经营条件及成灾的位置分布等，调查林内卫生状况和虫害的天敌种类、数量和应用的可能性，调查幼林地、苗圃地、采伐迹地以及地下、贮木场等的病虫害情况，查清病虫害对林木造成的损失及其与林木、立地条件、人为活动等因素的关系。病虫害调查一般采用路线踏查和标准地调查的方法。

b. 森林火灾调查：目的是了解调查地区火灾的概况，查清火灾种类、发生时间、次数、延续时间及其气象因素、树种抗火特性、人为活动等因素的关系，森林火灾等级、损失面积、蓄积量、树种、林种，森林土壤、森林更新、森林经营条件，以及火灾的位置分布、防火设施配备和扑火方法等情况。外业调查时以林班为单位根据土壤、林分状况、交通条件和居民点分布情况等因素综合确定火险等级(表6-16)。

表6-16 火险等级划分

火险等级	土壤林分状况	亚级	火情来源	
			道路森林距离(m)	居民点距森林距离(km)
Ⅰ	土壤湿润的阔叶混交林或沼泽地	1	1 000 以外	20 以外
		2	1 000 以内	20 以内
Ⅱ	土壤湿润的针叶混交林	1	1 000 以外	15 以外
		2	1 000 以内	15 以内
Ⅲ	土壤湿润的针叶林	1	500 以外	10 以外
		2	500 以内	10 以内
Ⅳ	土壤干燥的针叶林	1	200 以外	5 以外
		2	200 以内	5 以内
Ⅴ	土壤干燥、草类茂盛的针叶林或针阔混交林	1	100 以外	5 以外
		2	100 以内	5 以内

火场面积采用估算法、实测法或航测调查法；林木损失采用全面每木调查或标准地每木调查方法；其他情况调查可查森林档案或采用调查访问方法进行。

c. 其他灾害调查：主要有苗圃地鸟害、极端高温和低温危害、大气污染等调查，包括查清它们的种类、危害方式及部位、防治方法和预防措施。其他灾害调查也可采取路线踏查和标准地调查方法。

这些调查可为森林经营和森林调查规划中森林病虫害防治设计，森林火灾和其他灾害的预防提供科学依据。

②森林灾害等级 对于有林地和国家特别规定灌木林地，应调查森林灾害类型，并根据受害样木株数确定受害等级。林木遭受灾害的严重程度按受害(死亡、折断、翻倒等)立木株数分为4个等级，评定标准见表6-17。

表 6-17　森林灾害等级评定标准

等级	评定标准		
	森林病虫害	森林火灾	气候灾害和其他
无	受害立木株数10%以下	未成灾	未成灾
轻	受害立木株数10%~29%	受害立木20%以下，仍能恢复生长	受害立木株数20%以下
中	受害立木株数30%~50%	受害立木20%~49%，生长受到明显抑制	受害立木株数20%~59%
重	受害立木株数60%以上	受害立木50%以上，以濒死木和死亡木为主	受害立木株数60%以上

③森林健康等级　对于有林地和国家特别规定灌木林地，应按技术标准调查森林健康等级。根据林木的生长发育、外观表象特征及受灾情况综合评定森林健康状况，分为健康、亚健康、中健康和不健康4个等级，评定标准见表6-18。

表 6-18　森林健康等级评定标准

等级	评定标准
健康	林木生长发育良好，枝干发达，树叶大小和色泽正常，能正常结实和繁殖，未受任何灾害
亚健康	林木生长发育良好，树叶偶见发黄、褪色或非正常脱落现象（发生率10%以下），结实和繁殖受到一定程度的影响，未受灾或轻度受灾
中健康	林木生长发育一般，树叶存在发黄、褪色或非正常脱落现象（发生率10%~30%），结实和繁殖受到抑制，或受到中度灾害
不健康	林木生长发育达不到正常状态，树叶多见发黄、褪色或非正常脱落（发生率30%以上），生长明显受到抑制，不能结实和繁殖，或受到重度灾害

(6)抚育采伐和低产林改造调查

抚育采伐和低产林改造是营林生产的主要措施，直接关系到林分的速生、优质和丰产，因此，应对抚育采伐和低产林改造情况进行调查。抚育采伐调查的内容包括林分类型、方法、强度、间隔期、工艺过程和出材量等；低产林改造调查的内容包括实施措施的林分、改造的目的、方式、方法、经营措施和改造效果等。通过这些调查可为抚育采伐设计、林分改造设计提供依据。

(7)母树林和种子园调查

母树林和种子园是培育良种的基地。种子品质的优劣，直接影响人工林的生产率和质量。母树林和种子园调查的主要内容包括建立时间、优树选择、树种种类、密度、面积、无性系、后代测定、单倍体、生长、病虫害、抚育管理和种子结实量等情况。通过这些调查可为母树林和种子园规划设计和制定经营管理措施提供依据。调查方法可采取标准地法或全林每木调查法。

(8)苗圃调查

苗圃是生产苗木的基地。采用先进的育苗技术提高苗木的产量和质量是林业生产的重要环节。苗圃调查的主要内容包括苗圃种类、经营面积、区划情况、育苗种类、年产苗量、成本、现有设备、劳动组织及管理制度等。根据调查结果可对苗圃的经营管理提出建议。在苗圃调查时以永久固定的苗圃为主，同时也要考虑外来苗和苗木输出等供需情况。

(9) 林业经济调查

为使各项林业生产建设获得较佳的经济效益，处理好森林的直接效益和间接效益的关系以及经济与技术的关系，必须重视并加强林业经济调查。林业经济调查的内容主要包括社会经济和林业经济情况的调查，为林业生产应采取的技术经济政策和措施，以及效益计量、评价提供可靠的依据。

6.2.4.2 林业专业调查方法

各项林业专业调查应尽量收集生产、科研等单位及该地区过去的调查材料和科研成果，并认真研究、分析、充分利用，这样可以节省人力、物力。对于需要而又不足的部分要进行现地调查。因此，在调查前首先要收集和研究以往的调查材料，包括有关图面材料。只有在了解过去调查成果、精度及方法后，才有利于提出和制定今后调查的重点和方法。

在开展调查前还应进行踏查。踏查可以了解调查地区内的基本情况及工作条件等，便于部署工作。在踏查的基础上，便可根据该地区的具体情况确定林业专业调查的内容。调查方法还需要根据具体调查对象和要求的不同进行必要的调整。但就其调查方式来看，主要采取标准地或样方调查、标准木或样地调查以及路线调查与标准地调查相结合的调查方法。有的项目调查使用其中一种，有的需要几种方法结合使用。

(1) 标准地及标准木调查

标准地及标准木调查是林业专业调查的主要方式之一。标准地分临时标准地和永久性标准地两种；根据选设方式不同又可分为典型选设和随机选设两种。在外业调查期间究竟应设置哪类标准地，取决于调查的内容、目的和任务。例如，为了研究各种经营措施，可设置永久性标准地进行长期观测。如果以前设置过这样的标准地，应尽量利用。其他临时标准地，不做长期观测用。对于编制调查数表、生长量调查等，一般都采用标准地或标准木调查方法。在进行各项专业调查时，不同项目设置的标准地能结合在一起的应尽量结合在一起，使一块标准地能发挥多项作用。

(2) 样方调查

有些项目的调查，如植被调查、更新调查等也采取小型标准地即样方调查。在标准地内4个角各设一块 1 m×1 m 样方进行植被调查和更新调查，标准地中心设一块 5 m×5 m 样方进行灌木调查。设置好样方后，要估测一下总盖度、营养苗(即仅带枝叶的营养体)及生殖苗(具花或果实的苗)的平均高度。主要调查记载林内有哪些植被种(草本)其生长状况分布情况、高度、覆盖度；林缘的植物情况、是否有地被物(苔藓、地衣)以及死地被物(枯枝落叶层)的情况。记录样方内所出现的全部植被名称。对每种植被进行以下数量指标调查，其记载格式见表6-19。

① 密度　密度是与多度意义相近的一个指标。它是指单位面积内某种植物的个体数目。测时计数每平方米样方内所测植物的株(或丛)数。

② 盖度　指植物地上部分(枝叶)的垂直投影，以覆盖面积的百分比表示。盖度可分种盖度(又称分盖度)、层盖度及总盖度(群落盖度)。要求测定每种植物的种盖度(由于植物枝叶相互重叠，各种之种盖度之和常大于总盖度)。

③ 高度　植物高度可说明植物的生长情况及竞争和适应能力。应分营养苗及生殖苗分别测定每个植物种的高度，注意测量的自然高度，取平均值。

④物候相　指植物随气候条件按时间有规律地变化而表现出的按一定顺序的发育期。可分为营养期、花蕾期、开花期、结实期和果后营养期等几个阶段。

⑤生产力　指植物的生长状况，它是一个相对指标。可分为强、较强、中等、较弱及弱等级填写。

表 6-19　植被（更新）样方调查

树种名称	盖度（%）	多度*	平均高（cm）	物候相	生活力	分布密度（株·m^{-2}）
山刺玫	3	Un	50	果后营养	中	1
野豌豆	7	Sol	50	果	强	8
…						

注：*多度采用德鲁全法记载，Cop^3—植物盖度 50%以上（分布很多）；Cop^2—植物覆盖 25%以上（分布较多）；Cop^1—植物覆盖 5%~25%以上（分布中等）；Sp—植物覆盖 5%以下（稀疏，散生）；Sol—少；Un—单株状态；Soc—分布均匀；gγ—分布不均（块状）。

（3）路线调查与标准地调查相结合的调查方法

路线调查的目的是通过路线调查掌握较全面的情况，同时为重点详细调查即标准地调查提供依据。路线调查与标准地调查相结合的调查方法，是一种点和面相结合、简单与详细相结合的调查方式。立地类型调查、病虫害调查、土壤调查等，都是采用这种调查方法。

路线调查时，路线的选择十分重要。应以通过各种不同地形、地势和各种有代表性的林分地段为原则选择路线。这样可以全面掌握林区的特点和各调查对象的分布情况。

路线调查时，调查记载的内容视调查项目的具体要求、条件而定，一般采用目测方法，必要时做一些简单的实测调查。

在路线调查的基础上进行标准地调查，标准地应设在有代表性的地段，并进行实测和详细记载，以便取得较精确的资料。

6.3　作业设计调查

6.3.1　作业设计调查概述

6.3.1.1　基本概念

在从事林业生产经营和森林资源管理的单位（行政单位、事业单位、企业、个体或其他经济组织）内，以具体实施生产作业的区域为对象，为森林资源作业设计而进行的森林调查称为"作业设计调查"或"作业调查"，简称"三类调查"。作业设计调查是根据生产经营或资源管理的需要适时进行，为基层林业企事业单位和集体森林经营组织开展年度森林经营设计而进行的森林资源调查。

6.3.1.2　作业设计调查目的和任务

作业设计调查是基层森林资源管理的一项基础工作，也是县级以上林业主管部门落实造林、抚育、封育、采伐和改造等生产项目，审批和划拨款项的依据。作业设计调查一般遵循"现场调查、现场设计"的原则,目的是查清一个作业区内造林、抚育、封育、采伐或改造等项目范围内的森林资源增长潜力、蓄积量、生长状况、出材量或结构规律等,以确定造林、抚育、封育、采伐或改造的方式及措施。这类调查具有作业性特征,既是林业企业和林业集体经营等组织科学经营、利用森林资源的手段,也是各级林业主管部门管理、监督基层森林经营的一项重要措施。通常应在森林资源二类调查的基础上,根据已有的规划设计要求,在年度计划项目执行前进行。

作业设计调查的主要任务是在作业区范围内,查清林地及林木资源的数量、质量和种类,以及林业生产条件(自然条件、社会经济条件、以往经营活动历史等),并对其进行分析评价,满足作业设计的各项要求,为编制作业设计提供可靠的科学依据。

6.3.2 作业设计调查类型与内容

根据作业设计中调查的内容、对象、方法和精度要求不同,我国的作业设计调查类型有:营造林作业设计调查、封山(沙)育林作业设计调查、森林抚育采伐作业设计调查、森林采伐(主伐)作业设计调查、低效林改造调查及其他采伐作业设计调查等。作业设计调查方法与森林资源规划设计调查类似,但要求内容更详尽、数据更准确,有较高的精度要求保证。

①营造林作业设计调查　主要内容包括作业条件基本情况调查,造林地块调查和立地类型划分,造林典型设计或造林模式设计,造林技术措施设计,种苗组织设计,附属工程设计,施工组织设计,投资概算及保障措施等。

②封山(沙)育林作业设计调查　主要内容包括作业条件基本情况调查,封育区及封育地块调查,封育类型和封育方式设计,封育年限和封育组织,封育作业技术措施设计,投资概算及效益评价等。

③森林抚育采伐作业设计调查　主要内容包括作业条件基本情况调查,抚育作业地块调查,抚育技术设计,抚育区采伐工艺设计,施工组织设计,项目管理,投资概算及保障措施等。

④森林采伐(主伐)作业设计调查　主要内容包括作业条件基本情况调查,伐区及采伐作业地块调查,伐区工艺设计,工程设计,施工组织设计,采伐投资概算、收支概算及物资消耗量计算,施工管理及保障措施等。

⑤低效林改造调查　主要内容包括作业条件基本情况调查,改造作业地块调查,改造方式设计,采伐作业设计(更新采伐、抚育采伐、卫生采伐等),营造林作业设计(补植、更新、调整、复壮等),施工组织及用工量概算,改造投资概算、收支概算及物资消耗量计算,生物多样性与环境保护措施,施工作业管理与保障措施等。

6.3.3 作业设计调查方法

6.3.3.1 造林作业调查和设计

(1)造林作业调查

①造林作业区选择和区划　依据总体设计图及附表、年度计划选择造林作业区,将任务落实到各个造林作业区。造林作业区可在宜林地、无立木林地、退耕还林地以及其他适宜造林的小班中选择。造林作业区的布置要相对集中,便于管理与施工。造林作业区总面

积与年度计划应尽量吻合，负误差最大不超过10%。

造林作业区应先在室内按总体设计图选择，再到现地踏查。踏查的主要内容包括：地类或小班界线是否变更、总体设计的设计内容是否合理等。在核实现场将造林作业区位置用铅笔勾绘在以乡镇为单位分幅的总体设计图或地形图上。造林作业区下划分造林作业小班，最小造林作业小班的成图面积应大于等于 4 mm^2。

②造林作业区和作业小班面积测量　造林作业区和作业小班的面积以实测为准。作业区和作业小班形状规则时可用测绳量测，当边界不规则时要用森林罗盘仪、经纬仪或经过差分纠正的 GPS 测量。量测闭合差不大于 1/100。

③造林作业区立地条件调查　造林树种是否能够成活成林很大程度上受当地立地条件的影响，所以立地条件调查数据的准确性是造林作业设计成败的关键。造林作业设计立地条件等级划分采取"地形因子+土壤因子"为主导因子的综合分析分类方法。在造林作业区内，借助地形图和手持罗盘仪调查造林作业小班的坡位、坡向和坡度等地形因子；设置土壤刨面调查土壤名称、土壤厚度、枯枝落叶厚度、腐殖质厚度、母岩类型、土壤石砾含量和土壤质地等。根据造林作业区的土壤和土地利用等情况，对造林地的自然条件特点和生产潜力做出综合判断。

④造林作业区植被调查　一定的植物生长于一定的环境之中，利用地上所生长的植被也可以评价立地条件。在造林作业小班内，设置植被样方调查植被总盖度、各层盖度、主要植物种类(建群种和优势种)及其生活型、多度、盖度和高度等。另外，在造林地清理时，必须避开那些需要特殊保护的珍稀、濒危或名贵植物，通过造林作业区内踏查还可调查珍稀濒危植物和古树名木等。

(2)造林作业设计

①造林设计　根据总体设计等规划设计文件及造林作业区调查情况，做出如下设计：林种、树种(草种)、苗木、插条、种子的数量、来源、规格及其处置与运输要求，造林种草方式方法与作业要求，乔灌木树种与草本、藤本植物的栽植配置(结构、密度、株行距、行带的走向等)，整地方式与规格，整地与栽植(直播)的时间。

②幼林抚育设计　包括幼林抚育次数、时间与具体要求等。

③辅助工程设计　包括林道、灌溉渠、水井、喷灌、滴灌、塘堰、梯田、护坡、支架、护林房、防护设施、标牌等辅助项目的结构、规格、材料、数量与位置；沙地造林种草设置沙障的数量、形状、规格、走向、设置方法与采用的材料。

④种苗需求量计算　根据树种配置与结构、株行距及造林作业区面积计算各树种的需苗量，落实种苗来源。

6.3.3.2 抚育作业调查和设计

(1)抚育作业调查

①抚育作业区选择和区划　以森林资源规划设计调查区划的小班为抚育作业设计小班，或在森林资源规划设计调查区划小班的基础上，依据林分实际情况重新区划森林抚育作业小班。没有开展过森林资源规划设计调查的，以造林作业设计小班为基础，依据林分实际情况重新区划森林抚育作业小班。

②抚育作业区和作业小班面积测量　抚育作业区和作业小班界线以自然地形、地物为

界，界线清楚的，可采用不小于 1∶1 万比例尺的地形图进行现地勾绘，精度要求 95% 以上；用 GIS 软件求算小班面积。抚育作业区和作业小班地形复杂界线不清楚的，应采用 GPS 绕测或罗盘仪导线测量。测量时，沿小班边界采集小班拐点坐标，并在作业区和作业小班边界拐点处标识范围。地形复杂的作业区和作业小班测线闭合差应小于 1/50，平缓地区作业小班测线闭合差应小于 1/100，根据实测结果绘图或用采集的小班边界拐点 GPS 坐标辅助定位落图，用 GIS 软件求算小班面积。

③抚育作业区林分因子调查　抚育作业设计调查采用标准地调查法。根据小班树种、林木分布与生长发育状况设置标准地。标准地面积为 0.06~0.10 hm^2，标准地数量分别起源按照作业设计小班面积确定。人工林标准地总面积不小于作业设计小班面积的 1%，天然林样地总面积不小于作业设计小班面积的 1.5%。每个小班应至少设置一块标准地。地形地势、土壤、植被、郁闭度、树种、胸径、株数、林分平均高、蓄积量等林分因子都在标准地内调查，再将这些因子按面积推算到抚育作业设计小班。

(2) 抚育作业设计

①树种和林木分类与分级　采取目标树经营作业体系的作业设计，应进行树种和林木分类，明确小班的目的树种、辅助树种、其他树种和目标树、辅助树、干扰树、其他树；采取常规人工林抚育作业体系的作业设计，应进行林木分级，明确小班的Ⅰ级木、Ⅱ级木、Ⅲ级木、Ⅳ级木和Ⅴ级木。

②抚育方式设计　明确抚育作业小班应采取的抚育方式和作业措施等。对于透光伐、疏伐、生长伐和卫生伐等抚育方式，应明确保留木和采伐木。

③抚育指标设计　明确抚育作业小班的抚育面积、浇水用工量、肥料种类与数量、割灌除草面积、定株穴数或株数。平均胸径 5 cm 以上的小班应有抚育强度、采伐蓄积量、出材量等，以及相应的用工量、费用概算等。

④辅助设施设计　设计包括必要的水渠、作业道、集材道、临时楞场、临时工棚等。其中，作业道路应能通到每个小班；400 mm 年均降水量以下地区，浇水灌溉设施应能覆盖抚育作业小班。

6.3.3.3　封育作业调查和设计

(1) 封育作业调查

①封育作业区选择和区划　封育作业区调查应在森林资源规划设计调查的基础上，尽量利用已有各类调查资料，不能满足需要时宜作补充调查。封育作业区下划分封育作业小班。

②封育作业区和作业小班面积测量　封育作业区和作业小班的面积以实测为准。作业区和作业小班形状规则时可用测绳量测，当边界不规则时要用森林罗盘仪、经纬仪或经过差分纠正的 GPS 测量。量测闭合差不大于 1/100。

③封育作业区林分因子调查　在封育作业小班内，采用样方(圆)实测方法调查母树、幼树、幼苗、根株数量与分布状况。记载样方(圆)内母树树种、株数；竹类名称、株(丛)数及杂竹覆盖度；灌木树种、丛(株)数、盖度；国家重点保护树种、株数；幼苗和幼树的树种、株数；萌芽乔木树种、兜数等，再按照面积推算到整个封育作业小班。

(2) 封育作业设计

①封育方式设计　根据当地群众生产、生活需要和封育条件，以及封区的生态重要

程度确定封育方式。

②封育作业措施设计　对封育区内设置围栏、哨卡、标志等设施和开展巡护、护林防火、病虫鼠害防治措施；以小班为单位设计育林、培育管理等措施。

③封育年限设计　根据当地封育条件、封育类型和人工促进手段，因地制宜地确定封育的封育年限。

6.3.3.4　采伐作业调查和设计

(1) 采伐作业调查

①伐区选择和区划　以森林资源规划设计调查的成、过熟商品林小班或采伐专项调查成果为参考，确定伐区或作业区位置。区划系统实行伐区、作业区和采伐小班三级区划，或作业区和采伐小班二级区划。

②伐区面积测量　伐区和采伐小班界限应采用 GPS 或森林罗盘仪进行实测或用 1∶1 万比例尺地形图勾绘，地形复杂山区的伐区测线闭合差应小于 1/100，采伐小班测线闭合差应小于 1/50，平缓地区伐区测线闭合差小于 1/200，采伐小班测线闭合差应小于 1/100。

人工用材林小班或小班界线清楚的小班，伐区面积测量可采用不小于 1∶1 万比例尺的地形图勾绘，精度要求 95% 以上。根据实测结果绘制平面图，计算伐区和采伐小班面积。各采伐小班面积之和与伐区面积的误差不超过 ±1/100。

③伐区调查　包括地形地势，土壤，林分因子调查，林木蓄积量，材种出材量调查，特殊保留木(如珍稀树种、母树、需要长期培育的目标树等)调查，更新调查，下层植被调查，已有木材集采运条件调查等。在伐区内采用全林实测法或标准地或机械抽样调查法推算蓄积量。

(2) 采伐作业设计

①保留木株数设计　根据林分调查因子和采伐类型的要求，确定伐区采伐方式、采伐强度及合理的保留木株数。

②采伐木标号　皆伐伐区对周界木和保留木进行标号；渐伐、择伐和抚育采伐中的生长伐伐区除对采伐木进行标号。对于需要特殊保护的林木也要进行标记。

③集材方式　包括绞盘机、索道、拖拉机、板车、渠道、滑道、畜力、人力集材等。

④更新设计　包括人工更新设计、人工促进天然更新设计和天然更新设计。

6.3.3.5　低产低效林改造作业调查和设计

(1) 低产低效林改造作业调查

①改造条件调查　对拟改造作业小班的基本信息进行全面调查，收集森林资源、立地条件、森林病虫害、种质资源、保护物种、作业条件、经营目标等相关因子。

②作业小班测量　用森林罗盘仪、全站仪或 GPS 测量作业小班的实际边界和面积，作业小班周界闭合差不大于 1/100。

③标准地或样带调查　对拟改造作业小班的林分信息进行抽样调查，应分别作业小班面积设置 1~3 块面积为 20 m×20 m~30 m×30 m 的典型标准地或宽 20 m、长 50~150 m 的样带($1\ hm^2$ 以下 1 块，1.01~5 hm^2 2 块，5 hm^2 以上 3 块)；对拟改造的林带应分别林带长度，设置 1 段~3 段长度为 20~50 m 的样带，进行林分因子、立地因子、病虫害、天然

更新数量及分布、目标树数量等方面的调查。

（2）低产低效林改造作业设计

①单元与单位设计　低效林改造作业设计以作业小班为基本单元，以乡镇、林场等经营单位为设计文件的申报单位。

②更新采伐和抚育采伐的采伐作业设计　包括采伐方式、对象、强度、株数、蓄积量、出材量、材种、伐区清理、病虫害处理及其他技术措施的设计。

③补植、更新、调整等营造林作业设计　包括种苗类型、林地清理、配置方式、作业时间、栽植技术、抚育管理等方面内容的设计。

本章小结

本章阐述了森林资源调查及监测体系、技术方法和系统流程。重点介绍了国家森林资源连续清查（简称"一类调查"）的历史、调查原理与抽样调查设计、外业调查和内业统计等，森林经理调查（简称"二类调查"）的概念、目的任务、调查方法及调查内容等，同时介绍了作业设计调查（简称"三类调查"）的调查内容、调查方法和设计等。

思考题

1. 我国森林调查的种类有哪些？
2. 国家森林资源连续清查的方式、目的、总体和资源落实单位是什么？
3. 森林经理调查的主要任务和目的是什么？
4. 小班调查的主要内容有哪些？
5. 小班调查的主要方法有哪些？
6. 简述常用的林业专业调查种类及调查方法。
7. 简述林相图、基本图和森林分布图的关系。
8. 作业设计调查包括哪些类型？其主要内容各是什么？

森林调查相关技术规程与标准规范

《2020年世界森林状况：森林、生物多样性与人类》全文

利用ArcGIS软件进行小班勾绘简易教程

7 森林收获调整

早期的森林经理学任务就是根据森林永续利用原则,计算和确定今后一定时期内的采伐量,并按预期的经营要求,安排采伐时间和空间(小班)。确定森林采伐量的理论和技术一直是森林经理学的核心问题之一,一个森林经营单位内所确定的森林采伐量是否合理,关系到是否能实现森林资源的永续利用。通过合理采伐与更新,可调整现实森林经营单位内的树种、年龄等不合理的森林结构,所以,最初的森林经理学曾叫作森林收获调整学。

森林可持续经营必须有合理的森林结构。人为和自然因素的干扰和破坏使现实森林结构常不尽合理,且森林自身又难以自我调整到合理状态,天然林虽具有一定的自我调节功能,但从不合理的森林结构调整到合理的森林结构需要经过漫长的森林演替过程,因此,人为介入森林结构调整非常必要。人为森林结构调整的主要措施就是采伐(收获)与更新,也就是通过采伐(收获)与更新将现实不合理的森林结构调整到合理的森林结构即森林收获调整(forest yield regulation)。同龄林和异龄林林分结构存在差异,森林经理工作中,在组织森林经营单位时,通常将森林经营单位分为两种,一种是同龄林以轮伐期为经营周期、实行皆伐作业的森林经营类型(作业级);另一种是异龄林以择伐周期(回归年)为经营周期、实行择伐连续覆盖作业的经营小班(小班经营法)。对同龄林和异龄林采取不同的森林收获调整方法。

7.1 森林采伐量

7.1.1 森林采伐量的概念与意义

森林采伐量(forest yield)一般是针对一定的森林经营单位、一定的行政管辖范围或一定的地理范围,限定在一个时间范围内来说的,即一个森林经营单位在一定时间内以各种形式采伐的林木蓄积量。年采伐量则是指一个经营单位在一年内以各种形式采伐的林木蓄积量。由于采伐性质和采伐方式不同,森林采伐量的归类和计算方法也不相同。按采伐性质不同划分,森林采伐可分为主伐、间伐和补充主伐。所以,一个森林经营单位的总年伐量就由森林主伐量、间伐量和补充主伐量三部分组成。

主伐是对成熟林分的采伐利用。森林主伐方式分为皆伐、渐伐和择伐三大类。不同森林结构的森林采取不同的主伐方式;同龄林采用皆伐或渐伐,异龄林采用择伐。根据不同森林结构的调整要求,主伐方式不同,所依据的采伐量计算公式也不同。

间伐是根据林分发育、林木竞争和自然稀疏规律及森林培育目标,利用林木分级法或林木分类法,适时适量伐除部分林木,调整树种组成和林分密度,优化林分结构,改善林木生长环境条件,促进保留木生长,缩短培育周期的营林措施。间伐包括透光伐、疏伐、生长伐和卫生伐4类。合理的间伐，既是一种森林经营措施，又是获得木材及产生经济效益的一种重要手段。

补充主伐是对疏林、散生木和采伐迹地上已失去更新下种作用的母树所进行的采伐利用。在森林经理中，纳入主伐量计算的均属有林地范围的森林资源，而将疏林、散生木和母树等资源的采伐利用，称为其他采伐。对于具有蓄积量的乔木经济林、能源林，如无继续经营必要需要采伐利用，也应纳入其他采伐的范畴。

(1) 可以保证足够的经济收益

对于林场或林业局等林业生产单位来说，合理的森林采伐量可以保证有足够的木材收获量，并通过市场交易实现价值回报，为完成林业再生产过程提供资金。

(2) 有利于森林资源结构调整

合理的森林采伐量有利于森林结构调整，包括树种结构、年龄结构等的调整。森林采伐量过小，森林调整的力度小，森林结构由不合理调整到合理的时间长，成、过熟林资源不能得到及时利用；森林采伐量过大，影响森林蓄积量的积累和森林更新任务的及时完成，不利于越采越多、越采越好，阻碍青山常在、永续利用的实现。

(3) 是申报森林采伐限额和制订木材生产计划的重要依据

国家控制森林资源消耗的措施是森林采伐限额，即森林主伐、间伐、补充主伐3种形式采伐所消耗的森林资源总额。林业生产单位或部门依据森林采伐量向国家申报森林采伐限额，基层林业生产单位如林业局或林场则根据国家下达的森林采伐限额制订木材生产计划。因此，森林采伐量是林业生产单位申报森林采伐限额和制订木材生产计划的依据。

7.1.2　确定森林采伐量的程序与原则

森林采伐量确定的主要程序是在森林资源二类调查的基础上，计算和确定合理年伐量、合理安排伐区，确定采伐顺序等。具体包括：

(1) 计算年伐量

以森林经营类型(作业级)或小班为单位，计算森林主伐量和间伐量，并以年伐面积(hm^2)和年伐蓄积量(m^3)两种指标表示。各森林经营类型森林资源条件不一样，影响森林采伐量的因素各异，因此，在计算年伐量时不可能只用一种公式或企图找出一种通用公式，一般是选用几种计算公式分别计算，也就是有几种不同的计算方案。每种计算方案计算的年伐量可能差别很大，这一年伐量称为计算年伐量。在此基础上，对这些不同的计算方案的年伐量数值进行分析、比较和论证，最后确定一个合理的年伐量方案。

(2) 确定合理年伐量

在各公式计算结果的基础上，统筹考虑各森林经营类型龄级结构或径级结构的变化，分析各公式计算的森林采伐量与森林资源现状是否协调，以及其对森林结构的调整作用；另外，还要考虑当前需要和长远利益，具体经济条件和木材市场需求，论证和确定各森林经营类型在本经理期的森林年伐量即标准年伐量。并以林场或林业局等为单位，汇总全场或林业局的标准年伐量。

(3) 计算材种出材量

利用适当的材种出材量表，分别树种和采伐量的种类，计算上述标准年伐量对应的经济材出材量。

(4) 确定采伐顺序和伐区配置

根据林场或林业局等森林资源分布特点,按照有利于森林景观结构调整、森林更新、保持森林健康稳定以及木材采伐运输等要求,合理安排伐区,确定采伐顺序和伐区配置。

(5) 计算补充年伐量

补充主伐对象是疏林、散生木以及能源林采伐和灾害木清理等,因其不属于有林地范围,组织经营时不纳入各森林经营类型。因此,补充主伐量是按照各林场或林业局可以进行采伐利用的疏林、散生木和母树,分别计算其采伐量。

根据森林永续利用原则和森林调整的要求,计算和论证采伐量要遵循以下原则:

①所定的年采伐量应该有利于改善森林的年龄结构,同龄林按经营类型内的龄级结构,异龄林则按林分内的径级结构。用材林年采伐消耗量应低于年生长量。

②在成、过熟林占优势的情况下,所定的采伐量既要能及时利用现有成、过熟林资源,又要能在较长时间保持采伐量的相对稳定,避免剧烈波动。

③主伐对象只能是达到成熟阶段,即达到主伐年龄的林分。公益林不允许主伐,只进行更新采伐,其更新采伐的年龄一般按照高于相同树种商品林主伐年龄1个龄级。回归年或择伐周期不应少于1个龄级期。

④充分利用可以采伐的疏林、散生木资源,积极扩大间伐利用量。将森林采伐对生态环境的影响降到最低程度。

森林资源是一种可再生资源,只要利用得当便可以持续再生,也就是说一个森林经营单位的森林资源数量、质量和结构会不断发生变化,加上人为经营活动和市场需求的变化,森林资源的结构动态和收获调整十分复杂。因此,森林经营单位不能保证在一个轮伐期内永远保持不变的年伐量,而是要根据森林资源和经济条件的变化,不断定期复查森林资源和重新计算森林采伐量,以达到森林调整的目的并实现森林资源永续利用。

7.1.3 主伐采伐量

主伐采伐量指对成熟林林木的采伐数量。计算森林主伐采伐量,需要各树种龄级与龄组、采伐年龄(轮伐期)以及各龄级面积、蓄积量等资源数据。

7.1.3.1 面积控制法

同龄林实现永续利用理想的森林结构是要求轮伐期内各龄级的林分面积相等。同龄林的龄级结构状态也是由各龄级的面积分配来反映,所以对现实同龄林的森林调整,其主要任务是调整各龄级不合理的面积分配,采伐量按面积计算和控制,是同龄林实现森林调整的具体手段和方法。面积控制法首先计算和确定年伐面积,然后根据年伐面积推算年伐蓄积量。

(1) 区划轮伐法

区划轮伐是最简便和最古老的森林调整方法,用这种方法计算年伐量的目的是经过一个轮伐期后实现永续利用的森林面积结构。其计算公式为:

$$年伐面积 = \frac{经营单位总面积}{轮伐期} \tag{1}$$

$$\text{年伐蓄积量} = \text{年伐面积} \times \text{成、过熟林平均每公顷蓄积量} \tag{2}$$

这个公式计算方法简单,在龄级结构不均匀的情况下,区划轮伐法是调整龄级结构较为简单的方法之一。它的特点是在一个轮伐期内,经营单位内所有林分都采伐一遍,经过一个轮伐期后,各龄级的森林面积即可保持相等,实现永续利用的年龄与面积结构。需要说明的是,要实现森林永续利用,轮伐期内按面积均衡利用是一种合理的设想,在一个经营单位内有林地面积总是有限的,所以要实现永续利用,年伐面积必然受到经营单位面积的限制,经过森林调整后,只有实现年伐面积相对均衡,才能使采伐蓄积量具有相对的稳定性。

区划轮伐公式适合龄级结构均匀的森林经营单位,也较适合成、过熟林占优势的森林经营单位,对这种森林经营单位,应尽量考虑在一个轮伐期内实现按面积采伐的相对均衡,只要现有成、过熟林到轮伐期的末期仍未超过自然成熟龄,那么按照区划轮伐公式的计算值就是合理的年伐量;如在轮伐期内现有成、过熟林将超过自然成熟龄,则在安排伐区时优先考虑采伐过熟林,以便在达到自然成熟前伐完过熟林。

区划轮伐公式的缺点是只考虑经营面积,没有考虑具体经营单位的龄级结构,在龄级结构极端不均匀时,难以用此法在一个轮伐期内将现实林调整为理想的森林结构,也就是在轮伐期内实现一次调整,会造成生长量和蓄积量的大量损失。因为,一次调整的结果,往往要采伐未成熟的幼、中龄林或使现有成、过熟林到采伐时超过自然成熟龄。此外,该公式也没有考虑到林况和立地条件的不同引起的单位面积蓄积量的变化,此时,按区划轮伐计算和确定的采伐量,必然会引起年伐蓄积量的不平衡。为了克服上述缺点,避免年伐蓄积量的波动,应结合按蓄积量和按龄级分配来调整年伐面积和年伐蓄积量。

如果在森林经营单位内包含不同立地条件的小班,立地条件好的单产就高,立地条件差的单产就低,即使年伐面积相等,年伐蓄积量也可能相差很大。在此情况下,计算年伐量还需要进行面积改位换算。

(2) 成熟度法

成熟度公式计算和确定年伐量的出发点是在一个龄级期内采伐完现有的成、过熟林资源。计算公式如下:

$$\text{年伐面积} = \frac{\text{成、过熟林面积}}{\text{一个龄级期的年数}} \tag{3}$$

$$\text{年伐蓄积量} = \frac{\text{成、过熟林蓄积量}}{\text{一个龄级期的年数}} \tag{4}$$

成熟度计算和确定的年伐量是说明在一个龄级期内每年采伐成熟林的数量。这个公式考虑的范围较窄,它只考虑现有成、过熟林资源的及时利用,没有顾及成熟林以下的后备资源的多少。龄级结构比较均匀的经营单位,在一个龄级期内采完所有成熟林后,将有相应面积(也可能略大或略小)的近熟林进入成熟林,到下一个龄级期又有成熟林可采伐,这样可以保持年伐量的相对稳定;但当经营单位的龄级结构不均匀时,按成熟度公式计算和确定的年伐量采伐,就将产生轮伐期内年伐量有很大的波动。例如,当成、过熟林占优势时,应用成熟度公式计算的年伐量,将在10年或20年内采伐掉占比重很大的成、过熟林资源,这虽可及时利用成、过熟林资源,但如果缺少后备资源,将造成下一龄级期间采伐量骤降；相反，如果经营单位内的幼、中龄林比成熟林增加几倍时，则在下一个龄级期的采伐量将大大增加，这种采伐量的急剧变化都不符合合理经营的要求。

（3）林龄公式法

按林龄公式计算年伐量是按面积调整龄级结构的一个重要公式。它在计算年伐量时，除了将成、过熟林资源纳入计算范围外，还考虑了近熟林资源，甚至中龄林的一部分。其目的是在2~3个龄级期间，使采伐量保持相对稳定。根据计算期的长短，还区分为第Ⅰ林龄公式和第Ⅱ林龄公式两种方法。

①第Ⅰ林龄公式 把成、过熟林和近熟林面积被2个龄级期除。用面积表示的年伐量公式为：

$$年伐面积 = \frac{成、过熟林面积 + 近熟林面积}{2 个龄级期的年数} \tag{5}$$

这个公式的计算数值表示年伐量在2个龄级期间按面积保持均衡，它不是按整个轮伐期调整龄级结构的方法。

现有的近熟林经过1个龄级期后将全部进入成熟林，而实现采伐对象只能是成熟林，在计算年伐蓄积量时应将由近熟林过渡到成熟林这段时间的生长量考虑进去，故第Ⅰ林龄公式的年伐蓄积量应按下式计算：

$$年伐蓄积量 = 年伐面积 \times 成、过熟林平均每公顷蓄积量 \tag{6}$$

当经营单位内成、过熟林和近熟林的面积相差悬殊的情况下，利用第一林龄公式计算采伐量不可避免要出现以下缺点：当成熟林少，而近熟林多时，在经理期内成熟林资源不够采伐，就会将一部分近熟林过早地采伐掉；当成、过熟林所占比重相当大，而近熟林则较多，为了达到调整龄级结构的目的，按第Ⅰ林龄公式计算的年伐量进行采伐，就要延长现有成、过熟林的采伐年限，但只要在达到自然成熟龄之前，采完现有成、过熟林，就可以认为是合理的，如果在2个龄级末年，现有过熟林届时将超过自然成熟龄，就会造成林木资源腐朽的损失。

②第Ⅱ林龄公式 把中龄林、近熟林和成、过熟林总面积被3个龄级期除，用面积表示的年伐量如下式：

$$年伐面积 = \frac{中龄林面积 + 近熟林面积 + 成、过熟林面积}{3 个龄级期的年数} \tag{7}$$

如果式中中龄林包括2个以上龄级时，只取其靠近近熟林的一个龄级纳入计算范围。换算成年伐蓄积量公式为：

$$年伐蓄积量 = 年伐面积 \times 成、过熟林平均每公顷蓄积量 \tag{8}$$

第Ⅱ林龄公式的目的是在更长的时间内使采伐量保持稳定，如果以20年为1个龄级期，则将保持在60年内采伐量实现相对稳定，并把计算期延长至3个龄级期。

（4）林况公式法

按林况计算年伐量是一种特殊形式。列入按林况计算的采伐对象（林分或小班），并不考虑是否达到主伐年龄，它是按森林经营的要求，及时采伐那些林分卫生状况差、林木生长不良的林分。

列入按林况计算采伐量的小班包括：林分平均年龄已超过自然成熟龄的过熟林；小班

内林木已遭受严重病虫害,并防治无效,需要及时采伐利用;林木遭受火灾、雪灾、风灾等自然灾害严重危害,林相残破,生长量低。

在小班调查时,应在小班调查卡片中注明"按林况采伐"。内业汇总时,根据大部分小班的卫生状况确定1个采伐期,其计算公式如下:

$$年伐面积 = \frac{按林况需要进行采伐的小班面积之和}{采伐年限} \quad (9)$$

$$年伐蓄积 = \frac{按林况需要进行采伐的小班蓄积量之和}{采伐年限} \quad (10)$$

在过熟林或正遭受大面积病虫害侵袭的林区,为了能正确判断按林况需要采伐的小班,在外业调查时需要统一的标准。

【例7-1】某杉木Ⅱ地位级用材林经营类型各龄级面积和蓄积量分配见表7-1,该经营类型轮伐期为25年(Ⅴ龄级),5年一个龄级,按林况采伐的面积60 hm²,采伐蓄积量为6 300 m³,采伐年限定为5年。试用区划轮伐、成熟度公式、林龄公式、林况公式计算其年伐量。

表7-1 杉木Ⅱ地位级用材林经营类型各龄级和蓄积量分布

龄 级	Ⅰ	Ⅱ	Ⅲ	Ⅳ	Ⅴ	Ⅵ	Ⅶ	合计
面积(hm²)	6	94	40	55	35	60	20	310
蓄积量(m³)	110	2 690	2 000	6 600	4 025	7 200	2 600	25 225

计算过程如下:

根据轮伐期和龄级划分龄组。通常把达到轮伐期的那个龄级和高一个龄级的林分称为成熟林,更高的龄级,无论有多少个,都属于过熟龄组。比成熟林低的一个龄级称为近熟林。在近熟林以下,龄级数为偶数时,中龄林和幼龄林各占一半;如果龄级数为奇数,则幼龄林的龄级数较中龄林的多一个。按照这一龄组划分原则,本例Ⅰ、Ⅱ龄级为幼龄林,Ⅲ龄级为中龄林,Ⅳ龄级为近熟林,Ⅴ、Ⅵ龄级为成熟林,Ⅶ龄级为过熟林。

①区划轮伐 $年伐面积 = \frac{经营类型总面积}{轮伐期}$

$$= \frac{310}{25} = 12.40 (hm^2 \cdot a^{-1})$$

年伐蓄积量 = 年伐面积×成、过熟林平均每公顷蓄积量

$$= 12.40 \times \frac{4\ 025 + 7\ 200 + 2\ 600}{35 + 60 + 20}$$

$$= 12.40 \times \frac{13\ 825}{115} = 1\ 490.695\ 7\ (m^3 \cdot a^{-1})$$

②成熟度公式 $年伐面积 = \frac{成、过熟林面积}{一个龄级期的年数}$

$$= \frac{35 + 60 + 20}{5} = 23.0 (hm^2 \cdot a^{-1})$$

年伐蓄积量 = 年伐面积×成、过熟林平均每公顷蓄积量

$$= 23.0 \times \frac{4\,025+7\,200+2\,600}{35+60+20}$$

$$= 23.0 \times \frac{13\,825}{115} = 2\,765.0\;(m^3 \cdot a^{-1})$$

③第Ⅰ林龄公式　年伐面积 = $\dfrac{\text{成、过熟林面积}+\text{近熟林面积}}{2\text{ 个龄级期的年数}}$

$$= \frac{35+60+20+55}{10} = 17.0\;(hm^2 \cdot a^{-1})$$

年伐蓄积量 = 年伐面积 × 成、过熟林平均每公顷蓄积量

$$= 17.0 \times \frac{4\,025+7\,200+2\,600}{35+60+20}$$

$$= 17.0 \times \frac{13\,825}{115} = 2\,043.695\,7\;(m^3 \cdot a^{-1})$$

④第Ⅱ林龄公式　年伐面积 = $\dfrac{\text{中龄林面积}+\text{近熟林面积}+\text{成、过熟林面积}}{3\text{ 个龄级期的年数}}$

$$= \frac{40+55+35+60+20}{15} = 14.0\;(hm^2 \cdot a^{-1})$$

年伐蓄积量 = 年伐面积 × 成、过熟林平均每公顷蓄积量

$$= 14.0 \times \frac{4\,025+7\,200+2\,600}{35+60+20}$$

$$= 14.0 \times \frac{13\,825}{115} = 1\,683.043\,5\;(m^3 \cdot a^{-1})$$

⑤林况公式　年伐面积 = $\dfrac{\text{按林况需要进行采伐的小班面积之和}}{\text{采伐年限}}$

$$= \frac{60}{5} = 12.0\;(hm^2 \cdot a^{-1})$$

年伐蓄积量 = $\dfrac{\text{按林况需要进行采伐的小班蓄积量之和}}{\text{采伐年限}}$

$$= \frac{6\,300}{5} = 1\,260\;(m^3 \cdot a^{-1})$$

7.1.3.2　蓄积控制法

蓄积控制法计算年伐量弥补了面积控制法中年伐量不稳定的缺点,它的主要特点是期望在轮伐期间有等量的年伐蓄积量,并用蓄积量或生长量来控制采伐量。采用蓄积控制法,影响年伐量计算的主要因子是现实林的蓄积量、生长量和期望理想结构的法正蓄积量。蓄积控制法的目的是把现实林蓄积量调整为具有最高产量的法正蓄积量状态。近两个世纪来,各国林学家提出按蓄积量或生长量计算和控制采伐量的公式有很多种,以下介绍一些具有代表性的公式。

(1) 法正蓄积法

法正蓄积法是以现实林分蓄积量的生长量作为收获的基础,以法正蓄积量作为调整目

标的采伐量计算方法。其基本思路是以现实经营单位中各林分的总蓄积量与相应面积的法正蓄积量进行比较,通过计算,把现实林调整为符合森林永续利用条件的法正蓄积量,属于这一类调整方法的计算公式也很多,具有代表性的公式有以下几种。

较差法最早出现于奥地利,最初称卡美拉尔塔克斯(Kmaeraltaxe)法,即奥地利评价法,后经海耶修改,所以又称海耶公式。年伐蓄积量 E_W 由下式求得:

$$E_W = Z_W + \frac{V_W - V_n}{a} \tag{7-1}$$

式中,E_W 为年伐蓄积量;Z_W 为现实林连年生长量;V_W 为现实林蓄积量;V_n 为法正蓄积量;a 为调整期。

这个公式的基本思路是经过一定的调整期 a,将经营单位现实林蓄积量调整为法正蓄积量,使 $V_W = V_n$。

为达到调整的目的,年伐量是以现实林的生长量为基础来确定,因现实林蓄积量与法正蓄积量相比有一定的差数,为使现实林蓄积量导向法正蓄积量,要使年伐量在现有林连年生长量的基础上,再加上或减去 $\frac{V_W - V_n}{a}$ 的数值来进行调整。当 $V_W > V_n$ 时,$\frac{V_W - V_n}{a}$ 为正值,也即当现实林以成、过熟林占优势,则现实林蓄积量就大于法正蓄积量,此时,年伐量应大于现实林生长量,为此需将数值为 $(V_W - V_n)$ 这部分蓄积量于调整期 a 年间平均分配采伐,使现实林蓄积量导向法正蓄积量。相反,如果在现实林中以幼、中龄林占优势,则 $V_W < V_n$ 时,$\frac{V_W - V_n}{a}$ 为负值,调整措施是使年伐量小于现实林生长量,目的是使现实林积累蓄积量,逐步将现实林蓄积量导向法正蓄积量。

较差法虽然简单,但它说明了森林经营单位内采伐量、蓄积量和生长量之间的相互关系,该公式不仅适用于皆伐作业的同龄林,也能用于择伐作业的异龄林采伐量计算。

由于现实林连年生长量计算较困难,所以,公式中的 Z_W 常用各龄级的平均生长量之和来代替,可以通过收获表来求得。

【例7-2】某杉木Ⅱ地位级用材林经营类型各龄级面积和蓄积量分配见表7-1,该经营类型轮伐期为25年(5年一个龄级),其收获表见表7-2,调整期为20年,试用较差法计算年伐量。

表7-2 杉木Ⅱ地位级用材林收获表

林龄	直径 (cm)	树高 (m)	株数 (株·hm^{-2})	断面积 (m^2·hm^{-2})	蓄积量 (m^3·hm^{-2})	连年生长量 (m^3·hm^{-2})	平均生长量 (m^3·hm^{-2})
5	4.3	2.6	4 560	8.7	19.0		3.8
10	8.9	6.5	3 140	21.9	69.2	10.0	6.9
15	12.7	8.8	2 266	29.7	123.7	10.9	8.2
20	14.9	10.4	1 886	33.7	163.0	7.9	8.2
25	16.6	11.7	1 637	36.1	196.5	6.7	7.9
30	18.0	12.7	1 457	37.7	226.0	5.9	7.5

(续)

林龄	直径 (cm)	树高 (m)	株数 (株·hm^{-2})	断面积 (m^2·hm^{-2})	蓄积量 (m^3·hm^{-2})	连年生长量 (m^3·hm^{-2})	平均生长量 (m^3·hm^{-2})
35	19.0	13.5	1 341	38.6	248.1	4.4	7.1
40	20.1	14.3	1 223	39.3	273.5	5.1	6.8
45	21.0	15.0	1 135	39.8	295.1	4.3	6.6

计算过程如下：

由收获表 7-2 求得各龄级平均生长量之和 Z_W 以及法正蓄积量 V_n。

$Z_W = \sum$ 现实林各林级面积 × 各龄级蓄积年平均生长量

$= 6 \times 3.8 + 94 \times 6.9 + 40 \times 8.2 + 55 \times 8.8 + 35 \times 7.9 + 60 \times 7.5 + 20 \times 7.1$

$= 2\ 351.9\ (\text{m}^3)$

$V_n = $ 经营单位总面积 $\times \dfrac{\text{轮伐期时每公顷蓄积量}}{2} = 310 \times \dfrac{196.5}{2} = 30\ 457.5\ (\text{m}^3)$

$V_W = \sum$ 各龄级蓄积量 $= 25\ 225.0\ (\text{m}^3)$

$E_W = Z_W + \dfrac{V_W - V_n}{a} = 2\ 351.9 + \dfrac{25\ 225.0 - 30\ 457.5}{20} = 2\ 090.275\ (\text{m}^3 \cdot \text{a}^{-1})$

成、过熟林平均每公顷蓄积量 $= \dfrac{4\ 025 + 7\ 200 + 2\ 600}{35 + 60 + 20} = 120.217\ 4\ (\text{m}^3/\text{hm}^2)$

年伐面积 $= \dfrac{\text{年伐蓄积}}{\text{成、过熟林平均每公顷蓄积量}} = \dfrac{2\ 090.275}{120.217\ 4} = 17.39\ (\text{hm}^2 \cdot \text{a}^{-1})$。

此外，还有一些与海耶公式相似的公式，其中较著名的有格尔哈德（E. Gehrhardt）公式，它由德国格尔哈德于1923年提出，计算公式如下：

$$E_W = \frac{Z_W + Z_n}{2} + \frac{V_W - V_n}{a} \quad (7-2)$$

式中，E_W 为年伐量（包括主伐量和间伐量）；Z_W 为现实林连年生长量，由于不能对每个林分实测，可按树种决定其平均地位级和疏密度，分别龄级从收获表中求得；Z_n 为法正生长量，从收获表中查得；V_W 为现实林蓄积量，老龄林实测，其他龄级用收获表测定；V_n 为法正蓄积量；a 为调整期，从 $10 \sim \dfrac{u}{2}$ 年确定。

式(7-2)与式(7-1)相比，生长量的数值是用 Z_W 和 Z_n 的平均值，其出发点也是企图经过一定的调整期，将 Z_W 和 V_W 相应导向 Z_n 和 V_n，因此，本法仍属法正蓄积法的体系，也由于年伐蓄积量是以生长量为基础，故也属于广义生长量法。

(2) 数式平分法

数式平分法最初由日本和田国次郎提出，故又称和田公式。1975年前在日本国有林中曾广泛应用，计算公式如下：

$$E_W = \frac{V_W}{u} + \frac{Z_W}{2} \quad (7-3)$$

式中，E_W 为年伐蓄积量；V_W 为经营单位总蓄积量；Z_W 为各龄级平均生长量之和；u 为轮伐期。

根据法正林理论，在轮伐期 u 年内经营单位的总采伐量为法正蓄积量 V_n 和 u 年间经营单位 $\frac{1}{2}$ 总生长量的合计，即 $V_n + \frac{uZ_n}{2}$，今以现实林蓄积量 V_W 和 u 年间现实林 $\frac{1}{2}$ 总生长量（即 $\frac{uZ_W}{2}$）代替 V_n 及 $\frac{uZ_n}{2}$，即得下式：

$$E_W = \frac{V_W + \frac{uZ_W}{2}}{u} = \frac{V_W}{u} + \frac{Z_W}{2} \qquad (7-4)$$

式(7-4)计算年伐量时，既考虑现有林蓄积量，也考虑经营单位的平均生长量，也属于蓄积量结合生长量公式。本公式适用于龄级结构相对均匀或成、过熟林比重比较大的经营单位，不适用于幼、中龄林占优势的经营单位。当一个经营单位内成、过熟林占优势时，虽拥有较多的利用蓄积量，但其生长量已趋于下降阶段，正常情况下，在成、过熟林达到自然成熟龄之前，仍会有一定数量的生长量，因此，年伐量除了有 $\frac{V_W}{u}$ 这项之外，还需要在公式中加上生长量 $\frac{Z_W}{2}$。在老龄林占优势时采用此公式，目的是在一个轮伐期内尽量延长利用蓄积量的采伐年限，以实现森林永续利用。

(3) 洪德斯哈根公式

1787 年由保尔森(C. Paulsen)提出，并在实际中应用。1821 年，德国学者洪德斯哈根(J. C. Hundeshagen)在不知已有此公式的情况下，也提出这个公式，命名为学理法。所以，该法也称为 Paulsen-Hundeshagen 公式，其计算公式为：

$$E_W = V_W \frac{E_n}{V_n} \qquad (7-5)$$

式中，E_W 为年伐蓄积量；V_W 为现实林蓄积量；V_n 为法正蓄积量；E_n 为法正收获量。

V_W 是从现实林中测定计算而得；V_n 法正蓄积量可从收获表中查得；E_n（法正收获量）用收获表中伐期林分材积，也等于法正林各龄级林分连年生长量之和。

洪德斯哈根把 $\frac{E_n}{V_n}$ 称为利用率（采伐比）。在法正林条件下，利用率等于法正生长率。用生长率乘以经营单位森林蓄积量，即为该经营单位的生长量。此公式的实质是经营单位的年伐量用生长量来控制，所以利用率法也是一种间接的生长量法。

应用式(7-5)时，如果经营单位中龄级结构均匀，接近法正状态，则计算年伐量较为适宜，此时年伐量由现实林蓄积量乘以利用率即得；如经营单位的龄级结构不均匀分配，利用式(7-5)计算年伐量就会产生较大的偏差。

(4) 曼特尔利用率法

在法正林条件下，年伐量等于年生长量。在整个轮伐期间所收获的全部采伐量为 uZ_n（u 为轮伐期，Z_n 为法正生长量），也就是等于法正蓄积量的两倍，即 $2V_n$。由此得出法正

年伐量 E_n。

$$E_n = \frac{2V_n}{u} = \frac{V_n}{\frac{u}{2}} \tag{7-6}$$

德国学者曼特尔(V. Mantel)将上式中的法正蓄积量 V_n 用现实蓄积量 V_W 代替，得到下述公式，即曼特尔公式，年伐蓄积量与年伐面积分别为：

$$E_W = \frac{2V_W}{u} \tag{7-7}$$

$$S_W = \frac{E_W}{m} \tag{7-8}$$

式中，m 为成、过熟林平均每公顷蓄积量。在曼特尔公式中，把 $\frac{2}{u}$ 看成利用率，所以把它看成法正蓄积法中一种利用率公式。

式(7-7)和式(7-8)是根据法正林理论推导而来，所以在经营单位内龄级结构均匀分配条件下应用较为适合。由于本式计算简单，常作粗略计算年伐量之用。

其主要缺点是没有考虑经营单位龄级分配情况和林况，在龄级结构不均匀分配时，应用本公式应注意以下两种情况：①当经营单位内以成、过熟林占优势时，其蓄积量 V_W 大于龄级分配均匀时的总 V_n，如利用 V_W 的两倍数值来计算年伐量，其结果必然是偏大；②当经营单位内缺少成、过熟林，而以幼、中龄林占优势，如按本式所计算的年伐量进行采伐，就会造成采完成熟林后，采伐未成熟林分，因此本式也不适用于幼、中龄林占优势的经营单位。

当成、过熟林占优势时，为了避免按曼特尔公式出现计算结果偏大的缺陷，兰多利特(Landoridt)提出一个改正公式：

$$年伐蓄积量 = \frac{经营单位总蓄积量}{0.6 \times 轮伐期} \tag{11}$$

式中，0.6 为改正系数，使计算结果略小于 $E_W = \frac{V_W}{0.5}$ 的计算值。

7.1.3.3 生长量法

(1) 平均生长量法

此法最初是由德国学者马尔丁在1832年提出，故也称马尔丁法。其理论根据来源于法正林理论。在经营单位龄级结构调整均匀分配的法正状态时，使收获量等于各林分的连年生长量，用生长量来控制收获量，以实现经营单位内的永续利用。由于在实际工作中，对大面积的森林难以测定其连年生长量，马尔丁提出用各龄级的平均生长量之和代替各林分连年生长量之和，以求其近似值。计算公式如下：

$$E_W = Z_1 + Z_2 + \cdots + Z_n \tag{7-9}$$

$$= \frac{m_1}{a_1} + \frac{m_2}{a_2} + \cdots + \frac{m_n}{a_n}$$

式中，$Z_1, Z_2, \cdots, Z_n$ 为各龄级平均生长量；$m_1, m_2, \cdots, m_n$ 为各龄级的蓄积量；a_1,

$a_2, \cdots, a_n$ 为各龄级年龄中值。

按生长量控制收获量原理所计算的年伐蓄积量,实际应包括经营单位内间伐和主伐两种消耗量。在只考虑主伐时,采伐对象只是成、过熟林分。相当于平均生长量总和的年伐蓄积量只能从采伐成熟林以上的林分中取得,所以要根据成、过熟林平均每公顷蓄积量计算按平均生长量控制的年伐面积,计算公式如下:

$$年伐面积 = 年伐蓄积量/成、过熟林平均每公顷蓄积量 \qquad (12)$$

【例7-3】以表7-1中的数据为例,该经营类型轮伐期为25年(Ⅴ龄级),5年一龄级。以各龄级的平均年龄(各龄级均值)除以蓄积量而得各龄级的平均生长量,即 $Z_1, Z_2, \cdots, Z_n$,计算年伐蓄积,成、过熟林平均每公顷蓄积量以及年伐面积。

计算过程如下:

$$E_W = Z_1 + Z_2 + \cdots + Z_n$$

$$= \frac{m_1}{a_1} + \frac{m_2}{a_2} + \cdots + \frac{m_n}{a_n}$$

$$= \frac{110}{2.5} + \frac{2\,690}{7.5} + \frac{2\,000}{12.5} + \frac{6\,600}{17.5} + \frac{4\,025}{22.5} + \frac{7\,200}{27.5} + \frac{2\,600}{32.5}$$

$$= 1\,460.516\,6\,(\mathrm{m}^3 \cdot \mathrm{a}^{-1})$$

$$成、过熟林平均每公顷蓄积量 = \frac{4\,025 + 7\,200 + 2\,600}{35 + 60 + 20}$$

$$= 120.217\,4\,(\mathrm{m}^3 \cdot \mathrm{hm}^{-2})$$

年伐面积 = 年伐蓄积/成、过熟林平均每公顷蓄积量

$$= \frac{1\,460.516\,6}{120.217\,4}$$

$$= 12.15\,(\mathrm{hm}^2 \cdot \mathrm{a}^{-1})$$

按平均生长量来控制采伐量,只适用于按龄级分配均匀的经营单位。需要指出的是,上述根据龄级表所计算的数值并不是经营单位内各林分真正的平均生长量,因为此平均生长量并不包括自然稀疏的枯损量和各种间伐量,它仅是计算现实林各龄级平均生长量而得的数值,因而比实际生长量偏小。

值得注意的是,当经营单位龄级分配不均匀时,按平均生长量来控制采伐量就不能满足经营要求。例如,按经营单位要求应及时采伐利用成、过熟林资源,当成、过熟林资源占优势时,无论是平均生长量还是连年生长量都处于下降趋势,因此,按数值不大的平均生长量来确定采伐量,就会引起成、过熟林资源继续积压,从而造成自然枯损量和病腐率增加,显然在这种情况下采伐量应大于平均生长量;反之,如果在经营单位内缺少成、过熟林而幼、中龄林占优势时,由于幼、中龄林生长量旺盛而使平均生长量数值相当高,但因缺少成熟林,按此平均生长量确定年伐量,就会在短期内采伐完目前仅有的少量成熟林,很明显在这种情况年伐量应小于平均生长量。

综上所述,利用平均生长量计算年伐量,并不是在任何情况下都可以作为确定采伐量的依据。经过长期努力,调整经营单位的龄级结构之后,按生长量确定采伐量可以保证实现森林的永续利用。因此,它成为国内外常用的一种确定采伐量的方法。我国《森林法》规

定以县或国营林业局为单位，每年森林采伐量不得超过生长量。国外很多国家，如德国、芬兰、日本等国家为了保存本国森林资源，按生长量来控制国内采伐量，但国内需材量超过采伐量，不足之数通过进口木材来解决，可见在各国的森林经理中，用生长量来控制采伐量是一种重要的方法。

(2) 施耐德公式

本法是用生长率计算连年生长量，并用此数据来确定异龄林的择伐收获量。它是生长量法的一种，因此用施耐德公式(Schneider)计算生长率，又称为施耐德公式。其方法如下：

①用每木调查或标准地法调查蓄积量。
②在标准地内分别树种和径级选取平均标准木，其胸径为 D。
③用生长锥在标准木胸径处钻取木芯，计算去皮直径 1 cm 内的年轮数 n。
④用下列公式计算材积生长率 P_v。

$$P_v = \frac{K}{nD} \tag{7-10}$$

式中，P_v 为材积生长率；K 为树高生长能力强弱的系数，一般 K 值在 400~800；n 为年轮数；D 为胸径。

⑤由上式计算得到 P_v，扣除枯损率，得净生长率 P。现实林蓄积量 V_W 乘以 P 得现实林连年生长量，则年伐量计算公式为：

$$E_W = V_W P \tag{7-11}$$

式中，E_W 为年伐量；V_W 为现实林蓄积量；P 为净生长率。

本法是按标准木查定全林的生长率，但在林分结构复杂的异龄林中选择适当的标准木是有困难的。此外，P_v 的精确取决于 K 值的确定，否则材积生长率将有较大的偏差。因此，此法可视为粗放经营模式下择伐量的一种简便计算方法。

7.1.4 间伐采伐量

对皆伐作业的森林经营单位，在幼林郁闭到主伐前进行的抚育性质的采伐称为抚育采伐，其目的是调整树种组成和林分密度，优化林分结构，改善林木生长环境条件，促进保留木生长，提高林分生长量和材种质量，缩短林木培育周期，增强林分健康与稳定性。抚育采伐又称间伐，包括透光伐、疏伐、生长伐和卫生伐 4 类。间伐也是利用木材的一种重要手段，通过间伐可以增加林分的木材总收获量。主伐前通过合理间伐，其间伐量可以达到林分木材总收获量的 50%~60%，在林分生长发育过程中，由于林木分化和自然稀疏必然有一部分林木逐渐衰弱而成枯立木，间伐利用就是及时利用这一部分中小径材，只要合理控制间伐强度，就完全能增加单位面积上林木总收获量。一些林业较发达的国家都非常重视间伐利用，如瑞典、芬兰、英国等，这些国家一般在主伐(皆伐作业)前，进行 1~3 次间伐，既能使森林保持适宜密度改善林木生长条件，又能提高森林经营的经济效益。

计算抚育采伐的采伐量，要先确定以下 4 个因子：①需要进行抚育采伐的面积；②间伐开始期；③每次间伐强度；④采伐间隔期。

在同龄林中，实施透光伐、疏伐和生长伐，可获得间伐材。为确定各种抚育采伐的面

表7-3 抚育采伐小班面积和蓄积量统计表　　　　　　　　　　　　　　　　　　hm²、m³

经营类型	合计		龄级							
			Ⅰ		Ⅱ		Ⅲ		...	
	面积 $\sum S_i$	蓄积量 $\sum M_i$	面积 $S_Ⅰ$	蓄积量 $M_Ⅰ$	面积 $S_Ⅱ$	蓄积量 $M_Ⅱ$	面积 $S_Ⅲ$	蓄积量 $M_Ⅲ$	面积 S_i	蓄积量 M_i

积,须按国家和地方森林抚育规程,将幼龄林、中龄林、近熟林中郁闭度大、满足间伐条件的小班,按森林经营类型统计需要间伐的各龄级的面积和蓄积量(表7-3)。

关于间伐开始期的确定,从林学观点出发,间伐开始期宜早,一般是胸径连年生长量明显下降时就应进行首次间伐。例如,在我国东北林区,针叶树、硬阔叶树的间伐在林龄11~20年进行,软阔叶树的间伐在林龄6~10年进行;在我国南方林区,针叶树的间伐在6~10年进行。也有根据林分郁闭度指标确定间伐开始期的,如郁闭度0.7以上的人工幼龄林或中龄林应进行疏伐,详见《森林抚育规程》(GB/T 15781—2015)。

抚育采伐间隔期(重复期)是指两次间伐相隔的年数,间隔期的长短,取决于间伐后林分郁闭度增长的快慢,在间伐后若干年,如林木树冠开始互相干扰,影响树木生长时,即应进行再次间伐。一般在林分郁闭度大于0.7时就应进行再次间伐。影响间隔期长短的因素有树种的耐阴和喜光程度及间伐强度,耐阴树种宜短间隔期,喜光树种间隔期可长些;间伐强度大则间隔期长,反之则短;疏伐间隔期一般为5~7年,生长伐间隔期为10~15年。

抚育采伐的采伐强度,可按郁闭度、株数或按蓄积量控制,在计算抚育采伐量时,采伐强度一般是按蓄积量为计算因子,它是用采伐林木的材积占伐前林分蓄积量的百分比表示。

间伐强度的大小,直接影响到林分总产量,当前对抚育采伐是否能提高林分总产量仍有争论。多数学者认为,即使采伐强度控制得很好,抚育采伐只不过是充分利用自然枯损那一部分林木,并不能增加林分总收获量。如采伐强度过大,砍得过狠,抚育采伐的后果肯定是要降低林分总收获量。因此,为了保证林分在单位面积上能获得最高木材收获量,每次间伐量不应大于采伐间隔期内的林分总生长量。例如,某经营单位每公顷平均生长量为5 m³,间隔期为5年,最大间伐量不应超过25 m³·hm⁻²,实际应用时,间伐量还应稍低于生长量,按生长量的70%或80%计算间伐量。此外,确定间伐量还要考虑多方面因素,如森林类别、林种、树种特点、立地条件、林况、上一次的间伐强度和经济因素等,不同林区各树种的合理间伐强度应通过科学研究加以确定。

按各种抚育采伐种类确定了上述4项因子之后,即可按以下公式计算抚育采伐采伐量:

$$抚育采伐年伐面积 = \frac{需要进行抚育采伐的面积}{抚育采伐间隔期} \tag{13}$$

$$年伐蓄积量 = 年伐面积 \times 抚育采伐林分单位面积蓄积量 \times 间伐强度 \tag{14}$$

上述计算分别按所设计的抚育种类进行,汇总后即得某经营单位的抚育年伐量。

由表 7-3 得出某一森林经营类型抚育采伐年伐面积和年伐蓄积量通式为：

$$年伐面积 = \frac{S_I + S_{II} + \cdots + S_i}{n} = \frac{\sum S_i}{n} \quad (7-12)$$

$$年伐蓄积 = \frac{M_I P_I + M_{II} P_{II} + \cdots + M_i P_i}{n} \quad (7-13)$$

式中，S_i 为第 i 龄级的面积；n 为抚育采伐间隔期(年)；M_i 为第 i 龄级的蓄积量；P_i 为第 i 龄级抚育采伐强度(%)。

7.1.5 补充主伐采伐量

补充主伐是指疏林、散生木和采伐迹地上已失去天然下种作用母树的采伐利用。上述面积调整法和蓄积量调整法纳入采伐量计算的只是属于有林地面积和蓄积量，不包括疏林、散生木、母树等资源。为提高森林生产力，应将这部分疏林进行合理采伐利用，并科学更新营造幼林，对这部分资源的采伐利用称为补充主伐。补充主伐是否可以结合其他经营措施来进行，应视森林经营水平和其他条件而定。

(1) 疏林

疏林地是郁闭度 0.1~0.19 的中龄林和成、过熟林。疏林地因郁闭度低，不能充分利用地力，为提高森林生产力，则应对已达到成熟的疏林及时采伐利用，伐后重新造林。

$$疏林年采伐量(面积或材积) = \frac{需要采伐的疏林面积(或蓄积量)}{采伐年限} \quad (15)$$

采伐年限的长短，不必与经理期相等，可根据具体经营条件，在若干年内采完。对于风景林、防护林和尚未达到天然下种能力的疏林不宜列入采伐对象。

(2) 散生木

散生于幼、中龄林中的过熟林，呈单株或群状分布，影响周围幼、中龄林的生长，故也称为"霸王树"或"老狼木"。因大部分散生木属过熟木，如等到周围幼、中龄林成熟时一起采伐，则会引起病腐和影响幼、中龄林生长，所以有条件时，应该将这些散生木列入采伐计划。采伐散生木时，也会损伤周围未成熟林木，应权衡得失，以确定采伐散生木的工作量。在经理期内列为补充主伐的散生木，应在外业调查时，调查每公顷株数、平均单株材积和蓄积量，并注明是否采伐，散生木的年伐量是把指定采伐的各小班内散生木蓄积量之和除以一定的采伐年限来计算的。

(3) 母树

采伐迹地上留作天然更新的母树，在下列情况下应该予以采伐：①已完成天然更新下种作用；②所留母树没有起到预定的更新作用，并发生风倒或其他原因而接近枯死；③伐区上被其他树种更替，使保留母树不能发挥作用。对采伐迹地上的母树，是否应该采伐，应该在外业调查时确定，并调查其每公顷株数和蓄积量，其年伐量计算方法与散生木相同。

7.1.6 竹林采伐量

我国是世界上竹资源最丰富的国家，竹林分布很广，遍及南方 16 个省(自治区、直辖市)。竹林是典型的异龄林，其采伐方式主要是择伐。

计算竹林采伐量除了考虑采伐方式，还主要考虑竹林的合理留养度数、立竹度和采伐年龄。一个大小年的周期通常为两年，竹农称为1度。根据群众经验总结，认为理想的毛竹应留养的度数，应保持在3度以上，其中1、2、3度的株数应各占25%，4度以上占25%。采伐量按"三度填空"的原则确定，即保留1~3度幼壮竹子，第4度以上的老竹一般都应砍伐，但在空当处仍应保留，故称为填空。根据经营目的不同，竹林可分为材用竹、笋用竹和笋材两用竹等。立竹度是指单位面积的立竹株数。不同经营目标、立地质量的竹林，单位面积的留养株数也不同。表7-4为安徽省毛竹笋材两用林结构因子指标。

表7-4 毛竹笋材两用林结构因子指标

项目		立地等级		
		Ⅰ	Ⅱ	Ⅲ
立竹度(株·hm^{-2})		2 700~3 000	2 400~2 700	2 100~2 400
平均胸径(cm)		10.0~10.5	9.0~9.5	8.0~8.5
年龄组成(%)	1度	34	34	34
	2度	33	33	33
	3度	33	33	33
立竹整齐度		整齐	整齐	整齐
立竹均匀度		均匀	均匀	均匀

注：①若竹林钩梢，立竹度可增加10%；②年龄组成比例为大约数。
资料来源：《安徽省毛竹笋材两用林第2部分：栽培技术与验收标准》(DB 34/T 772.2—2008)

竹林采伐量计算方法如下：

(1)根据留养度数计算采伐量

在集约栽培的毛竹林区，每年都要清点当年所发新竹，并在竹秆上写明发笋年份，根据历年来的调查数据，就可以推算今年及以后几年可采伐的株数。例如，某毛竹林2022年的采伐量就应该相当于2015年发出新竹株数加上一部分2015—2016年发出的新竹株数，依此类推还可以推算今后5~6年内的采伐量。这种计算方法，相当于林木按连年生长量计算年伐量，每年发出的新竹就是连年生长量，这种方法比较合理。

(2)按立竹度计算采伐量

竹林立竹度大小与竹林的新竹产量有密切关系。如竹林立竹度过小，就不能充分利用林地空间，因而新竹产量低；如立竹度过大，势必老竹过多，也不能提高竹产量。只有经常保持合理立竹度的竹林，才能稳产高产。

按立竹度计算年伐量的方法如下：

$$L_{(n)} = N - n \tag{7-14}$$

式中，$L_{(n)}$为年伐量(以株数表示)；N为林分实际株数；n为应保留的合理株数。

(3)按采伐年龄计算采伐量

粗放经营的竹林，并不进行新竹的清查工作，故年伐量只能以竹林总数被采伐年龄除。计算公式如下：

$$L_{(n)} = \frac{NT}{a} \tag{7-15}$$

式中，T 为采伐间隔期（隔年择伐 $T=2$，连年择伐 $T=1$）；a 为采伐年龄；其他符号同上式。

【例7-4】某毛竹林每公顷株数为 4 200 株，采伐年龄为 8 年，采用隔年择伐，则年伐量为：

$$L_{(n)} = 4\,200 \times \frac{2}{8} = 1\,050（株）$$

计算竹林采伐量的基本单位是小班，把小班采伐量累计后，即可得林场或乡镇的采伐量。当缺乏全林实测数据时，可采用抽样调查的方法，推算各类竹林的留养度数和每公顷株数，以此来计算竹林采伐量。

7.2 收获调整的方法

同龄林和异龄林的经营周期、结构、作业法、功能等方面均有显著不同的特点（表7-5），因此，调整方法也将有所不同。

表7-5 同龄林和异龄林的差异

同龄林	异龄林
有明显的起点和终点	无明显的起点和终点
在典型情况下，一个林分内的株数按径级的分布呈正态分布	在典型情况下，一个林分内的株数按径级的分布呈倒"J"形分布
常形成单层林（皆伐或渐伐）	常形成复层林（择伐）
采伐迹地常通过人工造林更新	通常天然更新，或人工促进天然更新
林分按面积分配的意义大，要多个林分才能实现永续利用	一个林分也可以实现永续利用，实际中常多个林分组织起来实现永续利用
不利于水土保持等特点	有利于水土保持等特点
可引进外来树种，特别是速生丰产林	一般不引进外来树种

7.2.1 同龄林的收获调整

同龄林林分内林木年龄基本一致，经历幼龄林、中龄林、近熟林和成熟林等不同生长发育阶段，其间伴随若干次森林抚育采伐作业，最终森林成熟时一次采伐收获（皆伐或渐伐）。采伐次年，同一地段内就没有成熟林可以采伐，必须等到新造林又达到成熟期即轮伐期时才能再次采伐，因此，同龄林一个林分（小班）不能形成一个永续利用的时间序列，必须将多个同龄林小班组织起来，才能形成一个年龄（龄级）序列以实现永续利用。为此，组织森林经营单位时，应根据树种、立地质量、森林起源和经营目的等条件，将空间地域上不一定相连，但经营目的和经营措施一致的许多同龄林小班组织在一起形成一种森林经营类型，以便按统一的轮伐期轮伐作业。

按照法正林理论，一个森林经营类型内应具有从 1 年生到轮伐期（μ 年）各年龄阶段的林分，且面积相等，这样采伐的林分(小班)始终是成熟林，即按成熟度等面积均衡收获。但现实的森林经营类型常不具备这一条件，要实现各龄级林分面积相等，就需要进行森林调整，也就是通过合理的采伐与更新来实现各龄级林分面积相等。另外，组成森林经营类型的各林分(小班)密度、空间分布应合理，不应存在激烈的林木竞争，否则就应进行抚育采伐。因此，同龄林实现永续利用的森林调整单位是森林经营类型，其收获调整的目标是尽可能实现森林经营类型内有各年龄(或龄级)阶段的林分，且面积大致相等，林分林木密度合理、分布均匀，林木生长环境得到显著改善，林地生产力和林木生长量显著提高。

7.2.1.1 调整方法

当森林经营类型龄级结构不均匀时，不同公式计算的年伐量结果也不会相同，在计算和确定森林主伐量时，应先根据森林经营类型龄级结构特点，选用几种适合的公式分别计算，得出几种不同数值的年伐量，在此基础上，对其进行分析、比较和论证，最后确定一个合理年伐量方案，这样确定的年伐量又称标准年伐量。由于各个公式的出发点和计算期不同，得出的结果也必然不同，甚至差异很大，所以在最后分析论证时，要根据森林永续利用的原则、森林调整和合理经营的要求，统筹考虑当前需要和长远利益，结合具体经济条件、木材需求和森林资源特点加以论证，最后所确定的标准年伐量，只是经理期的平均年伐量，而不是整个轮伐期内的平均年伐量。这是因为经过一个经理期后，需要重新复查森林资源和重新计算、调整下一个经理期的森林采伐量。

(1) 区划轮伐法

区划轮伐法又称面积配分法，这是一种最早采用的简单方法。该法是将全部经营单位的面积，分为轮伐期年数相等的伐区，以保证在整个轮伐期内每年都有同等面积的采伐量。对于现实森林而言，经过一个轮伐期以后就可形成包括各个年龄的林分序列。这种方法只考虑面积上的同等划分而不考虑地面上的林木蓄积量如何。在进行面积划分时，最初不考虑林地生产力如何，只按轮伐期把年伐量加以平均。后来则根据林地质量的高低，进行有比例的改位面积方法。这种简单地以轮伐期为调整期的简单做法，只适用于龄级结构均匀的森林经营单位。

(2) 材积配分法

材积配分法是在区划轮伐法实施了相当长时间，于18世纪末期出现的一种调整法。本法直接以地面上林木为对象来调整森林收获。为此，必须计算经营单位的蓄积量和生长量，进一步考虑如何按轮伐期进行配分。但是由于测算蓄积量与生长量较为困难，则将经营单位内的林木按龄级大小划分为两部分(或以1/2轮伐期年数为准，划分两部分)。在计算收获量时，以较大龄级部分为对象，计算其蓄积量和生长量，并以1/2轮伐期年数进行配分，作为收获调整的依据。可以理解，这种方法比面积区划更切合林木收获的实际，但仍属于粗放性质的测算方法。

(3) 平分法

为控制整个轮伐期内全面达到永续收获，可把轮伐期分成几个施业分期，然后将经营单位的面积或材积平分于各个施业分期，以便分期控制收获量，最终达到整个轮伐期的永续利用。以材积进行平分的方法，称为材积平分法；以面积进行平分的，称为面积平分法。后来又出现折衷平分法。施业期的年数为轮伐期的一部分(20~30年)，按采伐顺序以Ⅰ、Ⅱ……代之。在地面上，按各林分龄级大小分别编入各施业分期之内。

材积平分法与面积平分法都是以整个轮伐期的永续为目的，按照各个分期来调节收获量，这是两个方法的共同之处。但是，面积平分法着重各个分期的面积区划及空间的配置，因而以林班为基本单位的意义较大；材积平分法着重于地面上的林木材积，与林木的年龄与林分生长状态紧密相连，因而以小班林分为单位的意义较大。就达到收获量的永续而言，材积平分法设想在一个轮伐期内能够实现。实际上由于幼龄林的材积及生长很难查定，因而此法实施有一定困难；面积平分法以面积为长期调整的基础，材积收获的预定，只限于第Ⅰ分期，这种方法可以实现。但长期永续只能在一个轮伐期以后才能实现。折衷平分法汲取了上述两种方法的特点，想实现在Ⅰ、Ⅱ施业期内做到材积收获量相等，而远期的永续则根据面积平分的设想。

(4) 法正蓄积法

法正蓄积法为通过森林调整达到法正蓄积量的目的。它是以现实森林经营单位内各个龄级的林分总蓄积量与相应的法正蓄积量相比，通过数式计算以求得每年的收获量。用法正蓄积量与现实森林蓄积量相比，就是达到调整的目的。此类方法有很多，如较差法等。

这类公式有一个共同特点，调整后的每年收获量是以现实森林全林一年的生长量为基础，然后视现实森林蓄积量与法正森林蓄积量相等比加以调整。如现实森林蓄积量大于法正蓄积量，则加大年收获量；如现实森林蓄积量小于法正蓄积量，则减少年收获量，用现实生长量加以补偿。经过不断调整，最终达到法正蓄积量。可以理解，这种方法并不强调经营单位内的空间秩序与时间秩序，只着眼于整个经营单位内的蓄积量和生长量。从理论上讲，不论同龄林或是异龄林均可适用。但实际上仍限于同龄林，而且只能用于具有一定年龄序列的森林，对粗放经营的天然林，根本不适用。

(5) 龄级法

龄级法是在折衷平分法的基础上发展而来。本法的重点是将现实森林整个经营单位内各个龄级分配情况与法正龄级分配相比较。在既定的轮伐期前提下，选定最近期应采伐的龄级林分作出采伐计划。在整个经营单位里，编制龄级表，要注意各龄级所占的面积均匀情况，以及合理的采伐顺序，如有面积大小不均匀或采伐顺序不合理时，则采用离伐法加以调整。

本法的特点为着重从面积分配上调整各龄级的均匀排列，其所调整的收获量的概念并非联系林木生长量，而是把收获量视为各合理分配面积上的产物。本法既以各不同龄级的林分为组成的内容，其组成的单位当然以林分小班为基本单位，与面积平分法以林班为基本单位不同。

上述同龄林森林收获调整法的阐述，可以归纳为以下几个要点：一是同龄林必须以整个森林经营单位安排永续利用；二是要达到空间秩序和时间秩序的调整目标，是一个长期的工作，这正是森林经理的特点；三是调整措施必须通过造林、育林、采伐、更新等各个生产环节来实现，其中采伐收获环节更为重要，合理的采伐既是完成当年生产任务，又是完成调整森林秩序的手段。

7.2.1.2 调整案例

(1) 调整期法

轮伐期是实现皆伐作业的经营单位内周而复始进行采伐更新、实现永续利用的一种周期。因此，当经营单位内林分按龄级的分配均匀或接近均匀的情况下，可直接用轮伐期来求算年伐量，并可长期按此年伐量采伐成熟林分。但当经营单位内林分按龄级分配不均匀，或者老龄林过多，或者幼龄林过多，或者其他不均匀的情况下，仍按轮伐期计算年伐量，会出现把老龄林放置时间过长不能及时利用以及采伐未成熟林分的情况。而且现实林中很少有均匀分布的经营单位，除非一开始就按计划造林，几十年后才会呈现均匀分布的龄级结构。因此，现实林不可能马上实现永续利用，要有一段过渡时期。在这种情况下，为了做到尽少的牺牲而逐渐过渡到均衡利用的目标，有必要用调整期来代替轮伐期。经过一定的调整期之后，便可以逐步按照轮伐期进行采伐生产。调整期具有过渡期的意义。因此，调整期的长短，要根据林相改造的要求及将来龄级分配的趋势，永续性及工作量等因素加以考虑。

为了加强林相改造(不良林分及过熟林较多时)来增加生产力，应采取较短的调整期。但幼龄林过多时，为了延长对成熟林的采伐利用，也有比轮伐期长的调整期。往往根据需要调整部分所需时间，以便改善龄级结构。

另外，也要考虑调整期之后年伐量不要引起太大的变动。同时，造林更新面积也不要有太大的变动。为了增加当前的木材产量，需要采取短的调整期，但从永续利用角度来看，未必是正确的。同时，调整期只适用于以轮伐期为基础的森林调整法，对生长量法则难以应用。

具体确定应结合采伐量的调整进行，根据上述因素，采取尝试法(trial and error method)对几种方案和结果进行几次比较计算，直到选择合理的调整期为止。

关于采伐量或木材产量如何结合森林调整问题，下面利用两个例子来说明：

【例 7-5】设经营单位面积为 120 hm^2，其中需要调整的林分面积为 90 hm^2，轮伐期为 50 年，采取龄级法进行调整，调整期为 30 年时的各龄级林分的分布及平均年龄情况见表 7-6，按表 7-6 这种方法可以用不同调整期年数进行计算分析，直到选定最合理的调整期为止。

表 7-6 中，设一个龄级为 5 年，每个分期也是 5 年，则调整期共分为 6 个分期，需要调整的面积 90 hm^2，每个分期调整面积为 15 hm^2，在调整期末也就是第Ⅵ分期达到林分按龄级分配均匀时，再进入下一轮伐期(共 10 个分期)，整个森林经营类型龄级结构将得到改善，在调整计算中，以尽量不采伐未成熟林分为原则。此为成熟林占优势时的案例。

【例 7-6】再举一个龄级分布不均匀，幼、中龄林占优势而缺少成熟林的经营类型为例，经营类型内的松林各龄级面积及其所占的比例见表 7-7。

设轮伐期为 60 年，培育主要材种为中径原木。如果把现实龄级分布不均匀调整为理想的分布即均匀分布。首先应计算各龄级的轮伐比例。计算结果见表 7-8。

表 7-8 中轮伐比例为各龄级面积占总面积%×轮伐期(60 年)。由表 7-8 知，该经营类型龄级结构不均匀，缺少 31~40 及 51~60 年两个龄级，同时，1~20 年龄上限(即 21~30 年龄的下限)是现实龄级分布缺陷的最大点，这应为该经营类型的调整重点。

表 7-6 按龄级法调整期计算例

林分类别	现实林 龄级	现实林 平均年龄	现实林 面积 (hm²)	调整期内各分期面积及平均年龄 I	II	III	IV	V	VI	调整期末林状态面积（平均年龄）	下一轮伐期各分期面积及平均年龄 I	II	III	IV	V	VI	VII	VIII	IX	X
已调整完毕的林分	I	2.5	15							15(32.5 a)		9(40 a)	6(45 a)							
	II	7.5	7							7(37.5 a)		4(40 a)	3(45 a)							
	III	12.5	8							8(42.5 a)	8(45 a)									
	IV	17.5	—																	
	V	22.5	—																	
	VI	27.5	3						3(60 a)	15(2.5 a)	12									
需要调整的林分	VII	32.5	7						7(65 a)	15(7.5 a)	12									
	VIII	37.5	40						5(70 a)	15(12.5 a)	12									
	IX	42.5	}				15(60 a)	15(65 a)		15(17.5 a)	12									
	X	47.5	40	15(50 a)	15(55 a)	5(55 a) 10(60 a)	3(40 a)	12(45 a)		15(22.5 a)			6(40 a)	3(40 a)	12(45 a)	12(45 a)	9(45 a)	6(45 a)	3(45 a)	
							9(45 a)			15(27.5 a)							3(50 a)	6(50 a)	9(50 a)	12(50 a)
合计			120	15	15	15	15	15	15	120	12	12	12	12	12	12	12	12	12	12

表 7-7 经营类型内松林各龄级面积及所占比例

龄级	年龄范围(a)	面积(hm²)	各龄级面积占总面积(%)
Ⅰ	1~10	250	20.8
Ⅱ	11~20	375	31.3
Ⅲ	21~30	70	5.8
Ⅳ	31~40	0	0
Ⅴ	41~50	355	29.6
Ⅵ	51~60	0	0
Ⅶ以上	61以上	150	12.5
合计		1 200	100.0

表 7-8 各龄级轮伐比例计算表

现有年龄(a)	面积(hm²)	各龄级面积占总面积(%)	轮伐比例(%)	轮伐比例累计(%)
1~10	250	20.8	12.5	12.5
11~20	375	31.3	18.8	31.3
21~30	70	5.8	3.5	34.8
31~40	0	0	0	34.8
41~50	355	29.6	17.7	52.5
51~60	0	0	0	52.5
61以上	150	12.5	7.5	60.0
	1 200	100.0	60.0	60.0

为了调整上述龄级分布缺陷，如果采用区划轮伐法进行调整，使年伐面积 = $\frac{1\,200}{轮伐期60年}$ = 20 hm²。则经过一个轮伐期后，可以出现均匀的龄级分布，但要提前采伐大量未成熟林木，造成经济上的损失，显然是不合理的。在此例中，第一个10年要提前采伐50 hm² 近熟林，第三个10年要提前采伐95 hm² 的未成熟林，第四个10年采伐的200 hm² 全部为未成熟林。从上例来看，如每年按20 hm² 采伐，也难以达到调整的目的。因为，在11~20年这个龄级采伐以前，还有3个龄级需要28.7年[$\frac{150+355+70}{20}$ hm² = 28.7年]的时间，经过28.7年就要采伐原来11~20年的林木，此时11~20年的上限不过48.7年(28.7+20)，仍达不到轮伐期，此时被采伐是不合理的。更重要的是经过一个轮伐期(60年)之后仍达不到改善龄级结构的目的，因此，应采取比轮伐期更短的调整方法，以便加快调整的步伐，使调整后的龄级分布接近均匀分布。在此例中，可把61年以上、41~50年和21~30年3个龄级列为调整对象，调整期显然应比28.7年长，比40年短，即在28.7~40年，经过几次计算比较，选择一个最优的年限，假如选取32年作为调整期，则在调整期内列为调整对象的年伐面积 = $\frac{155+355+150}{32}$年 = 18 hm²。这样11~20年最老林分到调整期末可达52年(接近成熟但仍未达到轮伐期)，但总的龄级分布有所改善。如果采用40年调整期，则11~20年最老林分40年后虽可达轮伐期，但总的龄级不如32年调整结果好(表7-9)。经过32年的调整期后，把原来需要调整的占28.7轮伐比的3个龄级变成1~32年龄级(前提是及时更新)，其他未调整的两个龄级，依次变成33~42及43~52年的龄级，龄级分布趋势合理。

表 7-9　不同调整期后各龄级面积分布

调整前	年龄	1~10	11~20	21~30	31~40	41~50	51~60	61 以上	合计
	面积(hm²)	250	375	70	0	355	0	150	1 200
32 年后	年龄	1~12	13~22	23~32	33~42	43~52	53~62	63 以上	合计
	面积(hm²)	215	180	180	250	375	0	0	1 200
40 年后	年龄	1~10	11~20	21~30	31~40	41~50	51~60	61 以上	合计
	面积(hm²)	143	144	144	144	250	375	0	1 200

调整期应采用以上尝试法对几种方案和结果进行几次比较计算，直到确定合理的调整期为止，这种方法应用起来比较烦琐。张建国从模糊(Fuzzy)贴近度概念出发，提出了一个简洁的调整期统一计算公式：

$$A_0 = (U_{r+1} + U_{r+2} + \cdots + U_n) + \frac{1}{r+1}[rU_1 + (r-1)U_2 + \cdots + U_r] - \frac{1}{2rt} \tag{7-16}$$

式中，A_0 为调整期；U 为轮伐比；$r \in \{1, 2, \cdots, n\}$，为龄级序号；$t$ 为划分龄级期的年龄值或第一个龄级的年龄上限值。

计算实例：仍以表 7-7 的材料为例，根据上式可得：

$$A_0 = (3.5 + 0 + 17.7 + 0 + 7.5) + \frac{1}{2+1} \times [2 \times 12.5 + 18.8] - \frac{1}{2 \times 2 \times 10} = 33.3（年）$$

所以最优调整期为 33.3 年，应用尝试法所得结果为 32 年。从表 7-8 可以看出，经过 32 年的调整期后，龄级分布区域合理。

(2) 龄级转移法

按照法正林理论，用材林森林经营类型理想的龄级结构是各龄级面积分布均匀，但现实森林经营类型龄级结构常不均匀。以表 7-1 的某杉木 II 地位级用材林经营类型为例，该经营类型轮伐期为 25 年(V 龄级)，5 年一个龄级，理想的龄级结构是 I~V 个龄级，每个龄级的面积为 62 hm²，显然该森林经营类型成过熟林面积过多，而幼、中林面积较少，因此，需要通过森林主伐更新途径来调整。

在 7.1.3 节中，详细介绍了不同主伐年伐量测算方法，不同公式计算结果不尽一致，可以用不同公式的计算结果进行模拟采伐，分析经理期末各公式森林经营类型龄级结构调整情况，选择调整效果最好的公式结果为合理年伐量。现以【例 7-1】和【例 7-3】5 种年伐量公式(不含林况公式)计算结果(表 7-10)为例，采用定性分析法确定杉木 II 地位级用材林经营类型合理主伐年伐量，以达到森林经营类型龄级结构调整的目标。

表 7-10　杉木 II 地位级用材林经营类型年伐量计算结果

公式	区划轮伐	成熟度	林龄 I	林龄 II	平均生长量
年伐面积(hm²)	12.4	23.0	17.0	14.0	12.2
年伐蓄积量(m³)	1 490.695 7	2 765.0	2 043.695 7	1 683.045 3	1 460.516 6

由表 7-10 知，各公式计算年伐量均不相同，年伐面积和年伐蓄积量由大到小依次是成熟度>林龄 I >林龄 II >区划轮伐>平均生长量。成熟度法由于没有考虑后备资源情况，不适合成、过熟林资源多的经营类型。本例成、过熟林资源面积过多，成熟度法可以不考

虑；按照年伐量小于生长量原则，林龄 I 计算的年伐面积和年伐蓄积量均大于平均生长量，因此也不考虑；余下的林龄 II 稍大，区划轮伐基本一致，可以在这 3 种公式的计算结果中选择一个公式或几个公式的综合平均值作为合理年伐量。

现按上述 3 种公式计算的年伐量进行采伐，则 1 个经理期（10 年）后杉木 II 地位级用材林经营类型各龄级面积调整情况见表 7-11。由该表可以看出，按区划轮伐、林龄 II 和平均生长量法 3 种公式计算结果进行采伐，到经理期末成熟林（V、VI）面积分别是 86 hm²、70 hm² 和 88 hm²，调整效果比较接近，相对来说林龄 II 公式成熟林面积更接近 62 hm²，因此，以林龄 II 公式计算的年伐量为合理年伐量，即年伐面积 14.0 hm²、年伐蓄积量 1 683 m³。

表 7-11　不同采伐量公式计算结果龄级结构调整情况

调整状态	公式	合计	龄级						
			I	II	III	IV	V	VI	VII
调整前面积（hm²）		310	6	94	40	55	35	60	20
调整后面积（hm²）	区划轮伐	310	62	62	6	94	40	46	
	林龄 II	310	70	70	6	94	40	30	
	平均生长量	310	61	61	6	94	40	48	

合理年伐量确定除考虑经营类型龄级结构等内部条件外，还要考虑国家政策、林场经济、木材市场等因素。

以上是采伐量的确定和调整方法，国内外还采用线性规划法、动态规划法等，具体方法详见第 10 章。

7.2.2　异龄林的收获调整

传统森林收获调整主要是指经营类型层面上的收获调整，将现实林的森林结构按理想的结构进行调整，并预测今后一定时期的森林收获量。而理想的森林结构与现实林分的年龄结构密切相关，因此，同龄林和异龄林的收获调整有着不同的内涵和收获调整方法。由于异龄林的树种组成、年龄结构、林相和林木生长过程更为复杂，对异龄林生长收获调整的核心要点主要集中在两个方面：收获调整目标和收获调整方法。

7.2.2.1　异龄林收获调整目标

同龄林收获调整目标是指一系列不同年龄阶段的林分按理想面积、蓄积量比例关系构成的经营类型；而作为由两个或更多龄级的单株树木或一定面积的块状同龄树木群混交而组成的异龄林林分，其收获调整目标通常是指林分层面上年龄结构的理想分布、合理的保留木蓄积量及适宜的树种组成。

（1）林分年龄结构（直径分布）

年龄结构是指林分内不同年龄阶段的林木直径及其株数的分布。由于异龄林中林木年龄难以确定，现实中多使用林木大小来表征林木年龄。同时考虑异龄林中林分直径分布是相对易控制的林分因子，其分布状态不仅能够反映林分的生长状况和材种结构，还能反映林木的竞争、分化和自然稀疏程度。最早系统地进行异龄林理想结构研究的学者是法国林学家顾尔诺和瑞士林学家毕奥莱，他们提出的检查法及实践对异龄林经营有重要意义。其基本思路是通过择伐作业使各径级林木之间按蓄积量保持一定的比例关系，以期获得目的树种最大生长量。继顾尔诺和毕奥莱之后，很多学者对异龄林的理想结构进行了大量研究，1898年，法国学者德莱奥古（F. de Liocurt）发现在异龄林龄级范围内，相邻径级的林木株数比率应趋向于一个常数，即递减系数q（其表达式参见第3章 森林的理想结构）。

在异龄林龄级范围内任何时期，递减系数q是某一径级的树木株数与相邻较大径级株数之比。q值大小反映了异龄林林分直径分布曲线的斜率：q值较低，直径分布曲线较为平坦，较大径级的林木所占比例较高，而q值较大的林分内中、小径级树木占比较高。因此，在一定的断面积下，可以选择q值作为经营目标，作为最优断面积曲线。一般来说，在从未经营过的异龄林分中，难以通过一次采伐就获得q值并确定的最优曲线，因为采伐速度过快会使得耐阴树种难以在短期内充分利用立地条件，从而降低林地的生产力。

在自然状态下，一些天然异龄林的直径分布是趋于平衡的，森林表现出由稀疏向密集的发展规律。这是靠森林自身的调节功能来实现的，即林木分化和自然稀疏。林木分化和自然稀疏是森林生长发育过程中，在一定营养与空间条件下，林木之间相互关系的表现，是森林适应环境条件、调节单位面积最多株数的自然现象。美国学者迈耶尔在1952年总结这些规律及前人的研究中发现，各径级株数的对数按直径分布呈直线状，进而提出异龄林理想的直径倒"J"形分布，即负指数分布（表达式参见第3章 森林的理想结构）。

q值法则与负指数分布在本质上是统一的，很多学者研究过二者之间的关系。q值法则对全林的平均q值仅有概念阐述但无明确算法，而负指数分布可通过最小二乘法求得q值，因而也可视为q值法则的数学表达式。

但在实际中，理想的倒"J"形直径分布不一定代表着最理想的异龄林结构。譬如，林分生长不仅受直径分布的影响，还受林分发育阶段、树种组成、林分初始状态、林分竞争等诸多因素影响，经常会呈现出不同偏度、峰度的单峰或双峰山状曲线。研究者会应用数理统计学中的多种概率密度函数来描述此类林分的直径分布。例如，威布尔分布（W. Weibull，1939）密度函数，能较好地拟合不同偏度、峰度的单峰山状曲线，又能拟合倒"J"形递减曲线，具有较大的灵活性和适应性。因此，也常用于林业生产中目标直径分布的拟合。

(2) 林分保留木蓄积量（断面积）

林分蓄积量（断面积）是经营中最为重要目标之一。在一个完全规则的、直径分布合理的、稳定的全龄级林分中，林分竞争对单株树木或树木群生长情况的影响较小。这是因为这种理想林分中平均大小的树木应该是大致相同的，不随时间的变化而变化。而现实的异龄林是不规则的，生长率是与林分立木蓄积量和林分竞争有关的函数，即某一时刻后，林分越密，林分竞争越大，林分生长越慢。因此，超过一定时刻，立木蓄积量越大，生长率越小。从林地利用率这个角度来说，经营目标多是希望长期维持林分最大生长量。而通过自然稀疏调节的林分密度，往往是森林在该立地条件下，在该发育阶段所能"容纳"的最大密度，并不是最适密度。故在异龄林调整时，维持林分保留木蓄积量在一个适宜的水平是实现经营目标的关键条件。目前，并没有一个能够估算异龄林分蓄积量适宜水平的简单公式，需要通过长期固定样地监测数据，掌握林分生长及立地状况，并根据林分经营目标来决定。

从我国20世纪五六十年代在东北林区一些采伐经营历史来看，择伐是异龄林直径结构调整、林分保留立木蓄积量调整的主要措施，以人工稀疏代替自然稀疏，目的是通过采伐达到调整林分结构、降低密度、优化林分生长环境。但当时采用的高强度择伐(60%~70%蓄积量强度)导致保留立木蓄积量过低,每公顷蓄积量不足 100 m³,造成林相残破、生长困难、更新不足等一系列问题。这也说明了保留适宜的立木蓄积量的必要性。

(3)树种组成

从树种组成来看,异龄林有混交林和纯林两种情况,如我国东北、西南、中南地区的针叶、针阔或阔叶混交林,多以复层混交林的形式为主存在着;而在西北地区等气候条件严酷的地区,只能由少数树种(如云杉或冷杉)形成单层或复层纯林,即由单一树种构成的,或次要树种材积不足一成的林分。多数情况下,异龄林常形成混交林。从过去混交林的研究来看,树种多样性对生态系统的稳定及生物多样性的维持有着重要作用。因此,树种组成的调整也是异龄林收获调整的重要部分;异龄混交林经营也是森林可持续经营的重要的营林体制。

由于异龄混交林树种组成结构多是不规则的,一般大致按直径、年龄和立地呈聚集分布;不同树种的生长特性、更新能力、对竞争和极端气候抵抗能力等情况也各不相同;由不同生长特点和耐阴程度的树种构成的混交林中,各树种随年龄的生长率以及对竞争的反应不同,更新也不同。异龄混交林的结构和生长动态比同龄纯林更为复杂。树种间的关系较为复杂,树木年龄不一、竞争和生长及与周围环境关系会呈现随时序变化的趋势。同时,我国异龄林多系天然林,耐阴树种往往在喜光树种的林冠下或在本树种的荫蔽下进行更新,从而形成顶极的植被类型。这些耐阴树种往往是经营目的树种,如东北红松阔叶林种的红松、云杉、冷杉及黄檗、胡桃楸、水曲柳等珍贵硬阔;西北及西南林区的云杉、冷杉;中南地区目的树种较为复杂,但一些耐阴的阔叶树种也是重要的目的树种。因此,实际中很难有一个统一的理想树种组成。有必要根据立地条件,考虑不同耐阴程度、生长速度的树种搭配,考虑市场需求和销售条件限制,考虑森林生态系统的稳定性、更新难易程度、是否利于目的树种生长、森林美学价值及野生动植物栖息条件等多种因素,来综合确定合理的树种组成,采取合理的择伐强度和择伐周期以在收获调整中改变树种比例。

从目前的研究来看,如何根据立地条件确定满意的树种组成,同时充分考虑森林生态系统的稳定性、更新难易程度、是否利于目的树种生长、森林美学价值及野生动植物栖息条件等多种因素;如何通过定期的择伐及伐前伐后的天然更新、人工补植来引导调整现有的树种组成;如何获取确定异龄林树种组成的相关数据(如不同立地条件下各树种的生长过程数据、各树种的培育费用数据、市场长期的立木价格数据、森林各项生态、社会效益的评估数据),这些问题仍是我国异龄林树种组成调整研究中长期以来的重点和难点。

7.2.2.2 异龄林收获调整方法

(1)BDq 法

择伐是异龄林调整并形成全龄级林分的主要经营措施。理论上来说,合理的择伐更符合森林的自然演替规律,与皆伐相比,能更好地模拟自然作业法则,维持森林的多样性和防护效能、减小森林的破碎化程度、增加林分组成和结构的多样性、充分发挥每棵树木的生长潜力、最大限度地利用林地生产力。合理择伐需要考虑诸多关键技术要素,如择伐时间、择伐强度、择伐周期和择伐次数等。而影响这些技术要素的因子有很多,如林型、立地条件、树种组成、经营目标等。在最优择伐方式确定上,已有不少被广泛接受的方法,譬如北美的 BDq 法。

北美的 BDq 法(也称 Arbogast 法)是一种用于异龄林收获调整的择伐方法。此法通过定义林分保留木断面积 B、保留木最大直径 D 和递减系数 q 值来指定收获。q 值在前文已经提到，是异龄林龄级范围内一个径级的树木株数与相邻较大径级的树木株数的比值，其中典型的径阶距是 4 cm 或 5.08 cm(2 in)。

理想的 BDq 值是为了构建拥有全龄级结构的理想异龄林保留结构。如前文所述，由于异龄林中树木年龄难以确定，其径级常被用作龄级的替代。因此，q 值曲线也常被视为年龄分布曲线，尽管严格来说，它应该是一个树木大小的分布曲线。BDq 值提供了代表剩余林分状态的曲线。将理想的 BDq 曲线与林分调查获得的分布曲线进行比较，曲线的差异告诉经营者每个龄级的树木应该保留多少棵，多余的树木被标记为可以收获的树木。如果某一个径级中树木太少，经营者会考虑是否有必要减少从相邻径级中采伐树木，以保持理想的 BDq 值。林分保留木断面积 B 是维持保留木林分处于最适密度的关键条件。故有时在直径结构(q 值曲线)调整中，会为了维持林分保留木断面积而严重违反理想的 q 值曲线。例如，从低于目标 q 值曲线的径级中采伐树木，而在高于目标 q 值曲线的径级保留树木。此外，由于较老林分的直径分布并非理想的倒"J"形，而是"S"形曲线。通过采伐生长速度较慢的老树，不仅能将林分直径分布调整成为倒"J"形，还可以维持林分生长力，同时创造林窗促进林分更新。因此，有必要在采伐设计时设置保留木最大直径 D。但至今为止，在确定保留木最大直径 D 值时并未有统一的计算方法。

使用 BDq 曲线能够确保每个龄级的树木继续生长，并在相对较短的择伐周期内(通常为 8~15 年)继续获得成熟的木材并维持合理的树种组成及经营目标。当然，如果经营目标是水土保持或降低施业成本，则可以使用更长的择伐周期。在有长期良好森林调查数据的基础上，这种方法是确定合理择伐方式的一种较好方法。但是，从过去的经验来看，大约有三分之一应用该方法的森林被过度采伐，主要是因为不能充分考虑现实林分的平均生长量、枯损率和更新量，以及由于经营措施而引起林分在组成和结构方面的变化。所以，该方法在用于林分经营措施的选择评价或某种特殊目的的长期设计时受到一定的限制，仍需要有经验经营者的合理判断。这也凸显出确定合理的择伐强度的重要性。当然，择伐强度的问题还与择伐周期(详见第 4 章)及经营水平有关，经营水平越高，择伐周期可越短，则相应的择伐强度要降低，但单位面积的采伐量会较小，单位材积的木材成本也会更高。

(2) 检查法

检查法(control method)是一种集约化的异龄林经营法。最早提出检查法的是法国林学家顾尔诺，1863—1875 年，他在朱罗(Jura)村有林中进行检查法实验，后来又经过瑞士毕奥莱在瑞士纳沙泰尔州(Neuchatel)的特拉韦尔峡谷的公有林中，对检查法进行了毕生的实验。毕奥莱认为，森林调整必须符合自然规律，既要考虑资本(蓄积量)也要考虑投入(劳力)，即用尽可能少的蓄积量和人力去取得最好的调整效果。而"德国的经典方法是不能够达到这样确定的目的的"。因此，他认为采用检查法是最理想的森林调整方法，而法正林是造成林业非永续利用的调整方法。

检查法的基本思路是对异龄林实施择伐作业，使林木各径级之间按照蓄积量保持一定的比例关系，以获得优良树种并使得目的树种生长量最大。为达此目的，采用经营单位的材积定期平均生长量来控制和调节择伐量。具体方法是定期对全林进行每木调查，测定各径级株数和材积，根据前后两次调查结果和统计两次调查期间的采伐量，计算林分定期平均生长量，其公式如下：

$$Z = \frac{M_2 - M_1 + C}{a} \tag{7-17}$$

式中，Z 为经营单位定期平均生长量；M_2 为期末调查的全林蓄积量；M_1 为期初调查的全林蓄积量；C 为调查间隔期的采伐量；a 为调查间隔期。

式(7-17)计算的定期平均生长量 Z 可作为调节下一间隔期每年采伐量的尺度。但根据各径级现有蓄积量比例和调整蓄积量结构要求，确定下一间隔期平均择伐量可大于、小于或等于定期平均生长量。通过多次复查和调整，使蓄积量、生长量和择伐量之间趋于理想状态。

毕奥莱的检查法具体实施方法是：① 把森林区划为较小的林班，面积为 12~15 hm²；② 测定起测径级以上的全部林木，根据塔里夫材积表(tarif table)求算材积。经理期年限视林木生长情况而定，通常为 5~7 年，最长为 10 年；③ 设经理期开始的蓄积量为 M_1，经理期末的蓄积量为 M_2，如果这期间内择伐掉的立木材积为 C，则此期间(5~10 年)的生长量 $Z = M_2 - M_1 + C$。由此，把这个经理期内的定期生长量作为下一经理期间预定的择伐量。在实施时可以根据具体林分特征，对所定择伐量进行适当的增加或减少。对择伐量的增减调整，取决于各林木的生长发育和择伐作业技术是否合理。而合理与否的评判标准是通过对森林的择伐作业能否形成理想异龄结构的森林。

毕奥莱把云杉和冷杉混交林划分为 3 个直径组。各直径组的蓄积量比重为：①小径木(20~30 cm)的蓄积量占 20%；②中径木(35~50 cm)的蓄积量占 30%；③大径木(55 cm)的蓄积量占 50%。根据毕奥莱的实验，认为这 3 个直径组的蓄积量比率为 2：3：5 时，能保持林分最高的生产力。毕奥莱还认为，在瑞士，高地位级的云、冷杉混交异龄林基本蓄积量每公顷为 300~400 m³，而且生长量与生长率都为最高。

不同的林分应有不同的指标是检查法的特点之一。检查法是一种高度集约的经营方式，在瑞士和北欧许多地方一直持续至今，我国森林资源连续清查和其他项目的定期调查都是在此基础上发展起来的，说明检查法经得起实践证明的森林调整的模式之一。

①实验区建立　自 1987 年起，北京林业大学森林经理学科与汪清林业局金沟岭林场就开始合作进行检查法生产实验研究。该地区的云、冷杉针阔混交林是长白山北坡地区过伐林区的典型森林类型。在该森林类型中选择具有代表性的林地，作为检查法实验区。共设立了 3 个大区，每个大区内都有 5 个小区(相当于较小的林班)，共 15 个小区，总面积为 340.9 hm²。第Ⅰ大区在 1987 年 10 月设立，面积为 95.2 hm²。第Ⅱ、第Ⅲ大区面积分别为 110.0 hm² 和 135.7 hm²，分别在 1988 年和 1989 年设立。实验区森林是以云杉(包括红皮云杉、长白鱼鳞松和灰白鱼鳞松)、冷杉为主的针阔混交林，其余树种为色木槭、红松、枫桦、椴树、白桦等。地位级都在Ⅰ级左右，平均年龄在 70 年左右，新中国成立后进行了 3 次择伐，除第Ⅱ、第Ⅲ大区择伐强度稍大以外，其余条件与第Ⅰ大区基本相同。

②区划与调查　在森林调查中，欧洲检查法采用全林每木调查法，而金沟岭检查法采用的是等距抽样调查方法，样地间距 90 m，每个样地面积 0.04 hm²(20 m×20 m)，只在固定样地上进行每木调查。实验区共设系统抽样样地 414 个，其中第Ⅰ大区 112 个，第Ⅱ大区 135 个，第Ⅲ大区 167 个(第Ⅲ大区后废除)。每个样地中心及四角设 5 个样方(2 m×2 m)进行更新调查。森林调查以小区为总体，从 1987 年开始至今，在未进行森林采伐

表7-12　云、冷杉针阔混交林固定样地在1987年和1988年初次建立时的林分特征

大区	小区	样地数量	坡度(°)	海拔(m)	林分断面积($m^2 \cdot hm^{-2}$)	林分株数(株·hm^{-2})	树种组成
Ⅰ	1	19	12	657~787	21.1±8.1	983±382	2冷2椴2红1云1枫1色1榆-白-杨-水
	2	23	12	648~796	15.4±5.9	888±366	4云3冷1红1椴1枫+色-白
	3	22	10	711~770	13.9±4.7	792±301	3冷2红2云2色1椴+枫+榆+白-杨
	4	22	14	639~761	14.9±5.7	773±209	3冷2云2红1椴1色1白+榆+落-枫
	5	26	15	647~713	13±4.7	585±270	4冷3云2红1椴+色-白-水曲柳
Ⅱ	1	32	8	635~708	15.5±4.9	825±363	3冷2云1红1落1枫+色+椴+白-杂-榆
	2	30	10	690~742	18.3±6.1	964±267	2云2冷2落1红1枫+色+椴+杨+榆-白-水
	3	35	6	626~726	16.9±4.7	910±224	3冷3落2云1红1枫+白+色+椴-水-榆
	4	27	9	604~690	13±5.2	737±294	5冷2云2红+白+枫+落-椴-色
	5	38	5	600~695	15.7±6.3	975±362	4冷2云2红1落+色+椴+枫-杨-白

注：树种组成以"十分法"按照蓄积量比例表示，"冷"为冷杉，"云"为鱼鳞云杉或红皮云杉，"红"为红松，"落"为落叶松，"椴"为椴树，"杨"为山杨，"白"和"枫"分别为白桦和枫桦，"水"为水曲柳，"色"为色木槭。

时每2~3年进行一次复查，用于监测森林的动态生长过程；如有森林采伐时，择伐前后各调查一次，用于采伐收获设计和经营效果评价。各小区初始状态样地基本情况见表7-12。

③采伐设置　检查法实验的目的是通过低强度择伐，采取较短的经理期或经营周期，及时了解林分状况和生长动态趋势，并适时采取合理的调整措施不断调整林分的直径、蓄积量和树种结构，使林分的蓄积量有明显的提高，同时增加林分的蓄积生长量，改善林分的材种结构和树种结构，最终实现森林的可持续经营。

根据过去择伐作业的经验，择伐强度是择伐作业的关键技术指标。择伐强度的确定与同龄林的间伐强度相似，与伐前现实林分蓄积量及林分蓄积量生长率有关。由于每个大区包含5个小区，预计每年采伐一个小区，经理期定为5年。检查法采伐强度确定公式为：

$$C = 1 - \frac{1}{(1+P)^n} \tag{7-18}$$

式中，C为采伐强度(%)；P为蓄积量生长率(%)；n为经理期(5年)。

计算采伐强度首先应确定生长率，其中蓄积量生长率P可利用普雷斯勒公式计算：

$$P = \frac{M_2 - M_1}{M_2 + M_1} \frac{200}{n} \tag{7-19}$$

式中，M_1为林分期初蓄积量；M_2为林分期末蓄积量。

通过调查各小区的蓄积量，计算出生长率。同时，充分考虑采伐时的机械损伤和环境破坏对保留木生长的阻碍，适当降低各小区的计划采伐强度，各小区具体采伐强度见表7-13。

采伐木的选择以伐除老、病、残、径级结构不合理的林木为原则。保持高价值林木及珍贵树种，如红松、水曲柳等，并保持适当的针阔树种比例，避免出现较大林窗。径级结构合理是指现实林分各径级株数分布符合理想的q值曲线。由于择伐不进行间伐，因此采伐过程中既包括主伐也包括抚育伐在内的采伐木。采伐应严格按照事先设计的采伐量并以

表 7-13　检查法计划采伐强度统计表

小区编号	1987	1988	1989	1990	1991	1992	1993	1994	1995	1996	1997	1998	1999	2000	2001	2002
Ⅰ-1	—	—	—	—	9.9	—	—	—	—	4.5	—	—	—	—	—	—
Ⅰ-2	—	—	—	8.3	—	—	—	—	10.1	—	—	—	—	—	—	—
Ⅰ-3	—	—	12.0	—	—	—	—	21.4	—	—	—	—	—	—	—	—
Ⅰ-4	—	13.0	—	—	—	—	15.0	—	—	—	—	—	—	—	—	11.3
Ⅰ-5	15.3	—	—	—	—	13.9	—	—	—	—	—	—	—	—	10.0	—
Ⅱ-1	—	—	—	—	—	11.2	—	—	—	—	—	—	—	—	15.0	—
Ⅱ-2	—	—	—	—	12.0	—	—	—	—	—	—	—	—	15.0	—	—
Ⅱ-3	—	—	—	7.1	—	—	—	—	—	15.0	—	—	—	—	—	—
Ⅱ-4	—	19.5	—	—	—	—	—	17.0	—	—	—	—	—	—	—	—
Ⅱ-5	—	20.0	—	—	—	—	31.6	—	—	—	—	—	—	—	—	—

现地挂号为准，尽量避免和减少砸伤幼树，伐前清林，为天然更新创造条件，伐前伐后集中归楞检尺(按材种)。

④调查及实验结果　各大区、小区择伐强度不一，起始状态、发育阶段及立地条件也有差别。为简明起见，仅以第Ⅰ大区1小区为例，描述检查法样地的森林结构及动态变化情况。第Ⅰ大区1小区在林分调查初期山杨、白桦等先锋树种较多，后期先锋树种逐渐退出群落，而耐阴树种开始占据优势，是具有典型恢复演替特征的森林群落，其树种组成见表7-14。

表 7-14　1987—2020年Ⅰ-1小区树种组成变化情况

调查年份	树种组成	针阔比
1987	2冷2椴2红1云1枫1色1榆+白-杨-水	5:5
1992	2冷2椴2红2云1枫1色+榆-白-杨-水	6:4
1997	2冷2红2椴2云1枫1色+榆-白-杨-水	6:4
2003	2冷2红2椴2云1枫1色+榆-白-杨-水	6:4
2008	2冷2红2椴2云1枫1色+榆-白-杨-水	6:4
2012	2红2冷2椴2云1枫1色+榆-白-杨-水	6:4
2017	2椴2红2云1枫1色+榆-白-杨-水	5:5
2020	2红2椴2云1枫1色1冷+榆-白-杨-水	5:5

a. 林分株数径级分布：1小区在1987—1997年的株数—径级曲线基本符合倒"J"形分布，以中、小径级林木为主，这是典型的异龄林株数径级分布；而在2003—2012年，株数—径级分布表现为不对称的左偏单峰山状曲线，而这种向左偏山状曲线变化的趋势表明林分的株数径级结构发生了变化，以及径级株数大幅下降(图7-1)。这种变化趋势符合典型的天然异龄林直径结构发展规律。该林分在2012年年底遭受强台风干扰后，林窗下出现大量小径级林木，使得2017—2020年株数—径级曲线又恢复为倒"J"形分布。总体而言，经过多年的检查法实验，调查期初林分小径级林木株数呈现不断减少的趋势，林分大、中径级株数则呈现上升的趋势。温和的低强度择伐调整了林分的径级株数结构，使其更有利于林分的可持续经营。

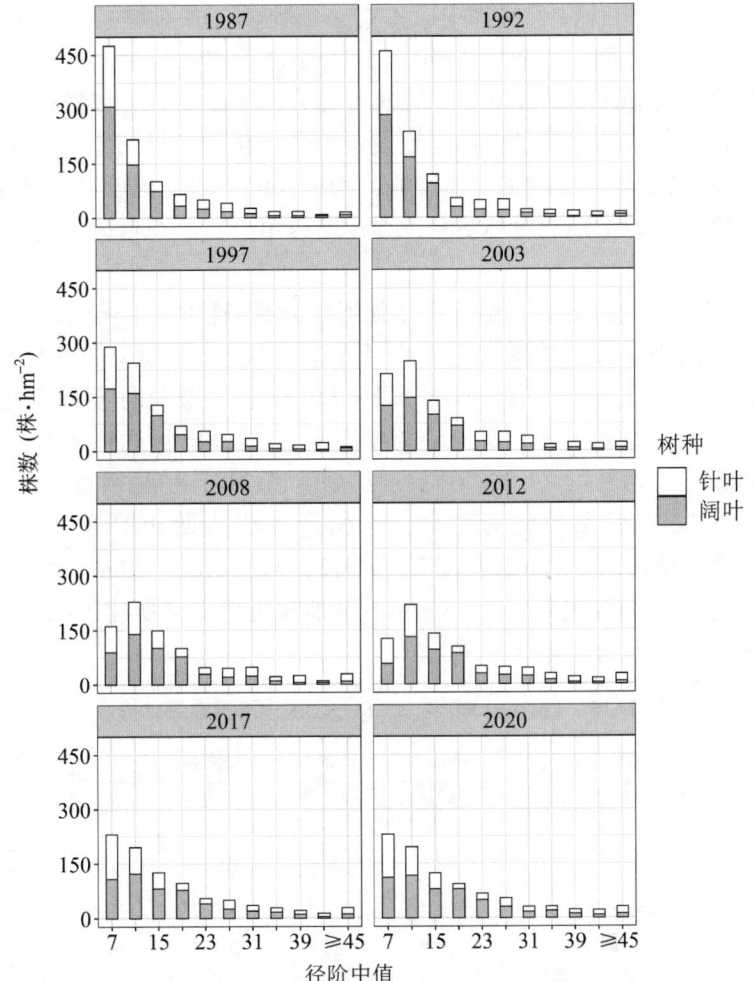

图 7-1　检查法 I-1 小区 1987—2020 年林分株数—径级分布

从针叶树种株数—径级分布来看，针叶树株数—径级分布曲线从倒"J"形曲线分布逐渐向不对称山状曲线分布左偏变化的趋势很明显，树种以冷杉、云杉、红松为主。随着林分的发展，中、大径级林木比例逐渐上升，小径级比例逐年下降；使得针叶树株数—径级结构发生了变化。从阔叶树种株数—径级分布来看，其变化趋势与针叶树种基本保持一致。调查期初小径级林木株数占据主导，多为椴树。随着林分发展，小径级阔叶树种株数迅速下降，中、大径级阔叶树种比例呈现增加趋势，树种多为椴树、枫桦、色木槭。

表 7-15 给出了 I-1 小区的平均 q 值，该小区的平均 q 值为 1.27~1.48，与欧洲、北美洲的云冷杉林的相关研究结果基本一致。尽管毕奥莱认为欧洲云杉的 q 值为 1.3 时最好，但考虑具体森林结构，立地水平等因素可以认为 q 值在 1.2~1.4 属于合理状态。

表 7-15　1987—2020 年 I-1 小区林木株数径级分布的 q 值

调查时间	1987	1992	1997	2003	2008	2012	2017	2020
平均 q 值	1.349	1.332	1.287	1.356	1.477	1.261	1.270	1.231

b. 树种结构：阔叶树种在天然林中应占有一定比例，其对维持生物多样性、生态系统的稳定有重要作用。在调查期初 1987 年，Ⅰ-1 小区针阔比为 5∶5，这在检查法样地中属于阔叶比例较高的样地（表 7-14）。之后随着林分的不断发育，以椴树为主的阔叶树种逐渐降低。红松由于较高的经济价值被当地设定为禁伐树种，得到了较好保护，其蓄积量比例逐年增加。受 2012 年年底的强台风影响，浅根系的冷杉受灾明显，其比例有所下降；白桦、杨树等先锋树种原本随着森林演替进程逐渐退出群落，在台风干扰形成的林窗下得以再次更新。

c. 蓄积量材种结构动态分析：由于世界各国划分蓄积量中的小径木、中径木和大径木的标准不同。按我国当时有关技术规定，小径木径级范围 6~18 cm，中径木 20~32 cm，大径木 34 cm 以上。据此，表 7-16 列出了Ⅰ-1 小区各径级材种蓄积量比重变化情况。1987—2020 年，小径级林木的蓄积量变动幅度不大，在 2003 年达到最大值后开始出现持续下降，蓄积量占比从期初的 19.1% 下降到期末的 13.3%；中径级林木的蓄积量在 2003 年达到 84.1 $m^3 \cdot hm^{-2}$ 后保持相对稳定，蓄积量占比从期初的 32.8% 下降到期末的 29.1%；大径级蓄积量在调查期间保持了较快增长，从 93.5 $m^3 \cdot hm^{-2}$ 增加到 166.6 $m^3 \cdot hm^{-2}$，蓄积量占比从 48.1% 提高到 57.6%。不断地接近毕奥莱所建议的理想蓄积量比例，小径木∶中径木∶大径木为 2∶3∶5。

表 7-16 1987—2020 年 Ⅰ-1 小区林分蓄积量变化情况

年份	林分蓄积量 ($m^3 \cdot hm^{-2}$)	年生长量 ($m^3 \cdot hm^{-2} \cdot a^{-1}$)	生长率 (%)	小径木蓄积量 ($m^3 \cdot hm^{-2}$)	中径木蓄积量 ($m^3 \cdot hm^{-2}$)	大径木蓄积量 ($m^3 \cdot hm^{-2}$)	平均胸径 (cm)	枯损木蓄积量 ($m^3 \cdot hm^{-2}$)	进界木蓄积量 ($m^3 \cdot hm^{-2}$)
1987	194.4	—	—	37.2	63.7	93.5	16.6	1.49	—
1991（伐前）	217.5	5.28	2.80	41.4	68.9	107.2	16.9	0.13	0.18
1992（伐后）	207.8	—	—	39.9	65.1	102.7	16.8	7.47	0.03
1996（伐前）	232.6	6.20	2.81	42.2	76.7	113.7	18.7	0.49	0.01
1997（伐后）	221.7	—	—	42.4	74.8	104.5	18.4	0.15	0.00
2003	251.3	4.23	1.79	44.4	84.1	122.8	19.7	5.33	0.04
2008	264.8	2.67	1.02	43.4	87.2	134.3	20.6	7.61	0.01
2012	281.2	4.04	1.50	40.2	90.2	150.8	21.6	9.98	0.01
2017*	265.3	—	—	37.4	83.6	144.3	20.5	30.33	0.37
2020	289.4	8.03	2.90	38.4	84.3	166.6	21.1	7.63	0.10

注：* 2017 年受台风影响，林分蓄积下降，未计算年生长量和生长率。

在过去的 33 年中，Ⅰ-1 小区的蓄积生长量从 5.28 $m^3 \cdot hm^{-2}$ 上升至 8.03 $m^3 \cdot hm^{-2}$，进界生长量 0.10 $m^3 \cdot hm^{-2}$，总计 8.13 $m^3 \cdot hm^{-2}$。森林结构变化对蓄积量增长产生主要作用。另外，近年来降水量充足，气温较高，也对该区域蓄积生长量产生了一定的影响。但总体与毕奥莱检查法生长量最高水平 10.8 $m^3 \cdot hm^{-2}$，仍然有一定差距。

检查法样地内的林分是原始林经过多次高强度采伐后形成的。一方面，这种"拔大毛"式采伐目标树种多为干形良好、出材率较高的针叶树种，或是水曲柳、黄檗、胡桃楸等珍贵硬阔；在林分内遗留下的多为干形不良、生长速度较快的软阔树种，极易形成霸王树，抑制下层林木生长。使得株数—径级分布曲线在中、大径级出现不平滑和断层现象,并导致林分中蓄积量结构比例失衡。另一方面,高强度采伐后大林窗会使得喜光先锋树种天然更新数量迅速增加,引起林分直径结构在小径级端激增,导致径级分布的不合理。

检查法是理想的经营调整方法,制订的调控措施能使失去平衡的森林状态得以改善。现实结果也证实了这种择伐经营作业法的正当性:根据现实林分状况对检查法样地采取合理的干预措施,调整林分结构,促进群落朝着健康和稳定的方向发展;低强度择伐降低了林木对资源的竞争,有效提高了蓄积生长量。检查法择伐作业同其他森林经营形式比较,能最大限度地发挥森林生态系统生物自然调节的作用,主要特点有:能够提供持久的天然更新;幼、中龄林抚育费用少;在森林结构稳定后,采伐生产能够集中在大径级、高价值的建筑用材上;同其他单一结构森林相比,择伐林在面对生物性或非生物性灾害影响时的抗性强,且能够迅速恢复。然而,由于后期停止了采伐活动,随着林木对生长空间和资源的竞争加剧,蓄积量生长率会逐渐下降,树木枯损数量也会逐步增加。因此,有必要在检查法实验区内继续开展择伐实验,要不断地在森林局部和总体中实施结构调整,以达到调整林分结构、减少林木枯损、提高蓄积生长量的目的。此外,检查法在应用中还表现出很多优点,如在营林作业中的简便性、有效性、行动的安全性等诸多方面均十分突出。

(3) 矩阵模型

异龄林通常是在相对小的面积内生长着年龄、树种、径级都各不相同的林木的林分。同时,异龄林生长及经营周期长,难以直接根据森林的自然生长状况来确定调整方法;且异龄林结构复杂,影响其生长的因素众多。通过生长收获模型来预估长期的经营体制下的生长量和收获量,是进行异龄林收获调整的一种常见和可行的途径。近年来,径级分布模型中的矩阵模型常被用来模拟异龄林各径级—株数随时间的变化规律。在实际经营中,对异龄林的观测和经营都只能定期进行,而林木的直径也通常划分为若干个径级,因此,矩阵模型把异龄林简化为一个时间离散系统,并把不同径级的林木株数作为系统的状态向量。通过对各径级枯损、进阶生长及进界概率的估计,由当前的直径分布预测未来一定间隔期后的直径分布,因而可以掌握全林分各径级的蓄积量的分布状态及各材种的产量。

1966年,美国林学家厄舍(Usher)首次把矩阵模型用于研究择伐对异龄林生长动态的影响,之后该方法得到广泛应用并在不断发展。矩阵模型使用向量表示某一时刻异龄林的株数分布状态,并由概率转移矩阵反映状态的变化,异龄林在一个生长分期内状态的变化主要包括枯损、进阶生长及进界生长。枯损是指林木在这个生长分期内枯死;进阶生长是指在这个分期林木从低径级生长到较高径级;进界生长是指原有的不够检尺的幼树或在这个生长分期内更新的幼树进入可检尺状态的现象。这3个事件发生的概率可以通过调查数据获取。

矩阵模型可根据转移概率将矩阵模型分为固定参数和随机可变参数两类:早期的研究多将各径级的转移概率视为常数;布翁焦尔诺(J. Buongiorno)对模型的进界生长做了改进,使其从一个常数变成一个受其他因素约束的变量,则将转移概率表示为林分密度、期初胸径、立地因子以及树种和结构多样性等林分因子的函数,因为与林分状态有关,也称为与密度有关的非线性模型。由于与密度有关的非线性模型能更准确地表达林分的真实生长情况,目前普遍被采用。在考虑采伐和多树种的情况下,采用的经典矩阵模型结构可表示为：

$$Y_{t+1} = G_t(Y_t - H_t) + I_t \tag{7-20}$$

式中，$Y_{t+1} = [Y_{s,i,t+1}]$，m 为树种（组），$s = 1, 2, \cdots, m$，$Y_{s,i,t+1}$ 为 s 树种组 $t+1$ 时刻 i 径级的单位面积株数；n 为径级数，$i = 1, 2, \cdots, n$；$H_t = [H_{s,i,t}]$，$H_{s,i,t}$ 为 s 树种组 t 时刻 i 径级的单位面积采伐株数，当 H_t 为 0 时，即为自然生长；G_t 为 t 时刻到 $t+1$ 时刻的径级转移概率矩阵，如下式所示：

$$G_t = \begin{bmatrix} G_{1t} & & & \\ & G_{2t} & & \\ & & \cdots & \\ & & & G_{mt} \end{bmatrix} \tag{7-21}$$

各树种（组）的转移概率矩阵为：

$$G_{st} = \begin{bmatrix} a_{s,1,t} & 0 & \cdots & 0 & 0 \\ b_{s,1,t} & a_{s,2,t} & \cdots & 0 & 0 \\ \cdots & \cdots & \cdots & \cdots & \cdots \\ 0 & 0 & \cdots & a_{s,n-1,t} & 0 \\ 0 & 0 & \cdots & b_{s,n-1,t} & a_{s,n,t} \end{bmatrix} \tag{7-22}$$

式中，$a_{s,n,t}$ 为第 s 树种 n 径级在 $t+1$ 时刻保留在原径级内的概率，即保留率；$b_{s,n-1,t}$ 为第 s 树种 $n-1$ 径级在 $t+1$ 时刻向上生长到第 n 径级的概率，即进阶率。

进界向量 $I_t = [I_{s,t}]$，$I_{s,t}$ 为 s 树种（组）的进界向量，从 t 时刻到 $t+1$ 时刻进入起测径级的株数：

$$I_t = \begin{bmatrix} I_{1t} \\ I_{2t} \\ \cdots \\ I_{mt} \end{bmatrix}, \text{且 } I_{st} = \begin{bmatrix} I_{st} \\ 0 \\ \cdots \\ 0 \end{bmatrix} \tag{7-23}$$

采伐矩阵可以简单地按固定比例进行采伐，再将采伐分配到各径级及各树种上；很多研究也通过数学规划方法将矩阵模型结果与规划模型紧密地结合起来，模拟不同的采伐方式对林分生长收获的影响。其中，目标函数和约束条件的构建是关键。近年来，根据异龄林经营的特点，一些目标函数常被选用，如传统的木材收获量、树种和大小多样性、碳中和背景下的森林碳汇量等，而约束条件中常见的有木材永续利用约束和非负约束，还有根据经营目的、政策的一些特定约束，如防止水土流失或大面积风折的采伐强度或郁闭度约束、对材种规格要求的采伐径级约束等。最优采伐策略确定时，可以选择若干目标函数和匹配的约束条件，如在维持理想径级结构时获得最大材积收获，或维持树种多样性在某一阈值范围的同时获得最大森林总收益。这些在生长收获预估模型方法上的探索，为异龄林收获调整策略和林分经营设计提供了依据。

【例 7-7】数据为吉林省汪清县金沟岭林场 20 块固定样地 1987—2007 年的调查数据（1987，1992，1997，2002，2007 年），间隔期 5 年。以长白落叶松、鱼鳞云杉和臭冷杉为优势树种，其他树种有红松、色木槭、水曲柳、白桦、紫椴、枫桦和春榆等阔叶树种。划分为 4 个树种组，分别为落叶松、红松、云杉、冷杉，慢阔(色木槭、水曲柳、紫椴和枫桦)和中阔(白桦、春榆和杂木)，见表 7-17。调查间隔期为 5 年，样地树木直径在 5～50 cm，径级宽度为 5 cm，共划分为 11 个径级，保证调查间隔期内树木只向上生长 1 个径级，进界生长只生长到第 1 径级。设定最大径级为 60 cm，即此径级以上的树木枯损概率为 1。

表 7-17 落叶松云、冷杉固定样地基本概况(1987 年)

样地号	面积 (hm^2)	海拔 (m)	坡向	坡度 (°)	公顷株数 ($N \cdot hm^{-2}$)	公顷蓄积量 ($m^3 \cdot hm^{-2}$)	树种组成 (%)
1	0.077 5	760	东北	10	955	126.33	63 落 27 云臭 7 红 3 阔
2	0.077 5	760	东北	10	1 587	198.18	44 落 41 云臭 2 红 13 阔
3	0.13	760	东北	10	1 100	121.55	44 落 36 云臭 8 红 12 阔
4	0.097 5	760	东北	10	903	134.15	66 落 17 云臭 5 红 12 阔
5	0.2	780	西	18	1 160	166.94	58 落 23 云臭 3 红 16 阔
6	0.2	780	东北	7	2 015	216.95	69 落 17 云臭 3 红 11 阔
7	0.2	780	西	18	1 145	151.06	94 落 6 阔
8	0.2	780	东北	10	870	129.84	85 落 6 云臭 2 红 7 阔
9	0.25	660	西北	6	1 204	170.85	60 落 21 云臭 5 红 14 阔
10	0.25	670	西北	10	864	130.80	45 落 31 云臭 10 红 14 阔
11	0.25	670	西北	6	840	150.89	55 落 32 云臭 4 红 9 阔
12	0.25	680	西北	10	920	128.34	49 落 18 云臭 15 红 18 阔
13	0.202 5	630	北	7	953	110.37	71 落 19 云臭 4 红 6 阔
14	0.202 5	640	北	7	1 156	142.47	52 落 38 云臭 5 红 5 阔
15	0.112 5	660	北	7	1 716	178.89	61 落 29 云臭 6 红 4 阔
16	0.1	645	北	7	1 130	143.43	65 落 9 云臭 6 红 20 阔
17	0.1	615	东北	7	1 290	121.53	68 落 23 云臭 3 红 6 阔
18	0.1 125	610	东北	7	924	112.63	73 落 19 云臭 3 红 5 阔
19	0.1	605	东北	9	820	120.47	95 落 4 红 1 阔
20	0.1	600	东北	9	1 660	178.17	58 落 29 云臭 13 阔

注："落"为长白落叶松；"云臭"为鱼鳞云杉、臭冷杉；"红"为红松；"阔"为色木槭、水曲柳、白桦、椴树、枫桦和春榆。

样地中的各自变量通过面积的线性关系化为每公顷的数值。从表 7-18 可以看出：落叶松的枯损概率最高，平均(每 5 年)为 0.127 6；慢阔的枯损概率最低，平均为 0.060 6；红松、云杉、冷杉和中阔的枯损率分别为 0.072 4 和 0.095 0，但中阔的变动较大。红松、云杉、冷杉有最大的进阶率，为 0.336 4；中阔的进阶率最低，为 0.295 0，但中阔变动较大；落叶松和慢阔的进阶率分别为 0.319 7 和 0.187 7。虽然落叶松的进界率最高，为 0.003 9，但标准差也最大，为 0.019 0，中阔的进界率最低，为 0.001 0。

表 7-18　落叶松云冷杉林各树种(组)主要因子统计值(1987—2002 年)

树种 (组)	落叶松(N=292)				红松、云杉、冷杉(N=338)				慢阔(N=192)			
	mean	std	min	max	mean	std	min	max	mean	std	min	max
PM	0.127 6	0.213 9	0	1	0.072 4	0.176 4	0	1	0.060 6	0.147 5	0	1
PB	0.319 7	0.254 2	0	1	0.336 4	0.321 4	0	1	0.187 7	0.264 5	0	1
PI	0.003 9	0.019 0	0	0.144 1	0.002 0	0.004 7	0	0.026 5	0.003 3	0.013 6	0	0.093 0
PM	0.095 0	0.239 1	0	1	0.090 2	0.196 2	0	1				
PB	0.295 0	0.364 7	0	1	0.295 6	0.304 8	0	1				
PI	0.001 0	0.004 1	0	0.024 1	0.002 7	0.012 4	0	0.144 1				

注：N 为样本数；mean 为平均值；std 为标准偏差；min 为最小值；max 为最大值；PM 为各样地各径级 5 年间枯损率(枯损株数占其所在径级株数的比例)；PB 为各样地各径级 5 年间向上生长率(向上生长的株数占其所在径级株数的比例)；PI 为各样地 5 年间进界率(进界株数占总株数的比例)。

与林分状态有关的随机可变参数矩阵模型，包括枯损、进阶生长和进界 3 个部分。采用多元逐步回归建立进阶生长、进界、枯损概率 3 个子模型，并对备选自变量各种变形(平方、导数、对数等)进行试验。由于一些自变量间存在共线性，会产生较大的参数标准误，采用方差膨胀因子(VIF<10)来控制自变量间的多重共线性。3 个子模型参数估计均使用最小二乘法，概率显著性水平取 0.05，参数估计值如下所示：

$$\begin{cases} PM_{(落叶松)} = -0.332+3.064D^{-1}+0.007\ 1BA-0.144Hsp-0.000\ 3N_{minD}+0.473EL^2 \\ PM_{(红松、云杉、冷杉)} = -0.172+0.005\ 5BA-0.115Hsp+0.246EL^2 \\ PM_{(慢阔)} = 0.063\ 8+2.841D^{-1}-0.106Hsp \\ PM_{(中阔)} = -0.129+1.482D^{-1}+0.005\ 0BA+0.215EL^2 \end{cases} \quad (1)$$

式中，PM 为各样地各径级 5 年间枯损率(枯损株数占其所在径级株数的比例)；D 为径级中值；BA 为林分的公顷断面积；Hsp 为按树种断面积计算的 Shannon 树种多样性指数，表示混交度；N_{minD} 为林分的最小径级株数；EL 为海拔。

枯损模型中，影响枯损概率的变量包括径级大小、林分断面积、树种多样性、最小径级株数和海拔。径级大小只对落叶松和阔叶树种组的枯损有显著影响，且随着胸径的增大，树木枯损的比例会迅速降低，当胸径达到一定程度时，树木的枯损下降程度开始减缓。针叶树种枯损率和胸高断面积呈正相关，尤其是落叶松(因其为喜光树种)。对落叶松和慢阔树种，树种多样性与树木枯损呈负相关；同时随着海拔的升高，落叶松和红松、云杉、冷杉的枯损率逐渐变大，而最小径级株数只对落叶松枯损有显著影响，因为落叶松很难在郁闭林分中天然更新。

$$\begin{cases} PB_{(落叶松)} = 0.788-1.592D^{-1}-0.023BA+0.145Hsp-0.000\ 7N_{minD} \\ PB_{(红松、云杉、冷杉)} = 0.436-0.025\ 6BA+0.342H_{size}+0.001\ 4N_{minD} \\ PB_{(中阔)} = 0.792+0.000\ 3D^2-0.025BA+0.084\ 5Hsp+0.000\ 6N_{minD} \end{cases} \quad (2)$$

式中，PB 为各样地各径级 5 年间进阶率(进阶的株数占其所在径级株数的比例)；H_{size} 为按断面积计算的 Shannon 大小多样性指数，表示直径结构的复杂性。

进阶生长模型中，落叶松径级中值的倒数与进阶率呈负相关，即随着其值的增加，进阶率会增大。胸高断面积在针叶树种及中阔中系数为负，表明随着断面积的增大，进阶率会有一定的下降。落叶松树种多样性与进阶率呈正相关，说明混交对针叶树种有一定的促进作用。红松、云杉、冷杉中大小多样性越大，该树种的进阶率越高。在针叶树种中，各树种(组)最小径级的株数与进阶呈正相关，其中慢阔的进阶没有自变量选入模型，因此，采用该树种组建模数据中各径级的进阶率平均值作为转移概率进行计算。

$$\begin{cases} PI_{(落叶松)} = 0.0165 - 0.0007BA - 0.0159Hsp + 0.0315EL^2 + 0.00004N_{minD} \\ PI_{(红松、云杉、冷杉)} = 0.0118 - 0.0005BA + 0.00005N_{minD} \\ PI_{(慢阔)} = 0.0255 - 0.0007BA - 0.271EL^2 + 0.00001N_{minD} \\ PI_{(中阔)} = 0.0031 - 0.0003BA + 0.005EL^2 + 0.00008N_{minD} \end{cases} \quad (3)$$

式中，PI 为各样地 5 年间进界率(进界株数占总株数的比例)。

进界模型中，若各树种(组)的胸高断面积系数为负，则表现为随着林分胸高断面积增加，进界率下降。反之，若各树种(组)最小径级株数的系数为正，则较大的值对应较大的进界生长率。落叶松树种多样性越大，其进界生长越小。海拔对落叶松和阔叶树种组的进界有显著影响，但系数很小。

①采伐方案模拟 采伐方案设计是一个复杂的过程，需要考虑采伐周期、采伐强度及采伐木的确定。利用建立的矩阵生长模型模拟不同采伐周期和采伐强度对经营目标的影响。模拟林分各树种的起始径级状态见表 7-19，即 2002 年所有样地径级分布的平均值。为简化采伐设计，模拟周期为 50 年，模拟分期设为 5 年，采伐强度(蓄积量)分别为 5%、10%、15% 和 20%，采伐周期分别为 5 年、10 年和 15 年，最小采伐径级为 30 cm。采伐向量 H 即各径级的采伐量仅按各树种的株数在各径级所占的比例分配，该样地阔叶树种(组)的比例很少，因此只模拟采针叶树(按比例分配)情况。

表 7-19 模拟期初(2002 年)各树种组的径级分布　　　　株·hm^{-2}

径级(cm)	落叶松	红松、云杉、冷杉	慢阔	中阔
5~10	10	42	37	4
10~15	78	49	42	17
15~20	147	40	22	6
20~25	179	28	9	8
25~30	86	27	3	4
30~35	15	13	1	1
35~40	1	8	0	0
40~45	0	2	0	0
45~50	0	0	0	0
50~55	0	0	0	0
55~60	0	0	0	0
>60	0	0	0	0

②经营目标 在这里同时考虑多个经营目标，包括木材产量目标，即模拟期收获的采伐木蓄积量，由吉林省一元材积式计算获得。树种和大小多样性目标，用 Shannon 多样性指数表示；地上碳储量目标，简单采用陈传国等(1989)的生物量模型计算地上部分生物

量，碳储量通过生物量乘以 0.5 得到。需要说明的是，研究将树种划分为树种组，但各个树种有各自的生物量方程，因此，树种组的生物量方程由某一树种的生物量方程替代，具体为红松、云冷杉树种组由冷杉替代、慢阔树种组由色木槭替代、中阔树种组由白桦替代。

采伐设计中要求各子目标同时达到最优是困难的，因为这 3 个目标既相互依赖又可能相互排斥。为综合分析各种经营方案对各种经营目标的影响，需要构造一个总目标函数。各目标的量纲不一致，因此，要对其进行标准化处理，采用线性变换法即目标值与最大值之比。为不失一般性，各目标权重都为 1，目标函数为：

$$Ob = T + \Delta Bsp + \Delta Bsz + \Delta C \tag{4}$$

式中，T 为标准化后的木材产量；ΔBsp、ΔBsz、ΔC 分别为树种多样性指数、大小多样性指数和地上碳储量的变化量。

综上所述，我们通过建立的矩阵生长模型模拟了 13 种采伐方案 50 年内的经营效果，具体结果见不同采伐方案汇总表 7-20。

表 7-20 不同采伐方案汇总表

方案	采伐周期	采伐强度	50 年间采伐量累计 ($m^3 \cdot hm^{-2}$)	50 年间生长量累计 ($m^3 \cdot hm^{-2}$)	年生长量 ($m^3 \cdot hm^{-2} \cdot a^{-1}$)	50 年间枯死量累计 ($m^3 \cdot hm^{-2}$)	50 年时蓄积量 ($m^3 \cdot hm^{-2}$)	50 年时的总收获量 ($m^3 \cdot hm^{-2}$)	50 年时碳储量 ($t \cdot hm^{-2}$)	50 年间树种多样性的变化量	50 年间大小多样性储量的变化量	50 年间碳储量变化量 ($t \cdot hm^{-2}$)
1	0	0	0.00	363.76	7.28	303.74	293.67	293.67	71.70	0.12	0.33	20.16
2	5	5	142.95	363.55	7.27	178.01	276.24	419.19	77.03	0.02	0.11	25.49
3	5	10	263.14	377.51	7.55	119.76	228.26	491.40	67.64	-0.02	-0.11	16.10
4	5	15	362.82	392.43	7.85	80.04	183.21	546.04	56.37	0.00	-0.20	4.83
5	5	20	433.79	394.75	7.90	59.89	134.72	568.51	43.54	0.08	-0.11	-8.00
6	10	5	76.05	365.89	7.32	232.30	291.19	367.24	74.56	0.09	0.30	23.02
7	10	10	147.71	366.28	7.33	183.75	268.47	416.18	75.36	0.01	0.08	23.82
8	10	15	213.95	371.47	7.43	153.15	238.02	451.96	69.89	-0.04	-0.11	18.35
9	10	20	275.35	378.10	7.56	126.20	210.19	485.55	62.84	-0.03	-0.13	11.30
10	15	5	46.12	367.74	7.35	255.90	299.37	345.49	74.15	0.11	0.32	22.61
11	15	10	92.26	368.78	7.38	213.99	296.18	388.43	76.71	0.08	0.28	25.17
12	15	15	136.42	368.54	7.37	187.03	278.57	415.13	76.45	0.03	0.17	24.91
13	15	20	179.07	370.95	7.42	167.02	258.51	437.58	73.96	-0.01	0.04	22.42

由于 3 个目标间存在相互冲突，要满足多目标经营的要求，需要对目标进行折中。计算总的目标值，即 3 个经营目标的加权，权重都相同。经计算可以得到不同采伐方案多目标统计表 7-21。

可以看出，建立的矩阵生长模型能灵敏地反映不同经营方案的差异。在综合考虑木材产量、树种和大小多样性和地上碳储量 3 个目标的情况下（3 个目标同等重要），13 个方案中以方案 10 为最优。也就是说长择伐周期、低强度（15 年 5% 采伐强度）的采伐方案最优，表明合理的森林经营可以满足人们对木材生产、保护植物多样性和增加碳储量多目标的需要。

表 7-21　不同采伐方案的多目标值汇总表

方案	标准化采伐量	标准化树种多样性增加量	标准化大小多样性增加量	标准化碳储量增加量	标准化总目标值
1	0.00	1.00	1.00	0.79	2.79
2	0.33	0.17	0.33	1.00	1.83
3	0.61	-0.17	-0.33	0.63	0.74
4	0.84	0.00	-0.61	0.19	0.42
5	1.00	0.67	-0.33	-0.31	1.02
6	0.18	0.75	0.91	0.90	2.74
7	0.34	0.08	0.24	0.93	1.60
8	0.49	-0.33	-0.33	0.72	0.55
9	0.63	-0.25	-0.39	0.44	0.43
10	0.11	0.92	0.97	0.89	2.88
11	0.21	0.67	0.85	0.99	2.72
12	0.31	0.25	0.52	0.98	2.06
13	0.41	-0.08	0.12	0.98	1.43

7.2.3　林分空间结构的调整

林分空间结构是指林木在林地上的分布格局，以及它的属性在空间上的排列方式，也就是林木之间树种、大小、分布等空间关系。林分空间结构决定了树木之间的竞争势及其空间生态位，在很大程度上决定了林分的稳定性、发展的可能性和经营空间的大小；同时，也影响着林下植被、土壤、微生物、林内环境及其生态功能等。林木空间分布会随森林演替阶段而发生变化，可从林木空间分布推断其生态过程。在森林演替早期，林木常呈集聚分布或块状分布，但到演替后期进入稳定的地带性森林群落状态时，林木趋于随机分布或均匀分布。

林分空间结构分析是林分空间结构优化调整和近自然森林经营的基础。林分空间结构包括树种混交、竞争和林木分布格局等 3 个方面。在生态学研究中，常用方差/均方比、集块性指标、Cassie 指标等空间结构参数来描述林木分布格局，但这些空间结构参数都是与距离无关的参数；与距离有关的分布格局参数主要包括：聚块样方方差分析、最近邻体分析(nearest neighbor analysis)和 Ripley's $K(d)$ 函数。惠刚盈等(1999，2001)以参照树与其周围 4 株最近相邻木为基本结构单元，构造了基于 4 株最近相邻木的林分空间结构参数，包括混交度、角尺度和大小比数，借以分析林木混交、分布格局及竞争关系，并进行了广泛的验证和应用；汤孟平等(2004)在空间结构分析的基础上，提出了林分择伐空间结构优化的建模方法，并建立了林分择伐空间结构优化模型；而胡艳波等(2006)在林分空间结构分析的基础上，提出了有模式(目标)林分和无模式(目标)林分的空间结构优化调整方法。

尽管林分空间结构参数的研究已十分广泛，但多数研究把林分空间结构参数用于描述林分空间结构状况或进行不同参数的比较。事实上，研究林分空间结构的最终目的是，在森林经营中采取合理经营措施调整林分结构,使之趋于理想状态,以充分发挥森林的多种功能。因此,如何科学合理地利用采伐来优化林分的空间结构,一直是森林经营者努力研究的问题,而基于空间结构分析的经营方案优化设计是目前国际上森林经营研究的一个重要方向。

林分空间结构调整主要是通过抚育采伐、择伐、更新等措施来调整。人工林纯林按规则的株行距造林,一开始林木就均匀分布,但随着年龄增加、林分郁闭和竞争加剧,符合抚育采伐条件时就要开始第一次间伐,实施间伐时除了要确定合理的间伐强度和间伐对象外,还要考虑间伐后林分要保持合理的郁闭度、林木空间分布要均匀等,此后的间伐也是如此。对于培育大径材的人工纯林,培育后期按照目标树作业法,保留目标树,利用较低林分密度空间在林下补植造林,提高林分混交度。天然异龄林林分空间结构调整应根据其演替情况,对处在演替阶段的天然林异龄林,应首先通过抚育采伐、补植造林等措施来调整林木分布格局,使其趋于随机分布或均匀分布;其次是林下或林窗补植造林增加树种混交度;最后对于稳定阶段的天然异龄林,应通过择伐措施来调整林木分布格局,同时结合抚育采伐降低林木竞争,促进林木随机分布或均匀分布。目前,国内通过抚育采伐、择伐等经营措施对人工林和天然林林分空间结构优化及可视化模拟的研究报道很多。

本章小结

本章阐述了森林采伐量的确定方法和森林收获调整的主要方法与技术。介绍了森林采伐量的概念与意义、确定程序与原则,森林主伐、抚育采伐、补充主伐、竹林等采伐量的计算与确定方法,分别同龄林和异龄林介绍了森林收获调整的技术与方法,并给出实际案例,同时简要介绍了林分空间结构的调整内容与方法等。

思考题

1. 森林采伐量的概念与组成是什么?
2. 确定森林采伐量的任务与原则是什么?
3. 确定森林采伐量的意义是什么?
4. 森林主伐年伐量的各种计算公式及其适用条件是什么?
5. 森林间伐与补充主伐年伐量计算方法有哪些?
6. 森林收获调整概念及其必要性是什么?
7. 同龄林收获调整方法有哪些?
8. 异龄林收获调整方法有哪些?
9. 如何理解林分空间结构的调整?

云冷杉天然林检查法作业

8 森林资源评价

森林资源是地球生态系统的主体,具有生态效益、社会效益和经济效益。2015年,《联合国气候变化框架公约》近200个缔约方在巴黎气候变化大会上达成《巴黎协定》。这是继《京都议定书》后第二份有法律约束力的气候协议,为2020年后全球应对气候变化行动作出了安排。世界自然研究所发布的关于热带森林与气候变化关系的研究报告指出,森林是一个净碳库,对实现《巴黎协定》目标至关重要。现代意义的森林资源问题已不再仅限于自然生态问题,更是与国内外政治、经济、文化和社会发展等紧密联系在一起的综合性问题。森林资源评价是一个综合性很强的应用型评价系统,主要研究森林资源的经济价值。对森林资源进行评价,具有鲜明的时代背景,是经济社会发展的内在需要,也是我国实施以生态建设为主的林业发展战略、推进"双碳"战略的现实需求。

8.1 林地评价

8.1.1 林地评价的含义与作用

(1) 林地评价的含义

林地是土地的组成部分,同时是森林资源的重要组成部分,是承载林木的重要载体,更是林业发展的关键。在维护国土生态安全、确保社会经济的可持续发展中具有核心地位,在应对全球气候变化中具有特殊地位。我国林地资源丰富,自然资源部发布的第三次全国国土调查结果显示,我国现有林地面积 $28\ 412.59\times10^4\ hm^2$。第九次全国森林资源清查期末(2018年),全国林地资源实物量 $3.24\times10^8\ hm^2$,全国林地林木资源总价值25.05万亿元,其中林地资产9.54万亿元。但随着经济社会的快速发展以及城市化进程的加快,生态环境保护与经济社会发展对林地需求的矛盾日益突出。因此,开展林地科学综合评价研究对深化林权制度改革,完善林地评价体系具有重要的理论和实践意义。《中华人民共和国森林法实施条例》第二条规定:"林地,包括郁闭度0.2以上的乔木林地以及竹林地、灌木林地、疏林地、采伐迹地、火烧迹地、未成林造林地、苗圃地和县级以上人民政府规划的宜林地。"林地按经营体系划分又分为商品林和公益林。商品林的最终目标是获得经济报酬,指以生产木材、竹材、薪材、干鲜果品和其他工业原料等为主要经营目的的森林、林木、林地;公益林是以发挥生态效益为目的的森林,指为维护和改善生态环境,保持生态平衡,保护生物多样性等满足人类社会的生态、社会需求和可持续发展为主体功能,主要提供公益性、社会性产品或服务的森林、林木、林地。

林地使用权(woodland use right)有广义和狭义之分。狭义的林地使用权是指依法对林地的实际使用,包括在林地所有权之内,与林地占有权、收益权和处分权是并列关系;广义的林地使用权是独立于林地所有权之外的含有林地占有权、狭义的林地使用权、部分收益权和不完全处分权的集合。目前实行的林地使用权的出让和转让制度中的"林地使用权"就是指广义的林地使用权。通常所说的林地使用权也是指广义的林地使用权，它是指林地使用者通过有偿方式取得林地后依法进行使用或依法对其使用权进行出让、出租、转让、抵押、投资的权利，是林地使用权的法律体现形式。林地使用权是与林地所有权有关的财产物权。拥有广义的林地使用权者，就称为林地使用权人。从使用方式上说，林地使用主要包括林木栽培、林下资源利用以及森林景观开发等活动，由此也形成了林地使用权中不同的权利内容。林地使用权在林权制度中具有重要意义：林地使用权的分配和确认是林权制度改革的发端，也是诸项改革措施中最重要的一环；林地使用权登记是林权登记的基础和核心内容；林地使用权纠纷是林权争议的重要表现形式。应该说，林地使用权是整个林权制度的基础，进而在整个林业法律制度中都具有举足轻重的地位。林地使用权是我国林地使用制度在法律上的表现。林地使用权的设定必须依法成立，任何人无论以何种方式取得林地使用权都必须得到法律认可，否则均为非法占用他人林地。林地使用权是以他人林地为客体的权利，因此，林地使用权人一般须向林地使用权出让人支付林地使用权价格。

林地评价（forestland evaluation）是对林地使用权价格的评定估算，是特定区域内的林地在某段时间内使用权的价格。由于林地的依附性，对林地评价，实质上是根据经营林地上植被产生的超额利润，作为林地的收益，以此为基础进行林地评价。在一些无立木的林地（如采伐迹地、火烧迹地、国家规划的宜林地），则必须为其选择最适用的植被，依社会平均经营水平来评价。林地评价是以林地生产力的好坏作为评价因子。评价方法依据社会经济条件和自然条件，采用市价、费用价、期望价或结合起来加以评价。

不同的因素对林地评价的影响程度存在明显差异，因此，在林地评价选取评价因素时，应结合当地生态环境、种植制度等对林地质量有显著影响的因子。对林地评价的方法主要有以下3种思路：

①根据地租或土地纯收益和土地的还原利率进行评价　实际上，土地价格是地租或土地纯收益的资本化形式。土地纯收益和还原利率的任何变动都会造成土地价格产生相应的变动。

②根据林学质量和经济质量进行评价　林学质量也称立地质量，主要从林木生长的角度反映林地的生产力。其主要影响因素包括土层厚度、腐殖质层厚度、土壤质地、海拔、坡位、坡向、坡形、地势等。通过林分平均高度与平均年龄关系编制的地位级表或以林分优势高和年龄关系编制的地位指数表进行林木生长的预测，并以此作为林地评价的基础；经济质量主要指林地的经济位置，其主要指标为林地交通运输条件。

③根据自然环境因素与社会经济因素进行评价　其中，自然环境因素主要为土壤、地形、气候、植被、自然灾害和环境质量等7个方面。土壤包括土壤类型、有效土层厚度、土壤构造、有无障碍层、有机物和pH值等；地形包括坡度、坡位、坡向和地貌等；气候包括光、热、降水、空气和风资源等；植被包括植被群落覆盖度、植被质量、年生产量、植被的保护利用条件等；自然灾害包括灾害类型、灾害周期和灾害影响度等；环境质量包括环境污染类型、危害程度和半衰期等。社会经济因素主要为林地利用方式、区位交通、基础设施、政策、技术和人口6方面。其中，林地利用方式包括宗地面积和植被盖度等；

区位交通包括区位条件和交通条件等；政策包括国家经济政策、林业发展政策和土地政策等；技术包括林业生产资源的生产技术水平、林业生产的机械化水平、林业技术水平等；人口包括人口质量和人口数量。在具体的林地评价中，指标可根据实际评价目的和林地状况，以及数据获取的难易程度来进行选择。总的来说，林地的使用权这一性质奠定其具备可流转的特点，这为林地评价奠定了基础。

（2）林地评价的作用

随着林权制度改革的深入，林地流转异常活跃，合理的林地评价有利于保护和管理林地，促进林地资源的永续利用和可持续发展，避免林地资源的流失。具体表现为：

①促进林地管理　林地评价不仅要求实物数量评价，还要求价值评价，价值评价就要求把林地当作资产进行评价和管理，科学的价值评价对林地是必不可少的，对林地的有效评价有利于促进林地的科学管理。

②协调了经济社会的发展　林地是森林资源的重要基础，林地评价综合考虑环境、经济问题，促进社会经济与生态环境平衡，协调林业经济管理和社会、经济、环境的发展。

③维护林地产权所有者、经营者权益　在市场经济条件下，林地资源在经营管理过程中，其价值量会发生变化。一方面在不同时期，社会经济情况不同，其价值量就会不同；另一方面，经营管理者对林地的投入会使林地资源的价值增加；对林地的掠夺式经营，会使林地资源的价值下降，只有通过公正的价值评价，才能更好地保护林地产权所有者和经营者的合法权益。

8.1.2　林地评价方法

在我国社会主义市场经济体系日益完善情况下，人们承认土地是有价值的，土地、资本、技术等作为生产要素允许和鼓励参与分配。"土地是任何一家森林企业的一项永久性资产。"立地质量对森林生产力有着决定性作用，决定森林生产潜力的是立地本身固有的效力。如果人类的经营活动没有引起土壤侵蚀、退化或破坏土壤的质地和结构，立地质量就能保持基本稳定，且与林地上现实林分的特性、条件和质量无关。在现实森林生产过程中，林地的质量具有最重要的作用。林地通过生产林木来实现它的价值，因此，在估计这种价值时必须对这些林木进行长期测定，包括它们的费用、产品、市场价和时间期限。作为土地的一般特性，土地具有一种通过人的劳动，被人类利用就能发挥作用的自然生产力。人类劳动和土地生产力相结合，创造了新产品价值。正因为新产品价值是3种要素共同作用的结果，因此，在商品经济条件下，土地所有者取得了地租，地租资本化即为土地价值。林地价值是土地价值的一种特殊表现。

林地是通过生产木材和其他林产品来实现它的价值。因此，在估计这种价值时必须对林地未来的收益进行预测。在预测中有许多因素对其结果产生影响，如林地立地质量、林地地利条件差异、林地经营方式及强度、林产品的市场价格、经营周期及利率、有林地与无林地的差别、评价时间和交易时间的不同、林地用途是否改变和林地交易的迫切性等。因此，可将只有林地资产的小班和既有林地资产又有林木资产的小班划分开来进行评价。疏林地林地评价可以按照用材林的林地评价方法或按无林地的评价方法来进行；苗圃地的评价常借用农用地的评价方法（现行市价法、收益现值法、林地费用价法）；未成林造林地上的林木通常按用材林幼龄林的评价方法，而其林地也可按用材林同龄林林地评价方法进行。

林地评价时应遵循的一些重要的经济学原理包括：

①土地稀缺原理　林地面积有限，随着人口增长和社会经济的不断发展，林地的相对占有量必然减少，减少到一定程度就会表现为林地供给稀缺。当林地供给不能满足需求时，迫使人们节约利用林地，又会刺激新的林地开发利用。

②替代原理　它是指在日常生活中，人们往往倾向于购买同类用途商品中的廉价商品。这一原理对林地评价同样适用，它支配着林地从一种用途转向另一种用途。如果地价上涨，在土地规划所许可的条件下，林地用途会从低效益使用转向高效益使用。

③报酬递减原理　土地报酬递减规律指在技术不变的条件下，对土地的投入超过一定限度，就会产生报酬递减的后果。因此，我们在利用林地增加投入时，必须寻找到在一定技术、经济条件下投资的适合度，并不断改进技术，以便提高林地利用的经济效果，防止出现林地报酬递减的现象。

④需求与供给原理　在完全的自由市场中，一般商品的价格，取决于需求与供给关系的均衡点。供过于求，价格下降；供小于求，价格上升。但是，由于林地具有位置的固定性、面积的有限性及林地的差异性，其供给量有限，竞争主要是在需求方面展开。即林地不能实行完全竞争，所以其价格具有一定意义上的独占倾向性。

目前，林地评价方法还存在争议，评价的效果常不尽如人意，有些价值被忽略或者被夸大，评价中得到的林地价值结果难以得到市场的认可，不能够完全反映林地的实际价值，影响了人们对林地乃至整个森林资源价值的认可。为此，用林地资产评价方法来代替林地评价方法，主要有现行市价法、林地期望价法、年金资本化法和林地费用价法。林地评价方法中，现行市价法适用于各类林地评价；林地期望价法适用于用材林、能源林、防护林、疏林地、未成林造林地、灌木林地、采伐迹地、火烧迹地和国家规划的宜林地的评价；年金资本化法适用于林地年租金相对稳定的林地评价；林地费用价法一般适用于苗圃地等林地评价。

(1) 现行市价法

现行市价法(current market price method)又称市场价比较法(market price comparison)，是将待确定价值的林地与最近交易的、条件类似的林地买卖(租赁)实例相比较，求得林地价值的一种方法。它既反映了市场经济条件下，遵从具有同样效用的林地价格应相近的、等价交换的原则，又反映了林地供给与需求对林地价格的影响。现行市价法的理论依据是地价评价的替代性原则。经济主体在市场上的行为是要求利润(效用)最大，即以一定费用获取最大利用或以最少费用求得同等利润。因此，在土地选择时，都会选择高效用、低价格的土地，如果价格与效用比较显示价格偏高，大多会放弃。这种经济主体的选择行为，导致了在效用均等的土地间产生替代作用的结果。依据替代性原则，市场上具有同样效用的林地资源价格互相接近，因此，我们可以用类似林地的已知交易价格，比较求得待评价林地价格。

用现行市价法评价的前提是：必须有一个发育完备的竞争市场、有大量近期已发生的评价案例，且要求待评价林地与已评案例林地条件类似。但林地市场并不完善，在同一区位内的交易案例较少,加之林地本身的差异又很大,所以,在实际评价中要寻找与被评价资源相同的案例几乎不可能,每一案例的评价值都必须根据调整系数进行修正,且要求取3个以上(含3个)评价案例林地进行测算后综合确定。其计算公式为:

$$B_u = K_1 K_2 K_3 K_4 GS \tag{8-1}$$

式中,B_u 为林地价值;G 为参照案例的单位面积林地交易价值;S 为被评价林地面积;K_1 为立地质量调整系数;K_2 为地利等级调整系数;K_3 为物价指数调整系数;K_4 为其他各因子的综合调整系数。

式(8-1)中各调整系数的具体算法介绍如下:

立地质量调整系数 K_1 反映林地地位级(或立地条件类型)的差异,通常采用该地区交易林地的地位级主伐时的木材预测产量与被评价林地地位级预测主伐时产量来进行修正。

$$K_1 = \frac{评价对象立地等级的标准林分在主伐时的蓄积量}{参照林地立地等级的标准林分在主伐时蓄积量}$$

地利等级调整系数 K_2 说明林地间存在地利等级差异,由于地利等级是以林地采、集、运生产条件反映,一般用采、集、运的生产成本来确定。地利等级调整系数可按现实林分与参照林分在主伐时立木价(以市场价倒算法求算取得)的比值来计算。

$$K_2 = \frac{现实林分地利等级主伐时的立木价}{参照林分地利等级主伐时的立木价}$$

物价指数调整系数 K_3 是对交易案例林地资源评价基准日与被评价林地的评价基准日时的价值差异的调整,通常采用物价指数法,最简单的物价指数替代值是用2个评价基准日时的木材销售价格。

$$K_3 = \frac{评估基准日的木材销售价格}{交易案例评估基准日的木材销售价格}$$

其他各因子的综合调整系数 K_4 很难用公式表现出来,只能按其实际情况进行评分,将综合的评分值确定一个修订值的量化指标。

(2)林地期望价法

林地期望价法(forestland expect price method)以实行永续皆伐为前提,并假定每个轮伐期林地上的收益相同,支出也相同,从无林地造林开始进行计算,将无穷多个轮伐期的纯收入全部折为现值并以累加求和值作为林地价值。其计算公式为:

$$B_u = \frac{A_u + D_a(1+r)^{u-a} + D_b(1+r)^{u-b} + \cdots - \sum_{i=1}^{n} C_i(1+r)^{u-i+1}}{(1+r)^u - 1} - \frac{V}{r} \tag{8-2}$$

式中,B_u 为林地价值;A_u 为现实林分 u 年主伐时的纯收入;D_a,D_b 为第 a 年、第 b 年间伐的纯收入;C_i 为各年度营林直接投资;V 为平均营林生产间接费用(包括森林保护费、营林设施费、良种实验费、调查设计费以及其生产单位管理费、场部管理费和财务费用);r 为利率(不含通货膨胀的利率);n 为轮伐期的年数。

主伐纯收入是用材林收益的主要来源,式(8-2)中主伐纯收入是指木材销售收入扣除采运成本、销售费用、管理费用、财务费用、有关税金费、木材经营的合理利润后的剩余部分,也就是林木的立木价值。在测算 A_u 时除了必须注意测算材种出材率、木材市场价格、木材生产经营成本、合理利润和税金费外，本法应用的关键问题是预测主伐时林分的立木蓄积量。林分主伐时的立木蓄积量一般按当地的平均水平确定。林分的间伐收入也是森林资源资产收入的重要来源。在培育大径材、保留株数较少、经营周期长的森林经营类型中更是如此。间伐材的纯收入计算方式与主伐纯收入相同，间伐的时间、次数和间伐强度一般按森林经营类型表的设计确定，间伐时的林分蓄积量按当地同一年龄林分的平均水平确定。营林生产成本包括清杂整地、挖穴造林、幼林抚育、劈杂除草、施肥等直接生产成本和护林防火、病虫防治等按面积分摊的间接成本，管理费用摊入各类成本中。按面积分摊的间接成本必须根据近年来营林生产中实际发生量的分摊数，并按物价变动指数进行调整确定；直接生产成本根据森林经营类型设计表设计的措施和技术标准，按照基准日的工价，物价水平确定它们的重置值。

林地期望价修正法是在借鉴林地期望价法的基础上提出的，充分考虑了影响林地价值的林学质量和林地经济质量因素，具体做法是采用林地期望价法确定平均地价和平均地租，同时根据实际情况确定标准地租，再用数量化得分值与地利等级修正值对标准地租进行修正，从而实现对各小班林地地租的评价。

在林地期望价修正法的基础上，充分考虑随着时间推移和社会经济变异所引起的林地的质量差异、地区差异和物价变异，提出了林地动态评价，并构建出由林地标准地租、立地差异系数、集材费用、运输费用、地区差异系数和物价变动指数所组成林地资源动态评价模型。

(3) 年金资本化法

年金资本化法(annuity capitalization method)是以林地每年稳定的收益(地租)作为投资资本的收益，再按适当的投资收益率求出林地价值的方法。其计算公式为：

$$B_u = \frac{A}{r} \tag{8-3}$$

式中，B_u 为林地价值；A 为年平均地租；r 为投资收益率。

年金资本化法的计算简单，仅涉及年平均地租和投资收益率。在确定年平均地租时用近年的平均值，并尽可能将通货膨胀因素从平均地租中扣除。在确定投资收益率时，最好也将通货膨胀率扣除。如果在地租中无法将通货膨胀扣除，则采用的投资收益率应包含通货膨胀率，由于通货膨胀的变幅较大，采用包含通货膨胀率的投资收益率计算林地价值可能产生较大的偏差。

(4) 林地费用价法

林地费用价法(woodland cost price method)是用取得林地所需要的费用和把林地维持到现在状态所需的费用来确定林地价格的方法。其计算公式为：

$$B_u = A(1+r)^n + \sum_{i=1}^{n} M_i (1+r)^{n-i+1} \tag{8-4}$$

式中，B_u 为林地价值；A 为林地购置费；r 为投资收益率；M_i 为林地购置后，第 i 年林地改良费；n 为林地购置年限。

林地费用价法主要用在林地的购入费用较为明确，而且购入后仅采取了一些改良措施，使之适合于林业用途，但又尚未经营的林地。在该法的应用中，由于林地购置的年限较短,各项成本费用大多比较清晰,其利率 r 一般采用商业利率,而各年度的改良费一般也采用历史的账面成本,而不用重置值。若林地的购置费和各年的林地改良费均采用基准日的重置值,则其利率应不含通货膨胀的利率。

8.1.3 林地评价案例

【例8-1】2022年,某国有林场拟出让一块面积为 10 hm² 的采伐迹地,其适宜树种为杉木,经营目标为小径材(其主伐年龄为16年),该地区一般指数杉木小径材的标准参照林分主伐时平均蓄积量为 150 m³·hm⁻²,林龄10年生进行间伐,间伐时生产综合材 15 m³·hm⁻²;有关技术经济指标如下,请计算该拟出让地块的林地价值。要求写出计算过程及公式,评价结果保留至百位即可。

(1)营林生产成本

第一年(含整地、挖穴、植苗、抚育等)为13 000 元·hm⁻²;第二年:抚育费4 000 元·hm⁻²;第三年:3 000 元·hm⁻²;从第四年起每年均摊的管护费用为 200 元·hm⁻²。

(2)木材销售价格

杉原木 1 200 元·m⁻³;杉综合:主伐木 1 000 元·m⁻³,间伐木 950 元·m⁻³

根据《关于调整木材生产经营税费计征指导价的通知》(林政〔2020〕8号),调整后林业税费起征价标准:杉原木每立方米 1 000 元,杉综合每立方米 800 元。

(3)木材生产经营成本

①伐区设计费　按蓄积量 7 元·m⁻³。

②检尺费　8 元·m⁻³。

③主伐采伐成本主伐　180 元·m⁻³。

④短途集材成本(含道路维护等)　50 元·m⁻³。

⑤销售费用　销售价的 1%。

⑥管理费　销售价的 3%。

⑦不可预见费　销售价的 2%。

⑧间伐材生产成本　280 元·m⁻³。

(4)相关税费

①森林植物检疫费　按税费起征价的 0.2% 征收。

②增值税　按不含税木材销价的 6% 征收。

③城建税　按增值税额的 5% 征收。

④教育附加税　按增值税额的 3% 征收。

⑤所得税　按税费起征价的 2% 征收。

(5)林业投资收益率为 6%

(6)出材率

杉原木出材率为 20%;杉综合出材率为 50%

计算过程如下:

①主伐杉原木每立方米纯收益

1 200−7−8−180−50−1 200×(1%+3%+2%+6%+5%×6%+3%×6%)−1 000×(0.2%+

$2\%)=783.24(元\cdot m^{-3})$

②主伐杉综合材每立方米纯收益

$1\,000-7-8-180-50-1\,000\times(1\%+3\%+2\%+6\%+5\%\times6\%+3\%\times6\%)-800\times(0.2\%+2\%)=612.6(元\cdot m^{-3})$

③间伐杉综合材每立方米纯收益

$950-7-8-280-50-950\times(1\%+3\%+2\%+6\%+5\%\times6\%+3\%\times6\%)-800\times(0.2\%+2\%)=468.84(元\cdot m^{-3})$

④该拟出让地块的林地资产价值为

$B_u = 10\times(150\times0.2\times783.24+150\times0.50\times612.6+15\times468.84\times1.066-13\,000\times1.06^{16}-4\,000\times1.06^{15}-3\,000\times1.06^{14})\div(1.06^{16}-1)-10\times(200\div0.06)$

$=10\times30\,024.56\div1.54-33\,333.33$

$=161\,586.8(元)$

⑤拟出让地块的林地年地租为

$R_w = B_u r = 161\,586.8\times0.06\approx9\,695.21(元)$

综上,该拟出让地块的林地价值为161 586.8元,年地租为9 695.21元。

【例8-2】以某市林地为例,林地资产评价的现行市价法公式中各因子应用如下。选取无林地6块,主要是宜林荒山地3块和退耕还林地3块,坡度5°~15°地位等级2级或3级。具体调查情况见表8-1。根据当地的实际情况和林业技术特点及技术标准,将被评价林地资产划分为3个地类等级(表8-2),然后按地类等级,根据近年来退耕还林地和宜林荒山荒地的市场价(表8-3),求出被评价林地的价值。

表8-1 林地因子调查表

序号	地类	坡度(°)	地位级	面积(hm²)
1	退耕	5	2	5
2	退耕	9	2	6
3	退耕	14	3	5
4	荒山	10	2	6
5	荒山	13	3	5
6	荒山	15	3	6

表8-2 林地资产级别指标表

等级	1等	2等	3等
立地指标	15°以下 土壤肥沃	15°~25° 土壤良好	25°以上 土壤较差
成活率指标	1级	2级	3级
保存率(%)	85以上	41~84	40以下(为无林地)

采用参照林地市场价作为依据,根据林地市价法公式计算如下:

$$B_u = K_1 K_2 GS \tag{1}$$

表 8-3 参照林地市场价格表　　　　　　　　　　　元·(亩·a)$^{-1}$

价格	地类/等级	1 等	2 等	3 等
林地市场价	退耕还林地	30	27	24
	宜林荒山荒地	20	18	16

式中，B_u 为林地资产价值，为被评价林地资产的年价格；K_1 为立地质量调整系数，按地类等级取 1，0.9，0.8；K_2 为物价指数调整系数；G 为参照林地的单位面积林地市场价；S 为被评价林地面积。

计算过程如下：

按地类分成两部分计算，一部分是退耕还林地的价格，另一部分是宜林荒山荒地的价格。

①退耕部分 = 1×1.01×27×6×15+0.9×1.01×27×5×15+0.8×1.01×24×5×15 = 5 749.425 (元·a^{-1})

②荒山部分 = 1×1.01×18×6×15+0.9×1.01×16×5×15+0.8×1.01×16×6×15 = 3 890.52 (元·a^{-1})

则林地评估价 = 5 749.425+3 890.52 = 9 639.945(元·a^{-1})

【例 8-3】某县标准林地单位面积蓄积量为 90 m^3·hm^{-2}，林地单位面积采伐成本为 220 元·m^{-3}，交易价格为 300 元·hm^{-2}·a^{-1}。该县某公司于 2020 年购得 A 镇国有林 200 hm^2，2008 年购得 B 镇国有林 100 hm^2，A 镇国有林距县城 140 km，海拔高 1 600 m，平均坡度在 26°~35°，地块处于中上部位，土壤厚度中等，小部分处山坡顶部，土层薄；每公顷活立木蓄积量 96 m^3，采运成本 270 元·m^{-3}；B 镇国有林距县城 25 km，海拔高 1 300 m，平均坡度在 25°，地块处于中下部位，土壤厚度中等；每公顷活立木蓄积量 115 m^3，采运成本 190 元·m^{-3}。采用现行市价法计算该县 A、B 两镇的林地价值。

计算过程如下：

根据式(1)可得：

$B_A = K_1 K_2 GS$ = 96/90×1/270/220×300×200 = 51 360.0(元·a^{-1})

$B_B = K_1 K_2 GS$ = 115/90×1/190/220×300×100 = 46 800.0(元·a^{-1})

因此，按照购买 50 年计算，A 镇国有林 200 hm^2 的林地价值为 257 万元，B 镇国有林 100 hm^2 的林地价值为 234 万元。

8.2 林木评价

8.2.1 林木评价的含义与作用

(1)林木评价的含义

林木资源也称为立木资源，立木是指站立在林地上，尚未被伐倒的树木(包括死的和活的)，即活立木和枯立木的总称。国家林业和草原局中国森林资源核算研究成果公布：截至 2018 年，全国林木资源实物量 185.05×10^8 m^3；全国林地林木资源总价值 25.05 万亿元，其中林木资产 15.52 万亿元。

林木资源具有巨大的生态、社会经济功能，肩负着"发展现代林业，建设生态文明，推动科学发展"的重大历史使命。因此，科学准确地开展林木评价研究工作对践行生态建设，完善林木评价体系具有重要的理论和实践意义。

林木评价(forest assessment)是指在林地上生长的活立木价格，可用市价、费用价、期望价或并用加以评定。一般分为现在采伐利用的林木评价和暂不采伐利用的林木评价两种情况。前者用于达到轮伐期的林木，多以市价评定；后者用于幼、中龄林的评价，以费用价或期望价评定。简而言之，林木评价是指立木资源调查的基础上利用现代科学技术和正确的统计计算方法，对立木资源的经济价值进行评定。其实质是确定立木价格即林价(forest value)。林木评价的概念有广义和狭义之分：狭义的林木评价是指林地上立木的价值，即立木价格。这是传统的林木评价的概念；广义的林木评价，实质是森林资源价值的货币表现，它包括：森林主产品——木材的价值，森林副产品——由于森林群落的存在而产生的各种动、植物及微生物产品的价值，以及森林多种生态防护功能和社会效益的价值。各种价值总和的货币表现就是林价。林木评价中，除活立木和枯立木外，经常还包括风倒木或新近砍倒尚未加工成原木或其他林产品的林木在内。它是森林资源的核心组成部分，也是森林资源中产权交易最活跃的部分，是林木评价最主要的内容。随着我国市场经济体制的不断完善与林业经营体制改革的不断深入，相关林业生产活动的市场经济行为日趋活跃，包括森林资源资产化经营、生态效益补偿、林木产权流转以及林木资源抵押贷款等市场经营活动，而其中大部分涉及对林木资源的评价。因此，研究科学合理的林木评价方法具有重要的意义。

在我国，林业经济界对这一经济范畴也有不同的理解，大体上有 3 种观点："原木价格说""立木价格说"和"森林价值说"。这些林价的概念是随着人类对森林作用的认识不断深化而产生的。随着生产的发展和人类的进步，人们逐渐认识到，森林不仅能提供木材，还能提供多种林副产品，发挥多种生态防护效益和社会效益。这些效益，就其价值来说，是立木价值的若干倍。目前，广义的林价概念已被大多数国家和林业科学界所承认，但其计量原理与计量方法还处在研究探讨阶段。因此，在计算林价的实践中，仍以立木价格作为依据，以狭义的林价作为研究对象。

林价的研究与运用已有 200 多年的发展历史，在我国始于 20 世纪 30 年代，新中国成立后得到不断的发展与完善。总体来说，国内的研究比较晚，但发展迅速。林价的发展按照时间可以划分为 4 个阶段，分别为初创阶段、公式化阶段、市场买卖阶段和现代阶段。其中初创阶段为 1788—1849 年。1788 年，奥地利一名税务局职员从税收的角度对林地进行了评价。随后，该方法流行于欧洲，并称为奥地利官方评价法，这开始了林价数量化的计算方法。到 19 世纪中期，福斯特曼(M. Faustmaun)提出林价包括"间断收获经营"和"永续经营"两部分，并列出公式计算。至此，初步形成了林价理论；公式化阶段是从 19 世纪 50 年代到 20 世纪三四十年代，这期间林价的计算方法大体包括费用价、期望价和买卖价三大方面；市场买卖阶段是从 20 世纪三四十年代至 20 世纪 70 年代，这一时期在大规模交易中，林价区及林价等级划分代替了传统的公式计算的方法；现代阶段为 20 世纪 80 年代后，随着学者对林价的研究日益增多，越来越多的理论及数学模型运用到林价中，如成本法、市价法、收益现值法等。

　　林木评价的主要根据是，在买卖实际中，评价对象的林木要有相同的树种、径级、树高、材质、地利关系、管理费用等林木价格等，这些可以作为林木的时价。但是，林木价格随着地利的好坏及运输费的多少有很大变化。我国地利关系非常复杂，其地利关系在买卖实际中，几乎没有相同的。因而，一般的买卖大致都在伐期龄以上，除非在特殊情况下，伐期龄以下的中、幼龄林木才有买卖。

　　影响林木价值的因素很多，林木评价是一个复杂系统经济学过程。在进行林木评价时应综合考虑各种因素，只有把握主要因素，才能合理有效地评价林木的价值。其主要影响因素为以下7个方面。

　　①评价目的因素　不同的评价目的，对应不同的价值类型，采取的评价方法有所不同，评价结果也就存在不同。例如，评价的目的在于对林木资产进行抵押、担保的评价，其目的不是为林木资产的直接交易提供依据，而是要考虑被评价林木资产对现金的保障程度，抵押资产的接受者主要考虑该林木资产的价值是否能抵上他所放贷出去的资金。

　　②产品销售因素　主要包括林木的销售价格和交易条件。市场的供需关系确定了木材产品的价格，由于市场行情的不断变化，许多木材生产者无法控制此因素，这就给木材评价带来困难。木材的评价需要根据基准日的木材产品市价的综合评定来确定立木的价格。

　　③林木相关成本因素　主要包括营林生产成本、林木生产成本和林业税费。其中，林业税费是林木资产评价中重要的成本构成内容。

　　④林木出材率因素　计算立木价格的一个重要的经济指标是林木出材率，是指一定面积上一定树种的活立木总蓄积量中，能生产各类合格木材的百分率。林木的直径、树高、干形、缺陷等决定了出材率。

　　⑤利率与折现率因素　在采用重置成本法进行林木资产评价时，林木培育成本的利率水平将对林木资产的评价值产生极大的影响。收益现值法与收获现值法中折现率（或本金化率）的确定应当十分谨慎，由于其涉及时间价值，它的每个微小的变化都会引起评价值的巨大变化。

　　⑥森林经营管理政策因素　对成、过熟林采用收获现值法进行评价时，应当考虑采伐限额对林木资产变现能力和变现时间的影响，对能否适时取得采伐限额作出合理估计，并考虑其对评价结果的影响；对中、幼龄林及用材林以外的林种进行评价时，要充分考虑政策对其价值的影响。

　　⑦林木资产的风险因素　林木资产由于其生长周期很长，在其经营过程中会面临许多风险，主要包括灾害风险、市场风险、利率风险、管理风险和政策风险。

　　(2) 林木评价的作用

　　林木是陆地森林生态系统的主体，不仅占有近30%的陆地面积和地球60%以上的生物量，而且存在巨大的生态、经济和社会效益。它不仅影响生物圈中各种生物的生存和发展，也影响和作用于非生物圈，对它们产生一定的调控，起着维持生态平衡的重要作用。林木评价在林木的转让、抵押贷款、租赁、担保，在森林遭到灾害时计算损失大小及补偿额，确定征用林地和解除林地使用权时的补偿额，在具有抵押权的情况下担保价值的评定，森林保险理赔时保险金额及损失金额的核定，森林纳税标准的确定等方面发挥定价的作用和功能。

8.2.2 林木评价方法

目前，林价计算方法很多，不同发展时期所运用的林价计算方法不一定相同，在同一发展时期也可能并存多种计算方法，为与社会主义市场经济接轨，林木评价采用林木资产评价方法。根据《森林资源资产评估技术规范》(LY/T 2407—2015)的规定，林木资产评价测算的方法主要有：市价法，包括市场价倒算法、现行市价法；收益现值法，包括收益净现值法、年金资本化法、收获现值法；成本法，包括重置成本法和序列需工数法。此外，还有账面历史成本调整法、清算价格法。

各类基本方法在林木资产评价中的应用是不一样的。①用材林林木资产评价一般按森林经营类型分龄组进行：幼龄林和未成林造林地一般选用现行市价法、重置成本法和序列需工数法；中龄林一般选用现行市价法、收获现值法、收益净现值法；近、成、过熟林主要选用市场价倒算法和现行市价法进行评价。②经济林经营的状况与用材林不同，经济林的产前期和初产期是经济林从造林到刚开始有产品产出的时期，也是经济林的幼龄阶段，这一阶段是投资投工最多的时期，但没有产品产出，多采用重置成本法进行测算；经济林的盛产期是经济林资产的产量最高、收益多且稳定的时期，一般采用收益现值法测算；经济林的衰产期的产量逐年明显下降，继续经营将是高成本低收益，甚至出现亏损，此阶段的经济林资产可用剩余价值法进行评价。③竹林资产主要可分为 3 种类型，测算方法各不相同：一种是新造的、未投产的竹林：造林以来已投入了大量的人力和资金，但尚未取得回报。因此，多采用重置成本法进行，也可用市场价格法；另一种是已经成林投产，但由于前期失管或管理不善(如缺乏合理的采伐制度和产笋养竹制度)，立竹株数小于标准保留株数的竹林，应用收益现值法和市场价格法进行估算；还有一种是立竹株数大于标准保留株数的竹林，一般采用收益现值法来测算。④防护林资产评价包括林木的价值和生态防护效益的评定估算，较适合的方法是收益现值法，进行评价时必须以防护林经营时所能获得的实际经济收益为基础，生态防护效益要通过实际调查确定标准和参数，选择相应的计算方法，也可选用现行市价法和重置成本法。⑤特种用途林是以保存物种资源、保护生态环境、国防、森林旅游、科学实验等为主要经营目的的森林。a. 实验林资产评价一般选用现行市价法、收获现值法和收益净现值法；b. 母树林林木资产评价一般参照经济林林木资产评价的方法进行；c. 风景林、名胜古迹和革命纪念林的资产评价按照森林景观资产评价方法进行。

(1) 市场价倒算法

市场价倒算法(market prices down algorithm)又称剩余价值法(residual value method)，它是将被评价森林资源皆伐后所得木材的市场销售总收入，扣除木材经营所消耗的成本(含税、费等)及应得的利润后，剩余的部分作为林木价值的一种方法。其计算公式为：

$$E = W - C - F \tag{8-5}$$

式中，E 为林木价值；W 为木材销售总收入；C 为木材生产经营成本；F 为木材生产经营利润。

测算林木价值时,首先要合理确定木材的平均价格,在木材市场上,木材的交易是按口径、长度确定的,是规格化的产品价格。而在林木评价中,这种规格化的产品价格必须转化成某种材种或某类材种的平均价格,由于不同的林分所产出的同一材种的规格不同,同一材种的平均售价也将发生很大的变化。在单片的成熟林林分的评价中,必须根据待评价林分的胸径、树高、形数、材质单独确定材种的平均价格,而不能直接采用当地的材种平均价格。其次是要准确确定待评价林分的各材种的出材率,不同林分的立木胸径、树高、形数和材质不同,其各材种的出材率也有很大的差别。材种出材率的差别直接影响了木材的总售价和税、金、费的测算,使评价的结果发生很大变化。最后是合理计算税、金、费,在木材的交易中,虽然税、金、费的标准有明确的规定,但各地的计税基价规定可能不同。税、金、费收取的项目,幅度都可能不一样。因此,其税、金、费的数量必须利用当地调查的实际资料确定,而不能参照其他地区的标准进行。

该法所需的技术经济资料较易获得,各工序的生产成本可依据现行的生产定额标准,木材价格、利润、税、金、费等标准都有明确的规定。立木的蓄积量无须准确进行生长预测,财务的分析也不涉及利率等问题。计算简单,结果最贴近市场,最易为林木资产的所有者、购买者所接受。因此,市场价倒算法主要用于成、过熟林的林木评价中,但在一般的收益净现值法、土地期望价法、收获现值法中,预期的林分主伐部分的收益也是采用该法计算。

(2)现行市价法

现行市价法也称市场成交价比较法。它是将相同或类似的林木资源现行市场成交价格作为被评价林木价值的一种方法。其计算公式为:

$$E = KK_b G \tag{8-6}$$

式中,E 为林木价值;K 为林分质量调整系数;K_b 为物价调整系数,可以用评价日工价与参照物价交易时工价之比表示;G 为参照物的市场交易价格。

用现行市价法评价时应取3个以上(含3个)评价案例,所选案例的林分状况应尽量与待评价林分相近。其交易时间尽可能接近评价时期。正确地确定林分质量调整系数与物价指数调整系数也十分重要。由于林木资源不是规格产品,其林分的质量差异极大,各案例的林分不可能与待评价林分完全一致,因此,必须根据林分蓄积量、平均直径、地利等级等因子进行调整。此外,由于林木资源市场发育得不充分,要找近期的案例十分困难,而利用过去不同日期的评价案例必须根据当时的物价指数,以及评价时期的物价指数进行调整。

现行市价法是林木评价中应用最为广泛的方法。它可以用于任何年龄阶段、任何形式的林木资源。该法的评价结果可信度高、说服力强、计算容易,但主要取决于收集到的案例成交价。采用该法的必备条件是要求存在一个发育充分的、公开的林木交易市场,在这个市场中可以找到各种类型的林木评价参照案例。

(3)收益净现值法

收益净现值法(the net present value method)是通过估算被评价的林木资源在未来经营期内各年的预期净收益按一定的折现率折算成为现值,并累计求和得出被评价林木价值的方法。其计算公式为:

$$E = \sum_{i=n}^{u} \frac{A_i - C_i}{(1+r)^{i-n+1}} \tag{8-7}$$

式中，E 为林木价值；A_i 为第 i 年的收入；C_i 为第 i 年的年成本支出；u 为经济寿命期；r 为折现率；n 为林分年龄。

收益净现值法通常用于有经常性收益的森林资源，如经济林资源和竹林资源等。这些资源每年都有一定的收益，同时每年也要支出相应的成本。所以，各年度收益和支出的预测是收益净现值法的基础，它们决定了评价的成败，必须尽可能选用科学、可行的预测方法来进行，以满足评价的要求。

收益净现值法中折现率的大小对评价的结果将产生巨大的影响。一般来讲，折现率中不应含通货膨胀因素，一是因为通货膨胀率变化不定，确定困难；二是在未来收益的预测中直接用评价时的价格较为方便，预测未来的价格较预测实物量更为困难。但如果在未来各年的收益预测中已包括了通货膨胀的因素，则其折现率也应包括通货膨胀利率。

（4）年金资本化法

年金资本化法（annuity capitalizing method）是将被评价的林木每年的稳定收益作为资本投资的收益，再按适当的投资收益率求出林木价值的方法。其计算公式为：

$$E = \frac{A}{r} \tag{8-8}$$

式中，E 为林木价值；A 为年平均纯收益额；r 为投资收益率。

年金资本化法主要用于年纯收益稳定且可以无限期的、永续经营下去的森林资源价值的评定。该方法的合理应用必须注意两个问题：一是年平均纯收益测算的准确性；二是投资收益率必须是不含通货膨胀利率的当地林业投资的平均收益率。

（5）收获现值法

收获现值法（harvest present value method）是利用收获表预测的被评价林木在主伐时纯收益的折现值，扣除评价后到主伐期间所支出的营林生产成本折现值的差额，作为被评价林木价值。其计算公式为：

$$E = K \frac{A_u + D_a(1+r)^{u-a} + D_b(1+r)^{u-b} + \cdots}{(1+r)^{u-n}} - \sum_{i=n}^{u} \frac{C_i}{(1+r)^{i-n+1}} \tag{8-9}$$

式中，E 为林木价值；A_u 为参照林分 U 年主伐时的纯收入（指木材销售收入扣除采运成本、销售费用、管理费用、财务费用及有关税费和木材经营的合理利润后的余额）；D_a、D_b 为参照林分第 a、b 年的间伐单位纯收入（$n>a$，b 时，D_a、$D_b=0$）；r 为投资收益率；C_i 为评价时到主伐期间的营林生产成本（主要是森林的管护成本）；K 为林分质量调整系数；n 为林分年龄。

主伐时纯收入的预测值是收获现值法的关键数据，其预测通常先按收获表或其他方法预测主伐时的立木蓄积量，然后按木材市场价倒算法计算出主伐时的纯收入。林分的间伐时间通常按该林分所属经营类型或经营类型措施设计表的规定，其间伐的纯收入按当地该类型 a 年或 b 年生林分间伐收入的平均水平，根据木材市价倒算法计算。调整系数 K 主要是对主间伐的收益值进行调整，其依据待评价林分的蓄积量和平均胸径与参照林分在同一年龄时的蓄积量和平均胸径的差异来综合确定。另外，收益和成本测算中均按评价时的价格，因此，其投资收益率必须扣除通货膨胀因素。

收获现值法是评价中龄林和近熟林常用的方法。收获现值法的公式较复杂，需要预测和确定的项目多，计算也较为麻烦。但该方法是针对中龄林、近熟林，造林已有些时间，用重置成本易产生偏差，而离主伐又尚早，不能采用市场价倒算法的特点而提出的。该方法的提出解决了中龄林、近熟林评价的难点，将重置成本法评价的幼龄林与用市场价倒算法评价的成熟林林木价值连接起来，形成了一个完整系统的立木的价值评价体系。

(6) 重置成本法

重置成本法(replacement cost method)是按现有技术条件和价格水平重新购置或建造一个全新状态的被评价资源所需要的全部成本，减去被评价资源已经发生的实体性贬值、功能性贬值和经济性贬值，得到的差额作为被评价资源价值的一种评价方法。其计算公式为：

$$E = K \sum_{i=1}^{n} C_i (1 + r)^{n-i+1} \tag{8-10}$$

式中，E 为林木价值；C_i 为第 i 年的以现行工价及生产水平为标准的生产成本(年初投入)；r 为投资收益率；n 为林分年龄；K 为林分质量调整系数。

在林木评价中，重置成本法主要适用于幼龄林阶段的林木评价。在用材林经营过程中，造林成本的投入在短期内得不到回报，营林成本的不断投入，所营造的林分在不断生长，林分蓄积量在积累增加，林木价值在升高。在其主伐前的长达一二十年甚至数十年的时间内，森林经营仅有少量的间伐收入，其收入远低于投入，直到主伐时才一次性得到回报。所以，林木评价不但对占用的资金要求支付资金的占用费——利息，并进行复利计算，而且用材林的重置成本法与一般资产的重置成本法不同，其一般不存在用材林资产的折旧问题，也就不存在成新率。此外，用材林的林分质量差异较大，其重置成本是指社会平均劳动的平均重置值。其林分的质量是以当地平均的生产水平为标准。但各块林分经营管理水平不同，与平均水平的林分存在差异，因此，各块林分价值必须用林分质量调整系数进行调整。

(7) 序列需工数法

序列需工数法(sequence number method of using labor)是以现行工价(含料、工、费)和森林经营中各工序的需工数来估算被评价的林木价值的方法。其计算公式为：

$$E = K \sum_{i=1}^{n} N_i B (1 + r)^{n-i+1} + KR \frac{(1 + r)^n - 1}{r} \tag{8-11}$$

式中，E 为林木价值；N_i 为第 i 年需工数；i 为投资序列年份；B 为评价时的日工价(含管理费及材料损耗费用)；r 为投资收益率；R 为年林地使用费；K 为调整系数；n 为林分年龄。

序列需工数法是林木评价中特殊的重置成本方法。因为林木培育是劳动密集型行业，林木培育投入主要是劳动力的投入。将少量的物质材料费和合理费用计入工价中，直接用工数来求算除地租外的重置成本，这较一般的重置成本法计算更为简便。

在部分地区，林地的地租不是每年交纳，而是在主伐时根据林地上所生产的木材数量按照规定的林价比例交纳，这时采用重置成本法无须考虑地租成本(经营者在经营过程中未付出地租,待主伐时一次付清)。这时采用序列需工数法计算重置成本更为简单。

采用序列需工数法有两个关键问题:一是确定各个工序的工数;二是确定工价。在确定工价时必须包括各种物质的耗费、管理费和人工费,而不是单纯的工人日工资,这些费用都是按评价基准日时的物价水平确定的,费用的收集和测算都较为麻烦,因此,在评价中很少使用该方法。

(8)账面历史成本调整法

历史成本调整法是以投入时的成本为基础,根据投入时与评价时的物价指数变化情况确定被评价林木资产评价价值的方法。在会计核算基础较好、账面资料比较齐全的条件下,可选用账面历史成本调整法。其计算公式为:

$$E_n = K \sum_{i=1}^{n} C_i \frac{B}{B_i}(1+P)^{n-i+1} \tag{8-12}$$

式中,E_n 为林木资产评价值;K 为林分质量调整系数;C_i 为第 i 年投入的实际成本;B 为评价时的物价指数;B_i 为投入时的物价指数;P 为利率;n 为林分年龄。

(9)清算价格法

清算价格法是先按现行市价法或其他评价方法进行估算,再按快速变现的原则,根据市场的供需情况确定一个折扣系数,然后确定被评价林木资产的清算价格的方法。该方法适用于企事业单位破产、抵押、停业清理的林木资产评价。其计算公式为:

$$E_o = D_o E_w \tag{8-13}$$

式中,E_o 为林木资产清算价格;D_o 为折扣系数;E_w 为林木资产评价价值。

用材林林木资产评价一般按森林经营类型分龄组进行:幼龄林一般选用现行市价法、重置成本法和序列需工数法。用材林林木资产评价时,要充分注意各龄组评价值之间的衔接。

8.2.3 林木评价案例

【例 8-4】现有某国有林场拟转让一块面积为 10 hm² 的杉木中龄林,年龄为 14 年,蓄积量为 135 m³·hm⁻²,经营类型为一般指数中径材(其主伐年龄为 26 年),假设每年的营林管护成本为 80 元·hm⁻²,由该地区一般指数杉木中径材的标准参照林分的蓄积量生长方程预测其主伐时平均蓄积量为 300 m³·hm⁻²,现实林龄(即 14 年生)标准参照林分的平均蓄积量为 150 m³·hm⁻²,该林分已经过间伐不再要求间伐,请测算该杉木中龄林林木价值。

有关技术经济指标(均为虚构假设指标)为:

①木材销售价格　杉原木为 1 200 元·m⁻³;杉非规格材为 1 050 元·m⁻³。

②税费统一计征价　杉原木为 1 000 元·m⁻³;杉非规格材为 800 元·m⁻³;增值税起征价:杉原木为 1 100 元·m⁻³;杉非规格材为 900 元·m⁻³。

③木材生产经营成本(含短运、设计、检尺等)为 170 元·m⁻³。

④相关费用

a. 木材检疫费:按税费统一计征价的 0.2% 计。

b. 销售费用:10 元·m⁻³。

c. 管理费用:按销售收入的 5% 计。

d. 不可预见费：按销售收入的2%计。

e. 增值税：以税费统一计征价的6%计。

f. 城建税、教育附加合计：以增值税的8%计。

⑤林地使用费 按新林价(杉原木为160元·m^{-3})的30%，即杉原木林地使用费为48元·m^{-3}；杉非规格材为杉原木的70%即为33.6元·m^{-3}。

⑥林业投资收益率为6%。

⑦出材率 林分出材率为70%，其中，杉原木出材率为25%；杉非规格材出材率为45%。

计算过程如下：

①预测主伐时蓄积量

$$M = \frac{m_n M_u}{M_n} = 135 \times 300/150 = 270(\text{m}^3)$$

②主伐时杉原木纯收入

$A_1 = W-C-F-D = 1\,200-170-1\,000 \times 0.2\%-10-1\,200 \times 5\%-48-15-10-900 \times 5\%-18-1\,180 \times 6\% \times (1+0.08) = 814.72(元·\text{m}^{-3})$

③主伐时杉综合材纯收入

$A_2 = W-C-F-D = 1\,050-170-800 \times 0.2\%-10-1\,050 \times 5\%-1\,050 \times 2\%-900 \times 6\% \times (1+0.08) - 33.6 = 702.98(元·\text{m}^{-3})$

④现在(14年生)至主伐期(26年)间的营林管护成本合计

$$T = \frac{V[(1+r)^{u-n}-1]}{r(1+r)^{u-n}} = 80 \times \frac{(1+0.06)^{(26-14)}-1}{0.06 \times (1+0.06)^{(26-14)}} = 671.11(元·\text{hm}^2)$$

⑤由此可计算其总评价值为

$$E = \frac{SM(f_1A_1+f_2A_2)}{1.06^{(26-14)}} - ST = \frac{10 \times 270 \times (0.25 \times 814.72 + 0.45 \times 702.98)}{1.06^{(26-14)}} - 10 \times 671.11 = 691\,062.1(元)$$

故该杉木中龄林林木价值为691 062.1元。

【例8-5】某小班面积为10 hm^2，林分年龄为4年，平均高2.7 m，株数2 400株·hm^{-2}，要求用重置成本法评价其价值。据调查，在评价基准日时，该地区第一年造林投资(含林地清理、挖穴和幼林抚育)为9 600元·hm^{-2}，第二和第三年投资为3 000元·hm^{-2}，第四年投资为1 800元·hm^{-2}，投资收益率为6%。按当地平均水平，造林株数为2 550株·hm^{-2}，成活率要求为85%，4年林分的平均高为3 m。

计算过程如下：

已知 $n=4$，$C_1 = 9\,600$元·hm^{-2}，$C_2 = 3\,000$元·hm^{-2}，$C_3 = 3\,000$元·hm^{-2}，$C_4 = 1\,800$元·hm^{-2}，$i=6\%$

因为该小班林木成活率 $= \frac{2\,400 \text{株·hm}^{-2}}{2\,550 \text{株·hm}^{-2}} = 0.94$ (即94%) > 85%

所以 $K_1 = 1$

$$K_2 = \frac{2.7}{3} = 0.9 \text{ (m)}$$

$$E = K_1 K_2 \sum_{i=1}^{4} C_t (1+r)^{n-i+1}$$

$$= 1 \times 0.9 \times (9\,600 \times 1.06^4 + 3\,000 \times 1.06^3 + 3\,000 \times 1.06^2 + 1\,800 \times 1.06)$$

$$= 20\,969 (元 \cdot hm^{-2})$$

故该幼龄林林木价值为 20 969 元·hm^{-2}。

【例 8-6】某国营林场有一个小班,面积 16 hm^2;树种组成为 8 柞 2 椴;林龄为 55 年,蓄积量为 96 m^3,成熟年龄为 81 年。柞树平均售价为 780 元·m^{-3},椴树平均售价为 690 元·m^{-3}。原木出材率为 0.585 1,短小材薪材出材率为 0.071 2。伐区成本、贮运集材成本、期间费用、设计费等共计 244 元·m^{-3},利润为销售收入的 7.5%。管护、防火、病虫害防治费用为 42 元·$hm^{-2} \cdot a^{-1}$。优势树种柞树的中龄林生长率 P 为 2.63%,近熟林生长率 P_1 为 1.55%。请对其现有林木价值进行评价。

计算过程如下:

①成熟时蓄积量 = $96(1+P)^{(60-55)}(1+P_1)^{(81-60)} = 151(m^3 \cdot hm^{-2})$

②收入 = $\frac{151 \times 0.585\,1 \times (780 \times 8 + 690 \times 2)}{10} + 151 \times 0.071\,2 \times 100 = 68\,398(元 \cdot hm^{-2})$

③费用 = $151 \times (0.585\,1 + 0.071\,2) \times 244 = 24\,180.7(元 \cdot hm^{-2})$

④采伐时净收入 = $(68\,398 - 24\,180.7) \times (1 - 7.5\%) = 40\,901(元 \cdot hm^{-2})$

⑤管护成本现值 = $\frac{42}{0.06} \times \left[1 - \frac{1}{(1+0.06)^{26}}\right] = 546(元 \cdot hm^{-2})$

⑥评估现值毛收入 = $\frac{40\,901}{(1+0.06)^{26}} = 8\,990(元 \cdot hm^{-2})$

⑦评估值 = $(8\,990 - 546) \times 16 = 135\,104(元)$

【例 8-7】某国有林场拥有 9 100 株杉木林地,种植面积为 11 hm^2,盛产期,树龄为 40 年。要求用年金资本化法评价其价值。根据调查数据进行综合分析,可采用下列经济指标低管护成本,采果费为 2 元·kg^{-1},管理费是 1% 的销售价格,每公顷需要施加 3 000 元的农药化肥,抚育和病虫害防治的成本为 600 元·hm^{-2},其余成本为 150 元·hm^{-2}。在杉木盛果期每株可达 100 g。考虑时间因素预计单株的年产量达 70 kg,在制定价格过程中杉木的价格是符合市场交易规律和当地收购的,最终成交价为 10 元·kg^{-1},利润为生产成本的 15%,可按照 10% 进行投资收益率的计算。

计算过程如下:

①$A_{年平均收益额}$ = 15% × 成本 = 15% × $[9\,100 \times (2 + 1\% \times 2) \times 70 + (3\,000 + 600 + 150) \times 11]$ = 199 198.5(元)

②$E_{评价值} = \frac{A}{r} = \frac{199\,198.5}{10\%} = 1\,991\,985(元)$

综上该杉木林地的价值为 1 991 985 元。

8.3　森林生态系统服务功能评价

8.3.1　森林生态系统服务功能评价的含义与作用

(1) 森林生态系统服务功能评价的含义

森林生态系统作为地球上最复杂、多功能、多效益的自然生态系统，是陆地生态系统的主体，集生态效益、经济效益和社会效益于一体，不仅为人类提供生存所必需的资源，而且对维护生态平衡和经济社会的发展起着决定性的作用。森林生态系统服务功能(forest ecosystem services)是森林生态系统与生态过程所形成的用以维系人类赖以生存和发展的自然环境条件与效用。目前，森林生态系统服务功能包括多种指标，可以概略地分为两大类：一是森林生态系统产品，例如，提供木材，林副产品，表现为直接价值；二是支撑与维系人类赖以生存的环境。主要包括森林在涵养水源、保育土壤、固碳释氧、积累营养物质、净化大气环境、森林防护、生态多样性保护和森林游憩等方面的生态服务功能。

世界上森林面积占陆地总面积的1/3，年生物生长量却占全部陆地植物年生物生长量的65%，每年为人类提供约 $16×10^8$ m^3 的木材。森林生态系统在减缓和适应全球气候变化中起着重要作用，森林碳储量占陆地植被碳储量的80%以上，森林每年碳固定量占全部陆地生物固碳量的2/3。森林生态系统同时是自然界功能最完善的资源库，生物基因库，水、碳、养分及能源储存调节库，对改善生态环境，维护生态平衡具有不可替代的作用。第九次全国森林资源清查(2014—2018)数据显示：我国森林覆盖率22.96%，森林面积 $2.2×10^8$ hm^2，其中人工林面积 $7\ 954×10^4$ hm^2，继续保持世界首位。森林蓄积量 $175.6×10^8$ m^3。森林植被总生物量 $188.02×10^8$ t，总碳储量 $91.86×10^8$ t。年涵养水源量 $6\ 289.50×10^8$ m^3，年固土量 $87.48×10^8$ t，年滞尘量 $61.58×10^8$ t，年吸收大气污染物量 $0.40×10^8$ t，年固碳量 $4.34×10^8$ t，年释氧量 $10.29×10^8$ t。因此，开展对森林生态系统服务功能进行科学综合的评价研究对森林资源在实现可持续发展过程中具有重要的理论和实践意义。

森林生态服务功能评价不仅反映了森林生态循环的过程，也是对森林系统在不同社会生产力水平和经济结构下，人们获得补偿和支付意愿的选择概率的真实反映，同时也是为生态保护和建设提供有力的支撑。从不同方面对森林生态系统服务进行评价能够引起人们及社会对森林生态系统服务功能和价值重要性的认识，有助于把森林资源的保护作为公益事业，从经济学的角度直观表达和明确量化了森林生态效益服务功能以及价值，将会有效地解决林业建设的动力和机制问题。同时，森林生态服务功能的效益是属于外部经济，是无法以市场经济结构去保证社会需求量的公共财产。森林具有社会资本的性质，属于公益效益。森林生态功能无法通过市场机制给森林所有者带来利益，因此，个体生产条件和社会生产条件会有差别，要保证社会需要的服务功能的水平和内容是很困难的。这就需要国家进行适当政策调整，补助金、贷款和纳税制度等辅助措施能够部分消除个体生产条件和社会生产条件之间的差别，要想完全消除这种差别，从理论上来说，需要通过提高辅助措施给森林所有者提供补助，其金额同森林生态服务功能的货币价值相等。有关森林生态服务功能的费用分担是这些辅助措施所需财源的社会负担。因此，要确定费用分担标准，就需要对森林生态服务功能进行计量和评价。

(2)森林生态系统服务功能评价的作用

森林既能向人类提供种类繁多的物质产品,又是森林生态效益的载体,向人类提供着必要的环境服务,还对维持全球气候稳定起到举足轻重的作用。1995年,皮门特尔(Pimentel)提出在过去40年里,世界上近1/3的耕地因侵蚀而流失,并且以每年超过$1\,000 \times 10^4\,hm^2$的速度继续流失。全球因植被破坏和质量下降,造成水土流失导致水库淤积的经济损失约60亿美元·a^{-1}。近年来,随着一些全球性和区域性的环境问题,诸如土地退化、荒漠化、水土流失、沙尘暴、全球气候变暖及空气质量下降等,致使森林生态系统服务功能的衰弱,很大程度上威胁到人类的安全与健康,制约了社会经济的发展。据中国、美国、加拿大国际合作项目研究,中国因荒漠化造成的直接经济损失约为541亿元人民币。多年来,林业上的粗放经营和森林资源大量采伐利用,导致原始森林和天然林面积减少,全世界每年失去约$1\,700 \times 10^4 \sim 2\,000 \times 10^4\,hm^2$森林,直接减弱了森林涵养水源、保持水土、调节气候等多项生态功能,结果致使物种加剧濒临灭绝,同时温室效应增强,自然灾害严重,给区域生态系统造成了难以弥补的损失。2007年1月10日,世界经济论坛在日内瓦发布的《2007年全球风险》报告中,将气候变化列为21世纪全球面临的最严重挑战之一。报告称,由全球变暖造成的自然灾害在今后数年内可能会导致某些地区人口大规模迁移、能源短缺以及经济和政治动荡。这种自然灾害的发生,某种程度上不全是森林资源被破坏结果的直接体现。研究表明,森林资源被大量破坏加速了这一过程的发生。20世纪后期,人们认识到森林资源对社会经济和谐发展起着协调统一的作用,如《关于森林问题的原则声明》《气候变化框架公约》《生物多样性公约》等国际公约签订表明,林业在维护国土生态安全中的重要作用尚未充分发挥出来。客观、动态、科学地评价森林的生态服务功能对于加深人们的环境意识,促进提升林业建设在国民经济的主导地位,提高森林经营管理水平,加快将环境纳入国民经济核算体系及正确处理经济社会发展与生态环境保护之间的关系具有重要的现实意义。

生态系统服务功能评价奠定在较为可靠的生态学基础,对确定森林在生态环境建设中的主体地位和作用,完善森林生态环境动态评价、监测和预警体系,为我国和全球的生态环境建设、森林可持续利用和经济的可持续发展提供了一定的科学依据。评价结果能够描述当前我国森林资源的真实状况,是制定"三大体系"构建目标的基础资料。通过生态服务功能观测与评价,可以获得我国森林资源生态服务功能总体状况的动态数据,是了解"三大体系"构建效果较为有效的途径。1997年,科斯坦扎(R. Costanza)对全球尺度的生态系统服务功能进行了评价,他将森林生态系统服务功能分为17种类型,估算出全球生态系统服务功能的年总价值为16万亿~54万亿美元。美国及德国等国家的概算数字表明,森林生态服务功能的经济评价数字应为木材生产评价数字的1.5~2倍。尽管评价的数字存在一些争议,但是这些工作和评价方法都为以后的森林生态服务功能的价值评价提供了理论参考。我国也于20世纪后期开始了森林生态系统服务功能价值评价工作,不过大多数的研究都是借鉴国外的一些方法,2008年,国家林业局发布了行业标准《森林生态系统服务功能评估规范》(LY/T 1721—2008),建立了我国的森林生态系统服务功能评价指标体系(图8-1),为科学开展森林生态系统服务功能评价提供了依据和标准。

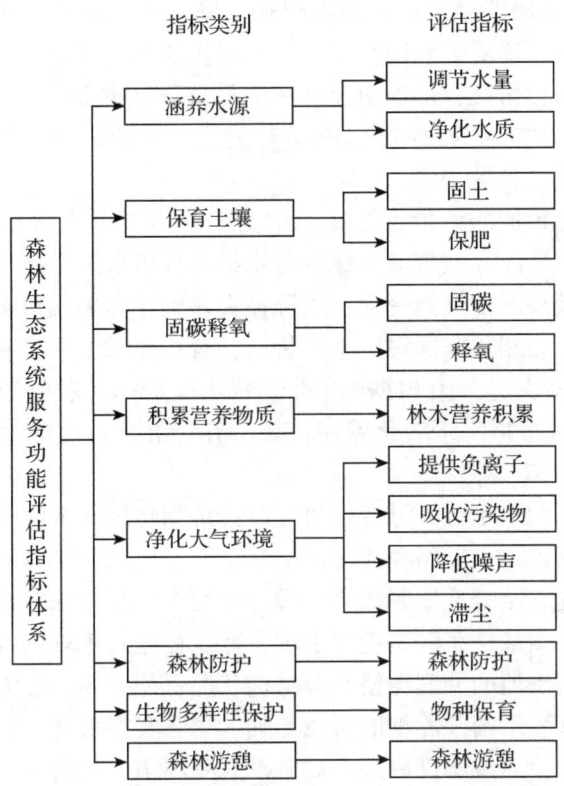

图 8-1 森林生态系统服务功能评价指标体系

8.3.2 水源涵养功能评价

水源涵养功能是生态学与水文学的交叉学科领域，是近年来的研究热点。森林涵养水源功能是水资源与森林资源在生态系统服务领域相互作用的集中体现。科学认知森林涵养水源功能并合理开展价值评价是指导价值评价的基础。森林所具有的涵养水源功能主要是指森林生态系统特有的对降水的拦截和调节的作用。森林通过其包含植被的巨大枝干和繁茂枝叶组成的冠层，结合林下的灌草层和枯枝落叶层拦截和储存大气降水，进而对水分进行调节。大气降水在通过森林植被时，会落在树木的叶片、枝条、树干等表面，在被吸附并积蓄到一定数量后，受重力或风的影响滴落或转移到树的其他部位，最后转移到林地表面。这些经过林冠和树干等截留之后流下的降水在到达林地后会被枯枝落叶等地面凋落物吸收截留，最终进入土壤层汇入地下径流。森林对径流的调节、转化和传递功能有重要作用。冬季融雪、过量雨水往往会造成水位高涨并引发洪涝灾害，森林可以降低地表融雪水和雨水的径流量，促使其渗入地下，变为地下径流，进而降低洪峰高度。森林对径流的分配和循环过程还可以在贫水期提高水位，防止水库被土壤水蚀产物淤塞，改善水质，从而对河川径流的形成起着重要影响作用，同时大大降低与缓解了人类为调节水源而新修建或维护各类水利工程(如清淤)的投资压力。

森林的水源调节效能的经济评价主要取决于两个因素：① 集水地区径流的增长状况

(与无林地相比);② 水源的经济评价值。根据苏联林学家研究,在最佳森林覆盖率条件下,森林可最大限度地发挥对集水区水源平衡及河川径流状况的有益影响,即地下径流的增长量可达最高值。根据研究,低地沼泽林区的最佳森林覆盖率为35%~65%,森林草原地区为20%~30%,草原地区为15%~20%。在进行经济评价时,多采用与实际最佳森林覆盖率相符的地下径流增长平均值。

关于森林涵养水源价值的评价方法,一般为分析森林的保水蓄水价值、水源调节价值、水源损失评价和水资源存储价值。保水蓄水价值分析水土保持工程的蓄水量和抗洪能力;水源调节价值涉及地下径流的变化;水源损失评价森林采伐带来的影响;水资源储存价值与森林的蒸发散能力相关联。对于水的价格,有6种取法:① 根据水库蓄水成本所决定;② 根据供用水价格决定;③ 根据电能生产成本确定;④ 根据极差地租确定;⑤ 根据区域水源运费决定;⑥ 根据海水淡化费用决定。在计算水价时应根据水的不同功能选择对应的价格。

根据森林采伐前后的水土流失量变化也可以评价森林涵养水源和调节水分效能。土壤水蚀主要是由雨水滴落击溅、坡面径流冲刷引起。森林可以通过其冠层密布的枝叶拦截部分雨滴,吸收雨水动能,结合地面凋落物的缓冲作用来减缓降水对地面土壤层的冲击。森林地下交错盘杂的庞大植被根系网能把持土壤,减少径流对土壤的冲刷。森林采伐后,地表径流的增加和雨水对土地的冲刷会使水源平衡状况受到破坏,加大水利工程建设维护难度与成本,使修建水库、水闸及堤坝的费用增加。尽管实施水利工程等措施不失为一种有效治理手段,但有时也会导致不良后果,如淹没大片农田、村落等。因此,只有科学调整森林采伐利用强度才是避免产生水源状况失衡这种不良现象的有效方法。

8.3.2.1 评价方法

(1) 保水价值估算法与蓄水减洪价值估算法

保水蓄水价值估算法分析水土保持工程的蓄水量和抗洪能力。水土保持工程措施可以积蓄水分、减轻下游洪涝灾害的功能。其计算公式为:

$$E_W = \sum W r_W \tag{8-14}$$

式中,E_W 为蓄水减洪价值;$\sum W$ 为蓄水减洪总量;r_W 为单位水价。

工程措施减水、减洪效益主要按灌溉水价计算,取值为 0.2~0.4 元·m^{-3}。

(2) 水源调节评价法

森林对降雨的再分配和强大储水能力对地下径流量有一定调节作用,该方法是通过观测地下径流的变化量结合森林覆盖率评价森林的水源调节能力。评价水源调节(地下径流量)可按下式确定:

$$V = \frac{10 \times \Delta Cr \times 100}{\rho} \tag{8-15}$$

式中,V 为水源调节量;ΔCr 为地下径流增长量;ρ 为森林覆盖率。

(3) 水源损失评价法

森林对生态的降雨分配、径流控制等起到调节与涵养水源的作用。森林经采伐利用后会导致水源涵养效能变化,进而产生水源损失。对水源损失评价可按下式确定:

$$Y = SOPTV \tag{8-16}$$

式中，S 为伐区面积；O 为地区年降水量；P 为生产经营活动导致地表径流变化系数；T 为采伐迹地恢复原径流状态的周期；V 为根据土地统计资料确定的水源经济评价值。

(4) 水资源储存量法

森林拦蓄水源的总量是降水量和森林蒸发散量的差，该方法计算森林储水量最为科学合理，但是关于森林的蒸发散量需要长期观测才能获取准确数据。水资源储存量评价也可以用下式来定义，即：

$$W = P - E \tag{8-17}$$

式中，W 为水资源贮存量；P 为降水量；E 为蒸发散量。

而蒸发散量可用下式求得：

$$E = \frac{\alpha \Delta (Rn - G)}{\Delta + r} + \beta P \tag{8-18}$$

式中，Rn 为纯放射量；G 为地中热流量；Δ 为饱和水气压曲线的斜率；r 为干湿度；α，β 为常数；P 为降水量。

对于植被与土壤混合区域，还可以针对植被的覆盖度和土壤裸露区的占比求得蒸发散量，其表达式为：

$$E = f E_g + (1 - f) E_0 \tag{8-19}$$

式中，E_g 为植被覆盖区蒸散量；E_0 为裸露土壤蒸发量；f 为象元中植被覆盖度，表示单位面积中植被所占比例；$(1-f)$ 为单位面积中裸土所占比例。

8.3.2.2 水源涵养功能评价案例

【例 8-8】某地区水源涵养林的森林覆盖率为 55%，实测 7 月 27 日地下径流量为 $0.02~\text{m}^3 \cdot \text{s}^{-1}$，7 月 28 日地下径流量为 $0.03~\text{m}^3 \cdot \text{s}^{-1}$，求此地 27 日至 28 日水源调节量 V。

计算过程如下：

$$\begin{aligned} V &= \frac{10 \times \Delta Cr \times 100}{0.55} \\ &= \frac{10 \times (0.03 - 0.02) \times 100}{0.55} \\ &= 18.18~(\text{m}^3) \end{aligned}$$

解得该地 7 月 27 至 28 日水源调节量为 18.18 m^3。

采用上式求得的评价指标不难对森林水源调节功能做出经济评价。在进行实际计算时，确定评价地区获得附加水源付出的最小增长值十分重要，该值可反映附加水源利用获得的国民经济效果。

【例 8-9】某森林经采伐利用后需确定产生的水源损失，现已知该伐区面积为 0.4 hm^2，该地年降水量为 1 120 mm，生产经营活动导致地表径流变化系数为 0.6，采伐迹地恢复原径流状态的周期为 25 年，根据土地统计资料确定的水源经济评价值为 3 元·m^{-3}。求该森林经采伐利用后因水源涵养效能变化而产生的水源损失。

计算过程如下：

$$Y = SOPTV$$
$$= 4\ 000 \times 1.12 \times 0.6 \times 25 \times 3$$
$$= 201\ 600(元)$$

解得该森林经采伐利用后产生的水源损失为 20.16 万元。

8.3.3 水土保持功能评价

水土保持功能是指某一区域内水土保持设施所发挥或蕴藏的有利于保护水土资源、防灾减灾、改善生态、促进社会经济发展等方面的作用，包括基础功能和社会经济功能。基础功能是指水土保持设施在某一区域内水土流失防治、维护水土资源和提高土地生产力等方面所发挥或蕴藏的直接作用或效能；社会经济功能是指水土保持基础功能的延伸，主要是指水土保持设施在某一区域内起到的生产或保护功能。

我国是水土流失问题最为严重的国家之一，水土流失已经成为主要环境问题。泥沙流失在我国造成土地退化、肥力流失、河道淤积等一系列生态问题。水土保持在保护和利用水土资源以及国土整治中起着重要作用，防治水土流失、维护生态系统良性循环是建设生态文明、保障国土生态安全的重要内容。森林具有防止泥沙流失，保育土壤的功能。因此，加强造林绿化、强化森林保护，保护水土资源，改善生态环境是一项重要的世纪任务。

保护土壤侵蚀不能单靠森林本身，治理土壤侵蚀是一项复杂的农业、林业及水利工程综合技术措施，其中水利工程措施是为了防止侵蚀沟的形成和发展。在水利工程中，土壤侵蚀的强度与当地的地形、植被等因素相关，通过改变工程堆体的坡度、砾石含量和坡长等进而达到调整水土利用结构、更好开展水土流失综合治理；农业技术措施是为了保持土壤肥沃的表层以提高农作物产量，可以采用科学的垄作方式，采用合理的水土保持栽培技术，结合植物篱等技术可以有效减少径流对坡面土壤的冲刷，增加植被盖度防止土壤结皮、减缓土壤侵蚀；林业中的水源调节林和护田林则是为了改善农田水文及小气候条件，一般是混交树种，可以防止和削弱风沙危害和土壤次生盐碱化，护田林带可以消耗过多的水分，发达的根系可以固定田地土壤，防止泥沙流失。环境质量改善会带来各个方面的效益，但是对相关效益的全面评价在很多情况下难以做到，因此，国内外对其功能评价使用了不同的办法。

8.3.3.1 水土保持功能评价方法

(1) 市场价值法

市场价值法(也称生产率法)，适用于没有费用支出但有市场价格的生态服务价值评价。其基本原理是视生态系统为生产中的一个要素，生态系统的变化将导致生产成本与生产率的变化，进而导致产出水平和价格的波动。服务功能价值计算公式为：

$$V = q(P - C_v)\Delta Q - C \tag{8-20}$$

式中，V 为生态系统服务功能价值；C_v 为单位产品的可变成本；q 为产量 Q 的单位价格；ΔQ 为产量变化量；C 为成本。

当生产要素价格变化时，产量 Q 也发生变化，则产品与生产要素价格也随之改变。此时服务功能价值为：

$$V = \frac{\Delta Q(P_1 + P_2)}{2} \tag{8-21}$$

式中，V 为生态系统服务功能价值；ΔQ 为产量变化量；P_1 为产量变化前的价格；P_2 为产量变化后的价格。

(2) 恢复和防护费用法

对环境质量的最低估计可以从为了削除或减少有害环境影响所需要的经济费用中获取，可以把恢复或防护一种资源不受污染所需的费用作为环境资源破坏带来的最低经济损失，这就是恢复和防护费用法。

根据水利部规定，土壤侵蚀分为不同的等级，将南方红壤考察区土壤侵蚀划分为：微度侵蚀、轻度侵蚀、中度侵蚀、强度侵蚀、极度侵蚀和剧烈侵蚀。按照其对生态环境和安全造成的危害程度进行强度量化分级，规定权重值为 0、8.02、20.05、34.76、61.49、100.00，土壤侵蚀程度越严重其权重分值越大。

土壤侵蚀综合指数 E 的计算公式为：

$$E = \frac{\sum_{i=1}^{N} C_i A_i}{S} \tag{8-22}$$

式中，E 为评价单元土壤侵蚀综合指数；C_i 为评价单元土壤侵蚀等级权重；A_i 为评价单元第 i 等级侵蚀的面积；S 为评价单元的土地总面积；N 为评价单元土壤侵蚀等级数，用阿拉伯数字 1、2、3、4、5、6 依次表达微度侵蚀、轻度侵蚀、中度侵蚀、强度侵蚀、极强侵蚀和剧烈侵蚀。其物理意义是：当 $E=0$ 时，评价单元上没有任何级别的水土流失发生或仅发生轻度侵蚀区域。当 $E=100$ 时，说明评价单元上均为剧烈侵蚀。一般来说，评价单元的土壤侵蚀综合指数介于 0~100，土壤侵蚀综合指数 E 很少接近 100。

(3) 水土保持土壤肥力价值估算法

水流的侵蚀会带走大量的有机质，使土壤肥力大大下降，因此，引入土壤肥力的潜在价值可以估算水土保持对土壤肥力保护带来的效益。其计算公式为：

$$E_r = \sum SC_i P_i \tag{8-23}$$

式中，E_r 为保持土壤肥力价值；$\sum S$ 为水土保持措施的保土量；C_i 为土壤中有效氮、磷、钾含量；P_i 为对应有机质（i 为氮、磷、钾中一种）的价格，可以参考当地各种肥料的价格。

(4) 减少土壤侵蚀价值估算方法

通过水利工程和防护工程等措施手段发挥的保土拦土的土量来推算因土壤侵蚀所产生的废弃土地面积。结合土壤肥力层的平均厚度计算因水土流失废弃的土地经济价值。其公式为：

$$E_S = \frac{\sum S}{0.6P} B \tag{8-24}$$

式中，E_S 为保护废弃土地的经济效益；$\sum S$ 为水土保持措施的保土量；P 为土壤容重；B 为单位面积的年均收益，据统计全国农业年均收益为 9 753.6 元·hm^{-2}。

8.3.3.2 水土保持功能评价案例

【例8-10】某南方红壤考察区评价近十年土壤侵蚀综合指数,已知该地区土地总面积为 $15×10^4$ hm^2,土壤侵蚀面积中,侵蚀等级为轻度侵蚀面积占 $10×10^4$ hm^2,中度侵蚀等级占 $4×10^4$ hm^2。根据相关资料得到该地对应的土壤侵蚀权重为0、8、20、34、61、100,求该地区土壤侵蚀综合指数。

计算过程如下:

$$E = \frac{\sum_{i=1}^{N} C_i A_i}{S}$$

$$= \frac{8 \times 10 + 20 \times 4}{15}$$

$$= 10.67$$

则该地区土壤侵蚀综合指数为10.67。

【例8-11】某地方为防治水土流失建设相关防护工程,使该年当地流失土壤减少 $10×10^4$ t,已知该地区土壤氮含量为200 $mg·kg^{-1}$,磷70 $mg·kg^{-1}$,钾120 $mg·kg^{-1}$,该地氮肥价格8元 $·kg^{-1}$,磷肥价格5元 $·kg^{-1}$,钾肥价格7元 $·kg^{-1}$,求该水土保持工程带来的土壤肥力保护效益。

计算过程如下:

$$E_r = \sum S C_i P_i$$

$$= 100\,000 \times (0.000\,2 \times 1\,000 \times 8 + 0.000\,07 \times 1\,000 \times 5 + 0.000\,12 \times 1\,000 \times 7)$$

$$= 279\,000(元)$$

则该水土工程该年带来的土壤肥力保护效益为279 000元。

【例8-12】某南方红壤地区建设保土拦土防护工程,在2017—2018年保土 $10×10^4$ t,已知该地区土壤容重为每立方1.35 t,土地种植年均收益按全国农业年均收益为9 753.6元 $·hm^{-2}$,求防护工程所保护土地的经济效益。

计算过程如下:

$$E_S = \frac{\sum S}{0.6P} B$$

$$= \frac{10 \times 10^4}{0.6 \times 1.35} \times 9\,753.6$$

$$= 12.04(亿元)$$

则2017—2018年该防护工程所保护土地的经济效益为12.04亿元。

8.3.4 森林碳汇功能评价

第九次全国森林资源清查数据显示,我国森林植被总碳储量91.86×10^8 t,其中80%以上的贡献来自天然林。科学研究表明,林木每生长1 m^3,平均约吸收1.83 t二氧化碳,释放 1.62 t 氧气。碳汇具有汇集、吸收和固定二氧化碳的功能。对于森林里的绿色植物来说，这种功能体现为光合作用。碳汇是指绿色植物通过光合作用固定并吸收二氧化碳的多少或者说是其固定并吸收二氧化碳的能力。森林碳汇是指森林在生长过程中能够从大气中吸收并储存大量的二氧化碳。森林的这种碳汇功能很强大，它可以实现缩减空气中二氧化碳的含量，改变全球气温升高的局势，改善生态环境现状的目的。

随着人类物质文明的发展，大气中二氧化碳增加，导致温室效应，全球气候变暖。大气中的有毒、有害物质(如二氧化硫、氟化物、氮氧化物、粉尘等)逐渐增加。这些变化势必会对全人类的生存环境产生深刻的影响，森林作为陆地上最大的储碳库，在与大气的物质交换中，起着重要的作用，它可以吸收大气中的二氧化碳并将其固定在植被或土壤中，减少二氧化碳气体在大气中的浓度。碳汇具有汇集、吸收和固定二氧化碳的功能，对森林植被来说就是光合作用。碳汇功能评价是指森林绿色植物通过光合作用固定和吸收二氧化碳量的多少。因此，可以根据生物量换算成林分释放的氧气，并以氧气的单位价格对森林碳汇功能进行价值评价。此处介绍森林蓄积量转换因子法、IPCC 法、生物量经验回归模型估算法、NPP 实测固碳量法和涡度相关法来对森林生物量进行估算。

评价森林碳汇功能及其经济价值并简要分析森林碳汇发展存在的问题，是对现有森林碳汇理论的验证及延伸，系统研究森林碳汇问题，对改善区域环境空气质量，促进生态修复有重要的意义。研究森林碳汇功能，可以为测算森林碳储量及其经济价值提供有力的借鉴作用，并对地方政府发展森林碳汇经济、确立生态补偿金额和完善生态补偿机制提供一定的理论基础和数据支撑。

8.3.4.1 评价方法

(1) 森林蓄积量转换因子法

碳密度法、碳平衡 F-CARBON 模型法等森林碳汇计算方法为纯自然科学范畴，因此，计算方法比较烦琐。而森林蓄积量转化因子法以森林碳汇自然科学计算方法和研究结果为基础，其计算方法更具实用性和操作性。计算原理为：

$$C_{tf} = 树木生物量固碳量 + 林下植物固碳量 + 林地固碳量$$

$$C_{tf} = \sum(S_{ij}C_{ij}) + \alpha\sum(S_{ij}C_{ij}) + \beta\sum(S_{ij}C_{ij})$$

其中：$C_{ij} = V_{ij}\varepsilon\mu\varphi$

整理以上公式可得：

$$C_{tf} = (1 + \alpha + \beta)V_f\varepsilon\mu\varphi \tag{8-25}$$

式中，C_{tf} 为表示森林全部碳汇量；S_{ij} 表示第 i 类地区第 j 类森林类型的面积；$V_f = \sum(S_{ij}V_{ij})$，V_{ij} 为第 i 类地区第 j 类森林类型的单位面积蓄积量；α 为林下植被碳转化系数；β 为林地碳转化系数；ε 为生物量蓄积量扩大系数；μ 为容积密度或干重系数；φ 为含碳率；根据政府间气候变化专门委员会(IPCC)默认通用值：$\alpha = 0.195$，$\beta = 1.244$，$\varepsilon = 1.9$，$\mu = 0.5$，$\varphi = 0.5$。

(2) IPCC 法

全球气候变暖使得陆地生态系统对大气二氧化碳的固定能力得到普遍的关注。2004年，联合国政府间气候变化专门委员会(IPCC)召集世界各国科学家共同编写了《土地利用、土地覆盖变化和林业优良作法指南》，并以此作为世界各国进行陆地生态系统固碳潜力估算的指导方法。IPCC 法是以森林蓄积量、木材密度、生物量换算因子和根茎比等作为参数，建立材积源生物量模型估算乔木林的碳储量。其中生物量换算因子 BEF 见表 8-4。基于 IPCC 法的森林植被总碳储量包括乔木层碳储量，灌木林碳储量，经济林碳储量和竹林碳储量。其计算公式如下：

$$C_{森林总碳储量} = C_{乔} + C_{灌木} + C_{经济林} + C_{竹林} \tag{8-26}$$

①乔木林碳储量（$C_{乔}$）估算公式为：

$$C_{乔} = \sum_{i=1}^{n}(V_i D_i BEF_i \varphi) \tag{8-27}$$

式中，V_i 为乔木林第 i 树种（组）蓄积量；D_i 为乔木林第 i 树种（组）的基本木材密度；BEF_i 为生物量换算因子，即全林生物量与树干生物量的比值；φ 为该树种的含碳率。

表 8-4 IPCC 法推荐使用的生物量换算因子 BEF

气候带	森林类型		生物量换算因子 BEF
温带	针叶林	云杉	1.3（1.15~4.2）
		松树	1.3（1.15~3.4）
热带	阔叶林		1.4（1.15~3.2）
	松树		1.3（1.2~4.0）
	阔叶树		3.4（2.0~9.0）

资料来源：李海奎，雷渊才，2010. 中国森林植被生物量和储碳量评估[M]. 北京：中国林业出版社．

②灌木林、经济林碳储量 $C_{灌/经}$ 估算公式为：

$$C_{灌/经} = S_{灌/经} B_{灌/经} \varphi \tag{8-28}$$

式中，$S_{灌/经}$ 为灌木或经济林的面积；$B_{灌/经}$ 为灌木林、经济林单位面积生物量；φ 为该树种的含碳率。

③竹林碳储量（$C_{竹}$）估算公式为：

$$C_{竹} = A_{竹} N_{竹} \tag{8-29}$$

式中，$A_{竹}$ 为竹林单株平均生物量；$N_{竹}$ 为竹林总株数。

（3）生物量经验回归模型估算法

生物量经验回归模型估算法是利用某一树种的生物量实测数据，建立生物量与树高、胸径等统计回归关系的模型。一株树木的生物量分为地上部分和地下部分，地下部分主要是指树木根系的生物量；地上部分主要包括树干和枝叶的生物量。生物量的测定中，除了称量各部分生物量的干重外，有时还要计算它们占全树总生物量干重的百分比，这个百分比也叫作分配比。树干占地上部分的分配比一般为 65%~70%，而枝叶通常只占 15%。获得样地林分平均生物量的方式主要有皆伐法、标准木法和相关曲线法。皆伐法是将单位面积上的林木逐个伐倒测定林木各个部分的鲜重，并换算成干重，将各部分的重量合计即单株林木的生物量，再将单株林木的生物量相加后除以林木株数即得到平均生物量；标准木法是在对标准地进行每木调查的基础上，选取能够代表林分平均特征的标准木，伐倒后测定标准木的生物量，然后，用标准木生物量的平均值乘以林分单位面积上的株数，求出单位面积上的林分生物量；相关曲线法采取的步骤是先在样地内伐倒少许树木，确定生物量

与胸径或树高的回归关系,再利用回归方程计算林分内林木的生物量。目前主要使用的回归方程有:

$$W = aD^b \text{ 或 } W = a(D^2H)^b \tag{8-30}$$

式中,W 为林木各器官的生物量;D 为胸径;H 为树高;a,b 为参数。

(4) NPP 实测固碳量法

树木的基本成分是碳,它通过光合作用固定二氧化碳,利用太阳能把二氧化碳和水合成糖,使碳进入其营养结构中。森林生态系统中所有绿色植物,由光合作用所生产的有机物质总量,称为总第一性生产量。因绿色植物利用光能合成的有机物质总量,是地球上最初和最基础的能量储存,故又称为总初级生产量(GPP)。

在初级生产量中,也就是说在植物所固定的能量或所制造的有机物质中,有一部分是被植物自己的呼吸消耗掉了(呼吸过程和光合作用过程是两个完全相反的过程),剩下的部分才以可见有机物质的形式用于植物的生长和繁殖,所以我们把这部分生产量称为净初级生产量(NPP),可以说 NPP 是大气和森林生态系统之间的净碳交换,即绿色植物在单位时间、单位面积上所能积累的有机物数量是由光合作用所产生的有机物质总量中扣除自养呼吸后的剩余部分。初级生产力通常是用每年每平方米所生产的有机物质干重 $[g \cdot (m^2 a)^{-1}]$ 或每年每平方米所固定能量值 $[J \cdot (m^2 a)^{-1}]$ 表示。

森林生态系统的地上部分每固定 1 g 干物质需吸收 1.63 g 二氧化碳,同时排放 1.19 g 的氧气。实测林木 NPP,就可以用公式精准测算单株或林分固碳释氧量。实测生物量,分析林木干、枝、叶、花、果的含碳率,就可以测算碳储量。在获得林木实测 NPP 后,可用下列公式对森林、灌木、土壤年固碳量进行测算。

① 森林生态系统固碳量为:

$$G_{\text{林分固碳}} = 0.4445AB_{\text{年}} \tag{8-31}$$

式中,$G_{\text{林分固碳}}$ 为植被年固定二氧化碳量;A 为林分面积;$B_{\text{年}}$ 为林分 NPP。

② 灌木固碳量为:

$$G_{\text{灌木固碳}} = 0.4445AB_{\text{年}} \tag{8-32}$$

式中,$G_{\text{灌木固碳}}$ 为灌木年固定二氧化碳量;A 为灌木面积;$B_{\text{年}}$ 为灌木 NPP。

③ 土壤固碳量为:

$$G_{\text{土壤固碳}} = AF_{\text{土壤}} \tag{8-33}$$

式中,$G_{\text{土壤固碳}}$ 为土壤年固定二氧化碳量;A 为林分面积;$F_{\text{土壤}}$ 为单位面积林分土壤年固定二氧化碳量 NPP。

(5) 涡度相关法

涡度相关法即通量观测法,是通过测量近地面层湍流状况和被测气体的浓度变化来计算被测气体的通量的方法,是最为直接的可连续测定的方法,也是目前测算碳汇最为准确的方法。涡度相关法实际是建立在微气象学基础上的。主要是在林冠上方直接测定二氧化碳的湍流传递速率,并长期对森林与大气之间的通量进行观测,可准确地计算出森林生态系统碳汇,同时又能为其他模型的建立和校准提供数据。涡度相关法是全球碳循环的一个主要研究方法。

8.3.4.2 评价案例

【例8-13】2019年年底德宏傣族景颇族自治州(德宏州)现有林地面积 $85.33×10^4$ hm², 占土地面积的76.37%。森林面积 $78.2×10^4$ hm², 森林覆盖率69.65%, 单位面积蓄积量为116 m³·hm⁻²。2019年全国碳汇试点市场交易平均价格27.76元·t⁻¹。根据森林蓄积量转换因子法计算2019年年底德宏州森林碳储量及碳储量价值。

计算过程如下:

根据题意可得, $S_{ij}=78.2×10^4=78.2$ (10^4hm²), $V_{ij}=116$ m³·hm⁻²

由 $C_{储量}=(1+\alpha+\beta)V_f\varepsilon\mu\varphi$; $\alpha=0.195$, $\beta=1.244$, $\varepsilon=1.9$, $\mu=0.5$, $\varphi=0.5$ 可得

$$V_f = \sum(S_{ij}V_{ij}) = 78.2×10^4 × 116 = 9\,071.2×10^4 \text{(m}^3\text{)}$$

$$C_{储量} = (1+0.195+1.244)V_f × 1.9 × 0.5 × 0.5 = 1.050\,9×10^8 \text{(t)}$$

由 $W_{碳储量价值}=C_{储量}P_{碳交易平均价值}$ 可得:

$$W_{碳储量价值} = 1.050\,9×10^8 × 27.76 = 29.1 \text{(亿元)}$$

综上可得, 2019年年底德宏州森林森林碳储量105 090 000 t, 价值约29.1亿元。

【例8-14】某地区森林中乔木林面积为27 322.8 hm², 按优势树种共划分为杉木、柏木和马尾松3个森林类型, 其面积分别为4 623.87 hm²、4 570.96 hm² 和18 127.97 hm², 蓄积量及木材密度详见表8-5。灌木面积为8 032.68 hm², 竹林面积为13 107.02 hm², 其中乔木、灌木、竹的含碳率取0.5。根据IPCC法估算该地区森林的碳储量。

表8-5 乔木林属性表

物种	面积(hm²)	蓄积量(m³)	木材密度(t·m⁻³)
杉木	4 623.87	791 763.79	0.3
柏木	4 570.96	243 868.45	0.46
马尾松	18 127.97	2 147 910.23	0.43
合计	27 322.8	3 183 542.47	—

计算过程如下:

依题意可得:

$$C_{乔} = \sum_{i=1}^{n}(V_i D_i \text{BEF}\varphi)$$
$$= (791\,763.79 × 1.3 × 0.3 × 0.5) + (243\,868.45 × 1.3 × 0.46 × 0.5) +$$
$$(2\,147\,910.23 × 1.3 × 0.43 × 0.5)$$
$$= 827\,651.51 \text{(t)}$$

根据调查, 该地区灌木林单位面积平均生物量19.76 t·hm⁻², 竹林单株平均生物量为10.44 kg·株⁻¹, 单位面积株数为2 432 株·hm⁻²。

故: $C_{灌}=S_{灌}B_{灌}\varphi=8\,032.68×19.76×0.5=79\,362.88$(t)

$C_{竹}=A_{竹}N_{竹}=10.44÷1\,000×2\,432×13\,107.02×0.5=166\,394.14$(t)

根据 $C_{森林总碳储量}=C_{乔}+C_{灌}+C_{竹}$, 可得:

$C_{森林总碳储量}=827\,651.51+79\,362.88+166\,394.14=1\,073\,408.53$(t)

综上可得, 该地区森林的碳储量为1 073 408.53(t)。

森林释放氧气及吸收二氧化碳的功能是基于光合作用。从光合作用的化学反应式中计算相对分子质量。植物进行光合作用时，要用 264 g 二氧化碳和 108 g 水及 28 334 J 的太阳能，产生 180 g 葡萄糖。180 g 葡萄糖再变为 162 g 纤维素，这时便释放出 193 g 氧气。植物呼吸时的化学变化同光合作用相反，所以可以进行下述计算。假设现有森林每年每公顷的氧气总生产量为 30 t，吸收量为 20 t，那么余下的 10 t 便为纯生产量（均以干物质换算）。

①总生产量　吸收 48 t 二氧化碳，释放 36 t 氧气。
②呼吸量　释放 32 t 二氧化碳，吸收 24 t 氧气。
③差额（纯生产量）为吸收 16 t 二氧化碳，释放 12 t 氧气。

日本曾采用上式计算过全国森林的氧气释放量和二氧化碳吸收量。假定条件如下：

①以全国为单位的计算，因此，容积密度（干材的重量/体积）不考虑树种的差别，一律为 0.45 kg·L^{-1}。
②除树干以外，枝和根的重量为树干的 1/4。
③如纯生产量计算所示，树干每增加 1 kg 的重量，可释放的氧气重量是 1.2 kg，其所需要的二氧化碳量是 1.6 kg。

估计全日本的干材年生长量为 7 650×10^4 m^3，以此计算如下：

①树干的干重量　7 650×10^4 m^3×0.45＝3 443×10^4（t）。
②枝、根的干重量　3 443×10^4 t×1/4＝861×10^4（t）。
③全树的干重量　3 443×10^4 t+861×10^4 t＝4 304×10^4（t）。
④氧气重量　4 304×10^4 t×1.2＝5 165×10^4（t）。
⑤二氧化碳重量　4 304×10^4 t×1.6＝6 886×10^4（t）。
⑥据悉当前 1 kg 氧气的价格为 1.2 元，则氧气的经济价值 5 165×10^4 t×1.2 元·kg^{-1}＝6 198（万元）。

苏联林学家在斯维尔德洛夫州对森林制氧效能进行过计量试验。确定森林氧气生产量采用了植物光合作用方程式：

$$6CO_2+6H_2O+2\,820\,kJ =\!=\!= C_6H_{12}O_6+6O_2$$

根据树种的不同，生产 1 t 有机质（干物质）可释放 1 393～1 423 kg 氧气。确定森林的氧气生产量时，需考虑木材物质的生长量（包括枝丫）。因叶片枯落物分解消耗的氧气量与叶片生物质形成释放出的氧气量相同，故叶片生物质不计算在内。其计算过程如下：首先，根据森林资源调查资料确定每公顷林地的干材和枝丫年生长量。枝丫年生长量采用与干材年生长量关系比形式表示。然后，确定每公顷林地的木材总生长量和生物质总生长量，并按树种采用干比重法换算为干物质。采用生产 1 t 干材释放的氧气量（重量）指标计算出氧气年生产量，并根据容量（1.43 g·L^{-1}）确定出林分生产的氧气体积量。

固碳释氧的过程本身就具有净化大气的功能，除此之外，森林中的树木干体和枝叶的表面粗糙不平，含有很多茸毛和气孔，常常分泌许多黏性油脂和汁液，再加上气孔的呼吸作用，能吸附和阻滞大气中的有害物质，降低空气中的粉尘量，净化大气环境。

8.3.5　森林游憩功能评价

旅游是当今世界上最受欢迎和最具吸引力的一项经济活动，能以最少的投资获取最大的收益。与此同时,旅游行业带来的巨大经济价值也是一些旅游大国国民收入的主要来源。21世纪,随着城市化和工业化的不断推进,人们的生活压力越来越大,越来越多的人渴望回归自然,寻找新奇的风景胜地。森林的幽静、清新、脱俗以及变化无穷的景色正好能满足人们的这种心理需求,因此,森林旅游具有巨大的发展潜力。

森林游憩是人们在自然的森林环境中自愿地从事以享受为主要目的一种休闲娱乐活动。自从1872年世界上第一个国家公园——黄石公园建立,森林游憩便开始走入人们的视野。我国森林旅游业起步较晚,1982年,我国第一个国家森林公园——张家界国家森林公园建立,标志着我国森林游憩行业的正式发展;2021年,我国设立了包括武夷山国家公园在内的5个国家公园。随着人们生活水平的提高和旅游业的快速发展,游憩生活已经成为现代人生活的重要组成部分,因此,森林游憩功能的评价受到国内外学者的广泛关注。通过对森林游憩功能的评价,不仅可以发掘森林旅游市场的潜力、提高景区的知名度、加速景区的发展,还能为景区的开发管理和利用提供重要的依据。

8.3.5.1 评价方法

之所以要进行森林游憩功能评价核算,其原因主要为以下两个方面:第一是森林游憩是一种"公共商品",无法在市场上交换,因而其市场需求信息较为难获取;第二是森林游憩提供的服务为精神的享受和心理的满足,而非物质,因此不能以某一特殊的计量指标进行计算。

国外对森林游憩价值的研究已经形成了相对成熟的理论体系,森林游憩功能评价的方法主要有阿特奎逊法、直接成本法、平均成本法、费用支出法、机会成本法、市场价值法、旅行费用法和条件价值法。其中具有代表性的有费用支出法(EM)、旅行费用法(TCM)和条件价值法(CVM)。20世纪80年代,国内开始出现对森林游憩功能评价的研究。其采用的评价方法主要是国外常用的评价方法,主要有政策价值评价法、生产性评价法、消费性评价法、替代性评价法、间接性评价法和直接评价法等。下面详细介绍几个国内外常用的森林游憩功能评价的方法:

(1) 直接成本法

从生产者的角度看,直接成本法是将所有类型的资源、设备等财货和劳务结合起来,作为森林游憩的价值,其中劳务和财货包括土地、树木、各种设施和服务。直接成本法是生产力评价中最重要的方式之一。例如,1984年,中国台湾用直接成本的方法评价了整个地区的森林游憩的价值,结果是25个森林公园总游憩价值为13.7亿台币。

投资于"生产"森林游憩的资金并不能代表森林游憩区域的价值,也不能证明投资的合理性,因为如果森林的游憩价值等于投资的金额,那么回报总是零,投资失去意义。但是,它可以为管理者选择森林游憩投资最少的区域提供参考。

(2) 平均成本法

1975年,英国泰普(G. J. Type)提出平均成本的概念,并用下述公式表示平均成本:

$$AC = \frac{O_M + C + O_1 + O_2 + O_H}{RVD} \quad (8-34)$$

式中,AC 为平均成本;O_M 为经营与管理费用的总和(人事费+维护费用);C 为每年分摊的建设费用;O_1 为放弃收获现存林木机会成本的每年分摊费用;O_2 为放弃林木每年生长的机会成本；O_H 为经常费用(如用人费、服务费、材料和用品费、租金费)；RVD 为年游憩天数。

(3) 费用支出法

所谓费用支出就是利用森林保健游憩效能，以人们的消费金额作为森林保健游憩效能的价值。供人们保健游憩的森林评价与森林游客的支出价值相等，它与个人保健游憩活动而消费的金额总计相等或超出。若把政策价值作为行政人员的预测价值，那么可以把这一价值看作从消费者和利用者出发的价值判断。游憩费用法就是费用价值法的一种。

游憩费用法通常有 3 种形式：①总支出法是将游客费用的总支出作为森林的游憩价值；②区内花费法是将游客在游憩区域内的总花费作为森林的游憩价值；③部分费用法是将游客支出的部分费用作为森林的游憩价值，如总花费中的交通费、餐饮费、住宿费这 3 项作为游憩价值。例如，日本在 20 世纪 70 年代评价森林游憩价值时，其中一个方法就用了部分费用法，评价结果为 57.47 亿日元。

游憩费用法有以下 3 个缺点：①不能反映游客到底愿意花多少钱去享受森林游憩，因此，不能真正反映实际的森林游憩价值；②游憩费用法中，许多的支出不是为了享受森林游憩而花费的；③这种方法无法解释游客较少的热带雨林具有巨大的游憩价值。

(4) 旅行费用法

旅行费用法(TCM)，属于一种间接经济评价比较法。不同于游憩费用法，它不以游客支出总费用作为森林游憩的价值，而是使用游憩的费用(通常以交通费和门票费作为旅行费用)资料求出游憩商品的消费者剩余，并将其作为森林游憩的价值。

旅行费用法主要有 3 种模型：分区模型、个人模型和随机效用模型。旅行费用法用较为科学的方法评价了森林游憩地的整体利用价值，所以在国内外的应用非常广泛。公共商品消费具有非排他性，因此，其消费者剩余无法计算。旅行费用法首次将消费者剩余这一概念引入公共商品价值的评价，并能计算出其数值，这是森林游憩评价研究的一大重要突破，并且对其他公共商品的价值评价也有着借鉴意义。

(5) 条件价值法

条件价值法(CVM)是直接经济评价法的一种，是国内外使用最多的两种方法之一。条件价值法适用于缺乏市场价格和市场替代价格的价值评价，因此，是环境价值评价最重要、最流行和最具有发展前途的方法。它从消费者的角度出发，通过一系列调查得到游客的支付意愿(WTP)，并将消费者对"游憩商品"的支付意愿作为游憩区的经济价值。

(6) 政策价值评价法

政策价值法就是森林主管单位在所管辖地区内，从以往的经验出发，经过深思熟虑，对森林作出最佳判断而赋予的价值。必须按照规定进行经营，而且要按规定支出费用，这意味主管单位必须承认在森林经营中存在"潜在价值"。若以某些方法明确这种"潜在价值"，它便是应归属于森林的价值。阿特奎逊法、普罗丹法就是属于这类系统方法。

(7) 替代性评价法

代替价值即可以把它当作与森林的保健游憩这种服务相等的价值，若还有其他手段的保健游憩服务，便以"其他手段"的服务费用作为森林保健效能的价值。例如，要考虑森林的"其他手段"，即城市公园、游览胜地等保健游憩服务，它与代替价值是吻合的。

机会成本法(也称社会成本法)属于替代性的评价方法。如果森林不是以游憩为目的,而是用于其他目的(如木材生产),那么木材生产的经济效益就是森林游憩的替代价值。在评价森林游憩价值时,以替代价值计算,即每年在森林游憩区域获得木材的价值。1984年,在评价中国台湾的森林游憩资源时,就采用了这种方法。

市场价值法也属于替代性的评价方法,它是将被评价的森林与私人企业家管理的游憩森林相比较,推断出被评价森林的游憩价值。从理论上讲,这是一种合理的方法,但实际上很难找到类似的游憩条件的森林,再加上游憩方式多样,区域经济和市场条件各不相同,因此,很难评价实际情况。另外,森林属国家所有,主要目标是通过免费或少收费的形式为国民服务,而不是作为私人盈利的手段。但是,当私人开发森林游憩区域时,市场价值法可以提供经济参考。

8.3.5.2 评价案例

【例 8-15】在政策价值评价法中,阿特奎逊法是一个重要的方法,其要点是:①所有森林都具有两种效能,即木材生产效能和游憩效能;②在森林游憩区内,森林游憩效能应大于木材生产效能;③森林年游憩价值=每次游憩价值×年游憩日。根据以上 3 点可以得到:每次游憩价值≥木材生产的价值/年游憩天数

假设要使用阿特奎逊法对 50 个国家森林公园的年游憩价值进行评价。首先,计算出每个公园木材生产价值与年游憩日的比值,取最大值作为 50 个森林公园的每次游憩价值,再将该值乘以 50 个公园的年游憩日即可得到它们的年游憩价值。

【例 8-16】费用支出法中使用最多的是游憩费用法,这种评价方法是基于消费者的角度,将游客在游览时支出的总费用作为森林游憩价值的评判标准。游客的总开支包括往返的交通费、餐饮费、住宿费、娱乐费用、购物消费和时间花费等。

例如,某森林公园 2019 年接待游客 100 万人次,门票收入 6 000 万元,人均 60 元。现在发出调查问卷 500 份,并全部收回,在问卷中有 250 人旅游出发地在公园 100 km 以外,另外 250 人出发地距公园 100 km 以内。问卷内容包括交通费、餐饮费、住宿费、娱乐消费、购物消费以及时间花费(通常按游客工资收入的 1/3 进行折现)。对收回的问卷进行汇总得到表 8-6,请对该森林公园游憩价值进行评价。

表 8-6　旅游费用支出汇总表　　　　　　　　　元·人$^{-1}$

游客范围	交通费	餐饮费	住宿费	娱乐消费	购物消费	时间花费
100 km 内	100	120	150	100	60	200
100 km 外	300	280	350	200	130	350

计算过程如下:

100 km 内人均消费=100+120+150+100+60+200=730(元)
100 km 外人均消费=300+280+350+200+130+350=1 610(元)
人均支出=730×50%+1 610×50%+60=1 230(元)
年费用总计=(730×50%+1 610×50%)×1 000 000+6 000 000=1 230 000 000(元)
即该森林公园货币化价值为 12 300 万元。

【例 8-17】为计算某国家森林公园游憩价值,首先要利用调查问卷对来自不同地区的

游客数量及旅行费用(交通费用、门票费、餐饮费、住宿费)进行统计。根据问卷调查的各客源区人口数据推算出每年来自客源区的旅游人数,再通过公式:旅游率=客源区一年的游客/客源区人口数量,即可计算出各客源区的旅游率,综合得到表 8-7。

表 8-7 各客源区旅游人数、旅游费用及旅游率一览表

客源区	旅游人数	旅行费用	旅游率	客源区	旅游人数	旅行费用	旅游率
A 市	94	125.4	22.76	L 市	15	525.2	0.61
B 市	31	198.2	19.63	M 市	5	639.8	0.22
C 市	34	189.7	18.57	N 市	7	617.3	0.34
D 市	56	149.3	19.84	O 市	4	669.6	0.25
E 市	22	228.9	11.26	P 市	19	359.5	1.22
F 市	11	251.2	5.62	Q 市	9	705.3	0.76
G 市	7	289.6	4.36	R 市	7	589.6	0.62
H 市	17	243.4	6.24	S 市	20	435.9	1.92
I 市	14	253.7	7.45	T 市	18	531.5	3.49
J 市	25	267.3	9.68	U 市	38	1 376.4	0.02
K 市	33	468.6	1.19				

根据调查问卷得到的各客源区旅行费用和旅游率,利用 SPSS 软件中回归分析方法分析它们之间的相关性,得出该国家森林公园旅行费用和旅游率的回归模型。回归方程式为:

$$Y = 598.66 - 2540.5X \tag{1}$$

式中,X 为旅游率;Y 为旅行费用。

该回归模型中,旅行费用和旅游率的回归系数为负数,说明旅行费用越高,旅游率越低。

利用 SPSS 软件中回归分析的曲线估计建立该公园旅行费用与旅游人数之间的函数模型,选择 R 值最大的模型作为游憩需求曲线。最终得到的模型为:

$$Y = 220\,386.958 - 1\,357.856X + 2.806X^2 - 0.002X^2 \tag{2}$$

式中,X 为旅游人次;Y 为旅行费用。

根据表 8-8 可得知 A 市来到该森林公园的游客平均旅行费用为 125.4 元,且从函数模型中可得知当旅行费用达到 712.46 元时,A 市去到森林公园的人数为 0。把 A 市的人均旅行费用、游客为零时的旅行费用带入式(3):

$$CS_i = \int_b^a f(x)\,dx \tag{3}$$

则有

$$CS_i = \int_{125.4}^{712.46} f(x)\,dx \tag{4}$$

式中,$f(x)$ 为需求曲线。

经过计算得出 A 市游客的消费者剩余为 643.25 万元,再依次计算其他客源区的旅行费用,最终得出该国家森林公园的游憩价值为 6 258.38 万元。

本章小结

本章阐述了林地评价、林木评价和森林生态系统服务功能评价的方法,其中,林地评价和林木评价方法包括现行市价法、林地期望价法、年金资本化法和林地费用价、市场价倒算法、收益净现值法、收获现值法、重置成本法、序列需工数法、账面历史成本调整法、清算价格法等,森林生态系统服务功能评价介绍了水源涵养功能、水土保持功能、森林碳汇功能和森林游憩功能的评价方法与评价案例等内容。

思考题

1. 森林资源评价有何意义?
2. 影响林地资源评价的主要因素有哪些?
3. 林地评价有何作用?有哪些评价方法?
4. 林木评价有何作用?有哪些评价方法?
5. 什么是森林生态系统服务功能,它主要包括哪几方面进行评价?
6. 森林生态系统在水土流失防治中发挥什么样的功能,如果没有森林的存在,水土流失会给我们生活带来怎样的影响?
7. 简述森林碳汇功能评价方法及其意义。
8. 简述森林游憩功能的评价方法。

9 森林经营方案

森林经理过程是一个系统集成和系统优化的过程,即需要按照系统论方法,采取合适的技术措施将与森林经理相关的要素或子系统整合成一个内部匹配、环境协调的有机整体,并在全周期森林经理过程中形成持续优化、高效协同、和谐统一的森林经营系统。森林经营方案编制过程就是森林经营系统优化整合的过程。编制和实施森林经营方案是森林经理的核心,是对森林经营进行全局性谋划、组织、协调和优化控制,以达到预期经营目标的过程。应根据林业生产单位的经营规模、经营能力和所处的经营环境,编制森林经营方案,通过森林经营方案编制、执行反馈和监测的运作,实现对森林经营方案的动态管理。我国森林经营方案制度建立得比较早,执行过程中也出现过波动性的变化。森林经营方案执行的好坏,取决两个方面的因素:一方面,要赋予森林经营方案足够的法律地位,作为林业生产单位的法定性任务去编制、执行和落实;另一方面,要科学编制森林经营方案,编制管用、实用的森林经营方案。

9.1 森林经营方案概述

9.1.1 森林经营方案的概念和目的

9.1.1.1 森林经营方案的概念

20世纪50年代,我国称森林经营方案为森林施业案;60年代称为森林经营利用设计方案;70年代称为森林经营方案(forest management plan)。2012年,在《森林经营方案编制与实施规范》(LY/T 2007—2012)中,森林经营方案被定义为:森林经营主体根据国民经济社会发展要求和国家林业方针政策编制的森林资源培育、保护和利用的中长期规划,以及对生产顺序和经营利用措施的规划设计。简言之,森林经营方案是林业生产单位以森林可持续利用为目标,科学地组织森林经营的规划设计。

2019年,新修订的《森林法》第五十三条规定,国有林业企业事业单位应当编制森林经营方案,明确森林培育和管护的经营措施,报县级以上人民政府林业主管部门批准后实施。重点林区的森林经营方案由国务院林业主管部门批准后实施。国家支持、引导其他林业经营者编制森林经营方案。编制森林经营方案的具体办法由国务院林业主管部门制定。因此,编制和实施森林经营方案是一项法定工作。

9.1.1.2 森林经营方案的目的和作用

(1)森林经营方案的目的

森林经营方案编制与实施目的主要有:

①有利于优化森林资源结构、提高森林生产力与林地利用率。
②有利于维护森林生态系统稳定，提高森林生态系统的整体功能与效益。
③有利于保持和改善野生动植物的栖息环境，保护生物多样性。
④有利于提高林业生产单位的经济效益，改善林区社会经济状况，促进人与自然和谐发展。

（2）森林经营方案的作用

实施森林经营方案将有利于维护和优化森林生态系统结构，协调其与环境的关系，提高森林生态系统整体功能，改善林区社会经济状况，促进人与自然和谐发展。一般说来，森林经营方案有如下作用：

①森林经营方案是将林业生产单位逐步导入森林可持续经营轨道的文件　森林经营方案是在森林可持续经营原则指导下，按系统工程的方法编制而成。换言之，编制森林经营方案就是为林业生产单位铺设通向森林可持续经营轨道。

②森林经营方案为合理经营森林提供了组织依据　由于森林经营方案是分别林种及经营类型进行设计，林业生产单位可根据森林的实际情况，因地制宜地进行经营和管理，这为合理组织经营提供了方便。

③森林经营方案是林业生产单位制订年度计划、组织和安排森林经营活动的依据　编制的森林经营方案为生产单位提供了长远的战略目标、中期目标和近期目标及为实现这些目标所用的途径、方法和手段；实现这些目标离不开日常的科学经营组织和安排。

④编制森林经营方案是依法治林的重要方面　《森林法》赋予森林经营方案法定地位，同时规定了各级人民政府及其职能机构的职责。编制和实施森林经营方案成为政府和林业生产单位的法定义务。

⑤森林经营方案是林业主管部门管理、检查和监督森林经营活动的重要依据。

⑥森林经营方案是检查和评定林业生产成果的基本标准，也作为业绩考核的依据。

9.1.2　森林经营方案编制的原则和依据

9.1.2.1　森林经营方案编制的原则

（1）坚持资源、环境和经济社会发展协调

森林经营的本质是谋求自然环境—森林生物—人类（经济社会）3个子系统内部及彼此构成的复合系统整体的和谐与持续高效，以获得人们所需的产品和服务，支持人类社会的发展。这一复合系统整体关系的和谐主要是森林生物与自然环境，人与森林生物，人与自然环境关系的和谐。它们之间的关系可以用图9-1表述。

森林经营首先要使森林生物与其所处的自然环境相互适应，我们长期坚持的"适地适树"充分体现了这一原则。人们对森林经营的利用或其他活动会对森林生态系统产生生态压力，此压力不应超过森林生态系统承载能力的阈值。人类行为可以直接影响森林，同时在一定程度上影响自然环境，再通过自然环境影响森林生物。因此，人与森林的

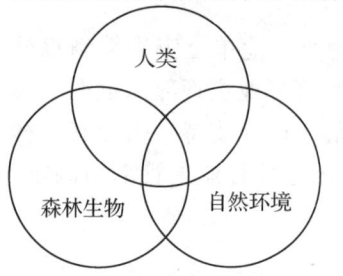

图9-1　自然环境—森林生物—人类子系统关系

关系和谐与否成了森林经营的关键。

(2) 坚持所有者、经营者和管理者，以及其他利益相关者的责、权、利统一

人与森林的和谐，首先是与森林经营有关的人与人关系的和谐，包括森林所有者、森林经营者、管理者，以及其他利益相关者的关系，利益相关者之间的关系和经营主体内部人与人的关系。

利益相关者是指因森林经营而受惠或受损的个人或群体，他们的态度和行为无疑影响森林经营的全过程。森林经营是个人或社会某(些)群体的行为，其行为过程和行为结果都对社会的其他个人或群体产生影响。不同社会层次的社会个体或群体，对林业的依赖程度也存在明显的差异，必然对森林经营采取不同的态度和行动。他们对资源占有、使用和收益持不同的态度，本质上反映出他们在森林经营过程的责、权、利的关系。当所有者、经营者和管理者，以及其他利益相关者的责、权、利统一，才会形成推进森林可持续经营的合力。

(3) 坚持与分区施策、分类管理政策衔接

坚持与分区施策、分类管理、全面停止天然林商业性采伐政策衔接。分区施策就是要确定林业生产单位内部不同区域的经营目标和达成目标的策略。这是由林业生产单位内部不同区域的自然条件、森林资源、经济地理位置和社会发展需求差异性共同决定。力求地尽其利、物尽其用，谋求综合效益最大化，促进林业生产单位及所在区域社会可持续发展。

分类管理主要包含三大类。第一类是根据对森林主体功能定位的差异划分，具体分为防护林、特种用途林、用材林、经济林、能源林；第二类是根据对森林主体功能定位和采用的经营机制不同划分，将5个林种分成公益林和商品林；第三类是根据经营的方法和手段划分，比如经营类型(作业级)及措施类型。分类管理可以增强管理针对性、条理性和有效性，并提高管理的效率。

(4) 坚持生态优先、保护优先、保育结合、可持续发展

经营森林主要目标是利用森林取得木质产品、非木质产品和服务，而这些产品或服务的量和质与森林生态系统状态紧密相关。保护和发展森林资源，可以使所经营森林面积和生物量达到适度规模，能量积累和交换保持合理的速率，为森林功能强度输出奠定物质基础。

(5) 坚持生态效益、经济效益和社会效益统筹

人们所经营的任何一片森林都会同时产生生态效益、经济效益和社会效益，只是人们根据不同自然条件、社会经济条件和自身利益的考虑而侧重于森林某种功能(常称为主体功能)，并以此将森林区分为不同的林种。一般来说，在谋求森林主体功能最大化的同时，也要充分考虑其他功能的输出，以获得森林多种功能整体效益最大。例如，经营用材林时力求获得最大木材材积，取得最好经济效益的同时，也要充分考虑生态效益和社会效益；相应地，经营防护林时，在保证目的防护功能充分发挥的同时，也要考虑在适当的时点采用合适的采伐方式利用木材和收获非木质产品。因此，森林经营方案编制过程中应坚持因地制宜、突出重点，坚持前瞻性、先进性，坚持开门问策、集思广益，全面系统协调林业生产单位的森林生态效益、经济效益和社会效益。

9.1.2.2 森林经营方案编制的依据

编制森林经营方案时,应根据林业局、林场和国有或非国有经营公司等经营管理森林资源的企事业单位的森林资源状况和生产实际,充分考虑其所处的自然环境和社会经济环境,并结合上级有关指示进行。编制森林经营方案的基础和主要依据有以下几方面:

①上级林业主管部门批复的森林经营方案编制申请报告或审批下达的设计计划、任务书。森林经营方案编制要在上级林业主管部门指导下进行,一般须得到林业主管部门的认可和参与,由林业主管部门审核批准后方能实施;而且,国有林企业事业单位的森林经营方案涉及的资源配置、制度安排都须由林业主管部门统筹解决。

②所在区域的相关发展规划,包括林业区划、林业中长期发展规划和地方政府批准实施的区域经济社会发展规划。林业生产单位是区域的一部分,必然受所在区域自然环境和社会经济条件影响,并应对区域发展做出积极贡献。例如,林业生产单位位于经济发达、人口稠密、森林资源相对较少的工业区或城郊区,就应以公益林为主;相反,则应考虑大力发展商品林。又如,当地的国土空间规划规定了森林经营的空间,也就决定了森林的格局。

③国家和地方的法规、政策、行业规范和标准。依法循规经营也是森林经营的基本准则。现行的法律法规很多,主要有《中华人民共和国森林法》《中华人民共和国森林法实施条例》《森林防火条例》《森林经营方案编制与实施规范》(LY/T 2007—2012)、《森林抚育规程》(GB/T 15781—2015)、《造林技术规程》(GB/T 15776—2023)、《森林采伐作业规程》(LY/T 1646—2005)、《生态公益林建设技术规程》(GB/T 18337.3—2001)等。

④适用的森林经理调查(二类调查)成果、森林资源档案材料和专业调查成果,包括:按《森林资源规划设计调查技术规程》(GB/T 26424—2010)完成的二类调查成果(编制方案前1~2年内);按《关于建立和管好森林档案的规定》进行验收批准的当年森林资源档案材料;按《林业专业调查主要技术规定》进行的专业调查成果。

⑤有关大、中型项目的可行性研究报告、过去经营活动分析资料、林业科学研究的新成就和生产方面的先进经验等。

9.1.3 森林经营方案编制的周期和要求

9.1.3.1 森林经营方案编制的周期

森林经营方案编制的周期又称森林经理期(forest management period),是指林业生产单位为实现其阶段目标任务,在一定时段内按照既定的经营方针、目标与任务,对所属森林资源进行资源调整、配置的适宜时间间隔期。森林经理期一般为10年,以工业原料林为主要经营对象的编案单位森林经理期可为5年。

9.1.3.2 森林经营方案编制的要求

①森林经营方案编制与实施要把握和践行"绿水青山就是金山银山"的发展理念,以森林可持续经营理论为依据,以构建健康、稳定、高效的森林生态系统为目标,通过严格保护、积极发展、科学经营和持续利用森林资源,提高森林资源质量,增强森林生产力和森林生态系统的整体功能,实现林业的可持续发展。

②编案要与该区域的国土空间规划相衔接。所在区域的相关发展规划，包括林业区划、林业中长期发展规划和地方政府批准实施的区域经济社会发展规划，均应与该区域的国土空间规划相适应。局部服从整体是一切规划遵从的基本原则。

③编案内容要与编案单位性质及规模相适应。森林经营方案编制内容要与编案单位性质及规模等因素相适应，应根据编案单位性质及规模等因素综合确定。

④编案深度要与编案单位类型及经营目标相适应。森林经营方案编制深度应根据编案单位类型、经营性质与经营目标确定。

9.1.4 森林经营方案的性质和地位

9.1.4.1 森林经营方案的性质

(1) 编制和实施森林经营方案是一项法定工作

《森林法》明确和强化了森林经营方案的法律地位，对森林经营方案的编制和执行提出了更高的要求，对短期计划、作业设计和森林经营活动具有指导作用，对建立以森林经营方案为核心的森林经营制度体系建设、实施森林可持续经营也发挥着重要作用。因此，编制和实施森林经营方案是一项法定工作。森林经营方案是具有法律效力的文件。

《森林法》还有专门针对未编制森林经营方案的处罚规定。《森林法》第七十二条规定：违反本法规定，国有林业企业事业单位未履行保护培育森林资源义务、未编制森林经营方案或者未按照批准的森林经营方案开展森林经营活动的，由县级以上人民政府林业主管部门责令限期改正，对直接负责的主管人员和其他直接责任人员依法给予处分。

(2) 森林经营方案是森林培育及保护和利用的中长期规划

森林经营方案是以森林可持续利用为核心的中长期规划。森林经营方案是林业生产单位为了科学、合理、有序地经营森林，充分发挥森林的生态、经济和社会效益，根据森林资源状况和社会、经济、自然条件，编制的森林培育、保护和利用的中长期规划，以及对生产顺序和经营利用措施的规划设计。

(3) 森林经营方案是组织和管理森林经营的技术方案

森林经营方案是林业生产单位建立林业生产的时间、空间秩序，控制森林资源消长，调整森林资源结构的、组织森林经营的技术方案。林业生产单位依据经营方案制订年度计划，组织经营活动，安排林业生产；林业主管部门要依据经营方案实施管理，监督检查森林经营活动。

9.1.4.2 森林经营方案的地位

(1) 经营方案与林业区划

林业生产具有很强的地域性，因地制宜是指导林业生产的一个重要原则。林业区划是部门经济区划，是综合农业区划的一个组成部分。林业区划根据林业特点，在研究有关自然条件和社会经济条件的基础上，分析、评价林业生产的特点与潜力，按照地域差异的规律进行分区划片，确定总体和分区的林业发展方向、战略目标和重点、关键性措施与途径；其目的是调整林业生产布局，建立合理的生产结构，推广先进技术，实行分类指导，为林业建设的发展和制定长远规划等提供基本依据。简言之，林业区划是对林业建设进行分片定性和定向指导的基础工作。

对于全国或省(自治区、直辖市)的林业区划而言,某片(区)内的森林经营方案是林业区划付诸实践的部分,即森林经营方案是编制单位在林业区划的框架内,根据林业区划的"定性和定向",结合自身的资源、经营条件及周边的社会经济条件,因地制宜,扬长避短,发挥自身优势而制订的统筹全局的规划方案;对于县(市、区、旗)为总体的林业区划而言,编制单位的森林经营方案则须在该林业区划"分片定性和定向指导"下编制。

(2) 经营方案与总体设计

总体设计又称总体规划设计,是指对某一林业局(场),在"二类调查"的基础上,为开展合理经营和利用而进行的全面规划设计。内容包括基本建设、合理开发利用、合理经营、劳动与投资概算、附属工程、农副业生产以及生活福利设施等。它既是林业局(场)进行合理经营利用和各项建设的指导性文件,又是编制各单项施工设计的依据。总体设计的深度为初步设计性质,凡列入国家计划中基本建设程序的,都要进行该项工作。

林业局(场)的总体设计与林业局(场)的森林经营方案对象一致、目标一致、内容大同小异,只是总体设计偏重林区开发利用、基本建设,多半是一次性的设计。除国有林业企业外,南方集体林区具备开发或一定木材生产能力的重点林区县(全县森林蓄积量在 300×10^4 m³以上,年产量在 10×10^4 m³以上),应以县为单位进行总体设计。在新开发林区和新建局(场)往往要通过总体设计进行林区建设。因此,总体设计也可以说是森林经理的特殊形式。从长远来看,林业局(场)都应定期编制森林经营方案,以指导林业生产实践。

(3) 经营方案与作业设计

森林经营方案属初步设计作业设计,其执行(实施)通常还要经过作业设计(施工设计)列入年度计划后执行,即在初步设计基础上再进行更细致的施工设计(也称单项设计),如伐区设计、抚育改造设计、造林设计和道路设计等。与作业设计对应的是"三类调查"。

(4) 经营方案与森林经营规划

森林经营方案与森林经营规划都是为加强森林经营工作,提高森林质量需要而编制的森林经营技术性指导文件。森林经营方案是林业生产单位的森林经营指导依据;森林经营规划是各级政府及林业主管部门的森林经营指导依据。两者的联系与区别较为明显。全国或省级森林经营规划是指导和规范全国或省级森林经营行为,县级森林经营规划是指导和规范县级森林经营行为,主要是长期规划性质(30~50年);森林经营方案是指导和规范林业生产单位的森林经营行为,是中长期规划(5~10年)。经营方案的作业法落实到具体小班及年度,森林经营规划则更多的是考虑宏观战略规划。

9.2 森林经营方案编制

9.2.1 编案单位和程序

9.2.1.1 编案单位

森林经营方案编制单位是指拥有森林资源的所有权或经营权、处置权,经营界线明确，产权明晰，有一定经营规模和相对稳定的经营期限，能自主决策和实施森林经营，为满足森林经营需求而直接参与经济活动的林业生产单位，属经济实体，包括国有林业局（场、圃）、自然保护区、森林公园、集体林场、非公有制单位等。

根据编案单位的不同，按编案单位性质、规模等因素森林经营方案可分为以下3种类型：

①国有林森林经营方案 编案单位是国有林业局、国有林场、国有森林经营公司、国有林采育场、自然保护区、森林公园等。

②集体林森林经营方案 编案单位是达到一定规模的集体林组织或非公有制经营主体，以县为总体，县、乡、村分级编制。

③简明森林经营方案 编案单位是经营规模一般小于500 hm^2，以森林资源为主要生产资料，有明确经营范围的单位、个人或联合体。

编制经营方案的单位是直接组织林业生产的经营实体，有经营的具体对象、资金和人力、技术和管理。国有林经营方案编制单位比较明确，但集体林特别复杂，包括(县、乡镇、村)集体林场、林业重点户、林业专业户、联合体、股份制林场、外资林业公司、非国有林业企业等形式。在确定各地编制经营方案单位时，要分别对待，不要搞一刀切，应考虑以下条件：①编案单位是一个经济实体，是独立的经济核算单位；②具有一定数量和质量的森林资源，经营方向可以是相同的，也可以是不同的；③对编制经营方案及其方案的实施具有行政管理能力；④有一定的编制经营方案的技术力量。

9.2.1.2 编制方案程序

森林经营方案编制一般要经过编案资格审查，然后按编案准备、系统评价、经营决策、公众参与、规划设计、评审修改和审批7个阶段逐步推进。各阶段之间的关系如图9-2所示。

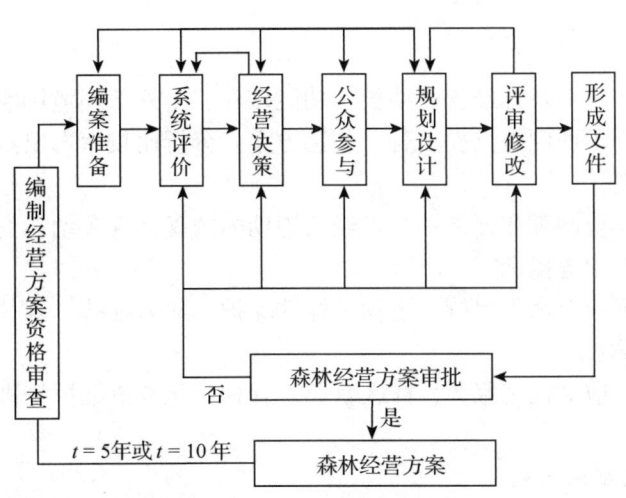

图9-2 森林经营方案编制过程

(1) 编制森林经营方案的资格审查

一般应从3个方面进行。①产权关系是否明晰。明晰的产权关系对于编案单位的权益、资源配置的效率和经营稳定性至关重要。②森林资源信息是否翔实、准确。需确保森林资源二类调查成果的有效性与时效性，森林资源档案及时更新，以及专业技术档案齐全等。③编案单位是否有执行森林经营方案的能力。森林经营方案可以在编案单位充分参与的条件下，请有资质的外单位编制。但森林经营方案必须由编案单位实施，经营者的素质和能力是关键因素。当然，森林经营方案的深度和广度视编案单位的所有制、规模和经营实力而定。

(2) 编案准备

编案准备包括组织准备，基础资料收集及编案相关调查，确定技术经济指标，编写工作方案和技术方案，做好物资、资金方面的准备等。

编案工作是一项政策性、科学性和技术性较强且涉及面较广的工作，编案单位应成立编案领导小组，该小组应由编案单位领导，林政、营林、森工和计财等部门的主要技术人员组成；委托规划设计单位编案的单位，可由双方组成，共同合作完成编案工作。

编案前要收集的信息很多，主要有：有关林业区划、长远规划、旅游规划、林产工业发展规划；近期森林资源二类调查成果、专业技术档案、社会经济情况及有关图面材料；适用于林场的经营数表(模型)；森林有害生物、森林火灾等专业调查材料；上一经理期经营方案的实施情况，林业生产的各项技术经济资料等。

(3) 系统评价

森林经营方案编制应以森林可持续经营理论为指导，积极应用林学、经济学、生态学、计算机技术等科学方法和技术手段，进行系统分析、综合评价、科学决策和规划设计，确保森林经营方案的科学性、先进性和可行性。要对上一经理期森林经营方案执行情况进行总结，对本经理期的经营环境、森林资源现状、经营需求趋势和经营管理要求等方面进行系统分析，明确经营目标、编案深度与广度及重点内容，以及森林经营方案需要解决的主要问题。

(4) 经营决策

森林经营决策应针对森林经营周期长、功能多样、受外部环境影响大等特点，在系统分析的基础上，分别不同侧重点提出若干备选方案，分析比较后选出最佳方案。一般从以下3个方面进行比较：

①每个备选方案应测算和评价一个半经营周期内的森林资源动态变化、木材及林产品生产能力、投入与产出等指标。

②每个备选方案应对水土保持、生物多样性保护、地力维持、森林健康维护等进行长周期的生态影响评估。

③每个备选方案应对社区服务、社区就业、森林文化价值维护等进行长周期的社会影响评估。

(5) 公众参与及征求意见

森林经营方案编制应采取公众参与的方式进行意见征求，建立公众参与机制。在不同层面上，充分考虑当地居民和利益相关者的生存与发展需求，保障其在森林经营中的知情权和参与权，使公众参与式管理制度化。广泛征求管理部门、生产单位和其他利益相关者的意见，并对征求意见进行综合分析，以适当调整后的最佳方案作为规划设计的依据。

(6) 规划设计

在最佳方案控制下，进行各项森林经营规划设计，编写森林经营方案文本及绘制相关图表。

(7) 评审修改

按照森林经营方案管理的相关要求进行成果送审，并根据评审意见进行修改、定稿。

森林经营方案编制过程的各个环节均需要不断反馈，以求最终形成既优化又合理可行的森林经营方案。例如，在确定经营目标时，可能需要对系统做进一步的详细诊断评价。同样，在进行规划设计时，可能发现经营决策的最优方案存在问题，需要调整修改原方案。

森林经营方案草案需要经过审查和审批才能最终确立。编案单位的管理人员、职工代表、利益相关者、上级主管部门领导和同行专家应该参与审查过程。编案单位的管理人员、职工代表是决策的主体，是经营方案的实施者，也是森林经营最大的受益者，他们的态度和意志将决定森林经营方案是否能够实施，以及实施的效果；上级主管部门是编案单位的行政主管，国家利益和区域居民利益的代表等利益相关者是森林经营方案执行的监督者，他们参与森林经营方案决策将有利于森林经营方案审批通过，更有利于森林经营方案执行过程的协调和监督；同行专家参与森林经营方案决策有利于保证森林经营方案的科学性和合法性。

(8) 森林经营方案审批

森林经营方案实行分级、分类审批和备案制度。森林经营方案由隶属或上级林业主管部门或委托的机构审批并备案。

9.2.2 编案深度和广度

9.2.2.1 编案的深度

森林经营方案编制的深度是指森林经营方案编制至何种详细程度。依据编案单位类型、经营性质与经营目标确定森林经营方案编制深度。对森林经营方案编制的深度作出如下规定：

第一，国有林业局、国有林场、国有森林经营公司、国有林采育场、自然保护区、森林公园等编制的国有林森林经营方案，应将经理期内前3~5年的森林经营任务和指标按森林经营类型分解到年度，并选择适宜的小班进行作业进度排序；后期经营规划指标分解到年度。在方案实施时按时段(2~3年)滚动式地落实小班。

第二，集体林组织或非公有制经营主体，以县为总体，县、乡、村分级编制的集体林森林经营方案，应将森林经营规划任务和指标按经营类型落实到年度，并明确主要经营措施。

第三，经营规模较小的集体林组织或非公有制经营主体，编制的简明森林经营方案应将森林采伐和更新等任务分解到年度，规划到作业小班，其他经营规划任务落实到年度。

应注意到，这里仅对"森林经营任务和指标""森林采伐和更新等任务""森林经营规划任务和指标"的深度做出了明确的规定。有关森林工程和基本建设部分可以参照我国关于"基本建设项目"设计的深度要求执行。"我国现行的林业局(场)总体设计的深度……基本属于两阶段设计的第一阶段设计""实质上是两阶段设计的初步设计和总体设计相结合的产物"。所谓"两阶段设计的第一阶段设计",是指对主要涉及项目进行初测,提出远景规划,设备及投资只是分项概算性质,其深度以满足设计方案的比较和确定为准;主要设备材料订购;土地征用;基建投资控制施工图和施工组织设计的编制;施工准备和生产准备等。所以,场址设计、道路、供电、供水、供热、通信等附属工程规划和多种经营规划、木材加工与综合利用等多项林产工业规划,一般应达到规划标准的要求,以满足方案比较和主要设备投资概算。对这些项目要分析市场需求,论证森林资源和其他主要原料的可能,说明建设条件和厂址的选设,确定建设规模,选择标准设计或选择主要技术设备,概算生产成本和总投资费用,预估综合效益等,以作为确定木材综合利用和附属工程项目规模的基础资料,为这些项目进行单项设计时提供依据。

森林经营方案主要解决总体的战略性问题,除经营水平特别高的单位外,一般不包括作业设计。

9.2.2.2 编案的广度

森林经营方案编制广度是指森林经营方案编制所涉及的内容。根据森林经营方案类型、依据编案单位类型、经营性质与经营目标确定森林经营方案编制的内容。

(1) 国有林森林经营方案

国有林森林经营方案内容一般包括森林资源与经营评价,森林经营方针与经营目标,森林功能区划、森林分类与经营类型、森林经营,非木质资源经营,森林健康与保护,森林经营基础设施建设与维护,投资估算与效益分析,森林经营的生态与社会影响评估,方案实施的保障措施等主要内容。

(2) 集体林森林经营方案

县级集体林森林经营方案内容一般包括森林资源与经营评价,森林经营方针、目标与布局,森林功能区划与森林分类,森林经营,森林健康与保护,投资估算与效益分析,森林经营的生态与社会评估等主要内容。

(3) 简明森林经营方案

简明森林经营方案内容一般包括森林资源与经营评价、森林经营目标与布局、森林经营、森林保护、森林经营基础设施维护、效益分析等主要内容。

9.2.3 编案技术要点

以国有林森林经营方案编制的关键要点为例进行说明。国有林森林经营方案编案单位包括国有林业局、国有林场、国有森林经营公司、国有采育场、自然保护区、森林公园等。此类编制单位属全民所有,一般规模比较大,需要比较全面地谋划。集体林森林经营方案和简明森林经营方案可适当参考。

9.2.3.1 森林生态系统及其经营需求分析与评价

(1) 基础数据

编制经营方案应使用翔实、准确、时效性强,并经主管部门认可的森林资源数据,包括及时更新的森林资源档案、近期森林资源二类调查成果、专业技术档案等,要求:

①编案前2年内完成的森林资源二类调查，应对森林资源档案进行核实，更新到编案年度。

②编案前3~5年完成的森林资源二类调查，需根据森林经营档案，组织补充调查更新资源数据。

③未进行资源调查或调查时效超过5年的编案单位，应重新进行森林资源调查。

(2) 森林生态系统分析

分析森林生态系统及其森林经营环境是编制森林经营方案的前提和基础。森林生态系统分析就是根据翔实、可信的森林资源数据和专业调查数据，对森林生态系统的组成、结构和动态变化进行分析评价，力求把握森林生态系统的现状和动态。在分析评价过程中应参照国家和地区等不同层次的森林可持续经营标准和指标，考察森林生物多样、森林健康与活力、森林生态系统的生产力，以及其发挥社会效益等方面的优势、潜力和存在的问题等。

森林生态系统分析的重点包括：

①森林资源的种类、数量、质量、结构、类型、空间格局和动态变化趋势。

②森林提供木质与非木质产品能力、质量、分布、生产能力等。

③森林健康与活力，森林生态系统完整性、生物多样性　森林健康与活力，主要包括单位面积生产力、森林景观、林业有害生物、森林火灾和其他重要自然灾害、森林退化面积与程度、森林更新、树种结构和空间分布等变化；森林生态系统的完整性、生物多样性，主要包括生物物种丰富度、均匀度和珍稀濒危野生动植物物种及种群状况、乡土树种和引进树种利用状况，以及入侵性森林树种、外来有害生物状况、林业生物技术产生的影响等。

④森林生态、经济与社会服务功能　森林资源生态服务功能，主要包括保持森林水土、涵养水源、防风固沙、固碳等能力；森林经营的经济效益，主要包括森林物质产品生产和森林环境服务功能所产生的经济价值，不同利益群体参与森林经营的经济收益等；森林经营的社会效益，主要包括森林经营活动对于休闲保健、劳动就业、周边居民生活与生产、森林环境保护意识变化及森林文化的影响等。

⑤森林经营的优势、潜力和问题　经营环境分析是对编案单位所处的自然、社会和经济环境进行定性或定量分析，找出影响森林经营的有利因子、潜力因子和障碍因子，确定其对森林经营影响的程度。以生态、经济和社会三大效益统筹兼顾和协调发展的经营理念确定经营目标以及经营策略。

⑥编案单位的经营管理能力、机制，经营基础设施等条件　经营管理能力分析是指对编案单位经营活动的组织管理的能力分析，包括编案单位对资源的决策、组织、指挥、协调和控制的能力。经营能力分析可以从人力资源(企业管理人员、职工和其他劳工素质)、组织管理体系(组织机构、运营机制、管理体制)和企业文化等几个方面进行。

(3) 经营需求分析

编案前，应重点分析：

①国家、区域和社区对森林经营的经济、社会和生态需求，找出外部环境影响森林经营的潜力及有利和不利因素。

②森林经营活动与规模对外部环境的影响及其影响程度。
③森林经营政策、林业管理制度的约束与要求。
④相关利益者的诉求，包括当地居民生活与就业对森林经营需求或依赖程度。
⑤生态安全与森林健康对森林多目标经营的要求与限制等。

(4) 森林可持续评价

森林可持续评价是在森林生态系统分析和经营能力、经营环境分析的基础上，参照国家、区域等不同尺度森林可持续经营标准和指标体系，以及《中国森林认证 森林经营》(GB/T 28951—2021)的原则和标准开展森林可持续状况评价。主要包括：①生物多样性保护；②森林生态系统生产能力的维持；③森林生态系统健康与活力；④水土保持；⑤森林对全球碳循环贡献；⑥满足社会对森林多种效益的需求；⑦政策与法制等。

森林可持续评价能阐明森林生态系统的现状和动态，经营能力、经营效果、社会经济环境和政策法规等对森林经营的影响，认清森林经营现状与可持续经营之间的差距，发挥编案单位的优势并规避劣势，把握住机遇和挑战，为经营决策做铺垫。

9.2.3.2 森林经营方针与目标

(1) 森林经营方针

森林经营方针(management policy/principle)是指根据经营思想，为达到经营目标所确定的总体或某种重要经营活动应遵循的基本原则(行为准则、规范)。森林经营方针可以分为战略方针和策略方针，战略方针是指编案单位一定历史时期内的全局性的方针；策略方针指为实现战略任务和战略方针而采取的具体手段。战略方针和策略方针的关系反映了全局和局部、长远利益和当前利益之间的辩证关系。

制定森林经营方针要按照《森林法》的规定：保护、培育、利用森林资源应当尊重自然、顺应自然，坚持生态优先、保护优先、保育结合、可持续发展的原则。编案单位应根据国家和地方有关法律法规和政策，结合现有森林资源及其保护利用现状、经营特点、技术与基础条件等，确定经理期的森林经营方针，作为特定阶段森林可持续经营和林业建设的行动指南。经营方针是基于资料分析而确定的，综合考虑传统林产品、生态产品、生态服务功能的供给量，与高质量发展森林资源自身相结合，把森林经营融入经济社会发展之中，防止就森林自身而谈经营。经营方针应有时代性、针对性、方向性和简明性，统筹好当前与长远、局部与整体、经营主体与社区利益，协调好森林多功能与森林经营多目标的关系，充分发挥森林资源的生态、经济和社会等多种效益。

森林经营方针是定性的，它规定了生产单位发展的原则、路径、方法和手段。森林经营目标是指开展森林经营活动在一定时期内预期达到的成果，它是生产单位开展经营活动的出发点和归宿，是定量的。

(2) 森林经营目标

经营方案应确定本经理期内通过努力期望达到的经营目标。经营目标应在森林经营方针指导下，根据上一经理期森林经营方案实施情况、森林经营需求分析和现有森林资源、生产潜力、经营能力分析情况等综合确定，要求：

①将森林经营目标作为当地国民经济或经营单位发展目标的一部分。
②经理期的经营目标应是森林可持续经营和林业发展战略目标的阶段性指标，与国

家、区域森林可持续经营标准和指标体系相衔接。

③经营目标应有森林功能目标、产品目标、效益目标和结构目标等，应依据充分、直观明确、切实可行和便于评估。

经营目标按时间长短可分为长远目标(>8年)、中期目标(3~5年)和年度目标；按范围可以分总目标和分项目标；按所属层次和执行主体可以分为林场(局)目标、科(股、室)目标、工区目标和班组目标。森林经营目标的主要内容一般包括：

①森林资源发展目标　数量、质量、森林覆盖率、增长速度、生长与消耗平衡、(林种、树种)结构。

②林产品供给目标　产量、产值、产品结构、供给的平稳性。

③经济目标　产值、利润、效率(投入产出比、收益率、资本利润率)。

④生态效益目标　覆盖率、"三防"(火、病、虫)体系建设目标、四旁绿化。

⑤社会效益目标　就业、职工福利(收入、住房、医疗保险)、利税率、文化和对周边社区发展的支持与贡献等。

9.2.3.3　森林功能区划与布局

森林功能区划是指根据森林资源主导功能、生态区位、林业方案等，采用系统分析或分类方法，将森林划分为若干个独立的功能区域，实行分区经营管理，从整体上发挥森林资源的多种功能的管理方法或过程。

编案时，国有林森林经营方案编案单位应按照《全国森林资源经营管理分区施策导则》的要求，以区域为单元进行森林功能区划，集体林森林经营方案和简明森林经营方案编案单位根据具体情况确定。即将具有相同经营方向、目的，采取同一方针，地域上相连的地块和林分组成经营整体，并以林种或目标功能命名。功能区一般有森林集水区、生态景观区与森林游憩区、生物多样性重点保护区、人文遗产保护区、种质资源保存区、重点有害生物防控区等。具有下列一种或多种属性的高保护价值森林集中区域应优先区划：

①在全球、区域或国家水平上，具有重要保护价值的生物多样性(如地方特有种、濒危种、残遗种)显著富集的区域。

②拥有全球、区域或国家意义的大片景观水平的森林区域，且主要物种仍保持自然分布格局。

③包含珍稀、受威胁或濒危生态系统或者位于其内部的森林区域。

④在某些重要情形下提供生态服务功能(如集水区保护、土壤侵蚀控制)的区域。

⑤从根本上满足当地社区的基本需求(如生存、健康)的森林区域。

⑥对当地社区的传统文化特性具有重要意义的森林区域(通过与当地社区合作确定森林具有的文化、生态、经济或宗教意义)。

森林功能区的布局一般是指其空间分布，是根据生产单位所处自然、经济条件和区域发展的要求进行划分。实际上，森林功能区布局与其区划同时完成。

9.2.3.4　森林分类经营与森林经营类型

(1) 森林分类经营

森林分类经营是根据对森林的主体功能设定和采取的经营机制的不同，将森林划分成两大类，即公益林和商品林。编案单位应以小班为单元，按照《重点公益林区划界定办法》的要求划定国家重点公益林；一般公益林和商品林原则上根据国家、地方相关规定和规划以及经营者意愿划定。换言之，公益林或商品林是目标功能相同，按照相同经营机制运作的小班集合体。

(2) 森林经营类型(作业级)组织

编案单位在森林功能区划和森林分类经营的基础上，将内部特征相同、经营目的相同、采用相同经营技术体系的小班划分为单元组织森林经营类型(详见第5章 森林区划与组织经营单位)。森林经营类型通常依据林权、经营目的、树种、立地质量和林分起源等进行组织，要分别森林经营类型设计经营技术体系。因此，森林经营类型是基本规划设计单位。

9.2.3.5　森林经营规划设计

(1) 公益林经营规划设计

①以小班为单元，按照森林分类经营的要求，区划界定公益林。国家级公益林按照《国家级公益林区划界定办法》的要求进行区划界定，地方级公益林应根据区域相关规划并结合业主意愿进行区划界定。已经划定的公益林不宜变动，如确需变动的，宜在编案前根据国家、地方相关规划和业主意愿进行适当调整，并按相关要求履行报批程序。国家级公益林确需变动的应按原申报程序审批。

②公益林经营规划设计应依据《全国森林资源经营管理分区施策导则》，明确编案单位内采取严格保护、重点保护和保护经营的公益林小班。根据森林功能区经营目标的不同分别确定经营技术与培育、管护措施，包括造林更新、抚育采伐、低效林改造和更新采伐措施等。具体技术要求参考《生态公益林建设》系列标准(GB/T 18337.1~18337.3—2001)。

③公益林管护应结合实际，因地制宜，采取集中管护、分片承包或个人自护等方式，制订管护方案，落实管护责任。

(2) 商品林经营规划设计

商品林经营应以市场为导向，在确保生态安全前提下，以追求经济效益最大化为目标，充分利用林地资源，实行定向培育、集约经营。其要点如下：

①根据立地质量评价、森林结构调整目标、市场需求与风险分析，以及森林资源经济评估成果等，综合确定商品林经营类型的经营目标和培育任务。

②商品林经营类型的经营目标一般应包括主要树种、主伐龄、轮伐期(或择伐周期)、生长率和目标产量。

③分别造林更新(宜林地造林、迹地更新)、抚育采伐、低产林(低产林分、疏林、灌木林)改造3个主要经营措施类型组进行规划设计。培育任务按林种—森林经营类型—森林经营措施类型(组)进行组织，各项规划任务落实到每个森林经营类型。造林技术要求参考《造林技术规程》(GB/T 15776—2023)。

④经济林规划应根据种植传统，因地制宜地选择果树林、食用原料林、林化工业原料林、药用林或其他经济林，按照"名、特、优、新"的原则和市场导向原则选择优先发展的经济林种类并确定发展规模。

⑤生物质能源林经营可按木质能源林和油料能源林两种类型组织。木质能源林经营应

重点考虑当地居民生活能源的需求及发展趋势，也可根据当地生物质能源生产的原料需求发展木质能源林培育基地；油料能源林经营应与国家、区域生物质能源林发展规划相衔接，允分考虑就近加工的条件和能力，因地制宜地选择可商业性开发的树种，规划经营规模。

(3) 合理采伐量计算与论证

森林采伐是森林培育与利用和森林结构调整的重要手段。森林采伐量应依据功能区划和森林分类成果，分别主伐、抚育采伐、更新、低产(低效)林改造等，结合森林经营规划，采用系统分析、最优决策等方法进行测算，确定森林合理年采伐量和木材年产量。有关森林合理采伐量计算与论证已经在第7章 森林收获调整中详细论述，在此仅介绍几个关键环节。

①森林采伐应考虑木材市场和区域经济发展的需求；通过采伐作业措施的科学应用，提升森林资源的保护价值，建设和培育稳定、健康与高效的森林生态系统，保持森林长期、稳定提供物质产品、生态和文化服务的能力。

②按照《森林采伐作业规程》(LY/T 1646—2005)等标准，建立以生态采伐为核心的经营管理体系，有条件的区域推进梯度经营体制，适当增加小流域、沟系、山体的景观异质性，保证野生动植物生存繁衍所需的生态单元和生物通道，作业区配置应具有可操作性，合理确定更新方式。

③森林采伐应有利于调整和优化森林结构，稳定木材产量，保护生物多样性与水土资源，维持森林的碳汇平衡，满足利益相关者的经营目的。

④应以经营类型进行采伐量测算，并进行时间和空间分析，落实到小班，确保森林采伐量具有科学性和可操作性。

⑤作业区应与一些易发生水土流失的区域保持一定距离，设置一定宽度的缓冲带(区)，将采伐对生态的破坏或对环境的影响程度降到最低。

(4) 更新造林与采伐工艺设计

造林是指在宜林地上营造森林，而更新则是在采伐迹地上恢复森林。因此，更新与采伐工艺密切相关。造林更新规划一般要确定林种和树种比例，更新方式及比重，造林更新年限及顺序安排，提出造林更新主要技术措施，编制典型造林设计表。

造林更新规划和森林采伐的工艺设计应充分考虑下列条件：

①在溪流、水体、沼泽、冲积沟、受保护的山脊或廊道等易发生水土流失的区域应设置一定宽度的缓冲带(区)。

②尽量减少用于作业的林道、楞场和集材道。

③适当增加小流域、沟系、山体的景观异质性，特别是不同年龄、不同群落的森林合理配置，为野生动植物提供多样的栖息环境，为控制林业有害生物和森林火灾提供有利条件。

④合理设置作业区域和作业面积，保证野生动植物生存繁衍所需的生态单元和生物通道。

⑤合理确定造林与采伐方式，确保生态景观敏感区域不受到破坏，采伐后能及时更新。

⑥优先安排受灾林木、工业原料林、人工林的采伐和造林更新。

(5) 种苗生产

根据森林经营任务和现有种子园、母树林、苗圃和采穗圃供应状况，测算种子、苗木的需求与种苗余缺，安排采种与育苗生产任务。应创造条件建立以乡土树种为主的良种繁育基地，根据引种试验成果繁育和推广林木良种，大力研究和推广生物制剂、稀土、菌根等先进育苗技术，积极利用生物工程等新技术培育新品种。

9.2.3.6 非木质资源经营与游憩规划

非木质资源(non-wood forest resource/non-timber forest products)是指木材以外的其他资源，包括动物、微生物、水、森林生态环境，以及林木以外的藻类、地衣、苔藓、蕨类、种子植物等。经营非木质资源是多元利用森林资源，增加收入的重要途径。

非木质资源经营规划应以市场为导向，以现有成熟技术为依托，规划利用方式、强度、产品种类和规模。在严格保护和合理利用野生资源的同时，积极发展非木质资源的人工定向培育。

非木质资源经营要与林区多种经营相结合，发展种植业(种植粮、油、菜、果、药材等)、养殖业(养蜂、家畜等)、采摘(野果、野菜、蘑菇等)和加工、建材、狩猎等。

游憩规划是指按照功能区或森林旅游地类型进行规划，充分利用林区地文、水文、天象、生物等自然景观和历史古迹、古今建筑、社会风情等人文景观资源，开展游览、登山、探险、疗养、野营、避暑、滑雪、狩猎、垂钓、漂流等森林游憩活动。以利用自然景观为主，适度点缀人造景观，因地制宜地确定环境容量，规划景区、景点、游憩项目和开发规模，科学设计景区、景点和游憩项目。

9.2.3.7 森林健康与生物多样性保护

(1) 森林防火体系规划

森林防火规划要依据《森林防火条例》，贯彻"预防为主，积极消灭"方针，应针对森林火灾突发性强、蔓延速度快的特点，重点进行森林火险区划，制定森林防火布控与森林防火应急预案，规划建设森林防火通道、森林扑火装备、专业防火队伍、防火基础设施等，进行防火体系建设规划。其内容包括：

①依据《全国森林火险区划等级》(LY/T 1063—2008)，确定编案单位的森林火险等级，并进行重点防火地段(区域)区划，制定森林防火布控与应急预案。

②根据气候、物候和其他相关因子确定防火期与重点防火巡护期和巡护区。

③防火组织机构和防火队伍建设。

④林火预测预报及监测体系。

⑤防火阻隔系统和其他基础设施(如林区道路)建设。

⑥防火机具、通信网络与器材以及交通工具。

(2) 森林有害生物防控

森林有害生物是指森林病原体、森林害虫和外来入侵种。林业有害生物防控规划应在研究近年来森林病虫害的病源(或害虫)种类、危害对象、危害程度、分布区域、发生发展规律、蔓延进度、林内卫生状况和采取的对策及效果的基础上，确定防治、控制和检疫对象，划分防治区、控制区和安全区。

应体现"预防为主、防治结合"的方针，将林业有害生物防控纳入森林经营体系，与营林、造林措施紧密结合，通过营林措施辅以必要的生物防治、抗性育种等，降低和控制林内有害生物的危害，提高森林的免疫力。主要内容包括林木有害生物预测预报系统和监测预警体系建设、防治检疫站与检疫体系建设、林业有害生物防控预案，以及外来有害生物和疫源疫病防控方案等。

(3) 林地生产力维护

林地生产力维护措施应贯穿森林经营的全过程。林地生产力维护要从林地生产力现状评价入手，确定重点维护对象，分析林地生产力退化的原因及机理，设计维护地力的对策。应充分考虑有利于地力维护的培肥技术、采伐方式、化学制剂应用等保护对策。提倡培育阔叶林和混交林；速生丰产林应考虑轮作、休耕、间作等培育措施；论证合理的利用方式，尽可能保持凋落物，避免用火清除采伐剩余物，以增加土壤有机质和养分；水土流失严重地区应在造林、采伐作业时，采取土壤水肥保持措施。

(4) 森林集水区经营管理

森林集水区经营管理规划应根据河流、溪流/沼泽等级，将区域按流域分为不同层次或类型的集水区，因地制宜地确定森林经营策略，将采伐、造林、修路等森林经营活动导致的非点源污染降到最小，规划内容主要有：

①溪流两岸缓冲区(带)管理　邻接多年性河流、间歇性河流或其他水体(湖泊、池塘、水库、沼泽等)的缓冲性条形地带，应按照《森林采伐作业规程》(LY/T 1646—2005)的要求划出缓冲带，采取特殊的且以保护水质为主的管理措施。在培育和采伐更新规划前需要明确。

②敏感区域管理　坡度大、土层浅薄林地，以及山脊森林、湿生森林、沼生森林等，应划为防护林等公益林，按照公益林的要求进行管理。

③经营限制指标　每类集水区应按照相关经营规程要求，确定容许一次性采伐更新、整地造林、集材道的面积/长度、分布等指标，作为经营决策时的主要限定因素。

(5) 生物多样性保护

生物多样性保护规划应充分考虑生物资源类型、保护对象特点、制约因素及影响程度、法律法规与政策等。主要的保护措施应考虑：

①以生态系统保护途径为主线，注重对景观、生态系统、物种和遗传基因等不同层次多样性的系统保护。

②将高保护价值森林区域作为规划重点，明确高保护价值区域范围、类型与保护特点，提出保护措施。

③以林班或小流域为单位，以指示型物种确定适宜的树种、森林类型和龄组结构，保持物种组成、空间结构和年龄结构的异质性。

④注重保护珍稀濒危物种和群落建群树种的林木、幼树、幼苗，在成熟的森林群落之间保留森林廊道。

⑤慎重使用杀虫剂、化肥、动植物激素等化学物品；严格狩猎管理；严格林火管理和整地技术，以保护动植物。

9.2.3.8 森林经营基础设施与维护

(1) 林道规划和木材水运规划

林道建设对于森林培育、木材生产、防火护林、环境保护及森林旅游资源开发利用等具有重大影响,它是执行森林经营方案的基础,是集约经营的保证。林道规划应根据森林经营的实际需要和建设能力,明确林道建设及维护的任务量。林道密度以满足森林经营的基本要求为原则,新建林道应尽量结合防火道、巡护路网等布设,避开高保护价值森林区域、缓冲带和敏感地区。

对已通车的林区道路,应根据需要和经济状况进行改造。新建林区道路规划设计应对各条道路分别计算工程量,概算工程投资,一律按原林业部《林区公路路线设计规范》(LY/J 113—1992)的规定的技术标准执行。

林区道路养护规划要根据林区道路网分布及道路等级划分养路工区或道班,可采用常年养护与临时性养护方式。道路养护规划设计的主要内容包括划分养路工区,养护工程量,确定作业方式,养路职工人数,概算土建工程量、设备及投资等。

具有木材水运条件的编案单位,可通过技术经济比选确定水运设计方案,计算流送能力,拟订河道整治工程方案,确定水运生产工艺,作业制度、劳动组织、人员编制、计算设备数量,概算投资,计算木材水运成本。

(2) 贮木场(木材转运场)规划

贮木场是林业企业内部运输网与外部运输干线相联结的地点。贮木场选择是否合理,会影响到运输成本、木材吸引范围的大小和基建工程的造价。贮木场的新建和改、扩建应全面考虑木材生产、林产工业及附属工程、生产设施的总体布局,统一考虑生产工艺、设备选型、场地区划及总平面布置。

贮木场规划,可在现有基础上,按本经理期的木材年产量、内外交通衔接和便于管理等条件,经过技术经济方案比选后确定。若年产量不大,可在林区公路边设立交材点。贮木场设计的最大贮存量应按全年到材量的 1/4 计算。规划内容主要有:①按最大贮存量的树种、材种比例,计算场地及附属建筑物的占地面积;②确定生产工艺、设备型号和数量;③确定作业制度、管理方式和劳动组织;④计算建设投资。

(3) 局(场)址、工区址建设

局(场)址建设必须认真贯彻"城乡结合、工农结合、有利于生产、方便生活"的方针及原则,进行全面的技术经济比较后选定地址。对已建局(场)址一般不变动,应充分利用原有设施,按"填平补齐"原则添置新设施。如确需另选场址,应做出详细的技术经济方案比较,经主管部门审批后,方可进行规划设计。

局(场)址、工区址规划设计内容包括定址论证、平面布置图(包括绿化规划)、所需建筑面积及所需附属工程和概算投资等。

(4) 附属工程规划

附属工程包括机修、供电、供水、排水、通信、广播和科技教育等项目,这些项目也应根据生产、生活需要加以规划。在全面规划统筹安排的基础上,提出建设项目、规模、主要设备型号、数量以及投资概算。这些规划都有专业规程可供参考。

(5)森林旅游基础设施建设规划

有森林旅游条件并计划本经理期内进行森林旅游开发的编案,应结合林场基本建设规划,进行旅游服务基础设施及附属设施专项规划。

(6)森林保护、林地水利及其他营林配套设施

森林保护、林地水利及其他营林配套基础设施规划,应充分结合国家、地方相关基础设施建设规划进行,以利用和维护已有基础设施为主,并考虑设施的多途利用。森林保护设施主要有防火线、防火林带、防火沟和防火瞭望塔(台)等。

9.2.3.9 经营能力建设

经营能力指企业完成特定的工作及任务时运用组织资源的能力,包括风险承受能力、运作能力、信贷能力、企业家素质和组织管理体系与企业文化等。对于拥有特定数量和质量资源,处于特定自然、社会、经济环境的编案单位而言,其经营能力主要体现在机构设置及人员配备、组织管理制度和企业文化建设上。

(1)机构设置及人员配备

机构设置应从经营目标、经营任务、劳动定额等需要出发,本着"精兵简政,提高效能,服务生产"的原则,合理确定管理层次、管理跨度和职能机构,包括直接生产、辅助生产、后勤服务人员的定员和季节性临时工使用量等。

人员配备就是为了完成森林经营工作和总体目标,根据"因事设岗,按岗求贤"原则,严格按照国家有关规定或主管部门的编制标准执行,尽量压缩人员数量,最大限度地减少非生产人员。要加强技术技能培训,促进森林经营队伍职业化和专业化。

(2)组织管理制度

组织管理制度包括人力资源管理、劳动管理、分配制度、激励机制和技术档案管理等。

人力资源管理是指对编案单位的从业人员的合理配备、使用、考核、选拔、晋升、培训及工资、保健福利等的管理工作,最充分地发挥每个人的才能,共同实现组织目标。人力资源管理与劳动管理、分配制度和激励机制紧密联系在一起。

森林经营档案建设规划应以"分类、准确、及时、便捷"为原则,重点规划档案管理人员、设施设备和相关管理制度建设等。森林经营档案应包括森林资源档案、经营技术档案、生产管理档案及相关文件、资料等。

(3)企业文化建设

企业文化是企业围绕企业生产经营管理而形成具有企业特点的群体意识,以及受该意识支配的行为规范。具体表现为企业理念、价值观、经营宗旨、发展战略、奋斗目标、精神状态以及企业行为、特征与风格等。

企业文化建设则是指通过有意识的投入、培育、提炼、积累、引发和塑造属于企业自身的企业文化和企业精神。企业文化建设要求从全新的视角来思考和分析企业这一经济组织的运行;是以价值观为核心,创新为动力,知识为基础,事业为共同追求,职业道德、法规、制度为导向的长期发展战略。

9.2.3.10 投资估算与效益评价

(1)投资估算

投资估算要求分年度进行安排,对于近2~3年的建设项目,要分年度列出工程量建

设顺序。编案单位的建设投资包括:

①营林工程　包括宜林地造林、速生丰产林、幼龄林培育、抚育采伐、低产林改造、种子园、苗圃、营林机械和林业科研。

②木材生产　包括机械设备购置,道路养护设备。

③林区多资源开发利用　包括林副产品生产、林产加工、非木质资源经营和森林旅游开发。

④森林与环境保护　包括森林防火、病虫害防治、自然环境与生物多样性保护,以及资源与林政管理费用等。

⑤林区基础设施建设　包括林区公路,木材转运场,局(场)址、工区址及居民点建设,附属工程建设等。

⑥其他　包括不可预见费、勘察设计费、培训费、征地费等。

(2) 资金筹措与平衡

森林经营方案所需资金应按建设项目性质和国家有关规定分别资金来源渠道编制资金筹措计划,确定资金使用方向,做出时间安排,并分别项目进行资金平衡。资金来源应以林业主管部门、林场自筹为主,主要渠道包括育林费、维简费(更新改造资金)、税后利润、专项工程拨款、银行贷款、利用外资和其他资金(集资)等。

(3) 财务分析

财务分析主要是在国家对林业现行财税制度和价格体系下,从经济效益的角度考察方案所制定的各项建设投资综合的财务可行性。

评价方法一般采用静态分析,即通过计算投资利润率、投资利税率、成本利润率和静态投资回收期等指标进行评价。经营周期较短的工程项目和国家有明确要求的工程造林项目应采用动态分析法。常利用净现值、内部收益率和动态投资回收期等指标进行评价。

9.2.3.11　森林经营生态、经济与社会影响评估

对于实施森林经营方案可能产生的生态、经济与社会影响,要按相关程序进行评估,并且要向相关利益群体说明。

(1) 生态环境影响评估

实施森林经营方案可能产生的生态环境影响,可从流域稳定性,水源涵养,水土保持,野生动物重要栖息地的保护、生物多样性保护、碳储存、林业有害生物防治、森林火灾预防、景观价值、采伐剩余物及其他废弃物处理或循环利用等方面进行评价。

(2) 经济效果评估

实施森林经营方案可能产生的经济效果评价可以考察:

①森林资源的状态(数量、质量、结构和分布)和动态(生长率、生长量、面积增长率、蓄积增长率等)。

②林业资产变化评价(资产总额、资产增长率等)。

③产业结构和产品结构变化评价。

④企业与个人经济效益评价。

⑤可参用下面公式对经理期末森林资源状况进行预测,最后分析确定。

$$M_n = M_0(1+P)^n + M_1(1+0.5P)\left[\frac{(1+P)^n - 1}{P}\right] + \sum_{i=1}^{n} Q_i(1+P)^{n-1} \quad (9-1)$$

式中，M_n 为年末预测蓄积量；M_0 为期初蓄积量；P 为年均生长率；Q_i 为经理期每年进界木蓄积量，$i=1,2,3,4,5$；M_1 为森林资源年消耗量；n 为预测年数。

(3) 社会影响评估

针对林业生产单位近期目标，通过专家咨询、社会调查与访问和资料查阅等方法，获得森林经营活动对区域文化教育与劳动就业、公共福利与社会保障、人民生活与健康、社会文明与和谐等方面的信息，定性或定量分析、评价森林经营活动对人造成的现实和潜在影响，计划应尽量减少对利益相关者的负面影响，为科学组织森林经营活动提供依据。

社会影响评估可以重点考察以下因素：
①森林周边群众使用森林的权利。
②农业和就业。
③采集薪材和野生食物。
④林火阻隔与林区城镇安全。
⑤文化与宗教价值。
⑥林业工人和服务人员的工作条件与安全生产保障。
⑦林业技术普及与提高。
⑧交通与通信等基础设施。

国有林业生产单位的特点和类型不同，其森林经营方案或总体设计的基本内容和重点也应做适当调整。例如，新建局(场)可能基本建设内容要多一些；而改建、扩建或经营历史较久的一些局(场)，则可能侧重调整生产布局，加强对生产工艺或设备进行更新或技术改造；自然保护区、森林公园等单位的森林经营方案无疑侧重生态产品的生产和公益效能的发挥，则应有相应重点和策略。

9.2.4 编案方法

(1) 技术方法

森林经营方案编制应以森林可持续经营理论为指导，在前期经营方案执行情况分析评价的基础上，借鉴成功案例，应用运筹学、经济学、生态学、计算机技术、大数据技术、人工智能等科学方法和技术手段进行系统分析、决策优化、综合评价和规划设计，提高森林经营方案的科学性、先进性和可行性。

(2) 决策方法

①森林经营决策应针对森林经营周期长、功能多样、受外部环境影响大等特点，分别不同侧重点对森林结构调整和经营规模提出多个备选方案，进行多方案比选。

②每个备选方案一般测算一个半经营周期，分别不同阶段(一个经理期，后期可以延长)提出一系列木材生产、非木质资源生产、社会与生态服务，以及投入与效益指标。

③对照森林经营目标，以经营收益最大化与生态社会服务功能最完善作为方案评选依据。

(3) 影响评估方法

在进行森林经营决策时，应对不同方案进行至少一个半经营周期的生态影响评估与社会影响评估，分别评估不同备选方案将会带来的短期、中期和长期社会与生态影响，评估内容应考虑：

①水土资源保持、生物多样性与重要栖息地保护、森林碳汇、地力保持与维护、森林健康与维护、森林生态文化与宗教价值等生态影响。

②社区劳动就业、基础设施条件改善、游憩服务、对地方经济发展贡献、促进生态道德建设、社区发展、传统文化传承等社会影响。

(4) 公众参与

经营方案编制应采取参与式规划方式，建立公众参与机制。具体包括两个方面：一是参与的广泛性，要多与森林管理者、经营者、周边社区人员、监管作业人员进行讨论、沟通，讨论每个小班地块的具体作业措施、作业时间，讨论基础设施建设等相关实施条件的需求及实现的可能性；二是要多实地踏查，尤其是对于不易确定经营措施的小班地块，要反复踏查与商讨，直到确定合适的措施。要通过让经营者等利益相关方充分参与，从而把确定的方案转变为今后经营管理者的自觉行动。广泛征求管理部门、生产单位和其他利益相关者的意见，并对征求意见进行综合分析，以适当调整后的最佳方案作为规划设计的依据。

9.3 森林经营方案实施评估与调整修订

9.3.1 方案实施与评估

(1) 方案实施与森林经理过程

编案单位是森林经营方案的实施主体。应按照森林经营方案进行组织和运筹森林经营活动，以实现既定目标；应严格按照森林经营方案规划设计的各项任务和年度计划，编制作业设计、组织开展各项经营活动。

编案单位应针对森林经营方案实施执行效果建立监测体系。应根据成效监测结果和该区域森林可持续经营标准与指标体系，定期评估森林经营方案实施效果。

森林经理过程是一个长期实践、动态发展的过程，由调查分析、决策规划、实施管理和检查评估等环节组成，从森林经营方案编制的各环节内容组成看，森林经理过程应包括森林经营方案编制、森林经营方案执行反馈和森林经营方案执行评估3个子系统过程组成（图9-3）。

森林经营方案编制是森林经营方案执行反馈过程和森林经营方案执行评估过程的基础和依据，其循环周期在南方为5年，在北方为10年。这一过程经历森林经营方案编制资格审查、森林经营方案编写和森林经营方案审查。

森林经营方案执行反馈过程以森林经营方案为准则，通过年度目标分解、目标责任落实执行、绩效评定、森林资源分析和经济活动分析，形成森林经营过程的内部约束机制。这一过程每年循环一次。

森林经营方案执行评估过程是编案单位的上级主管部门和社会对森林经营方案执行情

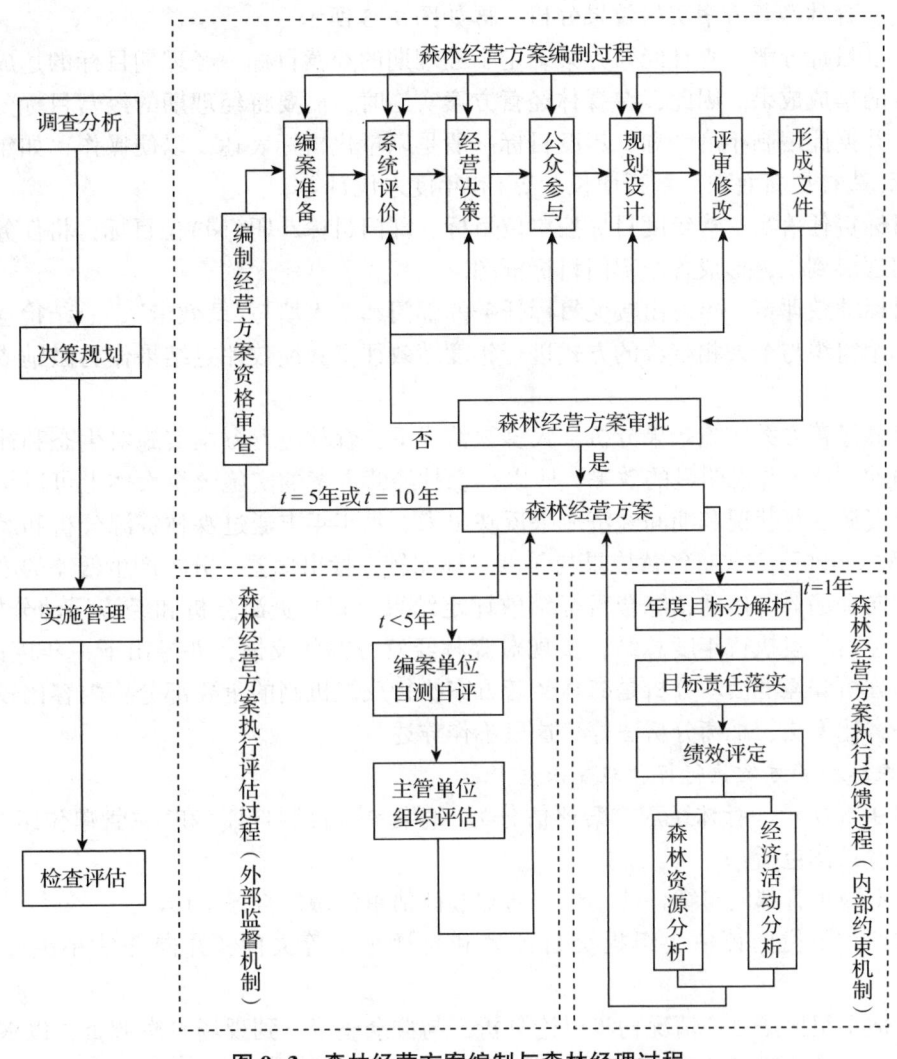

图 9-3 森林经营方案编制与森林经理过程

况进行认可、鉴定、引导、监督和协调,形成了森林经营方案实施的外部监督机制。这一过程可以在经理期内定期或不定期进行。

森林经营方案编制过程(图 9-3 上部虚线框内部分)对应森林经理过程的"调查分析"和"决策规划"两个环节,即对森林经营进行"全局性谋划"。换言之,调查分析和决策规划最终以编制出森林经营方案为标志。森林经营方案执行反馈过程(图 9-3 下部右侧虚线框内部分)和森林经营方案执行评估过程(图 9-3 下部左侧虚线框内部分)对应于"实施管理"和"检查评估"两个环节,是森林经营的"组织、协调和控制"。森林经营方案执行反馈过程和森林经营方案执行评估过程则分别从内部约束和外部监督两个方面保证森林经营方案所设定的经营目标与编案单位的内部条件和外部环境之间动态统一,不断逼近森林经营目标。

(2)森林经营方案执行反馈机制及过程

森林经营方案执行反馈机制由 4 个部分组成,依次为年度目标分解、目标责任落实、绩效评定、森林经营方案实施效果分析，详如图 9-3 所示。

①年度目标分解　森林经营方案确定了经理期的经营目标，经理期目标的达成是各个年度目标的集成成果。因此，在森林经营方案实施时，需要将经理期的经营目标分解成年度目标，并据此编制年度计划。年度目标一般是以量化指标表达，以便操作，如年度森林培育目标(造林更新面积、蓄积增长量等)和年度采伐量等。

②目标责任落实　将年度目标按单位目标、部门目标、职(岗)位目标，将任务与保证措施落实逐层到位，形成各个部门目标框图。

③目标绩效评定　年终由接受目标任务的部门和个人填写"绩效卡"，总结检查任务完成情况，用组织与个人相结合的方式进行年度绩效评定。绩效评定结果作为激励或惩戒的依据。

④森林经营方案实施效果分析　大多数情况下，森林经营方案实施对生态和社会影响在短期(1年内)内并无明显的效果，所以，森林经营方案的实施效果大体上可以从期初与期末森林资源变化状况和期间经济成果反映出来。每年年末通过森林资源分析和经济活动分析(简称双分析)方式将经营成果与年度目标比较，检出偏差，分析产生偏差的原因，预测变化方向和趋势。然后，综合目标绩效评定结果、森林资源分析和经济活动分析结果，形成森林经营方案执行年度总结，实现对森林经营方案的反馈，并导出下一年度的目标。森林资源分析和经济活动分析是森林经营方案执行反馈机制的重要部分，内容比较多，包括比较法、比率法、平衡分析法等。这里不作详述。

(3) 森林经营方案执行评估机制及过程

如图 9-3 所示，森林经营方案评估分为"编案单位自测自评"和"主管单位组织评估"两个阶段。具体包括：

①由上级主管部门组织评估小组，通知被评估单位做好自评工作。

②被评估单位向评估小组提交自评表和自评小结等文件，并向评估小组介绍自评情况。

③评估小组根据自评情况初步讨论分析，与群众座谈，到现场考察调查，以求对森林经营方案执行绩效和问题深入了解，探讨产生问题的原因、发展的现实因素和化解问题的途径与对策。

④对被评估单位执行森林经营方案情况进行评估，计算森林经营方案评估指标值。

⑤起草评估报告。

⑥向被评估单位宣布评估结果，向上级主管部门呈送评估报告。

以华南农业大学森林经理研究室建立的森林经营方案执行评估指标体系为例进行介绍，该评估体系分为三级。一级指标 4 个，包括对森林经营方案的了解程度；森林经营活动是否遵循森林经营方案；森林经营方案执行反馈机制是否完备；森林经营方案的实施效果。二级指标 16 个，三级指标 27 个，四级指标 12 个，此处不作详述。

(4) 方案执行反馈和评估的信息管理

森林经理过程是合理组织、协调和控制物质流、能量流和信息流的过程。准确高效地收集、存储、处理、分析、更新和使用相关信息是方案执行反馈和评估的基础。森林经营方案执行反馈和执行评估过程需要 3 个方面的信息：森林资源信息、经济活动信息和行政管理信息。

①森林资源信息来自森林资源管理信息系统　根据森林经理调查所取得的数据，建立数据库和管理系统。根据营林活动、采伐管理、森林灾害、森林资源产权变动的记录和其他有关森林资源变化数据，及时更新森林资源管理系统的数据。另外，根据森林资源蓄积生长量监测结果，及时更新各小班蓄积量数据，在编案单位没有建立森林资源连续清查系统之前，可以考虑按立地类型分树种建立生长模型，实现计算机自动更新小班蓄积量数据。

②经济活动信息主要来自财务信息系统和小班经营档案　所有涉及生产要素变化的原始凭证，包括耗资、投入劳力和资源变化等均需录入小班经营档案和按财务规定录入财务管理数据库。通过财务的"日清月结""季度结算"和"年度结算"取得财务数据；通过小班经营档案记录取得森林资源"投入产出"的数据。

③行政管理信息主要来自管理部门的计划、决策、组织、指挥、控制和协调等活动的记录和文件　根据这些信息可以分析森林资源经营和经济成果产生的原因，逐步完善森林经营体制、经营制度和经营机制。

9.3.2　方案调整与修订

森林经营方案可在经理期内依据监测、评估结果进行适当调整。其中对经营目标、森林分类区划、采伐利用规划等内容进行重大调整时，应报原森林经营方案批准单位重新批复。应根据监测结果和相关森林可持续经营标准与指标体系，定期评价森林经营方案实施效果，评估森林可持续经营状况，鼓励由社会第三方进行森林可持续经营认证。

森林经营方案编制是建立在对过往经营活动借鉴，对现实内部经营条件和外部经营环境的辨识判断和对未来可能性预测基础上，而林业生产单位的内部条件和外部环境始终处于动态过程中，而且任何可能性预测都可能存在偏差。正因如此，需要定期或根据实际情况修订或重新编制森林经营方案。正常情况下，森林经营方案5年或10年修订一次，这一期间称为经理期，也称为复查期或修订期；这种有关森林经营方案检查与修订的具体工作就称为森林经理复查修订。当然，每年的森林经营方案执行反馈过程，如果发现森林经营方案存在必须修订的内容，也应该及时修订。根据调整修订的内容和周期可以分小修订和大修订。

方案实施单位应配合林业主管部门对方案执行情况进行监管。方案实施中的重大调整，除应由规划设计部门形成补充修改意见外，还应报原森林经营方案批准单位重新审批。

9.3.2.1　经营方案的小修订

(1) 小修订的周期

如图9-3所示，当森林经营方案经过年度的执行反馈或经理期内的执行评估后，发现原方案所依据的内部条件或外部环境发生了变化，使得原森林经营方案显得保守或冒进；或者由于当时经验和水平所限，以致部分森林经营决策已经不符合要求，就必须做出应变，需要调整或修改原森林经营方案相关的部分内容，避免损失，把握发展机会。因此，森林经营方案小修订是以"需要"为前提的、不定期的、中间的、部分的修订,周期为1年或不足一个经理期的任何年数。

(2)小修订的内容

小修订是对森林经营方案部分的不影响全局的修订。例如,对采伐迹地、新造林地和火烧迹地等进行调查,作补充施工设计;受暴风、火灾、病虫害等灾害影响需要重新进行伐区配置,调整年度采伐量;或为了适应这些变化需要临时开设运材道等。

9.3.2.2 经营方案的大修订

(1)大修订的周期

一般而言,经过5年或10年,经理单位的内部条件和外部环境都会发生显著的变化。故大修订一般与森林经理期一致,即5年或10年修订一次,也就是当森林经理期结束后,重新编制森林经营方案。大修订的运作过程如图9-3所示。特殊情况下,由于内部条件,或外部环境,或科技进步发生了重大变化,有必要重新进行森林经营全局性谋划时,经请示可以择时修订。

(2)大修订内容

如前所述,大修订就是对森林经营方案作重大修改或重新编制。因此,其内容与森林经营方案编制内容基本一致。重新编制的经营方案应报原森林经营方案批准单位重新审批。

9.4 森林经营方案实例与分析

9.4.1 国有林森林经营方案

以浙江省建德市建德林场为例进行介绍。

(1)森林经营方案的深度要求

①满足国有林森林经营方案编制深度的基本要求(详见9.2.2 编案深度和广度)。

②每个林业用地小班确定适宜的森林经营类型和本经理期的经营措施,以经营类型为基本的规划设计单位。

③需要改造的疏林地、低产林地和适宜培育森林资源的土地,以及经理期规划采伐的小班需确定下一个经营周期适宜更新的森林经营类型。

④其他规划项目原则上只进行宏观规划。

(2)浙江省建德市建德林场基本概况

浙江省建德林场地处建德市东部,场部位于三江口北岸的严州古城——梅城镇。建德林场创建于1924年7月,当时名为"浙江省立第一模范造林场",建德林场是浙江省建场最早的国有林场之一,至今有百年办场历史。建德林场地属中亚热带北缘湿润季风气候,气候特点是温暖湿润,雨量充沛,四季分明。建德林场经营总面积 8 375.07 hm^2,下设梅城、乌石滩、江南和泷江4个林区、14个营林队和20个管护片,另有葫芦洞水电站、紫翠楼宾馆等企业。全场在职职工总人数34人,其中专业技术人员8人,另有退休下岗职工 345 人。上一经理期10年(2001—2010年),林场共实现经营收入 4 200 万元。全场森林覆盖率89.6%，森林蓄积量720 855 m³。

(3) 森林经营方案内容分析

建德林场是全国15个"首批森林经营方案实施示范林场"之一，编制了《建德林场经营方案(2011—2020年)》。经营方案由方案文本(说明书)、专题研究、附表、附件、附图等5个方面组成。

第一部分为经营方案文本，共15章。内容包括基本情况、森林资源评价、森林经营管理评价、森林经营方针与布局、森林经营体系、森林培育、采伐规划设计、非木质资源经营、森林游憩、森林健康与森林保护规划、生物多样性保护规划、基础设施规划、森林经营组织与能力规划、森林经营投资分析与效益评价和森林经营方案实施建议；第二部分为专题研究，共8个专题，包括森林资源更新与森林资源评价、立地类型划分与质量评价、森林经营类型设计、森林合理采伐量确定、森林景观资源调查与评价专题研究、森林经理期主要森林资源指标预估与确定、薄壳山核桃的栽培与管理和森林抚育经营技术要求；第三部分为附表，共9张附表，包括经营类型现状统计表、主要造林树种特性表、分年度造林更新(含补植)小班安排一览表、幼林抚育小班一览表、年度森林采伐小班安排一览表、竹林规划一览表、景点规划表、游憩项目规划表和国家储备(后备)林小班一览表；第四部分为附件；第五部分为附图。

建德林场森林经营方针为"保护库区、调整结构、美化两岸、旅游兴场"，经营方案经理期目标主要包括森林资源目标、营林与管理目标、森林生态建设与保护目标和社区责任目标。其中社区责任目标主要指保证员工的劳动权益和健康、安全，职工收入年均增长率10%，进一步提高建德林场对建德市林业的贡献、对所在乡村经济的贡献，以及对附近社区居民的贡献。

经营方案的森林经营类型设计，先从大的宏观层面将森林分为公益林(地)与商品林(地)两大类，再按照林种、树种组成、立地质量、经营目的、起源、地类等因素进行森林经营设计。公益林经营类型按照《国家级公益林管理办法》、浙江省地方标准《公益林建设规范》(DB33/T 379—2014)等要求设计；商品林经营按照《浙江省林木采伐管理办法》《森林抚育规程》(GB/T 15781—2015)等要求设计。全场共组织设计32个经营类型，其中公益林12个：防护林5个、特用林4个、其他3个(生态竹林、生态经济林、生态灌木林)；商品林18个：用材林9个、经济林7个、其他2个(毛竹商品林、普通灌木林)；其他2个。

(4) 森林经营方案的特点分析

①坚持保护发展与利用森林资源并重，强调森林资源的多向利用　该经营方案的非木质资源特指来自森林的非木材植物产品，如果实、种子、枝叶、树皮、树胶等，具体的包括茶叶、干果、水果、竹子、药材及其副产品等森林植物资源。全场共有经济树种资源(包括公益林区的生态经济林)115.9 hm²，其中7 hm²以上的经济树种资源有：板栗、薄壳山核桃、桃、胡柚、厚朴、杜仲、茶叶和橘。

②持续贯彻"绿水青山就是金山银山"的发展理念　经营方案贯彻"绿水青山就是金山银山"的发展理念，以多功能森林经营理论为指导，加强了森林景观资源调查与评价专题研究，丰富了经营方案的森林游憩部分内容。1995年，富春江森林公园升格为国家级森林

公园。森林公园与建德林场实行两块牌子、一套班子，是两位一体的关系。林场是国家重点风景名胜区"富春江—新安江—千岛湖风景名胜区"的重要组成部分。公园森林旅游资源丰富，共包括5个大类、11个亚类、21个基本类型、52个资源单体，涵盖了山、江、林、瀑、石及民俗历史文化等景观类型，荟萃了古严陵山水名胜之精华，古时即传有千峰古榭、八面层峦、双塔凌云、二江成字、三墩毓秀、九井储清、七里扬帆和双台垂钓等"严陵八景"，且在空间分布上呈"大分散、小集中"的格局，主要的风景资源由七里泷、胥溪、葫芦溪等流泉紧密串联，山水资源整体组合情况良好。公园最具特色的自然景观为七里泷山水景观、葫芦瀑布群景观和玄武岩柱状节理群景观。

③专题研究凸显林场优势和特色　该经营方案针对以往编案时规划设计的薄弱环节，加强了专题研究，引入了决策优化方法和更多的定量分析方法，如森林景观资源调查与评价专题研究、森林经理期主要森林资源指标预估与确定、薄壳山核桃的栽培与管理等。

④新技术新方法与森林小班数据动态更新进一步融合优化　建德市森林资源动态监测成果为编案提供了基础数据。基于建德林场固定标准地复测资料，采用高清遥感影像资料和模型优化等新技术和新方法，为方案编制提供数据支撑，智慧林业建设持续推进。针对林场突变小班和渐变小班的不同情形，森林资源更新与森林资源评价专题中研建相应的动态更新模型，使得数据更新趋于合理。

⑤编制了相应的全周期经营措施表　经营方案编写过程中强化了森林经营类型设计及其经营措施，充分坚持与分区施策、分类管理政策衔接的原则。森林经营类型设计时把公益林和商品林的经营类型区分清晰，分别经营类型与经营措施。编制了相应的经营类型全周期经营措施表，使方案更具有可操作性。举例说明见表9-1。

表9-1　建德林场杉木人工林大径材择伐全周期经营措施表

编号(阶段)	林分特征	林龄范围	主要经营措施
1	A：造林/幼林形成阶段	<3年	①人工造林　容器苗或裸根苗造林，初植密度170~220株·亩$^{-1}$，未达到密度要求的及时补植。造林后4年内抚育9次 ②萌芽更新　及时除萌定株，每个伐桩保留1~2株，密度170~220株·亩$^{-1}$，未达到密度要求的及时补植。造林后4年内抚育7次
2	B：林分郁闭前阶段	4~6年	严格管护，一般情况下不采取抚育措施
3	C：杆材林阶段（含少数小径乔木）	7~12年	①抚育措施　透光伐 ②目标　减小林分密度、改善保留木生长条件、促进林木高生长 ③主要控制指标　蓄积量采伐强度不超过40%，郁闭度伐前0.9~1.0，伐后0.6~0.8，枯枝高达树高1/3以上时，一次采伐林分郁闭度下降不超过0.2 ④技术要点　a.采伐木的选择：萌生的林木全部采伐，除此之外，实生林木根据在林冠层中的位置和干形的优劣，将林木划分为5个级别。保留Ⅰ、Ⅱ级木，砍伐部分Ⅲ级木，Ⅳ级木大部分砍伐，Ⅴ级木全部砍伐。b.保留株数：90~110株·亩$^{-1}$。c.抚育间隔期不低于5年

(续)

编号(阶段)	林分特征	林龄范围	主要经营措施
4	D：乔木林阶段（小径-中径过渡）	13~19年	①抚育措施　生长伐 ②目标　培育目标树，提高目标树质量 ③主要控制指标　蓄积量采伐强度不超过30%，郁闭度伐前0.8，伐后不得低于0.6，枯枝高达树高1/2以上时，一次采伐林分郁闭度降低不得超过0.2 ④技术要点　a.踏查林分，选择目标树10~15株·亩$^{-1}$，对每株目标树选择1~3株干扰树，予以采伐，同时采伐部分生长不良的一般树。保留株数60~80株·亩$^{-1}$。b.抚育间隔期5年以上。c.对天然更新实生的杉木幼苗及幼树予以保护和抚育
5	E：中径乔木林阶段	20~30年	①经营措施　采用单株择伐方式进行采伐作业 ②目标　培育目标树，维护和保持生态服务功能并生产高品质木材 ③主要控制指标　一次采伐强度不超过伐前林木蓄积量的25% ④技术要点　a.选择目标树10~15株·亩$^{-1}$，采伐干扰树，采伐部分生长不良的一般树。保留株数50~70株·亩$^{-1}$。b.天然更新幼苗（幼树）株数达不到规程要求时，应采取人工促进天然更新或补植的抚育措施。c.抚育间隔期5年以上
6	F：大径乔木林阶段	>30年	①目标树密度在10~15株·亩$^{-1}$，对影响目标树生长的干扰树进行采伐。保留木密度在40~60株·亩$^{-1}$。采伐时注意倒向，尽量不要压到第二代目标树 ②达到目标直径的杉木要以单株形式进行主伐 ③选出第二代目标树250~300株·亩$^{-1}$，对影响该层目标树生长的干扰树进行采伐

9.4.2　集体林森林经营方案

我国集体林区特别是南方集体林区不仅是我国重要的用材林基地，也是我国林化及副产品的生产基地，从集体林的特点和实际需要出发，编好集体林森林经营方案，对集体林区的可持续发展具有重要意义。

9.4.2.1　集体林森林经营特点

我国集体林区大体上可以分为两大片，一片是"平原四省"（山东、河北、江苏和河南）集体林区，另一片是南方集体林区，包括湖北、湖南、江西、安徽、浙江、福建、广东、广西、贵州和海南10个省(自治区)。据第九次全国森林资源清查数据可知，集体林林业用地面积为 $1.93×10^8$ hm^2，占全国林业用地面积的59.59%。其中集体林森林面积 $1.34×10^8$ hm^2，占全国森林面积的61.34%。云南、广西、湖南、内蒙古、江西、广东、四川、福建、贵州的集体林面积较大，9省合计 $0.97×10^8$ hm^2，占全国集体林面积的72.66%。全国集体林森林蓄积量 $6.94×10^8$ m^3，占全国森林蓄积量的40.66%，每公顷蓄积量66.07 m^3。因此，南方集体林区森林资源不仅要承担木材生产和服务林区居民生活的重任，而且应承担维护我国生态安全和改善环境的义务。

集体林编案单位的森林经营具有以下特点：

(1) 产权主体多元，产权关系复杂，经营形式多样

我国林地均属公有，即国有和集体所有。集体林经营主体包括集体林组织和非公有制

经营主体、个体(工商业主投资经营)林户、农林兼营户、林业重点户、林业专业户、其他(合作经营、股份制)等，还有像福建省"股东会"的经营形式及广东省梅州地区联合起来的适度规模经营。经过集体林权改革以后，各经营主体产权明晰，产权流转进一步规范，经营森林资源的积极性高涨，出现了租赁经营、承包经营、独资(立)经营、合作经营、股份经营等多种经营形式。集体林编案单位的经营主体数量多、规模小、小块分散，组织经营难度大。

(2) 经营主体经营实力差异悬殊，目标定位各异

经营主体的经营实力主要体现在资金、技术和谋控能力上。尽管经营主体在行使经营权时受到当地林业规划的一定约束。例如，被划定为商品林，经营主体一般能比较充分地行使经营权，即可以在当地林业规划的框架内，根据自身拥有的森林资源条件，经营实力和利益偏好确定经营目标，包括林种、目的树种、目标产品、目标产量和目标收益等。在广东，桉树工业原料林经营者采用短轮伐期高投入、高产出的经营模式，有些地段一个轮伐期(5年)内投入达 30 000 元·hm^{-2}，年平均生长量达 33 m^3·hm^{-2}。但是，有些经营者由于对林产品市场的判断、技术水平、资金不足或谋控能力等原因，投入较少，经营规模小，产品定位不准，收益也就比较低。

(3) 农林兼营，多业并举

编案单位的经营主体多数是当地的农民组织，既务农又耕山致富，同时开展林、牧、茶、果、药等多种经营。有条件的地方，还经营采掘业、旅游业和以当地土特产为原材料的加工业等。林区农民既是农业生产者，也是林业劳动者，或是其他行业的从业者，有经营林业的传统习惯和丰富实践经验。

(4) 与行政平行分级管理

各级林业局(站)或林业和草原局是同级政府的职能部门。按现行行政体制，县以下分乡(镇)政府，即县林业局是县政府的职能部门，负责管理县的林业；乡(镇)林业站是镇政府的职能部门，同时受县林业局直接领导，负责管理乡(镇)的林业。当然，乡(镇)林业站可以通过村委会管理辖区的农户等经营主体。

9.4.2.2 编制指导思想和原则

(1) 编制指导思想

编制集体林森林经营方案的指导思想，就是依据集体林区的特点，以"绿水青山就是金山银山"的发展理念为统领，以多功能森林经营理论为指导，以实现森林可持续经营为宗旨，以构建健康、稳定、高效的森林生态系统为目标，遵循"严格保护、积极发展、科学经营、持续利用"的森林经营策略，坚持生态优先，优化森林结构，提高林地生产力，促进生物多样性保护，逐步建立区域内完备的林业生态体系、发达的林业产业体系和繁荣的生态文化体系。实现林业又好又快发展和兴林富民，推进林业现代化进程，为建设社会主义新农村及构建和谐社会做贡献。

(2) 编制原则

①系统整体性原则 应用整体观点和系统观点研究和解决森林经营目标和森林经营措施问题，处理好当前与长远、局部与整体、宏观与微观的关系，统筹规划、分步实施，协调好短期目标与中长期目标、眼前利益与长远利益的关系，兼顾资源、环境和经济社会发

展，谋求森林的生态、经济和社会效益相协调。

②生态可持续原则　森林经营目标和相应的经营措施，必须保证生态系统具有可持续性，不能对生态系统的持续再生性带来不可逆转的损害。分区施策、分类指导，协调好不同功能区、不同森林类型的功能与潜力。

③公益性和社会参与原则　森林经营目标和相应的经营措施，必须符合当地社会整体利益和长远利益，鼓励社会参与管理和决策，更多地得到社区的支持。

④可持续利用原则　通过制定可持续经营措施，提高生态系统的产品再生速率，在此基础上，提高森林产品利用量。

⑤经济合理性原则　对任何森林经营活动项目都需要进行经济可行性论证，避免经济损失。

⑥谨慎性原则　对森林经营决策采取谨慎态度。

⑦既要突出重点，又要兼顾全面性和系统性　科学实用，便于操作，有利于监测管理。要力求使建设标准及指标体系符合各地区、各类型林场的实际情况，发挥应有的作用。

9.4.2.3　方案的编制方法和要点

编制集体林森林经营方案的基本方法是"分级编案，粗细有序，落实至户"，即由县级林业主管部门(林业局)组织编制县级森林经营方案；乡(镇)根据县级森林经营方案，编制乡(镇)级森林经营方案；"户"(村、组或林业个体户)编制村级森林经营方案或仅作经营类型典型设计。

(1)县级森林经营方案编制

森林经营主体应该是产权明晰，自主经营，实行独立核算的经济实体。由于集体林编案单位数量多、分散，单个经营主体所经营面积都比较小，不具备实行森林永续利用的基本条件；分散经营又不可能产生规模效应。因此，县域内的森林经营需要进行系统组织，以形成森林产品和林副产品的规模产能，为县域生态安全和环境优化提供保障，并提供恰当的文化服务。

县级行政单位，并非森林经营主体(经济实体)，不是编制森林经营方案的实体单位。按我国现行行政体制，集体林区的县林业局是政府的职能机构，负责县域内森林资源管理。按照我国的《民法典》，森林经营主体具有对其产权范围内的森林资源的经营权。县级林业主管部门并不直接组织森林经营活动，县级林业主管部门具有对县域内森林资源进行统筹规划、组织协调的职权和义务，能代表县政府运用行政和经济手段，对经营活动进行有效的组织管理。同时，许多地方森林资源二类调查是以县为单位进行的，森林资源消长目标责任制和年采伐限额等都是以县为单位确定的，集体林区大部分县又搞过县级林业区划与县级林业发展规划，具备良好的编案基础，而且一个县的技术力量也较强。此外，县级行政区域比较稳定，不会因为境界变动而影响方案的实施。以县为单位编制的森林经营方案，有利于森林可持经营。

县级森林经营方案的深度应达到初步设计的要求，满足制订年度计划和作业设计的需要，以作为单项设计和施工设计的依据。经营目标和各项生产任务应分解到乡(镇)一级。主要注意以下几点：

①县级森林经营方案主要是解决整体控制性问题和全局性系统组织的问题，具有规划性质。要明确县域的森林生产力组织方向和空间布局、经营目标、经营方针、经营门类、发展规模、发展速度，重大比例关系（产业结构、林种结构、树种结构、产品结构等），关键技术体系（森林培育、林产收获与利用、森林资源监测），发展的关键（薄弱环境或重大制约因素），支持基础（林区道路与林产品集运网点、防火设施及其布局、林产品加工与营销售网点、林业技术咨询服务）、机构设置与制度保障（法律、规章）等。

②应按照国家林业政策和法规，根据县级国土空间规划和社会发展规划确定林业的经营空间和经营目标。

③应按照《全国森林资源经营管理分区施策导则》的要求，以区域为单元进行森林功能区划，包括森林集水区区划、生态景观区划、生物多样性保护区划、野生植物保护区划、野生动物保护区划、人文遗产保护区划、森林游憩区划、工业原料林区划和经济林区划等。为满足防灾灭害的需要，要进行森林火险区划和有害生物防控区划。

④对于目前还没有专业机构（如林业工作站）的乡（镇），往往不具备编制和实施乡（镇）森林经营方案的能力，县级森林经营方案应适当深化，实际上是全县统筹安排，同时为各乡（镇）编制乡（镇）森林经营方案，即全县编制一个县级森林经营方案，在县级方案内把森林功能区划、需要在相关乡（镇）落实的项目和主要林业活动等规划设计指标按年度分解或落实到乡（镇），如采伐限额、造林更新、抚育等。一般项目县级方案中提出，并规定主要经营技术，乡（镇）加以实施，前提是要有各乡（镇）详细的情况，并且各项措施落实到立地类型，提出典型设计供全县各乡（镇）、村选用。例如，河北兴隆、广西融水等县的经营方案就是这样做的，在控制和指导全县各乡集体林的经营中起到了很好的作用，受到生产单位的欢迎。

（2）乡（镇）森林经营方案编制

在集体林区，不论重点林业县还是一般林业县都有一部分以林为主的重点林区乡（镇），这些乡（镇）是县的主要林业生产基地，在乡（镇）级林业机构（如林业工作站）健全、森林资源和经营档案齐备，其他森林经营条件也具备时，可以乡（镇）为单位编案，以实现永续利用。乡（镇）作为基层的行政区划单位，区域范围不算很大，林业生产活动内容也并不过于繁杂，组织实施起来也没有太多的困难。乡（镇）政府是基层的政权机构，虽不是森林经营实体，但对全乡（镇）林业生产具有直接控制的权力，对方案的执行，既有指导监督的作用，也有行政指令的职能。同时，一个山区乡（镇）往往是一个小水系，在自然和经济条件方面具有统一性，如以乡（镇）为单位编案，便于小流域治理和山区林业建设的统一规划；森林采伐限额一般由县分配到乡（镇），由乡（镇）再分解到村。因此，许多地区在编制县级森林经营方案的基础上，以乡（镇）为单位编制森林经营方案。当然，以乡（镇）为单位编案，也存在基层力量不足等问题。

①乡（镇）森林经营方案的广度　乡（镇）森林经营方案可以按照简明森林经营方案要求的内容和广度进行编制。乡（镇）森林经营方案与县级森林经营方案的差别在于前者的简明性。如前所述，县级森林经营方案为全县林业发展提供框架和导向，具有整体控制性质，县内各个乡（镇）林业是县林业的局部。因此，乡（镇）森林经营方案的广度与县级森林经营方案对该乡（镇）所规划内容相对应，一般应包括森林资源与经营评价、目标与布

局、森林经营、森林保护、森林经营基础设施维护和效益分析等内容。

②乡(镇)森林经营方案的深度　对于控制性指标,如林种比例、树种比例、采伐限额(或蓄积量消长比例)、林区基础设施建设(道路、防火网点)等要量化,分年度落实。对于森林培育与利用可以考虑将公益林和商品林分类经营,区分森林经营类型(作业级)进行典型设计,分年度编制计划,落实到山头地块。

(3)村(组、户)森林经营方案编制

村(组、户)经营范围小,经营项目单一,技术相对简单,编案要根据乡(镇)森林经营方案对经营地段的林种设定或其他要求,必要时需与乡(镇)林业站沟通和协调。村(组、户)森林经营方案编制应尽可能简化,以便于经营操作为准,一般包括:

①产权描述[1:1万基本图、四(界)至描述,业主组成或各分比例及其他说明]。

②森林经营类型的规划设计、更新造林的规划设计。

③森林采伐的规划设计。

④森林保护的规划设计。

⑤投入产出收益的估算。

考虑到森林经营主体经营面积较小,在编案时主要体现造林类型设计和森林采伐设计等主要指标,在确定经营地段的目标林种,并划分森林经营类型(作业级)后,进行森林经营类型典型设计,也可以选用县级或乡(镇)级森林经营方案中的森林经营类型典型设计。因此,普遍采用表格式编制(表9-2),作为开展森林经营活动的依据。

表9-2　森林经营措施规划设计一览表　　　　　　　　　　hm^2、m^3、百根

经营宗数:				经营面积:													
林班号	小班号	宗地号	宗地面积	森林资源状况								经营类型名称	更新造林规划设计				采伐规划设计	
				地类或树种	优势树种	起源	郁闭度	年龄	林木蓄积量	竹林株数	散生木蓄积量		造林树种	造林时间	苗木用量	幼林抚育方法	抚育采伐时间	采伐类型方式	采伐年度
村委会盖章:				村主任签名:					业主签名:						规划设计人:				

9.4.3　简明森林经营方案

《简明森林经营方案编制技术规程》(LY/T 2008—2012)规定,简明森林经营方案是通过简化编制程序、内容与方法,对经营范围内的森林资源按时间顺序和空间秩序安排林业生产措施的简化技术性文件。经营规模一般小于500 hm^2的小型森林经营主体,包括集体、非公有制单位,以及个体林主等应编制简明森林经营方案。

财产所有权为集体所有(公有)或非公有经营主体,包括个体(个体工商业主投资经

营)林场(户),家庭林场,(县、乡、镇、村)集体林场,(农户间、村间或镇间)联合经营林场,股份制经营林场,国内外企业投资经营的林场或公司等。

简明森林经营方案编制应符合森林经营需求,完成包括森林资源状况、经营环境、经营需求趋势和经营条件评估;确定经营目标与主要经济技术指标;明确森林功能区、森林类别和森林经营管理类型;组织和设计森林经营类型;森林培育规划与作业安排;森林采伐规划与作业安排;森林多资源利用规划与安排;森林资源及生物多样性保护规划;森林经营成本、管理成本和投资概算与效益分析等任务。

简明森林经营方案编制一般采用以下工作程序:

①编案准备　包括编案小组组建,基础资料收集,确定主要技术经济指标等。

②调查评价　进行编案补充调查,对经理期的经营环境、森林资源现状、经营需求趋势和经营管理要求等进行分析,明确经营目标、编案深度与任务,以及编案应解决的主要问题(或重点内容)。

③规划设计　在分析评价的基础上,以县级森林经营规划或相关林业规划为宏观指导,进行森林经营类型设计、森林经营项目规划和时空安排,编制森林经营规划表,森林经营规划表是简明森林经营方案的主要内容之一,应按编案单位分别小班列明森林资源状况、主要规划措施、计划安排等内容。

④公告公示　对森林采伐、抚育、改造等经营规划应进行公告、公示,征求利益相关者的意见。

⑤上报备案　简明森林经营方案与县级森林经营规划或相关林业规划无冲突后,上报县级林业主管部门备案。

本章小结

本章阐述了森林经营方案的概念、作用、性质、地位、编制依据和原则,介绍了森林经营方案的编制程序、编案深度和广度、编案技术要点和编案方法等内容,论述了森林经营方案的实施、评估和调整修订等过程,分别国有林森林经营方案、集体林森林经营方案和简明森林经营方案给出了具体的实例或分析。

思考题

1. 简述森林经营方案概念、性质和作用。
2. 编制森林经营方案的依据有哪些?
3. 简述森林经营方案编制的原则。
4. 简述编制森林经营方案程序与过程。
5. 简述森林经营方案的技术要点。
6. 决定森林经营方案广度的因素有哪些?
7. 集体林森林经营方案编制有何特点?谈谈你的看法。
8. 在森林经营方案执行过程中,有可能要对原计划内容进行修正,是否意味着挑战森林经营方案的严肃性?

森林经营方案编制与实施标准规范

10 森林经营决策

在森林经理过程中，决策者会面临各种各样的问题，如林业发展过程中林种类型的选择、造林过程中造林树种的选择、营林过程中抚育方式的选择、采伐过程中采伐收获方式的选择、森林采伐后更新模式的选择等。解决好这类决策问题，有时候以一个目标来衡量，有时候需要以多个目标来衡量。事实上，森林经理工作者的中心任务就是决策，即在各种不同的方案中作出选择。森林经营决策也是围绕着决策问题的识别、分析、评价、实施和调控而展开的。

决策类型可以从不同的角度进行决策分类。按决策性质的重要性分类，可以分为战略决策、策略决策和执行决策；按决策程序的结构分类，可以分为程序决策和非程序决策；按决策指标的描述性分类，可以分为定量决策和定性决策；按决策环境的类型分类，可以分为确定型决策、不确定型决策和风险型决策；按决策过程的连续性分类，可以分为单项决策和序贯决策。

决策程序通常也称为决策分析过程，包括确定目标、收集信息、制订方案和选择分析4个环节。确定目标是决策人的主观愿望，它表述了在一定环境和条件下，根据预测分析，决策人所希望达到的结果，它使人们的管理行为有了目的性，反映了人们的需求和价值趋向；收集信息是决策分析各个环节的基础，决策人要通过对关键信息的分析，发现管理决策问题，从而明确决策分析的起点；制订方案是在目标与问题分析清楚的基础上，确定实现目标可用的资源情况及其约束限制等（如自然环境、社会环境、政策法规等），决策方案就是可以被表述为满足这些约束的分配量或使用量的方案，对于复杂的决策问题，制订方案很大程度上要依赖定量化方法和现代信息技术，如规划论方法等；选择分析是决策分析人员根据价值准则体系，对多方案进行评价和比较，指出各备选方案对目标的贡献，提供给决策人以最终选择。

决策理论一般分为确定性理论、不确定性理论、效用理论、最优化理论等。其中最优化理论是常用的决策理论，线性规划和动态规划是常用的优化方法。

10.1 线性规划及其应用

10.1.1 线性规划问题及其数学模型

10.1.1.1 线性规划问题

线性规划是最优化问题中的一个重要领域，在森林经营活动中，许多实际问题都可以用线性规划来处理。在森林经营过程中经常会面临两类问题：一是如何利用有限的资源，以得到最好的经济效果；二是如何达到一定的森林经营效果，且付出的代价最小。

在森林经营过程中，常常会遇到如何统筹保护和利用森林资源以获得最好的森林经营效果的问题，这一类统筹规划问题可以用数学语言表达出来，就是在一组约束条件下寻求一个目标函数的极值问题。如果约束条件和目标函数均表示为线性函数时，就称为线性规划（line programming，LP）。

【例10-1】某林场有 A、B 两个森林经营类型拟采伐，A 为 Ⅰ 地位级人工杉木大径材森林经营类型，B 为 Ⅱ 地位级人工桉树纸浆材森林经营类型，面积分别为 50 hm² 和 80 hm²，每公顷收益分别为 6 万元和 4.2 万元，每公顷允许采伐量分别为 75 m³ 和 60 m³，每公顷采伐需用劳动力分别为 90 工日和 45 工日，该林场"十四五"期间采伐限额为 5 760 m³，用于采伐作业的劳动力为 5 400 个工日。制订怎样的采伐方案可使总的收益最大？

计算过程如下：

这个问题可以用以下数学模型来描述，设

①决策变量设置 设决策变量 x_j 为"十四五"期间第 j 种森林经营类型采伐面积，$j=1，2$。

②列出约束条件 每个分期末最老林分面积为 0，调整期末各龄级林分面积为总面积的 1/3。

$$\begin{cases} x_1 \leqslant 50 \\ x_2 \leqslant 80 \\ 75x_1 + 60x_2 \leqslant 5\ 760 \\ 90x_1 + 45x_2 \leqslant 5\ 400 \\ x_j \geqslant 0 \quad (j=1,\ 2) \end{cases}$$

③目标函数 $\max z = 6x_1 + 4.2x_2$。

【例10-2】以【例10-1】为例，如果该林场"十四五"期间期望采伐收益不低于 342 万元，至少需要安排多少个采伐工日？

计算过程如下：

这个问题可以用一下数学模型来描述，设

①决策变量设置 设决策变量 x_j 为"十四五"期间第 j 种森林经营类型需要的采伐工日，$j=1，2$。

②列出约束条件 每个分期末最老林分面积为 0，调整期末各龄级林分面积为总面积的 1/3。

$$\begin{cases} x_1 \leqslant 50 \\ x_2 \leqslant 80 \\ 75x_1 + 60x_2 \leqslant 5\ 760 \\ 6x_1 + 4.2x_2 \geqslant 342 \\ x_j \geqslant 0 \quad (j=1,\ 2) \end{cases}$$

③目标函数 $\min z = 90x_1 + 45x_2$。

10.1.1.2 线性规划数学模型

线性规划属于一类优化问题，它们的共同特征为：

①每一个问题都用一组决策变量$(x_1, x_2, \cdots, x_n)$表示某一方案,这组决策变量的值就代表一个具体方案,一般这些变量取值是非负的。

②存在一定的约束条件,这些约束条件可以用一组线性等式或线性不等式来表示。

③都有一个要求达到的目标,它可用决策变量的线性函数(称为目标函数)来表示。按问题的不同,要求目标函数实现最大化或最小化。

满足以上3个条件的数学模型称为线性规划的数学模型,一般线性规划的数学模型为:

目标函数
$$\max(\min) z = c_1 x_1 + c_2 x_2 + \cdots + c_n x_n \tag{10-1}$$

约束条件
$$\begin{cases} a_{11}x_1 + a_{12}x_2 + \cdots + a_{1n}x_n \leqslant (=, \geqslant) b_1 \\ a_{21}x_1 + a_{22}x_2 + \cdots + a_{2n}x_n \leqslant (=, \geqslant) b_2 \\ \cdots \\ a_{n1}x_1 + a_{n2}x_2 + \cdots + a_{nn}x_n \leqslant (=, \geqslant) b_n \\ x_1, x_2, \cdots, x_n \geqslant 0 \end{cases} \tag{10-2}$$

式(10-1)与式(10-2)中,x_j为决策变量;z为目标值;c_i为价值系数;a_{ij}为技术系数;b_i为资源量。

10.1.1.3 线性规划问题的标准型

线性规划问题有各种不同的形式,目标函数有的要求max,有的要求min;约束条件可以是"≤",也可以是"≥"形式的不等式,还可以是等式,决策变量一般是非负约束,但也允许在$(-\infty, +\infty)$范围内取值,即无约束,将这些多种形式的数学模型统一变换为标准型。

线性规划模型标准型为:

$$\max z = c_1 x_1 + c_2 x_2 + \cdots + c_n x_n$$

$$\begin{cases} a_{11}x_1 + a_{12}x_2 + \cdots + a_{1n}x_n = b_1 \\ a_{21}x_1 + a_{22}x_2 + \cdots + a_{2n}x_n = b_2 \\ \cdots \\ a_{m1}x_1 + a_{m2}x_2 + \cdots + a_{mn}x_n = b_m \\ x_1, x_2, \cdots, x_n \geqslant 0 \end{cases} \tag{10-3}$$

可以缩写为:

$$\max z = \sum_{j=1}^{n} c_j x_j$$

$$\begin{cases} \sum_{j=1}^{n} a_{ij} x_j = b_i \quad (i = 1, 2, \cdots, m) \\ x_j \geqslant 0 \quad (j = 1, 2, \cdots, n) \end{cases} \tag{10-4}$$

在标准型中规定各约束条件的右端项$b_i > 0$,否则等式两端乘以"-1"。当$b_i = 0$时,表示出现退化。

用向量表述为：

$$\max z = \boldsymbol{CX}$$

$$\begin{cases} \sum_{j=1}^{n} P_j x_j = b \\ x_j \geq 0 \quad (j = 1, 2, \cdots, n) \end{cases} \tag{10-5}$$

并且约定：$\boldsymbol{C} = (c_1, c_2, \cdots, c_n)$，向量 $\boldsymbol{P}_j$ 对应的决策变量 x_j。

$$\boldsymbol{X} = \begin{pmatrix} x_1 \\ x_2 \\ \vdots \\ x_n \end{pmatrix}; \quad \boldsymbol{P}_j = \begin{pmatrix} a_{1j} \\ a_{2j} \\ \vdots \\ a_{mj} \end{pmatrix}; \quad \boldsymbol{b} = \begin{pmatrix} b_1 \\ b_2 \\ \vdots \\ b_m \end{pmatrix}$$

用矩阵表述为：

$$\begin{aligned} \max z &= \boldsymbol{CX} \\ \boldsymbol{AX} &= \boldsymbol{b} \\ \boldsymbol{X} &\geq 0 \end{aligned} \tag{10-6}$$

其中：

$$\boldsymbol{A} = \begin{bmatrix} a_{11} & a_{12} & \cdots & a_{1n} \\ a_{21} & a_{22} & \cdots & a_{2n} \\ \cdots & \cdots & & \cdots \\ a_{m1} & a_{m2} & \cdots & a_{mn} \end{bmatrix} = (P_1, P_2, \cdots, P_n); \quad \boldsymbol{o} = \begin{pmatrix} 0 \\ 0 \\ \vdots \\ 0 \end{pmatrix}$$

式(10-6)中，$\boldsymbol{A}$ 为约束条件的 $m \times n$ 维系数，一般有 $m<n$；$\boldsymbol{b}$ 为资源向量；$\boldsymbol{C}$ 为价值向量；$\boldsymbol{X}$ 为决策变量向量。

各种实际线性规划问题的数学模型都应首先变换为标准型后再求解，具体步骤如下：

①若要求目标函数实现最小化，即 $\min z = \boldsymbol{CX}$，这时只需要将目标函数最小化变换成求目标函数最大化，即令 $z' = -z$，于是得到 $\max z' = -\boldsymbol{CX}$，这就同标准型的目标函数形式一致了。

②约束方程为不等式，有两种情况：一种情况是约束方程为"≤"，则可在"≤"不等式的左端加入一个非负的松弛变量，把原"≤"不等式的约束条件变为等式约束条件；另一种情况是约束方程为"≥"不等式，则可在"≥"不等式的左端减去一个非负的剩余变量，把原"≥"不等式的约束条件变为等式约束条件。

③若存在取值为无约束的变量 x_k，则可以令 $x_k = x_k' - x_k''$，其中，x_k'、x_k'' 要求均 ≥ 0。

10.1.1.4 线性规划问题的解的概念

在讨论线性规划问题的求解前，先要了解线性规划问题的解的概念，一般线性规划问题的标准型为：

$$\max z = \sum_{j=1}^{n} c_j x_j$$

$$\begin{cases} \sum_{j=1}^{n} a_{ij} x_j = b_i \quad (i = 1, 2, \cdots, m) \\ x_j \geq 0 \quad (j = 1, 2, \cdots, n) \end{cases}$$

(1) 可行解

满足约束条件的解 $X = (x_1, x_2, \cdots, x_n)^T$，称为线性规划问题的可行解，其中使目标函数达到最大值的可行解称为最优解。

(2) 基

设 A 是约束方程组的 $m \times n (m < n)$ 维系数矩阵，其秩为 m。B 是矩阵 A 中 $m \times m$ 阶非奇异子矩阵（$|B| \neq 0$），则称 B 是线性规划问题的一个基。也就是说，矩阵 B 是由 m 个线性独立的列向量组成。为不失一般性，可设

$$B = \begin{bmatrix} a_{11} & a_{12} & \cdots & a_{1m} \\ a_{21} & a_{22} & \cdots & a_{2m} \\ \vdots & \vdots & \cdots & \vdots \\ a_{m1} & a_{m2} & \cdots & a_{mm} \end{bmatrix} = (P_1, P_2, \cdots, P_m) \tag{10-7}$$

称 $P_j (j = 1, 2, \cdots, m)$ 为基向量，与基向量 P_j 相应的变量 $x_j (j = 1, 2, \cdots, m)$ 为基变量，否则称为非基变量。为了进一步讨论线性规划问题的解，下面研究约束方程组式 (10-4) 的求解问题，假设该方程组系数矩阵 A 的秩为 m，因 $m < n$，故它有无穷多个解，假设前 m 个变量的系数列向量是线性独立的，这时式 (10-4) 可写成

$$\begin{bmatrix} a_{11} \\ a_{21} \\ \cdots \\ a_{m1} \end{bmatrix} x_1 + \begin{bmatrix} a_{12} \\ a_{22} \\ \cdots \\ a_{m2} \end{bmatrix} x_2 + \cdots + \begin{bmatrix} a_{1m} \\ a_{2m} \\ \cdots \\ a_{mm} \end{bmatrix} x_m = \begin{bmatrix} b_1 \\ b_2 \\ \cdots \\ b_m \end{bmatrix} - \begin{bmatrix} a_{1, m+1} \\ a_{2, m+1} \\ \cdots \\ a_{m, m+1} \end{bmatrix} x_{m+1} - \cdots - \begin{bmatrix} a_{1n} \\ a_{2n} \\ \cdots \\ a_{mn} \end{bmatrix} x_n$$

或

$$\sum_{j=1}^{m} P_j x_j = b - \sum_{j=m+1}^{n} P_j x_j \tag{10-8}$$

方程组式 (10-8) 的一个基是

$$B = \begin{bmatrix} a_{11} & a_{12} & \cdots & a_{1m} \\ a_{21} & a_{22} & \cdots & a_{2m} \\ \cdots & \cdots & \cdots & \cdots \\ a_{m1} & a_{m2} & \cdots & a_{mm} \end{bmatrix} = (P_1, P_2, \cdots, P_m)$$

设 X_B 是对应于这个基的基变量

$$X_B = (x_1, x_2, \cdots, x_m)^T \tag{10-9}$$

现若令式 (10-8) 的非基变量 $x_{m+1} = x_{m+2} = \cdots = x_n = 0$，这时变量的个数等于线性方程的个数。用高斯消去法求出一个解

$$X = (x_1, x_2, \cdots, x_m, 0, \cdots, 0)^T \tag{10-10}$$

该解的非零分量的数目不大于方程个数 m，称 X 为基解。由此可见，有一个基就可以求出一个基解。

(3) 基可行解

满足式 (10-4) 非负条件的基解，称为基可行解。

(4) 可行基

对应于基可行解的基称为可行基。

10.1.2 线性规划问题求解方法

重点介绍单纯形法。单纯形法的基本思路是根据问题的标准,从可行域中某个基可行解(一个顶点)开始,转换至另一个基可行解(顶点),并且使目标函数达到最大值时,问题就得到了最优解。

10.1.2.1 基本概念

(1) 初始基可行解的确定

为了确定初始基可行解,要首先找出初始可行基,其方法如下:

① 直观判断 若线性规划问题

$$\max z = \sum_{j=1}^{n} c_j x_j \tag{10-11}$$

$$\begin{cases} \sum_{j=1}^{n} P_j x_j = b \\ x_j \geq 0 \quad (j = 1, 2, \cdots, n) \end{cases} \tag{10-12}$$

从 $P_j(j=1, 2, \cdots, n)$ 中一般能直接观察到存在一个初始可行基

$$\boldsymbol{B} = (P_1, P_2, \cdots, P_m) = \begin{bmatrix} 1 & 0 & \cdots & 0 \\ 0 & 1 & \cdots & 0 \\ \vdots & \vdots & \cdots & \vdots \\ 0 & 0 & \cdots & 1 \end{bmatrix} \tag{10-13}$$

② 加松弛变量 对所有约束条件是"≤"形式的不等式,可以利用化标准型的方法,在每个约束条件的左端加上一个松弛变量,经过整理重新对 x_j 及 $a_{ij}(i=1, 2, \cdots, m; j=1, 2, \cdots, n)$ 进行编号,则可得下列方程组

$$\begin{cases} x_1 \quad\quad\quad + a_{1, m+1} x_{m+1} + \cdots + a_{1n} x_n = b_1 \\ \quad x_2 \quad\quad + a_{2, m+1} x_{m+1} + \cdots + a_{2n} x_n = b_2 \\ \quad\quad\quad\quad \cdots \\ \quad\quad x_m + a_{m, m+1} x_{m+1} + \cdots + a_{mn} x_n = b_m \\ x_j \geq 0 \quad (j=1, 2, \cdots, n) \end{cases} \tag{10-14}$$

显然得到一个 $m \times m$ 单位矩阵

$$\boldsymbol{B} = (P_1, P_2, \cdots, P_m) = \begin{bmatrix} 1 & 0 & \cdots & 0 \\ 0 & 1 & \cdots & 0 \\ \vdots & \vdots & \cdots & \vdots \\ 0 & 0 & \cdots & 1 \end{bmatrix} \tag{10-15}$$

以 $\boldsymbol{B}$ 作为可行基,将式(10-14)每个等式移项得

$$\begin{cases} x_1 & = b_1 - a_{1,m+1}x_{m+1} - \cdots - a_{1n}x_n \\ \quad x_2 & = b_2 - a_{2,m+1}x_{m+1} - \cdots - a_{2n}x_n \\ \quad\quad \cdots \\ \quad\quad x_m & = b_m - a_{m,m+1}x_{m+1} - \cdots - a_{mn}x_n \\ \quad\quad\quad x_j \geq 0 \quad (j=1, 2, \cdots, n) \end{cases} \quad (10\text{-}16)$$

令 $x_{m+1} = x_{m+2} = \cdots = x_n = 0$，由式(10-16)可得

$$x_i = b_i \quad (i=1, 2, \cdots, m) \quad (10\text{-}17)$$

又因 $b_i \geq 0$，所以得到一个初始基可行解

$$\boldsymbol{X} = (x_1, x_2, \cdots, x_m, 0, 0, \cdots, 0)^\mathrm{T} = (b_1, b_2, \cdots, b_m, 0, 0, \cdots, 0)^\mathrm{T}$$
$$(10\text{-}18)$$

③加剩余变量和人工变量　对所有约束条件是"≥"形式的不等式及等式约束情况，若不存在单位矩阵时，就采用人造基方法，即对不等式约束减去一个非负的剩余变量后再加上一个非负的人工变量，对于等式约束加上一个非负的人工变量，总能得到一个单位矩阵，关于这个方法将在单纯形法求解中深入讨论。

（2）最优性检验与解的判别

对线性规划问题的求解结果可能出现唯一最优解、无穷多最优解和无解3种情况，为此需要建立对解的判别准则，一般情况下，经过迭代后式(10-16)会变形成下式：

$$x_i = b'_i - a'_{i,m+1}x_{m+1} - \cdots - a'_{in}x_n = b'_i - \sum_{j=m+1}^{n} a'_{i,j}x_j \quad (i=1, 2, \cdots, m) \quad (10\text{-}19)$$

将式(10-19)代入目标函数式(10-11)，整理后得

$$z = \sum_{i=1}^{m} c_i b'_i + \sum_{j=m+1}^{n}\left(c_j - \sum_{i=1}^{m} c_i a'_{i,j}\right) x_j \quad (10\text{-}20)$$

令

$$z_0 = \sum_{i=1}^{m} c_i b'_i, \quad z_j = \sum_{i=1}^{m} c_i a'_{i,j} \quad (j=1, 2, \cdots, n)$$

于是

$$z = z_0 + \sum_{j=m+1}^{n} (c_j - z_j) x_j \quad (10\text{-}21)$$

再令 $\sigma_j = c_j - z_j \quad (j=m+1, \cdots, n)$

则

$$z = z_0 + \sum_{j=m+1}^{n} \sigma_j x_j \quad (10\text{-}22)$$

①最优解的判别定理　若 $\boldsymbol{X}^{(0)} = (b'_1, b'_2, \cdots, b'_m, 0, \cdots, 0)^\mathrm{T}$ 为对应于基 $\boldsymbol{B}$ 的一个基可行解，且对于一切 $j=m+1, \cdots, n$，有 $\sigma_j \leq 0$，则 $\boldsymbol{X}^{(0)}$ 为最优解，称 σ_j 为检验数。

②无穷多最优解判别定理　若 $\boldsymbol{X}^{(0)} = (b'_1, b'_2, \cdots, b'_m, 0, \cdots, 0)^\mathrm{T}$ 为一个基可行解，对于一切 $j=m+1, m+2, \cdots, n$，有 $\sigma_j \leq 0$，又存在某个非基变量的检验数 $\sigma_{m+k} = 0$，则线性规划问题有无穷多最优解。

③无界解判别定理　若 $\boldsymbol{X}^{(0)} = (b'_1, b'_2, \cdots, b'_m, 0, \cdots, 0)^\mathrm{T}$ 为一基可行解，有一个 $\sigma_{m+k} > 0$，并且对 $i=1, 2, \cdots, m$，有 $a'_{i,m+k} \leq 0$，那么该线性规划问题具有无界解（或称无

最优解)。因有一个 $\sigma_{m+k}>0$，它对应的非基变量 x_{m+k} 为换入变量，使目标函数继续增大，但因 $a'_{i,m+k} \leq 0$，这时无换出变量，由式(10-19)可知，在约束条件 $x_j \geq 0$ 时，只有为 $x_j=0$ 时，$x_i=b_i$，否则 $x_i<b_i$；现在存在 $a'_{i,m+k} \leq 0$，x_j 取任何大于 0 的值，$x_i>b_i$。

以上讨论都是针对标准型，即求目标函数极大化时的情况。当求目标函数极小化时，一种情况如前所述，将其化为标准型。如果不化为标准型，只需在上述 $\sigma_j \leq 0$ 改为 $\sigma_j \geq 0$，将 $\sigma_{m+k}>0$ 改写为 $\sigma_{m+k}<0$ 即可。

(3) 基变换

若初始基可行解 $\boldsymbol{X}^{(0)}$ 不是最优解，即不能判别无界时，需要找一个新的基可行解，具体做法是从原可行解基中换一个保证线性独立的列向量，得到一个新的基可行解基，这称为基变换。为了换基先要确定换入变量，再确定换出变量，让它们相应的系数列向量进行对换，就得到一个新的基可行解。

①换入变量的确定 由式(10-22)看到，当某些 $\sigma_j>0$ 时，x_j 增加则目标函数值还可以增大，这时要将某个非基变量 x_j 换到基变量中去，称为换入变量。若有 2 个以上的 $\sigma_j>0$，为了使目标函数值增加得快，从直观上一般选 $\sigma_j>0$ 中的大者，即 $\max_j(\sigma_j>0)=\sigma_k$，则对应的 x_k 为换入变量，但也可以任选或按最小选。

②换出变量的确定 设 P_1，P_2，…，P_m 是一组线性独立的向量组，它们对应的基可行解是 $\boldsymbol{X}^{(0)}$，将它代入约束方程组式(10-12)得到

$$\sum_{i=1}^{m} x_i^{(0)} P_i = b \qquad (10-23)$$

其他的向量 P_{m+1}，P_{m+2}，…P_{m+t}，…，P_n 只都可以用 P_1，P_2，…，P_m 线性表示，若确定非基变量 P_{m+t} 为换入变量，必然可以找到一组不全为 0 的数($i=1$，2，…，m)使得

$$P_{m+t} = \sum_{i=1}^{m} \beta_{i,m+t} P_i \qquad (10-24)$$

或

$$P_{m+t} - \sum_{i=1}^{m} \beta_{i,m+t} P_i = 0 \qquad (10-25)$$

在式(10-25)两边同乘一个正数 θ，然后将它加到式(10-23)上，得到

$$\sum_{i=1}^{m} x_i^{(0)} P_i + \theta(P_{m+t} - \sum_{i=1}^{m} \beta_{i,m+t} P_i) = b \qquad (10-26)$$

或

$$\sum_{i=1}^{m} (x_i^{(0)} - \theta\beta_{i,m+t}) P_i + \theta P_{m+t} = b \qquad (10-27)$$

当 θ 取适当值时，就能得到满足约束条件的一个新的基可行解(即非零分量的数目不大于 m 个)，就应使 $x_i^{(0)} - \theta\beta_{i,m+t}$($i=1$，2，…，$m$)中的某一个为零，并保证其余的分量为非负。这个要求可以通过比较各比值 $\dfrac{x_i^{(0)} \theta}{\beta_{i,m+t}}$($i=1$，2，…，$m$)来实现，因为 θ 必须是正数，所以只选择 $\left[\dfrac{x_i^{(0)}}{\theta\beta_{i,m+t}}\right] > 0$ ($i=1$，2，…，m) 中比值最小的等于 θ。以上描述用数学式表

示为：

$$\theta = \min_{i}\left(\frac{x_i^{(0)}}{\theta\beta_{i,\,m+t}}\middle|\beta_{i,\,m+t} > 0\right) = \frac{x_l^{(0)}}{\theta\beta_{l,\,m+t}} \qquad (10-28)$$

这时 x_l 为换出变量。按最小比值确定 θ 值，称为最小比值规则或 θ 规则，将 $\theta = \dfrac{x_l^{(0)}}{\beta_{l,m+t}}$ 代入 X 中，便得到新的基可行解。

$$\boldsymbol{X}^{(1)} = \left[x_1^{(0)} - \frac{x_l^{(0)}}{\beta_{l,\,m+t}}\beta_{1,\,m+t},\,\cdots,\,0,\,\cdots,\,x_m^{(0)} - \frac{x_l^{(0)}}{\beta_{l,\,m+t}}\beta_{m,\,m+t},\,\frac{x_l^{(0)}}{\beta_{l,\,m+t}},\,\cdots,\,0\right] \qquad (10-29)$$

由此得到由 $\boldsymbol{X}^{(0)}$ 转换到 $\boldsymbol{X}^{(1)}$ 的各分量的转换公式：

$$x_i^{(1)} = \begin{cases} x_i^{(0)} - \dfrac{x_l^{(0)}}{\beta_{l,\,m+t}}\beta_{i,\,m+t} & (i \neq l) \\ \dfrac{x_l^{(0)}}{\beta_{l,\,m+t}} & (i = l) \end{cases} \qquad (10-30)$$

这里 $x_i^{(0)}$ 是原基可行解 $\boldsymbol{X}^{(0)}$ 的各分量；$x_i^{(1)}$ 是新基可行解 $\boldsymbol{X}^{(1)}$ 的各分量；$\beta_{i,m+t}$ 是换入向量 P_{m+t} 的对应原来一组基向量的坐标。现在的问题是判断这个新解 $\boldsymbol{X}^{(1)}$ 的 m 个非零分量对应的列向量是否线性独立。事实上，因 $\boldsymbol{X}^{(0)}$ 的第 l 个分量对应于 $\boldsymbol{X}^{(1)}$ 的相应分量是零，即

$$x_l^{(0)} - \theta\beta_{l,\,m+t} = 0 \qquad (10-31)$$

其中 $x_l^{(0)}$，θ 均不为零，根据 θ 规则（最小比值），$\beta_{i,m+t}\neq 0$，$\boldsymbol{X}^{(1)}$ 中的 m 个非零分量对应的 m 个列向量是 $P_j(j=1, 2, \cdots, m, j\neq l)$ 和 P_{m+t}，若这组向量不是线性独立，则一定可以找到不全为零的数 α_j，使下式成立：

$$P_{m+t} = \sum_{\substack{j=1 \\ j\neq l}}^{m}\alpha_j P_j \qquad (10-32)$$

又因

$$P_{m+t} = \sum_{j=1}^{m}\beta_{j,\,m+t}P_j \qquad (10-33)$$

将式(10-33)减式(10-32)得到

$$\sum_{\substack{j=1 \\ j\neq l}}^{m}(\beta_{j,\,m+t} - \alpha_j)P_j + (\beta_{l,\,m+t} - \alpha_l)P_l = 0 \qquad (10-34)$$

由于式(10-34)中至少有 $\beta_{l,m+t}\neq 0$，所以上式表明 P_1，P_2，$\cdots$，P_m 是线性相关，这与假设相矛盾。

由此可见，$\boldsymbol{X}^{(1)}$ 的 m 个非零分量对应的列向量 $P_j(j=1, 2, \cdots, m, j\neq l)$ 与 P_{m+t} 是线性独立的，即经过基变换得到的解是基可行解。实际上从一个基可行解到另一个基可行解的变换就是进行一次基变换，从几何意义上讲就是从可行域的一个顶点转向另一个顶点。

（4）迭代（旋转运算）

上述讨论的基可行解的转换方法是用向量方程来描述，在实际计算时不太方便，因此

常采用系数矩阵法。现考虑以下形式的约束方程组

$$\begin{cases} x_1 & + a_{1,m+1}x_{m+1} + \cdots + a_{1k}x_k + \cdots + a_{1n}x_n = b_1 \\ & x_2 & + a_{2,m+1}x_{m+1} + \cdots + a_{2k}x_k + \cdots + a_{2n}x_n = b_2 \\ & \cdots \\ & x_l & + a_{l,m+1}x_{m+1} + \cdots + a_{lk}x_k + \cdots + a_{ln}x_n = b_l \\ & \cdots \\ & x_m + a_{m,m+1}x_{m+1} + \cdots + a_{mk}x_k + \cdots + a_{mn}x_n = b_m \end{cases} \quad (10\text{-}35)$$

在一般线性规划问题的约束方程组中加入松弛变量或人工变量后，很容易得到上述形式。

设 x_1，x_2，$\cdots$，x_m 为基变量，对应的系数矩阵是 $m \times m$ 单位阵 $\mathbf{I}$，它是可行基。令非基变量 x_{m+1}，x_{m+2}，$\cdots$，x_n 为零，即可得到一个基可行解，若它不是最优解，则要另找一个使目标函数值增大的基可行解。这时从非基变量中确定 x_k 为换入变量，显然这时 θ 为：

$$\theta = \min_i \left(\frac{b_i}{a_{ik}} \middle| a_{ik} > 0 \right) = \frac{b_l}{a_{lk}} \quad (10\text{-}36)$$

在迭代过程中 θ 可表示为

$$\theta = \min_i \left(\frac{b'_i}{a'_{ik}} \middle| a'_{ik} > 0 \right) = \frac{b'_l}{a'_{lk}} \quad (10\text{-}37)$$

其中 b'_i，a'_{ik} 是经过迭代后对应于 b_i，a_{ik} 的元素值。按 θ 规则确定 x_l 为换出变量，x_k，x_l 的系数列向量分别为：

$$\mathbf{P}_k = \begin{bmatrix} a_{1k} \\ a_{2k} \\ \vdots \\ a_{lk} \\ a_{l+1,k} \\ \vdots \\ a_{mk} \end{bmatrix}; \quad \mathbf{P}_l = \begin{bmatrix} 0 \\ 0 \\ \vdots \\ 1 \\ 0 \\ \vdots \\ 0 \end{bmatrix} \text{第 } l \text{ 个分量} \quad (10\text{-}38)$$

为了使 x_k 与 x_l 进行对换，须把 $\mathbf{P}_k$ 变为单位向量，这可以通过式(10-35)系数矩阵的增广矩阵进行初等变换来实现。

变换的步骤是：

$$\begin{array}{c} \begin{matrix} x_1 & \cdots & x_l & \cdots & x_m & x_{m+1} & \cdots & x_k & \cdots & x_n & b \end{matrix} \\ \left(\begin{array}{ccccc|c} 1 & & & & & a_{1,m+1} & \cdots & a_{1k} & \cdots & a_{1n} & b_1 \\ & \ddots & & & & \vdots & \cdots & \vdots & \cdots & & \vdots \\ & & 1 & & & a_{l,m+1} & \cdots & a_{lk} & \cdots & a_{ln} & b_l \\ & & & \ddots & & \vdots & \cdots & \vdots & \cdots & & \vdots \\ & & & & 1 & a_{m,m+1} & \cdots & a_{mk} & \cdots & a_{mn} & b_m \end{array} \right) \end{array} \quad (10\text{-}39)$$

①将增广矩阵式(10-39)中的第 l 行除以 a_{lk}，得到

$$(0, \cdots, \frac{1}{a_{lk}}, 0, \cdots, 0, \frac{a_{l,m+1}}{a_{lk}}, \cdots, 1, \cdots, \frac{a_{ln}}{a_{lk}} \bigg| \frac{b_l}{b_{lk}}) \qquad (10\text{-}40)$$

②将式(10-39)中 x_k 列的各元素，除 a_{lk} 变换为 1 以外，其他都应变为 0。其他行的变换是将式(10-40)乘以 $a_{lk}(i \neq l)$ 后，从式(10-39)的第 i 行减去，得到新的第 i 行：

$$(0, \cdots, 0, -\frac{a_{ik}}{a_{lk}}, 0, \cdots, 0, a_{i,m+1} - \frac{a_{l,m+1}}{a_{lk}} a_{ik}, \cdots, 0, \cdots, a_{in} - \frac{a_{ln}}{a_{lk}} a_{ik} \bigg| b_i - \frac{b_l}{b_{lk}} a_{ik}) \qquad (10\text{-}41)$$

由此可得到变换后系数矩阵各元素的变换关系式，a'_{ij}，b'_i 是变换后的新元素：

$$a'_{ij} = \begin{cases} a_{ij} - \dfrac{a_{lj}}{a_{lk}} a_{ik} & (i \neq l) \\ \dfrac{a_{lj}}{a_{lk}} & (i = l) \end{cases} ; \quad b'_i = \begin{cases} b_i - \dfrac{a_{ik}}{a_{lk}} b_l & (i \neq l) \\ \dfrac{b_l}{a_{lk}} & (i = l) \end{cases}$$

③经过初等变换后的新增广矩阵是

$$\begin{array}{c} \quad x_1 \cdots \quad x_l \quad \cdots \ x_m \ x_{m+1} \cdots \ x_k \cdots \ x_n \quad b \end{array}$$

$$\begin{pmatrix} 1 & \cdots & -\dfrac{a_{1k}}{a_{lk}} & \cdots & 0 & a_{1,m+1} & \cdots & 0 & \cdots & a'_{1n} & b_{1n} \\ \vdots & \cdots & \vdots & \cdots & \vdots & \vdots & \cdots & \vdots & \cdots & \vdots & \vdots \\ 0 & \cdots & +\dfrac{1}{a_{lk}} & \cdots & 0 & a_{l,m+1} & \cdots & 1 & \cdots & a'_{ln} & b'_l \\ \vdots & \cdots & \vdots & \cdots & \vdots & \vdots & \cdots & \vdots & \cdots & \vdots & \vdots \\ 0 & \cdots & -\dfrac{a_{mk}}{a_{lk}} & \cdots & 1 & a_{m,m+1} & \cdots & 0 & \cdots & a'_{mn} & b'_m \end{pmatrix} \qquad (10\text{-}42)$$

④由式(10-42)中可以看出，第 x_1，x_2，$\cdots$，x_k，$\cdots x_m$ 的系数列向量构成 $m \times m$ 单位矩阵，它是可行基，当非基变量 x_{m+1}，x_{m+2}，$\cdots$，x_l，$\cdots x_n$ 为零时，就得到一个基可行解 $X^{(1)}$。

$$X^{(1)} = (b'_1, b'_2, \cdots, b'_{l-1}, 0, b'_{l+1}, \cdots, b'_m, 0, \cdots, b'_k, 0, \cdots, 0)^T \qquad (10\text{-}43)$$

在上述系数矩阵的变换中，元素 a_{lk} 称为主元素，它所在列称为主元列，它所在行称为主行元，它所在列称为主元列，元素 a_{lk} 位置变换后为 1。

10.1.2.2 单纯形表

为了便于理解计算关系，人们设计了一种计算表，称为单纯形表，其功能与增广矩阵相似。下面来建立这种计算表。

将式(10-14)与目标函数组成 $n+1$ 个变量、$m+1$ 个方程的方程组。

$$\begin{cases} x_1 & + a_{1,m+1} x_{m+1} + \cdots + a_{1n} x_n = b_1 \\ \quad x_2 & + a_{2,m+1} x_{m+1} + \cdots + a_{2n} x_n = b_2 \\ \quad \cdots & \cdots \\ \quad x_m + a_{m,m+1} x_{m+1} + \cdots + a_{mn} x_n = b_m \\ -z + c_1 x_1 + c_2 x_2 + \cdots + c_m x_m + c_{m+1} x_{m+1} + \cdots + c_n x_n = 0 \end{cases} \qquad (10\text{-}44)$$

为了便于迭代运算，可将上述方程组写成增广矩阵

$$\begin{bmatrix} -z & x_1 & x_2 & \cdots & x_m & x_{m+1} & \cdots & x_n & b \\ 0 & 1 & 0 & \cdots & 0 & a_{1,m+1} & \cdots & a_{1n} & b_1 \\ 0 & 0 & 1 & \cdots & 0 & a_{2,m+1} & \cdots & a_{2n} & b_2 \\ \vdots & \vdots & \vdots & \cdots & \vdots & \vdots & & \vdots & \vdots \\ 0 & 0 & 0 & \cdots & 1 & a_{m,m+1} & \cdots & a_{mn} & b_m \\ 1 & c_1 & c_2 & \cdots & c_m & c_{m+1} & \cdots & c_n & 0 \end{bmatrix} \quad (10\text{-}45)$$

若将 z 看作不参与基变换的基变量，它与 $x_1, x_2, \cdots, x_m$ 的系数构成一个基，可采用行初等变换将 $c_1, c_2, \cdots, c_m$ 变换为零，使其对应的系数矩阵为单位矩阵。这时得到

$$\begin{bmatrix} -z & x_1 & x_2 & \cdots & x_m & x_{m+1} & \cdots & \cdots & \cdots & x_n & b \\ 0 & 1 & 0 & \cdots & 0 & a_{1,m+1} & \cdots & \cdots & \cdots & a_{1n} & b_1 \\ 0 & 0 & 1 & \cdots & 0 & a_{2,m+1} & \cdots & \cdots & \cdots & a_{2n} & b_2 \\ \vdots & \vdots & \vdots & \cdots & \vdots & \vdots & & & & \vdots & \vdots \\ 0 & 0 & 0 & \cdots & 1 & a_{m,m+1} & \cdots & \cdots & \cdots & a_{mn} & b_m \\ 1 & 0 & 0 & \cdots & 0 & c_{m+1}-\sum_{i=1}^{m}c_i a_{i,m+1} & \cdots & c_m-\sum_{i=1}^{m}c_i a_{in} & \cdots & c_n & -\sum_{i=1}^{m}c_i b_i \end{bmatrix}$$

$$(10\text{-}46)$$

可根据上述增广矩阵设计计算表，见表 10-1。

表 10-1 初始单纯形表

C_B	X_B	b	c_j x_1	$\cdots$	c_m x_m	c_{m+1} x_{m+1}	$\cdots$	c_n x_n	θ_i
c_1	x_1	b_1	1	$\cdots$	0	$a_{1,m+1}$	$\cdots$	a_{1n}	θ_1
c_2	x_2	b_2	0	$\cdots$	0	$a_{2,m+1}$	$\cdots$	a_{2n}	θ_2
$\cdots$	$\cdots$	$\cdots$	$\cdots$	$\cdots$	0	$\cdots$	$\cdots$	$\cdots$	$\cdots$
c_m	x_m	b_m	0	$\cdots$	1	$a_{m,m+1}$	$\cdots$	a_{mn}	θ_m
	$\sigma_j = c_j - z_j$		0	$\cdots$	0	$c_{m+1}-\sum_{i=1}^{m}c_i a_{i,m+1}$	$\cdots$	$c_n - \sum_{i=1}^{m}c_i a_{in}$	

表 10-1 称为初始单纯形表，每迭代一步构造一个新单纯形表。表中 X_B 列中填入基变量，这里是 $x_1, x_2, \cdots, x_m$；C_B 列中填入基变量的价值系数，这里是 $c_1, c_2, \cdots, c_m$，它们是与基变量相对应的；b 列中填入约束方程组右端的常数；c_j 行中填入基变量的价值系数 $c_1, c_2, \cdots, c_n$；θ_i 列的数字是在确定换入变量后，按 θ 规则计算后填入；最后一行称为检验数行，对应各非基变量 x_j 的检验数是 $c_j - \sum c_i a'_{ij}$。

10.1.2.3 计算步骤

① 找出初始可行基，确定初始基可行解，建立初始单纯形表。
② 计算各非基变量 x_j 的检验数

$$\sigma_j = c_j - \sum_{i=1}^{m} c_i a_{ij} \qquad (10\text{-}47)$$

若 $\sigma_j \leq 0$，$j=1, 2, \cdots, n$，则已得到最优解，可停止计算，否则转入下一步。

③在 $\sigma_j > 0$，$j=1, 2, \cdots, n$ 中，若有某个 σ_k 对应 x_k 的系数列向量 $\boldsymbol{P}_k \leq 0$，则此问题属于无界，终止计算。否则，转入下一步。

④根据 $\max(\sigma_j > 0) = \sigma_k$，确定 x_k 为换入变量，按 θ 规则计算，可确定 x_l 为换出变量。转入下一步。

$$\theta = \min_i \left(\frac{b_i}{a_{ik}} \middle| a_{ik} > 0 \right) = \frac{b_l}{a_{lk}} \qquad (10\text{-}48)$$

⑤以 a_{lk} 为主元素，用高斯消去法或称为旋转运算进行迭代，把 x_k 所对应的列向量

$$\boldsymbol{P}_k = \begin{bmatrix} a_{1k} \\ a_{2k} \\ \cdots \\ a_{lk} \\ a_{l+1,k} \\ \cdots \\ a_{mk} \end{bmatrix} \Rightarrow \begin{bmatrix} 0 \\ 0 \\ \cdots \\ 1 \\ 0 \\ \cdots \\ 0 \end{bmatrix} \text{第 } l \text{ 行} \qquad (10\text{-}49)$$

将 $\boldsymbol{X}_B$ 列中的 x_l 换为 x_k，得到新的单纯形表，重复步骤②至步骤⑤，直到终止。

现用【例 10-1】的标准型来说明上述单纯形法的计算步骤：

$$\max z = 6x_1 + 4.2x_2 + 0x_3 + 0x_4 + 0x_5 + 0x_6$$

$$\begin{cases} x_1 + x_3 = 50 \\ x_2 + x_4 = 80 \\ 75x_1 + 60x_2 + x_5 = 5\,760 \\ 90x_1 + 45x_2 + x_6 = 5\,400 \\ x_j \geq 0 \quad (j=1, 2, 3, 4, 5, 6) \end{cases}$$

①根据【例 10-1】的标准型，取松弛变量 x_3，x_4，x_5，x_6 为基变量，它对应的单位矩阵为基，这就得到初始基可行解

$$\boldsymbol{X}^{(0)} = (0, 0, 50, 80, 5\,760, 5\,400)^{\mathrm{T}}$$

将有关数字填入表中，得到初始单纯形表（表 10-2）。表中左上角的 c_j 是表示目标函数中各变量的价值系数，在 C_B 列填入初始基变量的价值系数，它们都为零，各非基变量的检验数为：

$$\sigma_1 = c_1 - z_1 = 6 - (0 \times 1 + 0 \times 0 + 0 \times 75 + 0 \times 90) = 6$$
$$\sigma_2 = c_2 - z_2 = 4.2 - (0 \times 0 + 0 \times 1 + 0 \times 60 + 0 \times 45) = 4.2$$

②因检验数都大于零，且 $\boldsymbol{P}_1$，$\boldsymbol{P}_2$ 有正分量存在，转入下一步。

③$\max(\sigma_1, \sigma_2) = \max(6, 4.2) = 6$，对应的变量 x_1 为换入变量，计算 θ

$$\theta = \min_i \left(\frac{b_i}{a_{ik}} \middle| a_{i2} > 0 \right) = \min \left(\frac{50}{1}, \cdots, \frac{5\,760}{80}, \frac{5\,400}{90} \right) = 50$$

它所在行对应的 x_3 为换出变量，x_1 所在列和 x_3 所在行的交叉处[1]为主元素。

④以[1]为主元素进行旋转运算，即初等行变换，使 P_1 变换为 $(1, 0, 0, 0)^T$，在 X_B 列中将 x_1 替换 x_3，于是得到表 10-2 中的步骤 2。

b 列的数字为 $x_1 = 50$，$x_4 = 80$，$x_5 = 2\ 010$，$x_6 = 900$，于是得到新的基可行解 $X^{(1)} = (50, 0, 0, 80, 2\ 010, 900)^T$，目标函数的取值 $z = 300$。

⑤单纯形表 10-2 中检查表的所有 $c_j - x_j$，这时有 $c_2 - x_2 = 4.2$，说明 x_2 应为换入变量，重复步骤②至步骤④的计算步骤，得表 10-2 中步骤 3、步骤 4 的单纯形表。

⑥单纯形表 10-2 中步骤 4 最后一行的所有检验数都已为负或零，这表示目标函数值已不可能再增大，于是得到最优解目标函数值。

表 10-2 例 10-1 的单纯形表

		c_j		6	4.2	0	0	0	0	θ_i
	C_B	X_B	b	x_1	x_2	x_3	x_4	x_5	x_6	
步骤 1	0	x_3	50	1	0	1	0	0	0	50.0
	0	x_4	80	0	1	0	1	0	0	—
	0	x_5	5 760	75	60	0	0	1	0	76.8
	0	x_6	5 400	90	45	0	0	0	1	60.0
	$z=$		0.0	6	4.2	0	0	0	0	
		c_j		6	4.2	0	0	0	0	θ_i
	C_B	X_B	b	x_1	x_2	x_3	x_4	x_5	x_6	
步骤 2	6	x_1	50	1	0	1	0	0	0	—
	0	x_4	80	0	1	0	1	0	0	80.0
	0	x_5	2 010	0	60	−75	0	1	0	33.5
	0	x_6	900	0	45	−90	0	0	1	20.0
	$z=$		300	0	4.2	−6	0	0	0	
		c_j		6	4.2	0	0	0	0	θ_i
	C_B	X_B	b	x_1	x_2	x_3	x_4	x_5	x_6	
步骤 3	6	x_1	50	1	0	1	0	0	0	50
	0	x_4	60	0	0	2	1	0	−0.02	30
	0	x_5	810	0	0	45	0	1	−1.33	18
	4.2	x_2	20	0	1	−2	0	0	0.02	—
	$z=$		384	0	0	2.4	0	0	−0.09	
		c_j		6	4.2	0	0	0	0	
	C_B	X_B	b	x_1	x_2	x_3	x_4	x_5	x_6	
步骤 4	6	x_1	32	1	0	0	0	−0.02	0.02	
	0	x_4	24	0	0	0	1	−0.04	0.03	
	0	x_3	18	0	0	1	0	0.02	−0.02	
	4.2	x_2	56	0	1	0	0	0.04	−0.03	
	$z=$		427.2	0	0	0	0	−0.05	−0.02	

下面对单纯形法展开进一步讨论。

(1) 人工变量法

在初始基可行解的确定中提到用人工变量法可以得到初始基可行解，这里加以讨论。

设线性规划问题的约束条件是

$$\sum_{j=1}^{n} P_j x_j = b \quad (10-50)$$

分别给每一个约束方程加入人工变量 x_{n+1}，x_{n+2}，…，x_{n+m} 得到

$$\begin{cases} a_{11}x_1 + a_{12}x_2 + \cdots + a_{1n}x_n + x_{n+1} = b_1 \\ a_{21}x_1 + a_{22}x_2 + \cdots + a_{2n}x_n + x_{n+2} = b_2 \\ \cdots \\ a_{m1}x_1 + a_{m2}x_2 + \cdots + a_{mn}x_n + x_{n+m} = b_m \\ x_j \geq 0 \quad (j = 1, 2, \cdots, n) \end{cases} \quad (10-51)$$

以 x_{n+1}，x_{n+2}，…，x_{n+m} 为基变量，并可得到一个 $m \times m$ 的单位矩阵，令非基变量 x_1，x_2，…，x_n 为零，便可得到一个初始基可行解

$$X^{(0)} = (0, 0, \cdots, 0, b_1, b_2, \cdots, b_m)^T \quad (10-52)$$

因为人工变量是后加入原约束条件中的虚拟变量，要求将它们从基变量中逐个替换出来，若经过基的变换，基变量中不再含有非零的人工变量，这表示原问题有解，若在最终表中当所有 $c_j - z_j < 0$，而在其中还有某个非零人工变量，这表示无可行解。

① 大 M 法　在一个线性规划问题的约束条件中加进人工变量后，要求人工变量对目标函数取值不受影响，为此假定人工变量在目标函数中的系数为 M（M 为任意大的正数），这样目标函数要实现最大化时必须把人工变量从基变量中换出；否则目标函数不可能实现最大化。

下面以【例 10-2】为例，用大 M 法求解线性规划问题。

计算过程如下：

在上述问题的约束条件中加入松弛变量 x_3，x_4，x_5 和剩余变量 x_6 以及人工变量 x_7，得到

$$\min z = 90x_1 + 45x_2 + 0x_3 + 0x_4 + 0x_5 - 0x_6 + Mx_7$$

$$\begin{cases} x_1 + x_3 = 50 \\ x_2 + x_4 = 80 \\ 75x_1 + 60x_2 + x_5 = 5\,760 \\ 6x_1 + 4.2x_2 - x_6 + x_7 = 342 \\ x_j \geq 0 \quad (j = 1, 2, 3, 4, 5, 6, 7) \end{cases}$$

这里 M 是一个任意大小的正数。

用单纯形法进行计算时获得的单纯形表见表 10-3。本例是求 min，所以，用所有 $\sigma_j - x_j \geq 0$ 来判别目标函数是否实现了最小化。表 10-3 中的最终表表明得到最优解 b 列的数字是 $x_1 = 1$，$x_2 = 80$，$x_3 = 49$，$x_5 = 885$，于是得到新的基可行解 $X^{(4)} = (1, 80, 49, 0, 885, 0, 0)^T$，目标函数的取值 $z = 3\,690$。

② 两阶段法　用计算机求解含人工变量的线性规划问题时，只能用很大的数代替 M，这就可能造成计算上的错误，故此处介绍两阶段法求线性规划问题。

表 10-3 大 M 法解例 10-2 单纯形表

		c_j		90	45	0	0	0	0	M	θ_i
	C_B	X_B	b	x_1	x_2	x_3	x_4	x_5	x_6	x_7	
步骤 1	0	x_3	50	1	0	1	0	0	0	0	50.0
	0	x_4	80	0	1	0	1	0	0	0	—
	0	x_5	5 760	75	60	0	0	1	0	0	76.8
	M	x_7	342	6	4.2	0	0	0	−1	1	57.0
		z=	0	90−6M	45−4.2M	0	0	0	M	0	
		c_j		90	45	0	0	0	0	M	θ_i
	C_B	X_B	b	x_1	x_2	x_3	x_4	x_5	x_6	x_7	
步骤 2	90	x_1	50	1	0	1	0	0	0	0	—
	0	x_4	80	0	1	0	1	0	0	0	80.0
	0	x_5	2 010	0	60	−75	0	1	0	0	33.5
	M	x_7	42	0	4.2	−6	0	0	−1	1	10.0
		z=	0	0	45−4.2M	6M	0	0	M	0	
		c_j		90	45	0	0	0	0	M	θ_i
	C_B	X_B	b	x_1	x_2	x_3	x_4	x_5	x_6	x_7	
步骤 3	90	x_1	50	1	0	1.0	0	0	0	0	50.0
	0	x_4	70	0	0	1.4	1	0	0.2	−0.2	49.0
	0	x_5	1 410	0	0	10.7	0	1	14.3	−14.3	131.6
	45	x_2	10	0	1	−1.4	0	0	−0.2	0.2	—
		z=	4 950	0	0	26	0	0	11	M	
		c_j		90	45	0	0	0	0	M	
	C_B	X_B	b	x_1	x_2	x_3	x_4	x_5	x_6	x_7	
步骤 4	90	x_1	1	1	0	0	−0.7	0	−0.2	0.2	
	0	x_3	49	0	0	1	0.7	0	0.2	−0.2	
	0	x_5	885	0	0	0	−7.5	1	12.5	−12.5	
	45	x_2	80	0	1	0	1.0	0	0	0	
		z=	3 690	0	0	0	18	0	15	M	

a. 第一阶段：不考虑原问题是否存在基可行解；给原线性规划问题加入人工变量，并构造仅含人工变量的目标函数且要求实现最小化，如

$$\min z = x_{n+1} = x_{n+2} + x_{n+m} + 0x_1 + 0x_2 + \cdots + 0x_n$$

$$\begin{cases} a_{11}x_1 + a_{12}x_2 + \cdots + a_{1n}x_n + x_{n+1} = b_1 \\ a_{21}x_1 + a_{22}x_2 + \cdots + a_{2n}x_n + x_{n+2} = b_2 \\ \cdots \\ a_{m1}x_1 + a_{m2}x_2 + \cdots + a_{mn}x_n + x_{n+m} = b_m \\ x_j \geq 0 \quad (j = 1, 2, \cdots, n) \end{cases} \quad (10-53)$$

然后用单纯形法求解上述模型,若得到 $w=0$,这说明原问题存在基可行解,可以进行第二段计算;否则原问题无可行解,应停止计算。

b. 第二阶段:将第一阶段计算得到的最终表,除去人工变量;将目标函数行的系数,换原问题的目标函数系数,作为第二阶段计算的初始表。

各阶段的计算方法及步骤与单纯形法相同。用两阶段法单纯形法进行计算时获得的单纯形表(表10-4)。本例是求 min,所以,用所有 $\sigma_j - x_j \geq 0$ 来判别目标函数是否实现了最小化。表10-4中的最终表表明得到最优解 b 列的数字是 $x_1=1$,$x_2=80$,$x_3=49$,$x_5=885$,于是得到新的基可行解 $X^{(4)} = (1, 80, 49, 0, 885, 0, 0)^T$,目标函数的取值 $z=3690$。

表10-4 两阶段法单纯形表

		c_j		0	0	0	0	0	0	1	θ_i
	C_B	X_B	b	x_1	x_2	x_3	x_4	x_5	x_6	x_7	
第一阶段步骤1	0	x_3	50	1	0	1	0	0	0	0	50.0
	0	x_4	80	0	1	0	1	0	0	0	—
	0	x_5	5 760	75	60	0	0	1	0	0	76.8
	1	x_7	342	6	4.2	0	0	0	-1	1	57.0
		$z=$	342	-6	-4.2	0	0	0	1	0	
		c_j		0	0	0	0	0	0	1	θ_i
	C_B	X_B	b	x_1	x_2	x_3	x_4	x_5	x_6	x_7	
第一阶段步骤2	0	x_1	50	1	0	1	0	0	0	0	—
	0	x_4	80	0	1	0	1	0	0	0	80.0
	0	x_5	2 010	0	60	-75	0	1	0	0	33.5
	1	x_7	42	0	4.2	-6	0	0	-1	1	10.0
		$z=$	42	0	-4.2	6	0	0	1	0	
		c_j		0	0	0	0	0	0	1	θ_i
	C_B	X_B	b	x_1	x_2	x_3	x_4	x_5	x_6	x_7	
第一阶段步骤3	0	x_1	50	1	0	1	0	0	0	0	50.0
	0	x_4	70	0	0	1.43	1	0	0.24	-0.24	49.0
	0	x_5	1 410	0	0	10.71	0	1	14.29	-14.29	131.6
	0	x_2	10	0	1	-1.43	0	0	-0.24	0.24	—
		$z=$	0	0	0	0	0	0	0	1	

(续)

		c_j		90	45	0	0	0	0	θ_i
	C_B	X_B	b	x_1	x_2	x_3	x_4	x_5	x_6	
第二阶段步骤1	90	x_1	50	1	0	1	0	0	0	50.0
	0	x_4	70	0	0	1.43	1	0	0.24	49.0
	0	x_5	1 410	0	0	10.71	0	1	14.29	131.6
	45	x_2	10	0	1	−1.43	0	0	−0.24	—
		z =	4 950	0	0	−25.71	0	0	10.71	
		c_j		0	0	0	0	0	0	
	C_B	X_B	b	x_1	x_2	x_3	x_4	x_5	x_6	
第二阶段步骤2	90	x_1	1	1	0	0	−1	0	−0.2	
	0	x_3	49	0	0	1	1	0	0.2	
	0	x_5	885	0	0	0	−7.5	1	12.5	
	45	x_2	80	0	1	0	1	0	0	
		z =	3 690	0	0	0	0	0	0	

(2)退化

单纯形法计算中用 θ 规则确定换出变量时，有时存在两个以上相同的最小比值，这样在下一次迭代中就有一个或几个基变量等于零，这就出现退化解，这时换出变量 $x_1=0$，迭代后目标函数值不变，这时不同基表示为同一顶点。有人构造了一个特例，当出现退化时，进行多次迭代，而基从 B_1，B_2，…又返回到 B，即出现计算过程的循环，便永远达不到最优解。

10.1.3　线性规划在森林收获调整中的应用

10.1.3.1　同龄林森林收获调整

【例10-3】某林场柳杉人工林森林资源数据见表10-5，一个龄级为20年，每个调整分期为20年，通过3个调整分期(调整期为60年)将现实林调整为符合永续利用林分。

表10-5　某林场柳杉森林资源统计表

龄级	I	II	III	合计
面积(hm^2)	13 300	5 900	4 500	23 700
蓄积量($\times 10^4\ m^3$)	133	165.2	180	478.2
单位蓄积量($m^3 \cdot hm^{-2}$)	100	280	400	202

计算过程如下：

①决策变量设置　设 x_{ij} 为第 i 分期采伐第 j 龄级的面积为决策变量，因此决策变量为9个，$i=1$，2，3；$j=1$，2，3，见表10-6。

表 10-6 采伐面积决策变量表与永续面积表

调整期初各龄级面积	采伐面积表			永续面积表			调整期末各龄级面积
	1	2	3	1	2	3	
—	—	—	—	—	—	$x_{31}+x_{32}+x_{33}$	7 900
—	—	—	x_{31}	—	$x_{21}+x_{22}+x_{23}$	$x_{21}+x_{22}+x_{23}-x_{31}$	7 900
—	—	x_{21}	x_{32}	$x_{11}+x_{12}+x_{13}$	$x_{11}+x_{12}+x_{13}-x_{21}$	$x_{11}+x_{12}+x_{13}-x_{21}-x_{32}$	7 900
13 300	x_{11}	x_{22}	x_{33}	$13\,300-x_{11}$	$13\,300-x_{11}-x_{22}$	$13\,300-x_{11}-x_{22}-x_{33}$	—
5 900	x_{12}	x_{23}	—	$5\,900-x_{12}$	$5\,900-x_{12}-x_{23}$	—	—
4 500	x_{13}	—	—	$4\,500-x_{13}$	—	—	—
23 700	—	—	—	—	—	—	23 700

②列出约束条件 每个分期末最老林分面积为0,调整期末各龄级林分面积为总面积的 1/3。

$$\begin{cases} 4\,500-x_{13}=0 \\ 5\,900-x_{12}-x_{23}=0 \\ 13\,300-x_{11}-x_{22}-x_{33}=0 \\ x_{11}+x_{12}+x_{13}-x_{21}-x_{32}=7\,900 \\ x_{21}+x_{22}+x_{23}-x_{31}=7\,900 \\ x_{31}+x_{32}+x_{33}=7\,900 \\ x_{ij}\geqslant 0 \quad (i=1,2,3;\ j=1,2,3) \end{cases}$$

③目标函数为

$$\max z = 100x_{11}+280x_{12}+400x_{13}+100x_{21}+280x_{22}+400x_{23}+100x_{31}+280x_{32}+400x_{33}$$

④选用线性规划计算程序计算最优解为

$$\begin{cases} x_{12}=5\,900\ \text{hm}^2;\ x_{13}=4\,500\ \text{hm}^2; \\ x_{22}=7\,900\ \text{hm}^2; \\ x_{32}=2\,500\ \text{hm}^2;\ x_{33}=5\,400\ \text{hm}^2; \end{cases}$$

最优值为:$Z=8\,524\,000\ \text{m}^3$。具体计算过程见表 10-7。

表 10-7 例 10-3 采伐面积单纯形计算表

		c_j		0	0	0	0	0	0	0	0	0	1	1	1	1	1	1	θ_i
	C_B	X_B	b	x_{11}	x_{12}	x_{13}	x_{21}	x_{22}	x_{23}	x_{31}	x_{32}	x_{33}	x_1	x_2	x_3	x_4	x_5	x_6	
第一阶段步骤1	1	x_1	4 500	0	0	1	0	0	0	0	0	0	1	0	0	0	0	0	
	1	x_2	5 900	0	1	0	0	0	1	0	0	0	0	1	0	0	0	0	
	1	x_3	13 300	1	0	0	0	1	0	0	0	1	0	0	1	0	0	0	13 300
	1	x_4	7 900	1	1	1	-1	0	0	0	-1	0	0	0	0	1	0	0	7 900
	1	x_5	7 900	0	0	0	1	1	1	-1	0	0	0	0	0	0	1	0	
	1	x_6	7 900	0	0	0	0	0	0	1	1	1	0	0	0	0	0	1	
		$z=$	47 400	-2	-2	-2	0	-2	-2	0	0	-2	0	0	0	0	0	0	

(续)

		c_j		0	0	0	0	0	0	0	0	0	1	1	1	1	1	
	C_B	X_B	b	x_{11}	x_{12}	x_{13}	x_{21}	x_{22}	x_{23}	x_{31}	x_{32}	x_{33}	x_1	x_2	x_3	x_4	x_5	x_6	θ_i
第一阶段步骤2	1	x_1	4 500	0	0	1	0	0	0	0	0	0	1	0	0	0	0	0	
	1	x_2	5 900	0	1	0	0	0	1	0	0	0	0	1	0	0	0	0	
	1	x_3	5 400	0	−1	−1	1	0	0	1	1	0	0	1	−1	0	0	0	5 400
	0	x_{11}	7 900	1	1	1	−1	0	0	0	−1	0	0	0	0	1	0	0	
	1	x_5	7 900	0	0	0	1	1	1	−1	0	0	0	0	0	0	1	0	7 900
	1	x_6	7 900	0	0	0	0	0	0	1	1	1	0	0	0	0	0	1	
		$z=$	31 600	0	0	0	−2	−2	−2	0	−2	−2	0	0	0	2	0	0	

		c_j		0	0	0	0	0	0	0	0	0	1	1	1	1	1	
	C_B	X_B	b	x_{11}	x_{12}	x_{13}	x_{21}	x_{22}	x_{23}	x_{31}	x_{32}	x_{33}	x_1	x_2	x_3	x_4	x_5	x_6	θ_i
第一阶段步骤3	1	x_1	4 500	0	0	1	0	0	0	0	0	0	1	0	0	0	0	0	
	1	x_2	5 900	0	1	0	0	0	1	0	0	0	0	1	0	0	0	0	5 900
	0	x_{21}	5 400	0	−1	−1	1	1	0	0	1	1	0	0	1	−1	0	0	
	0	x_{11}	13 300	1	0	0	0	1	0	0	0	1	0	0	1	0	0	0	
	1	x_5	2 500	0	1	1	0	0	1	−1	−1	−1	0	0	−1	1	1	0	2 500
	1	x_6	7 900	0	0	0	0	0	0	1	1	1	0	0	0	0	0	1	
		$z=$	20 800	0	−2	−2	0	0	−2	0	0	0	0	0	2	0	0	0	

		c_j		0	0	0	0	0	0	0	0	0	1	1	1	1	1	
	C_B	X_B	b	x_{11}	x_{12}	x_{13}	x_{21}	x_{22}	x_{23}	x_{31}	x_{32}	x_{33}	x_1	x_2	x_3	x_4	x_5	x_6	θ_i
第一阶段步骤4	1	x_1	4 500	0	0	1	0	0	0	0	0	0	1	0	0	0	0	0	
	1	x_2	3 400	0	0	−1	0	0	1	1	1	0	1	1	−1	−1	0	0	3 400
	0	x_{21}	7 900	0	0	0	1	1	1	−1	0	0	0	0	0	0	1	0	
	0	x_{11}	13 300	1	0	0	0	1	0	0	0	1	0	0	1	0	0	0	
	0	x_{12}	2 500	0	1	1	0	1	−1	−1	−1	0	0	−1	1	1	0		
	1	x_6	7 900	0	0	0	0	0	0	1	1	1	0	0	0	0	0	1	7 900
		$z=$	15 800	0	0	0	0	0	0	−2	−2	−2	0	0	0	2	2	0	

		c_j		0	0	0	0	0	0	0	0	0	1	1	1	1	1	
	C_B	X_B	b	x_{11}	x_{12}	x_{13}	x_{21}	x_{22}	x_{23}	x_{31}	x_{32}	x_{33}	x_1	x_2	x_3	x_4	x_5	x_6	θ_i
第一阶段步骤5	1	x_1	4 500	0	0	1	0	0	0	0	0	0	1	0	0	0	0	0	4 500
	0	x_{31}	3 400	0	0	−1	0	0	0	1	1	1	0	1	1	−1	−1	0	
	0	x_{21}	11 300	0	0	−1	1	1	1	0	1	1	0	1	1	−1	0	0	
	0	x_{11}	13 300	1	0	0	0	1	0	0	0	1	0	0	1	0	0	0	
	0	x_{12}	5 900	0	1	0	0	1	0	0	0	0	1	0	0	0	0	0	
	1	x_6	4 500	0	0	1	0	0	0	0	0	0	−1	−1	1	1	1		4 500
		$z=$	9 000	0	0	−1	0	0	0	−1	−1	−1	0	1	1	1	1	0	

（续）

		c_j		0	0	0	0	0	0	0	0	0	1	1	1	1	1	1	θ_i
	C_B	X_B	b	x_{11}	x_{12}	x_{13}	x_{21}	x_{22}	x_{23}	x_{31}	x_{32}	x_{33}	x_1	x_2	x_3	x_4	x_5	x_6	
第一阶段步骤6	0	x_{13}	4 500	0	0	1	0	0	0	0	0	0	1	0	0	0	0	0	
	0	x_{31}	7 900	0	0	0	0	0	0	1	1	1	1	1	1	−1	−1	0	
	0	x_{21}	15 800	0	0	0	1	1	1	0	1	1	1	1	1	−1	0	0	
	0	x_{11}	13 300	1	0	0	0	1	0	0	0	1	0	0	1	0	0	0	
	0	x_{12}	5 900	0	1	0	0	1	0	0	0	0	0	1	0	0	0	0	
	1	x_6	0	0	0	0	0	0	0	0	0	0	−1	−1	−1	1	1	1	
		$z=$	0	0	0	0	0	0	0	0	0	0	2	2	2	0	0	0	

		c_j		100	280	400	100	280	400	100	280	400	θ_i
	C_B	X_B	b	x_{11}	x_{12}	x_{13}	x_{21}	x_{22}	x_{23}	x_{31}	x_{32}	x_{33}	
第二阶段步骤1	400	x_{13}	4 500	0	0	1	0	0	0	0	0	0	
	100	x_{31}	7 900	0	0	0	0	0	0	1	1	1	7 900
	100	x_{21}	15 800	0	0	0	1	1	1	0	1	1	15 800
	100	x_{11}	13 300	1	0	0	0	1	0	0	0	1	13 300
	280	x_{12}	5 900	0	1	0	0	1	0	0	0	0	
		$z=$	7 152 000	0	0	0	0	80	20	0	80	100	

		c_j		100	280	400	100	280	400	100	280	400	θ_i
	C_B	X_B	b	x_{11}	x_{12}	x_{13}	x_{21}	x_{22}	x_{23}	x_{31}	x_{32}	x_{33}	
第二阶段步骤2	400	x_{13}	4 500	0	0	1	0	0	0	0	0	0	
	400	x_{33}	7 900	0	0	0	0	0	0	1	1	1	
	100	x_{21}	7 900	0	0	0	1	1	1	−1	0	0	7 900
	100	x_{11}	5 400	1	0	0	0	1	0	−1	−1	0	5 400
	280	x_{12}	5 900	0	1	0	0	1	0	0	0	0	
		$z=$	7 942 000	0	0	0	0	80	20	−100	−20	0	

		c_j		100	280	400	100	280	400	100	280	400	θ_i
	C_B	X_B	b	x_{11}	x_{12}	x_{13}	x_{21}	x_{22}	x_{23}	x_{31}	x_{32}	x_{33}	
第二阶段步骤3	400	x_{13}	4 500	0	0	1	0	0	0	0	0	0	
	400	x_{33}	7 900	0	0	0	0	0	0	1	1	1	7 900
	100	x_{21}	2 500	−1	0	0	1	0	1	0	1	0	2 500
	280	x_{22}	5 400	1	0	0	0	1	0	−1	−1	0	
	280	x_{12}	5 900	0	1	0	0	0	0	1	0	0	
		$z=$	8 374 000	−80	0	0	0	0	20	−20	60	0	

(续)

	c_j			100	280	400	100	280	400	100	280	400	θ_i
	C_B	X_B	b	x_{11}	x_{12}	x_{13}	x_{21}	x_{22}	x_{23}	x_{31}	x_{32}	x_{33}	
第二阶段步骤4	400	x_{13}	4 500	0	0	1	0	0	0	0	0	0	
	400	x_{33}	5 400	1	0	0	-1	0	-1	1	0	1	
	280	x_{32}	2 500	-1	0	0	0	0	1	0	1	0	
	280	x_{22}	7 900	0	0	0	1	1	1	-1	0	0	
	280	x_{12}	5 900	0	1	0	0	0	1	0	0	0	
	$z=$		8 524 000	-20	0	0	-60	0	-40	-20	0	0	

10.1.3.2 异龄林森林收获调整

【例10-4】东北某林区冷杉占优势的天然异龄混交林中共收集51块样地,每块样地面积为0.01 hm²,都属于Ⅲ地位级,冷杉的比例都在50%以上,冷杉和云杉合计占75%以上(按蓄积量计算),样地资料见表10-8,一个龄级为20年,每个调整分期为20年,通过3个调整分期(调整期为60年)将现实林调整为符合永续利用林分,异龄林收获调整的动态优化目标为:调整的终点是一个理想的林分结构;从现有状态到达理想状态的调整分期数尽量少;在满足上述前提下,使整个调整期的目标函数值为最大。如何在确定的各分期内,将森林从现在起始状态调整到目的状态的同时,使目标函数值最大。试采用线性规划来解决这个问题。

表10-8 51块样地基本资料一览表

名称	平均值	变动范围
林分平均胸径(cm)	15.12	10.48~23.25
林分断面积(m²)	20.819	6.811~33.602
每公顷株数(株·hm⁻²)	1 115.1	540~2 480
进界生长株数(株)	166.1	0~440
枯损株数(株)	35.7	0~200
径级平均株数(株)	101.4	0~1 630
径级平均断面积(m²)	1.893	0.031~0.860

计算过程如下:

①决策变量设置 决策变量 x_{it} 表示第 t 个调整分期开始时对第 i 个径级的林木采伐株数,状态变量 s_{it} 表示第 t 个调整分期开始时第 i 个径级的林木株数,I_t 表示第 t 个调整分期开始时进界状态变量。其中:$i=1,2,\cdots,n$;$t=1,2,\cdots,\theta$。变量设置详见表10-9。

表 10-9 状态变量与决策变量表

径级	分期										
	状态变量 s_{it}						决策变量 x_{it}				
	1	2	⋯	t	⋯	θ	1	2	⋯	t	⋯	θ
1	s_{11}	s_{12}	⋯	s_{1t}	⋯	$s_{1\theta}$	x_{11}	x_{12}	⋯	x_{1t}	⋯	$x_{1\theta}$
2	s_{21}	s_{22}	⋯	s_{2t}	⋯	$s_{2\theta}$	x_{21}	x_{22}	⋯	x_{2t}	⋯	$x_{2\theta}$
⋯	⋯	⋯	⋯	⋯	⋯	⋯	⋯	⋯	⋯	⋯	⋯	⋯
i	s_{i1}	s_{i2}	⋯	s_{it}	⋯	$s_{i\theta}$	x_{i1}	x_{i2}	⋯	x_{it}	⋯	$x_{i\theta}$
⋯	⋯	⋯	⋯	⋯	⋯	⋯	⋯	⋯	⋯	⋯	⋯	⋯
n	s_{n1}	s_{n2}	⋯	s_{nt}	⋯	$s_{n\theta}$	x_{n1}	x_{n2}	⋯	x_{nt}	⋯	$x_{n\theta}$
进界状态变量 I_l	I_1	I_2	⋯	I_t	⋯	I_θ						

②列出约束条件

a. 采伐径级约束：某径级的采伐株数不大于该径级的实存株数，则

$$X_t \leq S_t \quad (t=1, 2, \cdots, \theta)$$

b. 采伐径级约束：将最高径级林木全部采伐，则

$$X_{nt} \leq S_{nt} \quad (t=1, 2, \cdots, \theta)$$

c. 保留立木约束：确保保留立木的断面积不低于基本标准值 D，则

$$B(S_t - X_t) \geq D$$

其中：$B = b_1, b_2, \cdots, b_n$；$b_i$ 为 i 径级林木的平均胸高断面积。

d. 采伐经济约束：对每个采伐分期所需要的劳力、成本和资金有一定的限制，则

$$KX_t \leq L$$

其中：$K = \begin{vmatrix} k_{11} & k_{12} & \cdots & k_{1n} \\ k_{21} & k_{22} & \cdots & k_{2n} \\ \cdots & \cdots & \cdots & \cdots \\ k_{q1} & k_{q1} & \cdots & k_{qn} \end{vmatrix}$；$L = (l_1 \quad l_2 \quad \cdots \quad l_q)^T$；$q$ 为经济约束不等式的个数。

e. 稳定增长约束：每个调整分期的目标函数是非降的，则

$$CX_{t+1} \geq CX_t \quad (t=1, 2, \cdots, \theta)$$

其中：C 为目标函数的价值向量。

$C = (0.023 \quad 0.069 \quad 0.142 \quad 0.244 \quad 0.377 \quad 0.542 \quad 0.738 \quad 0.968 \quad 1.230 \quad 1.526 \quad 1.855)^T$

f. 生长约束：满足生长系统状态转移方程，则

$$S_{t+1} = G(S_t - X_t) + H \quad (t=1, 2, \cdots, \theta)$$

其中：

$$G = \begin{bmatrix} 0.558 & 0.036 & -0.193 & -0.475 & -0.800 & -1.186 & -1.607 & -2.126 & -2.730 & -3.750 & -3.508 \\ 0.404 & 0.262 & -0.030 & -0.100 & -0.163 & -0.283 & -0.394 & -0.522 & -0.671 & -0.841 & -0.955 \\ 0.188 & 0.394 & 0.192 & -0.013 & -0.025 & -0.040 & -0.057 & -0.076 & -0.097 & -0.122 & -0.147 \\ 0.037 & 0.244 & 0.367 & 0.157 & & & & & & & \\ & 0.058 & 0.265 & 0.359 & 0.157 & & & & & & \\ & & 0.064 & 0.272 & 0.376 & 0.195 & & & & & \\ & & & 0.061 & 0.259 & 0.407 & 0.250 & & & & \\ & & & & 0.047 & 0.219 & 0.387 & 0.262 & & & \\ & & & & & 0.038 & 0.197 & 0.399 & 0.275 & & \\ & & & & & & 0.033 & 0.206 & 0.451 & 0.373 & \\ & & & & & & & 0.029 & 0.204 & 0.561 & 0.754 \end{bmatrix}$$

$H = (413.44 \quad 115.31 \quad 16.47 \quad 0 \quad 0 \quad 0 \quad 0 \quad 0 \quad 0 \quad 0 \quad 0)^T$

g. 起始状态边界约束

$S_{i1} = A$ （$i = 1, 2, \cdots, n$）

其中：$A = (498 \quad 243 \quad 147 \quad 89 \quad 59 \quad 35 \quad 23 \quad 11 \quad 7 \quad 5 \quad 3)^T$

h. 目的状态约束

$S_{i\theta} \geq E$ （$i = 1, 2, \cdots, n$）

其中：$E = (584.4 \quad 408.4 \quad 348.4 \quad 295.8 \quad 208.9 \quad 82.4 \quad 11.2 \quad 0 \quad 0 \quad 0 \quad 0)^T$

③目标函数 整个调整期内目标函数为总收获量最大，总收获量与采伐活动有关，则目标函数为：

$$Z = \sum_{i=1}^{n} \sum_{t=1}^{\theta} c_i x_{it} \quad (i = 1, 2, \cdots, n; \ t = 1, 2, \cdots, \theta)$$

其中：c_i 为目标函数的价值向量。

$C = (0.023 \quad 0.069 \quad 0.142 \quad 0.244 \quad 0.377 \quad 0.542 \quad 0.738 \quad 0.968 \quad 1.230 \quad 1.526 \quad 1.855)^T$

通过线性规划计算得到最优化结果见表10-10。

表10-10 优化结果表

林木径阶(cm)	第1分期		第2分期		第3分期		第4分期		第5分期	
	林木株数	采伐株树	林木株数	采伐株树	林木株数	采伐株树	林木株数	采伐株树	林木株数	采伐株树
8	498	0.00	592.31	0.00	642.95	0.00	615.38	0.00	584.40	
12	243	0.00	358.37	0.00	426.98	0.00	453.83	39.00	437.00	
16	147	0.00	231.74	0.00	311.62	0.00	362.31	0.00	361.95	
20	89	0.00	145.64	0.00	217.27	0.00	276.45	29.02	295.80	
24	59	12.61	92.28	92.28	134.48	123.42	187.08	187.08	208.90	
28	35	35.00	51.06	51.06	54.45	54.45	83.20	83.20	90.49	
32	23	23.00	17.46	17.46	8.88	8.88	16.12	16.12	15.09	
36	11	11.00	2.18	2.18	0.00	0.00	0.00	0.00	0.00	

(续)

林木径阶(cm)	第1分期		第2分期		第3分期		第4分期		第5分期	
	林木株数	采伐株树	林木株数	采伐株树	林木株数	采伐株树	林木株数	采伐株树	林木株数	采伐株树
40	7	7.00	0.00	0.00	0.00	0.00	0.00	0.00	0.00	0.00
44	5	5.00	0.00	0.00	0.00	0.00	0.00	0.00	0.00	0.00
48	3	3.00	0.00	0.00	0.00	0.00	0.00	0.00	0.00	0.00
采伐量($m^3 \cdot hm^{-2}$)	73.35		77.69		82.60		137.80			

从表10-10中可以看出，当到达第5个分期时，系统基本上达到目的要求，而从各调整分期的采伐变量来看，在整个调整期内小径阶8 cm、12 cm、16 cm都应保留，择伐的主要对象是20 cm和24 cm的林木。

如果决策变量要求取值必须满足整数的线性规划问题，称为整数规划(integer programming)。整数规划中如果所有的变量都限制为(非负)整数，称为纯整数规划(pure integer programming)或全整数规划(all integer programming)；如果仅一部分变量限制为整数，则称为混合整数规划(mixed integer programmin)。整数规划用割平面解法或分枝定界解法求解。整数规划的一种特殊情形是0-1规划，即它的变量取值仅限于0或1，指派问题就是0-1规划问题。

10.2 动态规划及其应用

动态规划是运筹学的一个分支，是解决多阶段决策过程最优化的一种数学方法。1951年，美国数学家贝尔曼(R. Bellman)等根据一类多阶段决策问题的特点，把多阶段决策问题变换为一系列互相联系单阶段问题，然后逐个加以解决，提出动态规划(dynamic programming)，与此同时还提出了解决这类问题的"最优性原理"，他的名著《动态规划》于1957年出版，该书是有关动态规划的第一本著作。动态规划是求解某类问题的一种方法，是考察问题的一种途径，而不是一种特殊算法(如线性规划是一种算法)。因而，它不像线性规划那样有一个标准的数学表达式和明确定义的一组规则，而是必须对具体问题进行具体分析处理。因此，在学习和应用时，除了要对基本概念和方法正确理解外，还应以丰富的想象力去建立模型，用创造性的技巧去求解。动态规划模型根据多阶段决策过程的时间参量是离散的还是连续的而分为离散决策过程和连续决策过程。根据决策过程的演变是确定性的还是随机性的又可分为确定型决策过程和随机性决策过程。组合起来就有离散确定性、离散随机性、连续确定性和连续随机性4种决策过程模型。

在生产和科学实验中，有一类活动的过程因其特殊性，可将过程分为若干个互相联系的阶段，在它的每一个阶段都需要做出决策，从而使整个过程达到最好的活动效果，因此，各个阶段决策的选取不是任意确定的，它依赖于当前面临的状态，又影响以后的发展。各个阶段决策确定后，就组成了一个决策序列，也就决定了整个过程的一条活动路线。这种把一个问题看作一个前后关联具有链状结构的多阶段过程，称为多阶段决策过程，也称序贯决策过程。这种问题称为多阶段决策问题。

在多阶段决策问题中，各个阶段采取的决策，一般来说是与时间有关的，决策依赖于当前的状态，又随即引起状态的转移，一个决策序列就是在变化的状态中产生出来的，故有"动态"的含义。因此，把处理它的方法称为动态规划方法。但是，一些与时间没有关系的静态规划(如线性规划、非线性规划等)问题，只要人为地引进"时间"因素，也可把它视为多阶段决策问题，用动态规划方法去处理。

10.2.1 动态规划问题及其数学模型

10.2.1.1 动态规划的基本概念

(1) 阶段

把所给问题的过程，恰当地分为若干个相互联系的阶段，以便能按一定的次序去求解。描述阶段的变量称为阶段变量，常用 k 表示。阶段一般是根据时间和空间的自然特征来划分，但要便于把问题的过程转化为多阶段决策的过程。

(2) 状态

状态表示每个阶段开始所处的自然状况或客观条件，它描述了研究问题过程的状况，又称不可控因素。状态就是某阶段的出发位置，它既是该阶段某支路的起点，又是前一阶段某支路的终点。通常一个阶段有若干个状态，描述过程状态的变量称为状态变量，它可用一个数、一组数或一个向量(多维情形)来描述。常用 s_k 表示第 k 阶段的状态变量。

(3) 决策

决策表示当研究问题过程处于某一阶段的某个状态时，可以做出不同的决定(或选择)，从而确定下一阶段的状态，这种决定称为决策，在最优控制中也称为控制。描述决策的变量称为决策变量，它可用一个数、一组数或一个向量来描述。常用 $x_k(s_k)$ 或 $u_k(s_k)$ 表示第 k 阶段状态处于 s_k 时的决策变量，它是状态变量的函数。在实际问题中，决策变量的取值往往限制在某一范围，此范围称为允许决策集合，常用 $D_k(s_k)$ 表示第 k 阶段从 s_k 状态出发的允许决策集合，显然有 $x_k(s_k) \in D_k(s_k)$。

(4) 策略

策略是一个按顺序排列的决策组成的集合。由过程的第 k 阶段开始到终止状态为止的过程，称为问题的后部子过程(或称为 k 子过程)。由每段的决策按顺序排列组成的决策函数序列 $\{x_k(s_k), x_{k+1}(s_{k+1}), \cdots, x_n(s_n)\}$ 称为 k 子过程策略，简称子策略，记为 $P_{k,n}(s_k)$。即

$$P_{k,n}(s_k) = \{x_k(s_k), x_{k+1}(s_{k+1}), \cdots, x_n(s_n)\} \tag{10-54}$$

当 $k=1$ 时，此决策函数序列称为全过程的一个策略，简称策略，记为 $P_{1,n}(s_1)$。即

$$P_{1,n}(s_1) = \{x_1(s_1), x_2(s_2), \cdots, x_n(s_n)\} \tag{10-55}$$

在实际问题中，可供选择的策略有一定的范围，此范围称为允许策略集合，用 P 表示。从允许策略集合中找出达到最优效果的策略，称为最优策略。

10.2.1.2 动态规划的原理

(1) 基本思想

①动态规划方法的关键在于正确地写出基本的递推关系式和恰当的边界条件(简言之为基本方程)。要做到这一点,必须先将问题的过程分成几个相互联系的阶段,恰当地选取状态变量和决策变量及定义最优值函数,从而把一个大问题化成一簇同类型的子问题,然后逐个求解。即从边界条件开始,逐段递推寻优,在每一个子问题的求解中,均利用了它前面的子问题的最优化结果,依次进行;最后一个子问题所得的最优解,就是整个问题的最优解。

②在多阶段决策过程中,动态规划方法既把当前一段和未来各段分开,又把当前效益和未来效益结合起来考虑的一种最优化方法。因此,每段决策的选取是从全局来考虑的,与该段的最优选择是不同的。

③在求整个问题的最优策略时,初始状态是已知的,而每段的决策都是该段状态的函数,故最优策略所经过的各段状态便可逐次变换得到,从而确定了最优路线。

(2) 最优性原理

"作为整个过程的最优策略应具有这样的性质:即无论过去的状态和决策如何,对前面的决策所形成的状态而言,余下的诸决策必须构成最优策略。"简言之,一个最优策略的子策略总是最优的。这里所说的状态应具有下面的性质:如果某阶段状态给定后,则此阶段之后过程的发展不受此前各阶段状态的影响。换句话说,过程的过去历史只能通过当前的状态去影响它未来的发展,当前的状态是以往历史的一个总结。这个性质称为无后效性(即马尔科夫性)。

(3) 动态规划的优点

①减少了计算量 假设动态规划分成 m 段,每段都有 n 个选择,那么共有 n^{m-1} 种策略。如果用穷举法计算,则只需要计算 $(m-1)n^{m-1}$ 次加法。而用动态规划方法来计算,则只需要计算 $(m-2)n^2+n$ 次加法。例如,$m=10$,$n=2$,那么共有 512 种策略。如果用穷举法计算,则需要计算 4 608 次加法,而用动态规划方法来计算,则只需要计算 34 次加法。可见,动态规划方法比穷举法减少了计算量,而且随着段数和每段的决策选择的增加,动态规划方法比穷举法计算量将大大地减少。

②丰富了计算结果 在逆序(或顺序)解法中,得到的不仅仅是由起点到终点(或终点到起点)的最短路线及相应的最短距离,而且得到了从所有各中间点出发到终点(或起点)的最短路线及相应的距离。也就是说,求出的不是一个最优策略,而是一簇的最优策略。这对许多实际问题来讲是很有用的,有利于帮助分析各种结果。

10.2.1.3 动态规划数学模型

动态规划不像线性规划具有可以统一表达的数学模型,而是根据不同情况有不同的数学表达模型,但是,动态规划可以把状态转移规律、指标函数和最优值函数模型表述出来。

一般来说,状态转移方程描述了由 k 阶段到 $k+1$ 阶段的状态转移规律,可以记为:

$$s_{k+1}=T_k[s_k,\ x_k(s_k)] \tag{10-56}$$

式中，$T_k[s_k, x_k(s_k)]$为状态转移函数。

指标函数用来衡量所实现过程优劣的一种数量指标，它是定义在全过程和所有后部子过程上确定的数量函数，常用$V_{k,n}$表示之，即

$$V_{k,n} = V_{k,n}(s_k, x_k, s_{k+1}, \cdots, s_{n+1}) \quad (k=1, 2, \cdots, n) \tag{10-57}$$

最优值函数：对于要构成动态规划模型的指标函数，应具有可分离性，并满足递推关系。即$V_{k,n}$可以表示为s_k、$x_k(s_k)$和V_{k+1}的函数，记为：

$$V_{k,n}(s_k, x_k, s_{k+1}, \cdots, s_{n+1}) = \varphi_k[s_k, x_k, V_{k+1,n}(s_{k+1}, x_{k+1}, \cdots, s_{n+1})] \tag{10-58}$$

在实际问题中很多指标函数都满足这个性质。常见的指标函数的形式是：

① 过程和它的任一子过程的指标是它所包含的各阶段的指标的和。即

$$V_{k,n}(s_k, x_k, s_{k+1}, \cdots, s_{n+1}) = \sum_{j=k}^{n} v_j(s_j, x_j) \tag{10-59}$$

其中$v_j(s_j, x_j)$表示第j阶段的阶段指标。这时上式可写成：

$$V_{k,n}(s_k, x_k, s_{k+1}, \cdots, s_{n+1}) = v_k(s_k, x_k) + V_{k+1,n}(s_{k+1}, x_{k+1}, \cdots, s_{n+1}) \tag{10-60}$$

② 过程和它的任一子过程的指标是它所包含的各阶段的指标的积。即

$$V_{k,n}(s_k, x_k, s_{k+1}, \cdots, s_{n+1}) = \prod_{j=k}^{n} v_j(s_j, x_j) \tag{10-61}$$

其中$v_j(s_j, x_j)$表示第j阶段的阶段指标。这时上式可写成：

$$V_{k,n}(s_k, x_k, s_{k+1}, \cdots, s_{n+1}) = v_k(s_k, x_k) V_{k+1,n}(s_{k+1}, x_{k+1}, \cdots, s_{n+1}) \tag{10-62}$$

指标函数的最优值，称为最优值函数，记为$f_k(s_k)$。它表示从第k阶段的状态s_k开始到第n阶段的终止状态的过程，采取最优策略所得到的指标函数值。即

$$f_k(s_k) = \underset{\{x_k, \cdots, x_n\}}{\operatorname{opt}} V_{k,n}(s_k, x_k, \cdots, s_{n+1}) \tag{10-63}$$

其中"opt"是最优化(optimization)的缩写，可根据题意而取 max 或 min。

动态规划在求解的各个阶段，主要是利用了k阶段与$k+1$阶段之间的递推关系一般情况，k阶段与$k+1$阶段的递推关系式可写为：

$$f_k(s_k) = \underset{\{x_k, \cdots, x_n\}}{\operatorname{opt}} V_{k,n}(s_k, x_k, s_{k+1}, \cdots, s_{n+1}) = \underset{\{x_k, \cdots, x_n\}}{\operatorname{opt}} \varphi_k[s_k, x_k, V_{k+1,n}(s_{k+1}, x_{k+1}, \cdots, s_{n+1})] \tag{10-64}$$

$$f_{n+1}(s_{n+1}) = 0 \tag{10-65}$$

10.2.2 动态规划问题求解方法

10.2.2.1 离散问题计算方法

【例 10-5】假定某林场拟对一片人工林制订连续 6 年的森林近自然经营计划，期初状态为A，期末状态为G，从A到G经历$\{B_1, B_2\}\{C_1, C_2, C_3, C_4\}\{D_1, D_2, D_3\}\{E_1, E_2, E_3\}\{F_1, F_2\}$等状态，两点之间连线上的数字表示从上一阶段某一状态选择目标树后确定经营措施转到下一阶段某一状态需要支出的费用，如图 10-1 所示(单位：百万元)，试求一条从A到G的近自然经营策略，使得总支出费用最少。

计算过程如下：

按照动态规划方法，将【例 10-5】从最后一段开始计算。由终点G逐步向前推移至起

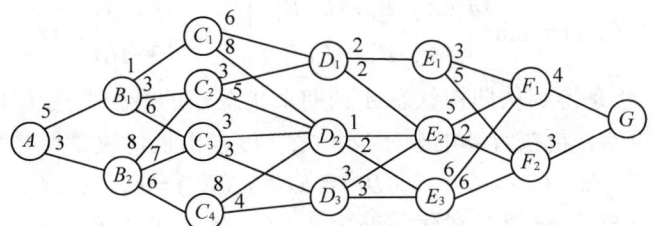

图 10-1 森林经营策略

点 A。

当 $k=6$ 时，由 F_1 到终点 G 只有一条策略，故 $f_6(F_1)=400$ 万元，同理，$f_6(F_2)=300$ 万元；

当 $k=5$ 时，出发状态有 E_1、E_2、E_3 3 个状态，若从 E_1 出发，则有 2 个选择，一个是至 F_1，另一个是至 F_2，则

$$f_5(E_1)=\min\begin{Bmatrix}d_5(E_1,\ F_1)+f_6(F_1)\\ d_5(E_1,\ F_2)+f_6(F_2)\end{Bmatrix}=\min\begin{Bmatrix}3+4\\5+3\end{Bmatrix}=7$$

其相应的决策为 $x_5(E_1)=F_1$，这说明由 E_1 至终点 G 的最少费用为 700 万元，其最优策略是 $E_1\rightarrow F_1\rightarrow G$

同理，从 E_2 和 E_3 出发，则

$$f_5(E_2)=\min\begin{Bmatrix}d_5(E_2,\ F_1)+f_6(F_1)\\ d_5(E_2,\ F_2)+f_6(F_2)\end{Bmatrix}=\min\begin{Bmatrix}5+4\\2+3\end{Bmatrix}=5$$

$$f_5(E_3)=\min\begin{Bmatrix}d_5(E_3,\ F_1)+f_6(F_1)\\ d_5(E_3,\ F_2)+f_6(F_2)\end{Bmatrix}=\min\begin{Bmatrix}6+4\\6+3\end{Bmatrix}=9$$

其相应的决策为 $x_5(E_2)=F_2$；$x_5(E_3)=F_2$。类似地，可算得：

当 $k=4$ 时，有

$$f_4(D_1)=7,\ x_4(D_1)=E_2$$
$$f_4(D_2)=6,\ x_4(D_2)=E_2$$
$$f_4(D_3)=8,\ x_4(D_3)=E_2$$

当 $k=3$ 时，有

$$f_3(C_1)=13,\ x_3(C_1)=D_1$$
$$f_3(C_2)=10,\ x_3(C_2)=D_1$$
$$f_3(C_3)=9,\ x_3(C_2)=D_2$$
$$f_3(C_4)=12,\ x_3(C_4)=D_3$$

当 $k=2$ 时，有

$$f_2(B_1)=13,\ x_2(B_1)=C_2$$
$$f_2(B_2)=16,\ x_2(B_2)=C_3$$

当 $k=1$ 时，出发点只有一个 A 点，则

$$f_1(A) = \min \begin{Bmatrix} d_1(A, B_1) + f_2(B_1) \\ d_1(A, B_2) + f_2(B_2) \end{Bmatrix} = \min \begin{Bmatrix} 5+13 \\ 3+16 \end{Bmatrix} = 18$$

且 $x_1(A) = B_1$。于是得到从期初状态 A 到期末状态 G 的最少费用为 1 800 万元。

为了找出最优策略，再按计算的顺序反推之，可求出最优决策函数序列 $\{x_k\}$，即由 $x_1(A) = B_1$，$x_2(B_1) = C_2$，$x_3(C_2) = D_1$，$x_4(D_1) = E_2$，$x_5(E_2) = F_2$，$x_6(F_2) = G$ 组成一个最优策略。从 A 到 G 的策略有 48 条，最优策略为 $A \to B_1 \to C_2 \to D_1 \to E_2 \to F_2 \to G$。

从上面的计算过程中可以看出，在求解的各个阶段，利用了 k 阶段与 $k+1$ 阶段之间的递推关系

$$\begin{cases} f_k(s_k) = \min\limits_{u_k \in D_k(s_k)} \{d_k[s_k, x_k(s_k)] + f_{k+1}(s_{k+1})\} & (k = 6, 5, 4, 3, 2, 1) \\ f_7(s_7) = 0 \text{ 或 } f_6(s_6) = d_6(s_6, G) \end{cases}$$

上述最少费用问题的计算过程，也可借助图形直观简明地表示出来，如图 10-2 所示。在图 10-2 中，每个状态节点上方方格内的数字表示从该状态节点到期末状态节点 G 的最少费用。用直线连接的状态节点表示该状态节点到期末状态节点 G 的最少费用。未用直线连接的状态节点就说明它不是该状态节点到期末状态节点 G 的最少费用，故这些支路均被舍去了。图中粗线表示由起初状态 A 到期末状态 G 的最优策略。

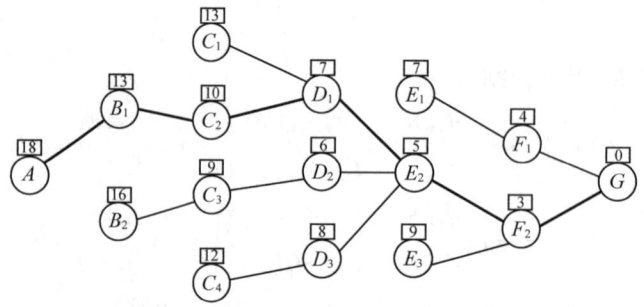

图 10-2 逆序解法最优森林经营策略

这种在图上直接作业的方法称为标号法。如果规定从 A 状态节点到 G 状态节点为顺行方向，则由 G 状态节点到 A 状态节点为逆行方向，那么，图 10-2 是由 G 状态节点开始从后向前标的，这种以 A 为始端，G 为终端，从 G 到 A 的解法称为逆序解法。

由于状态两端都是固定的，且线路上的数字是表示两点间的费用，则从 A 状态节点计算到 G 状态节点和从 G 状态节点计算到 A 状态节点的最少费用都是相同的。因而，标号也可以由 A 开始，从前向后标。只是这时视 G 为起初状态，A 为期末状态，按动态规划方法计算如图 10-3 所示。在图 10-3 中，每个状态节点上方方格内的数字表示该状态节点到 A 状态节点的最少费用，用直线连接的状态节点表示该状态节点到 A 状态节点的最少费用，图中粗线表示 A 至 G 的最优策略。这种以 G 为始端、A 为终端，从 A 到 G 的解法称为顺序解法。

10.2.2.2 连续问题计算方法

【例 10-6】某林场计划对 1 000 hm² 的森林进行林分结构调整，可以按照集约经营和

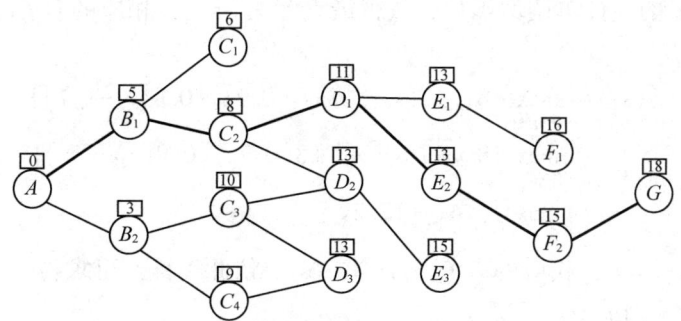

图 10-3 顺序解法最优森林经营策略

粗放经营两种模式进行，无论哪种经营模式都需要 5 道工序完成。如果是集约经营，则经营效益 g 和林分调整面积 x_k 的关系为 $g=g(x_k)$，这时，后续工序林分需要调整面积为前道工序的 a 倍，即如果第一道工序林分调整面积为 x_1，第二道工序林分调整面积就为 ax_1（$0<a<1$）；如果是粗放经营，则经营效益 h 和林分调整面积 s_k-x_k 的关系为 $h=h(s_k-x_k)$，相应的林分调整面积为前道工序的 b 倍，即如果第一道工序林分调整面积为 (s_1-x_1)，第二道工序林分调整面积为 $b(s_1-x_1)$（$0<b<1$）。$a=0.7$，$b=0.9$；$g=8x_k$，$h=5(s_k-x_k)$。要求制订一个计划，在每道工序开始时，决定如何重新分配下一道工序在两种不同的经营模式下进行林分结构调整，使 5 道工序完成后森林经营效益最大。

计算过程如下：

阶段序数 k 表示工序；状态变量 s_k 为第 k 道工序期初调整的林分面积，同时也是第 $k-1$ 道工序调整后的林分面积；决策变量 x_k 为第 k 道工序集约经营的林分面积，于是 (s_k-x_k) 为该道工序粗放经营的林分面积；状态转移方程为：

$$s_{k+1}=ax_k+b(s_k-x_k)=0.7x_k+0.9(s_k-x_k) \quad (k=1,2,3,4,5)$$

k 段允许决策集合为 $D_k(s_k)=\{x_k|0\leqslant x_k\leqslant s_k\}$

设 $v_k(s_k,x_k)$ 为第 k 年度的产量，则 $v_k=8x_k+5(s_k-x_k)$

故指标函数为 $V_{1,5}=\sum_{k=1}^{5}v_k(s_k,x_k)$

令最优值函数 $f_k(s_k)$ 表示由资源量 s_k 出发，从第 k 道工序开始到第五道工序森林经营效益最大值。因而有逆推关系式：

$$\begin{cases}f_k(s_k)=\max_{x_k\in D_k(s_k)}\{8x_k+5(s_k-x_k)+f_{k+1}[0.7x_k+0.9(s_k-x_k)]\} & (k=5,4,3,2,1)\\ f_6(s_6)=0\end{cases}$$

从第 5 年度开始，向前逆推计算。

当 $k=5$ 时，有

$$f_5(s_5)=\max_{0\leqslant x_5\leqslant s_5}\{8x_5+5(s_5-x_5)+f_6[0.7x_5+0.9(s_5-x_5)]\}$$
$$=\max_{0\leqslant x_5\leqslant s_5}\{8x_5+5(s_5-x_5)\}$$
$$=\max_{0\leqslant x_5\leqslant s_5}\{3x_5+5s_5\}$$

因 $f_5(s_5)$ 是 x_5 的线性单调增函数，故得最大解 $x_5^* = s_5$，相应的有 $f_5(s_5) = 8s_5$。
当 $k=4$ 时，有

$$f_4(s_4) = \max_{0 \leq x_4 \leq s_4} \{8x_4 + 5(s_4 - x_4) + f_5[0.7x_4 + 0.9(s_4 - x_4)]\}$$

$$= \max_{0 \leq x_4 \leq s_4} \{8x_4 + 5(s_4 - x_4) + 8[0.7x_4 + 0.9(s_4 - x_4)]\}$$

$$= \max_{0 \leq x_4 \leq s_4} \{1.4x_4 + 12.2s_4\}$$

故得最大解 $x_4^* = s_4$，相应的有 $f_4(s_4) = 13.6s_4$。依此类推，可求得

$x_3^* = s_3$，$f_3(s_3) = 17.52s_3$

$x_2^* = 0$，$f_2(s_2) = 20.768s_2$

$x_1^* = 0$，$f_1(s_1) = 23.6912s_1$

因 $s_1 = 1\,000\ \text{hm}^2$，故 $f_1(s_1) = 23\,691.2$（千元）

计算结果详见表 10-11。

表 10-11　动态规划计算结果一览表　　　　　hm²、千元

k	1	2	3	4	5	6
s_k	1 000.0	900.0	810.0	567.0	396.9	277.83
x_k	0.0	0.0	810.0	567.0	396.9	
$s_k - x_k$	1 000.0	900.0	0.0	0.0	0.0	
v_k	5 000.0	4 500.0	6 480.0	4 536.0	3 175.2	
$f_k(s_k)$	23 691.2	18 691.2	14 191.2	7 711.2	3 175.2	

上面所讨论的最优策略过程，始端状态是固定的，终端状态是自由的，由此所得出的最优策略称为始端固定终端自由的最优策略，实现的目标函数是 5 道工序完成后森林经营效益最大的。

10.2.3　动态规划在森林收获调整中的应用

【例 10-7】以【例 10-3】为例，根据动态规划方法将现实林调整到永续利用状态。根据森林经营要求及森林资源分布情况，提出约束条件：①经过 3 个调整分期后，实现 3 个龄级面积均等；②Ⅲ龄级森林全部采伐，Ⅱ龄级森林适当保留，Ⅰ龄级森林不采伐；③假定扩大造林面积为 0；④一个调整分期为 15 年，一个调整周期为 45 年。

计算过程如下：

①据上述条件列出采伐面积见表 10-12。

表 10-12　森林资源现状及调整面积一览表　　　　　　　　　　　　　　　　　hm^2

调整期初各龄级面积	第一阶段		第二阶段		第三阶段		调整期末各龄级面积
	起始状态	采伐面积	起始状态	采伐面积	起始状态	采伐面积	
							$x_{31}+x_{32}+x_{33}$
					$s_{31}=x_{21}+x_{22}+x_{23}$	x_{31}	$x_{21}+x_{22}+x_{23}-x_{31}$
			$s_{21}=x_{11}+x_{12}+x_{13}$	x_{21}	$s_{32}=x_{11}+x_{12}+x_{13}-x_{21}$	x_{32}	$x_{11}+x_{12}+x_{13}-x_{21}-x_{32}$
13 300	$s_{11}=13\ 300$	x_{11}	$s_{22}=13\ 300-x_{11}$	x_{22}	$s_{33}=13\ 300-x_{11}-x_{22}$	x_{33}	$13\ 300-x_{11}-x_{22}-x_{33}=0$
5 900	$s_{12}=5\ 900$	x_{12}	$s_{23}=5\ 900-x_{12}$	x_{23}	$5\ 900-x_{12}-x_{23}=0$		
4 500	$s_{13}=4\ 500$	x_{13}	$4\ 500-x_{13}=0$				

②按照动态规划最优化原理应该从第 3 分期开始向前递推计算。设 c_1、c_2、c_3 分别表示第 Ⅰ、Ⅱ、Ⅲ龄级单位面积收获量，其中，$c_1 = 100\ \text{m}^3 \cdot \text{hm}^{-2}$、$c_2 = 280\ \text{m}^3 \cdot \text{hm}^{-2}$、$c_3 = 400\ \text{m}^3 \cdot \text{hm}^{-2}$。

当 $k = 3$ 时，即第 3 分期

起始状态为 $\begin{cases} s_{31}=x_{22}+x_{23} \\ s_{32}=s_{21} \\ s_{33}=s_{22}-x_{22} \end{cases}$，终止状态为 $\begin{cases} x_{32}+x_{33}=\dfrac{s}{3} \\ s_{31}=\dfrac{s}{3} \\ s_{32}-x_{32}=\dfrac{s}{3} \end{cases}$，所以

$$D_3(s_3)=\left\{x_{3j}\,\middle|\,\begin{matrix} x_{31}=0 \\ x_{32}=s_{32}-\dfrac{s}{3} \\ x_{33}=s_{33} \\ \sum_{j=1}^{3} x_{3j}=\dfrac{s}{3} \end{matrix}\right\}$$

$$f_3(s_3) = \max_{x_{3j} \in D_3(s_3)} \left\{ \sum_{j=1}^{3} c_j x_{3j} + f_4(s_4) \right\}$$
$$= \max_{x_{3j} \in D_3(s_3)} \{c_1 x_{31} + c_2 x_{32} + c_3 x_{33}\}$$
$$= \max_{x_{3j} \in D_3(s_3)} \{c_2 x_{32} + c_3 x_{33}\}$$

因为 c_2，$c_3 > 0$，所以 x_{32}，x_{33} 取值越大越好，则得

$$x_{31}^* = 0;\ x_{32}^* = s_{32} - \dfrac{s}{3};\ x_{33}^* = s_{33};\ f_3(s_3) = c_2\left(s_{32}-\dfrac{s}{3}\right) + c_3 s_{33}$$

当 $k = 2$ 时，即第 2 分期

起始状态为 $\begin{cases} s_{21}=x_{12}+x_{13} \\ s_{22}=s_{11} \\ s_{23}=s_{12}-x_{12} \end{cases}$，终止状态为 $\begin{cases} s_{31}=x_{22}+x_{23} \\ s_{32}=s_{21} \\ s_{33}=s_{22}-x_{22} \end{cases}$

因为 $\sum_{j=1}^{3} x_{3j} = \dfrac{s}{3}$，则得

$$s_{32} - \dfrac{s}{3} + s_{33} = \dfrac{s}{3} \Rightarrow s_{21} - \dfrac{s}{3} + s_{22} - x_{22} = \dfrac{s}{3} \Rightarrow x_{22} = s_{21} + s_{22} - \dfrac{2s}{3}$$

所以
$$D_2(s_2) = \left\{ x_{2j} \,\middle|\, \begin{array}{l} x_{21} = 0 \\ x_{22} = s_{21} + s_{22} - \dfrac{2s}{3} \\ x_{23} = s_{23} \\ \sum_{j=1}^{3} x_{2j} \geqslant \dfrac{s}{3} \end{array} \right\}$$

$$\begin{aligned}
f_2(s_2) &= \max_{x_{2j} \in D_2(s_2)} \left\{ \sum_{j=1}^{3} c_j x_{2j} + f_3(s_3) \right\} \\
&= \max_{x_{2j} \in D_2(s_2)} \left\{ c_2 x_{22} + c_3 x_{23} + c_2\left(s_{32} - \dfrac{s}{3}\right) + c_3 s_{33} \right\} \\
&= \max_{x_{2j} \in D_2(s_2)} \left\{ c_2 x_{22} + c_3 x_{23} + c_2\left(s_{21} - \dfrac{s}{3}\right) + c_3(s_{22} - x_{22}) \right\} \\
&= \max_{x_{2j} \in D_2(s_2)} \left\{ (c_2 - c_3) x_{22} + c_3 x_{23} + c_2\left(s_{21} - \dfrac{s}{3}\right) + c_3 s_{22} \right\}
\end{aligned}$$

因为 $c_2 - c_3 < 0$，所以 x_{22} 取值越小越好，则得

$$x_{21}^{*} = 0;\ x_{22}^{*} = s_{21} + s_{22} - \dfrac{2s}{3};\ x_{23}^{*} = s_{23}$$

$$\begin{aligned}
f_2(s_2) &= (c_2 - c_3)\left(s_{21} + s_{22} - \dfrac{2s}{3}\right) + c_3 s_{23} + c_2\left(s_{21} - \dfrac{s}{3}\right) + c_3 s_{22} \\
&= (2c_2 - c_3) s_{21} + c_2 s_{22} + c_3 s_{23} + \left(\dfrac{2}{3c_3} - c_2\right) s
\end{aligned}$$

当 $k = 1$ 时，即第 1 分期

起始状态为 $\begin{cases} s_{11} = 13\,300 \\ s_{12} = 5\,900 \\ s_{13} = 4\,500 \end{cases}$，终止状态为 $\begin{cases} s_{21} = x_{12} + x_{13} \\ s_{22} = s_{11} \\ s_{23} = s_{12} - x_{12} \end{cases}$，所以

$$D_1(s_1) = \left\{ x_{1j} \,\middle|\, \begin{array}{l} x_{11} = 0 \\ 0 \leqslant x_{12} \leqslant s_{12} \\ x_{13} = s_{13} \\ \sum_{j=1}^{3} x_{1j} \geqslant \dfrac{s}{3} \end{array} \right\}$$

$$\begin{aligned}
f_1(s_1) &= \max_{x_{1j} \in D_1(s_1)} \left\{ \sum_{j=1}^{3} c_j x_{2j} + f_2(s_2) \right\} \\
&= \max_{x_{1j} \in D_1(s_1)} \left\{ c_2 x_{12} + c_3 x_{13} + (2c_2 - c_3) s_{21} + c_2 s_{22} + c_3 s_{23} + \left(\dfrac{2}{3c_3} - c_2\right) \right\}
\end{aligned}$$

$$= \max_{x_{1j} \in D_1(s_1)} \left\{ (3c_2 - 2c_3)x_{12} + 2c_2 x_{13} + c_2 s_{11} + c_3 s_{12} + \left(\frac{2}{3c_3} - c_2\right)s \right\}$$

因为 $3c_2 - 2c_3 = 40$，所以 x_{12} 取值越大越好，则得

$$x_{11}^* = 0; \ x_{12}^* = s_{12}; \ x_{13}^* = s_{13}; \ f_1(s_1) = c_2 s_{11} + (3c_2 - c_3)s_{12} + 2c_2 s_{13} + \left(\frac{2}{3c_3} - c_2\right)s$$

③列出计算结果见表 10-13。

表 10-13 计算结果表　　　　　　　　　　　　　　　　　　hm²

龄级	调整期末各龄级面积	第一阶段		第二阶段		第三阶段		调整期末各龄级面积
		起始状态	采伐面积	起始状态	采伐面积	起始状态	采伐面积	
								7 900
						s_{31} = 7 900	0	7 900
				s_{21} = 10 400	0	s_{32} = 10 400	2 500	7 900
Ⅰ	13 300	s_{11} = 13 300	0	s_{22} = 13 300	7 900	s_{33} = 5 400	5 400	
Ⅱ	5 900	s_{12} = 5 900	5 900	s_{23} = 0	0			
Ⅲ	4 500	s_{13} = 4 500	4 500					
合计	23 700			23 700		23 700		23 700
各分期收获 v_k		3 452 000		2 212 000		2 860 000		
各分期至最后总收获 $f_{k,n}$		8 524 000		5 072 000		2 860 000		

本章小结

本章阐述了规划论中线性规划与动态规划的基本概念、数学模型及其求解方法，并将线性规划与动态规划在森林收获调整中如何应用进行了重点介绍。具体包括线性规划、动态规划问题及其数学模型，线性规划、动态规划问题求解方法，线性规划、动态规划在森林收获调整中的应用。对其求解过程进行了详细说明，并给出具体应用案例。

思考题

1. 在森林经理中，学习决策有什么意义？

2. 某林场森林资源现状见表 10-14，根据线性规划方法将现实林调整到永续利用状态。根据森林经营要求及森林资源分布情况，提出约束条件：①经过 9 个调整分期后，实现 9 个龄级面积均等；②Ⅸ龄级森林全部采伐，Ⅰ、Ⅱ龄级森林不采伐；③假定扩大造林面积为 0；④1 个龄级 5 年，1 个调整分期为 5 年，1 个调整周期为 45 年。

3. 某林场森林资源现状见表 10-15，根据动态规划方法将现实林调整到永续利用状态。根据森林经营要求及森林资源分布情况，提出约束条件：①经过 3 个调整分期后，实现 3 个龄级面积均等；②Ⅲ龄级森林全部采伐，Ⅱ龄级森林适当保留，Ⅰ龄级森林不采伐；③假定扩大造林面积为 0；④一个龄级 10 年，一个调整分期为 10 年，一个调整周期为 30 年。

表 10-14　森林资源现状一览表

项目	年龄									合计
	1~5	6~10	11~15	16~20	21~25	26~30	31~35	36~40	41~45	
龄级	Ⅰ	Ⅱ	Ⅲ	Ⅳ	Ⅴ	Ⅵ	Ⅶ	Ⅷ	Ⅸ	
面积(hm^2)	—	20.3	136.5	144.5	1 751.5	451.0	—	—	—	2 503.8
蓄积量(m^3)	—	53	4 695	4 783	225 996	65 430	—	—	—	300 957
单位面积蓄积量($m^3 \cdot hm^{-2}$)	—	2.61	34.40	33.10	129.03	145.08	—	—	—	120.20
单位面积收获(m^3)	—	—	106.40	147.96	188.55	228.11	266.90	305.00	343.00	

4. 【例 10-6】的森林经营问题，如果在终端也附加上一定的约束条件，如规定在第五道工序结束时，需要调整的林分面积保留为 500 hm^2（【例 10-6】中只有 277.83 hm^2），应如何分配，才能在满足这一终端要求的情况下森林经营效益最高。

表 10-15　森林资源现状一览表

项目	龄级			合计
	Ⅰ	Ⅱ	Ⅲ	
面积(hm^2)	1 607 727	1 956 593	662 803	4 227 123
单位面积收获量($m^3 \cdot hm^{-2}$)	17.93	49.85	74.73	—

森林经营管理系统软件介绍

参考文献

北京林学院，1983. 森林经理学[M]. 北京：中国林业出版社.
蔡体久，姜孟霞，2005. 森林分类经营——理论、实践及可视化[M]. 北京：科学出版社.
曹永成，柯小龙，陈岩松，等，2022. 森林认证背景下森林经营方案的编制[J]. 国土与自然资源研究，196(1)：91-94.
陈辉荣，周新年，蔡瑞添，等，2012. 天然林不同强度择伐后林分空间结构变化动态[J]. 植物科学学报，30(3)：230-237.
陈柳钦，2007. 林业经营理论的历史演变[J]. 中国地质大学学报(社会科学版)，7(2)：50-56.
陈平留，林杰，刘健，1994. 用材林资产评估初探[J]. 华东森林经理(3)：42-47.
陈应发，1996. 费用支出法——一种实用的森林游憩价值评估方法[J]. 生态经济(3)：27-31.
戴广翠，高岚，艾运胜，1998. 对森林游憩价值经济评估的研究[J]. 林业经济(2)：65-74.
董灵波，刘兆刚，2012. 樟子松人工林空间结构优化及可视化模拟[J]. 林业科学，48(10)：77-85.
段仁燕，王孝安，2005. 太白红杉种内和种间竞争研究[J]. 植物生态学报，29(2)：242-250.
方国景，汤孟平，章雪莲，2008. 天目山常绿阔叶林的混交度研究[J]. 浙江林学院学报，25(2)：216-220.
方精云，李意德，朱彪，等，2004. 海南岛尖峰岭山地雨林的群落结构、物种多样性，以及在世界雨林中的地位[J]. 生物多样性，12(1)：29-43.
冯士雍，倪加勋，邹国华，2012. 抽样调查理论与方法[M]. 2版. 北京：中国统计出版社.
关百钧，施昆山，1995. 森林可持续发展研究综述[J]. 世界林业研究(4)：1-6.
郭晋平，马大华，2000. 森林经理学原理[M]. 北京：科学出版社.
郭伟，2011. 不同水平的森林可持续经营评价体系研究概述[J]. 林业资源管理(3)：23-27.
郭忠玲，倪成才，董井林，1996. 紫杉生长影响圈主要伴生植物组成及与其他树种关系的定量分析[J]. 吉林林学院学报，12(2)：63-68.
国家林业局，1999. 低产用材林改造技术规程：LY/T 1560—1999[S]. 北京：中国标准出版社.
国家林业局，2005. 森林采伐作业规程：LY/T 1646—2005[S]. 北京：中国标准出版社.
国家林业局，2012. 森林经营方案编制与实施规范：LY/T 2007—2012[S]. 北京：中国标准出版社.
国家林业局，2016. 全国森林经营规划(2016—2050年)[R]. 北京：国家林业局.
国家林业局，2017. 低效林改造技术规程：LY/T 1690—2017[S]. 北京：中国标准出版社.
国家林业和草原局，2019. 中国森林资源报告[M]. 北京：中国林业出版社.
国家林业和草原局，2021. 林地分类：LY/T 1812—2021[S]. 北京：中国标准出版社.
国家市场监督管理总局，国家标准化管理委员会，2020. 森林资源连续清查技术规程：GB/T 38590—2020[S]. 北京：中国标准出版社.
郝云庆，王金锡，王启和，等，2008. 柳杉人工林近自然改造过程中林分空间的结构变化[J]. 四川农业大学学报，26(1)：48-52.
侯元兆，2003. 林业可持续发展和森林可持续经营的框架理论(下)[J]. 世界林业研究，16(2)：1-6.

胡艳波,惠刚盈,2006. 优化林分空间结构的森林经营方法探讨[J]. 林业科学研究(1): 1-8.

胡中洋,刘锐之,刘萍,2020. 建立森林经营规划与森林经营方案编制体系的思考[J]. 林业资源管理(3): 11-14, 71.

黄龙生,2019. 呼伦贝尔市森林生态系统多功能变化与综合效益耦合研究[D]. 北京:中国林业科学研究院.

黄庆丰,等,2002. 长江滩地杨树人工林主伐年龄的研究[J]. 林业科学,38(6): 154-158.

黄选瑞,张玉珍,周怀钧,等,2000. 对中国林业可持续发展问题的基本认识[J]. 林业科学,36(4): 85-91.

惠刚盈,1999. 角尺度——一个描述林木个体分布格局的结构参数[J]. 林业科学,35(1): 37-42.

惠刚盈,GADOW K V,胡艳波,等,2004. 林分分布格局类型的角尺度均值分析方法[J]. 生态学报,24(6): 1225-1229.

惠刚盈,GADOW K V,胡艳波,2004. 林分空间结构参数角尺度的标准角选择[J]. 林业科学研究(6): 687-692.

惠刚盈,GADOW K V,ALBERT M,1999. 一个新的林分空间结构参数——大小比数[J]. 林业科学研究,12(1): 1-6.

惠刚盈,胡艳波,2001. 混交林树种空间隔离程度表达方式的研究[J]. 林业科学研究,14(1): 177-181.

惠刚盈,胡艳波,徐海,2007. 结构化森林经营[M]. 北京:中国林业出版社.

惠刚盈,胡艳波,赵中华,2008. 基于相邻木关系的树种分隔程度空间测度方法[J]. 北京林业大学学报,30(4): 131-134.

惠刚盈,胡艳波,赵中华,2018. 结构化森林经营研究进展[J]. 林业科学研究,31(1): 85-93.

惠刚盈,李丽,赵中华,等,2007. 林木空间分布格局分析方法[J]. 生态学报,27(11): 4717-4727.

亢新刚,2001. 森林资源经理管理[M]. 北京:中国林业出版社.

亢新刚,2011. 森林经理学[M]. 4版. 北京:中国林业出版社.

亢新刚,胡文力,董景林,等,2003. 过伐林区检查法经营针阔混交林林分结构动态[J]. 北京林业大学学报,25(6): 1-5.

亢新刚,黄庆丰,2001. 五道河林场次生用材林龄级结构调整及评价[J]. 北京林业大学学报,23(3): 52-55.

克拉特 J L,弗尔森 J C,皮纳尔 L V,等,1983. 用材林经理学——定量方法[M]. 范济洲,董乃钧,于政中,等译. 北京:中国林业出版社.

赖承义,左舒翼,郑小曼,等,2021. 基于生态系统健康指数的宁波四明山区域森林服务功能价值评估[J]. 中南林业科技大学学报,41(10): 111-121.

郎奎建,王长文,2005. 森林经理管理学导论[M]. 哈尔滨:东北林业大学出版社.

雷相东,2019. 机器学习算法在森林生长收获预估中的应用[J]. 北京林业大学学报,41(12): 23-36.

李博,2000. 生态学[M]. 北京:高等教育出版社.

李凤日,2004. 森林资源经营管理[M]. 沈阳:辽宁大学出版社.

李海奎,雷渊才,2010. 中国森林植被生物量和碳储量评估[M]. 北京:中国林业出版社.

李惠彬,张晨霞,2013. 系统工程学及应用[M]. 北京:机械工业出版社.

李振基,陈小麟,郑海雷,2014. 生态学[M]. 4版. 北京:科学出版社.

林奕成,2019. 北京市森林资源价值评价系统研建[D]. 北京:北京林业大学.

刘健,陈平留,2003. 林地期望价修正法——一种实用的用材林林地资产评估方法[J]. 林业经济(3): 45-46.

刘健,陈平留,郑德祥,等,2006. 用材林林地资产动态评估模型构建研究[J]. 林业经济(11): 53-56.

刘健，叶德星，余坤勇，等，2006. 闽北用材林林地标准地租的确定[J]. 福建林业科技(1)：1-5.

刘彤，李云灵，周志强，等，2007. 天然东北红豆杉(*Taxus cuspidata*)种内和种间竞争[J]. 生态学报，27(3)：924-929.

陆元昌，2006. 近自然森林经营的理论与实践[M]. 北京：科学出版社.

马建维，李长胜，孙玉军，等，1995. 森林调查学[M]. 哈尔滨：东北林业大学出版社.

孟宪宇，1988. 使用Weibull函数对树高分布和直径分布的研究[J]. 北京林业大学学报，10(1)：40-48.

孟宪宇，2006. 测树学[M]. 3版. 北京：中国林业出版社.

宁晓波，2003. 林地和林木评价[J]. 贵州林业科技(3)：39-43.

牛翠娟，娄安如，孙儒泳，等，2015. 基础生态学[M]. 3版. 北京：高等教育出版社.

潘存德，2020. 新疆山地天然林及其群落演替与更新[J]. 新疆林业(5)：8-14.

彭文成，2012. 海南省森林资源资产评估技术体系与应用[J]. 热带林业，40(4)：28-31, 17.

皮特B，凯文B，杰西克P S，等，2009. 森林经营规划[M]. 邓华锋，杨华，程琳，译. 北京：科学出版社.

秦安臣，白顺江，封新国，2000. 森林经营管理[M]. 北京：中国林业出版社.

任希，2014. 旅游资源游憩价值评估研究综述[J]. 中南林业科技大学学报(社会科学版)，8(1)：39-43.

沙晓娟，2020. 林业局级森林经营方案整体评价[D]. 北京：北京林业大学.

沈国舫，2000. 中国森林资源与可持续发展[M]. 南宁：广西科学技术出版社.

盛伟彤，徐孝庆，1994. 森林环境持续发展学术讨论会论文集[M]. 北京：中国林业出版社.

史大林，郑小贤，2007. 马尾松林碳储量成熟问题初探[J]. 林业资源管理(4)：34-37.

宋新民，李金良，2007. 抽样调查技术[M]. 2版. 北京：中国林业出版社.

孙儒泳，李庆芬，牛翠娟，等，2002. 基础生态学[M]. 北京：高等教育出版社.

孙玉军，2007. 资源环境监测与评价[M]. 北京：高等教育出版社.

索菲·希格曼，斯迪芬·巴斯，尼尔·贾德，等，2001. 森林可持续经营手册[M]. 凌林，译. 北京：科学出版社.

汤孟平，2007. 森林空间经营理论与实践[M]. 北京：中国林业出版社.

汤孟平，2010. 森林空间结构研究现状与发展趋势[J]. 林业科学，46(1)：117-122.

汤孟平，陈永刚，施拥军，等，2007. 基于Voronoi图的群落优势树种种内种间竞争[J]. 生态学报，27(11)：4707-4716.

汤孟平，娄明华，陈永刚，等，2012. 不同混交度指数的比较分析[J]. 林业科学，48(8)：46-53.

汤孟平，唐守正，雷相东，等，2004. 两种混交度的比较分析[J]. 林业资源管理(4)：26-27.

汤孟平，唐守正，雷相东，等，2004. 林分择伐空间结构优化模型研究[J]. 林业科学，40(5)：25-31.

唐小平，赵有贤，王红春，等，2013. 森林可持续经营标准与指标手册[M]. 北京：科学出版社.

王红春，崔武社，杨建州，2000. 森林经理思想演变的一些启示[J]. 林业资源管理(6)：3-7.

王红春，2022. 对新发展阶段森林经营方案编制几个重要要素的探讨[J]. 国家林业和草原局管理干部学院学报，21(1)：55-61.

王建军，孟京辉，葛方兴，等，2020. 基于森林功能分区的经营小班划分研究[J]. 西北林学院学报，35(3)：165-170.

王巨斌，2007. 森林资源经营管理[M]. 北京：中国林业出版社.

王祥文，2021. 国有林场场外林地林木收储评估方法及应用[J]. 绿色科技，23(5)：134-136.

王燕，赵士洞，2000. 天山云杉林生物生产力的地理分布[J]. 植物生态学报，24(2)：186-190.

薛弘晔，2017. 系统工程[M]. 西安：西安电子科技大学出版社.

薛建辉，2006. 森林生态学(修订版)[M]. 北京：中国林业出版社.

杨建平，罗明灿，陈华，2007. 森林可持续经营研究综述[J]. 林业调查规划，32（6）：96-101.

杨礼旦，陈应平，1999. 初论森林可持续经营的概念、内涵和特征[J]. 林业科学，35（2）：118-123.

杨致远，刘琪璟，秦立厚，等，2022. 延安市退耕还林工程生态效益评价[J]. 西北林学院学报，37（1）：259-266.

于政中，亢新刚，李法胜，等，1996. 检查法第一经理期研究[J]. 林业科学（1）：24-34.

于政中，1993. 森林经理学[M]. 2版. 北京：中国林业出版社.

于政中，1995. 数量森林经理学[M]. 北京：中国林业出版社.

袁继安，宁晨，田大伦，2019. 湖南省优势树种森林资源资产负债表编制研究[J]. 生态学报，39（19）：7283-7294.

《运筹学》教材编写组，2021. 运筹学[M]. 5版. 北京：清华大学出版社.

曾伟生，1990. 长白山针阔混交林的WEIBULL直径分布[J]. 吉林林业科技（2）：17-21.

曾伟生，2018. 关于森林资源年度监测总体方案的思考[J]. 中南林业调查规划，37（2）：1-5，19.

曾伟生，夏锐，2021. 全国森林资源调查年度出数统计方法探讨[J]. 林业资源管理（2）：29-35.

张超，刘慧珍，吴水荣，等，2018. 德国森林经营方案编制特点与启示[J]. 世界林业研究，31（6）：65-70.

张会儒，2018. 森林经理学研究方法与实践[M]. 北京：中国林业出版社.

张楠，宁卓，杨红强，2020. 弗斯曼模型及其广义改进：基于林地期望值评估方法学演进[J]. 林业经济，42（10）：3-15.

张守攻，朱春全，肖文发，等，2001. 森林可持续经营导论[M]. 北京：中国林业出版社.

张思玉，郑世群，2001. 笔架山常绿阔叶林优势种群种内种间竞争的数量研究[J]. 林业科学，37（1）：185-188.

赵晨，储菊香，温雪香，等，2012. 利用"模拟测算法"计算森林合理年伐量[J]. 林业资源管理（2）：65-68.

郑德祥，陈慧华，廖晓丽，等，2013. 林地资产批量评估BP模型研究[J]. 西南林业大学学报，33（6）：72-75.

中华人民共和国国家质量监督检验检疫总局，中国国家标准化管理委员会，2010. 森林资源规划设计调查技术规程：GB/T 26424—2010[S]. 北京：中国标准出版社.

中华人民共和国国家质量监督检验检疫总局，中国国家标准化管理委员会，2016. 造林技术规程：GB/T 15776—2016[S]. 北京：中国标准出版社.

中华人民共和国国家质量检验检疫总局，中国国家标准化管理委员会，2004. 封山（沙）育林技术规程：GB/T 15163—2004[S]. 北京：中国标准出版社.

中华人民共和国国家质量检验检疫总局，中国国家标准化管理委员会，2015. 森林抚育规程：GB/T 15781—2015[S]. 北京：中国标准出版社.

周洁敏，彭松波，2000. 森林合理采伐量计算方法——计算机模拟计算法研究[J]. 林业科技通信（5）：15-18.

周峻，2010. 南方集体林区森林可持续经营管理机制研究[D]. 北京：北京林业大学.

邹春静，韩士杰，张军辉，2001. 阔叶红松林树种间竞争关系及其营林意义[J]. 生态学杂志，20（4）：35-38.

邹春静，徐文铎，1998. 沙地云杉种内、种间竞争的研究[J]. 植物生态学报，22（3）：269-274.

左松源，陈国富，左宗贵，等，2021. 南京市森林生态系统服务功能与价值评估[J]. 林业资源管理（6）：76-82.

ASSMANN E，FRANZ F，1963. Vorläufige fichten-ertragstafel für Bayern[M]. München：Institut für Ertragskunde der Forstl Forschungsanstalt.

AUTY D, ACHIM A, MACDONALD E, et al., 2014. Models for predicting wood density variation in Scots pine [J]. Forestry, 87(3): 449-458.

AVERY T E, BURKHART H E, 2002. Forest measurements[M]. 5th edition. New York: McGraw-Hill.

BAGNARA M, SOTTOCORNOLA M, CESCATTI A, et al., 2015. Bayesian optimization of a light use efficiency model for the estimation of daily gross primary productivity in a range of Italian forest ecosystems [J]. Ecological Modelling, 306: 57-66.

BAYAT M, PUKKALA T, NAMIRANIAN M, et al., 2013. Productivity and optimal management of the uneven-aged hardwood forests of Hyrcania [J]. European Journal of Forest Research, 132(5): 851-864.

BEAULIEU E, SCHNEIDER R, BERNINGER F, et al., 2011. Modeling jack pine branch characteristics in Eastern Canada [J]. Forest Ecology and Management, 262(9): 1748-1757.

BETTINGER P, BOSTON K, SIRY J P, et al., 2009. Forest management and planning[M]. Burlington, MA: Academic Press.

BETTINGER P, BOSTON K, SIRY J P, et al., 2017. Forest management and planning [M]. New York: Academic Press.

BIGING G S, DOBBERTIN M, 1995. Evaluation of competition indices in individual tree growth models [J]. Forest Science, 41(2): 360-377.

BORGES J G, GARCIA-GONZALO J, BUSHENKOV V, et al., 2014. Addressing multicriteria forest management with Pareto frontier methods: An application in Portugal [J]. Forest Science, 60(1): 63-72.

BUONGIORNO J, GILLES J K, 2003. Decision methods for forest resource management [M]. Boston: Academic Press.

CANADIAN COUNCIL OF FOREST MINISTERS, 1995. Defining sustainable forest management: A canadian approach to criteria and indicators [M]. Edmonton: Canadian Forest Service, Natural Resources Canada.

CAO Q V, 2014. Linking individual-tree and whole-stand models for forest growth and yield prediction [J]. Forest Ecosystems, 1(1): 18.

CLARK P J, EVANS F C, 1954. Distance to nearest neighbor as a measure of spatial relationships in population[J]. Ecology(35): 445-453.

CLEMENTS F E, 1916. Plant succession: an analysis of the development of vegetation[M]. Washington, D. C.: Carnegie Institute, Publication.

CLINTON B D, ELLIOTT K J, SWANK W T, 1997. Response of planted eastern white pine (*Pinus strobus* L.) to mechanical release, competition, and drought in the southern Appalachians[J]. Southern Journal of Applied Forestry, 21(1): 19-23.

CLUTTER J L, FORTSON L V, PIENAAR L V, et al., 1983. Timber management—a quantitive approach [M]. NewYork: John Wiley and Sons.

CUTLER D R, EDWARDS JR T C, BEARD K H, et al., 2007. Random forests for classification in ecology [J]. Ecology, 88(11): 2783-2792.

DAVIS K P, 1966. Forest management: regulation and valuation [M]. 2nd edition. Boston: McGraw Hill.

DAVIS L S, JOHNSON K N, BETTINGER P S, et al., 2001. Forest management [M]. 4th edition. New York: McGraw-Hill.

DAVIS L S, JOHNSON K N, BETTINGER P S, et al., 2001. Forest management: To sustain ecological, economic and social values [M]. 4th edition. Boston: McGraw Hill.

DAVIS L S, JOHNSON K N, BETTINGER P S, et al., 2011. Forest management: to sustain ecological, economic, and social values [M]. 4th edition. New York: Waveland Press.

DE GROOTEA S R E, VANHELLEMONTA M, BAETENA L, et al. , 2018. Competition, tree age and size drive the productivity of mixed forests of pedunculate oak, beech and red oak[J]. Forest Ecology and Management, 430(15): 609-617.

DE LIOCOURT F, 1989. De l'amenagement des sapinieres [J]. Societe Forestiere de Franche-Comte Belfort Bulletin(6): 396-405.

DREW D M, 2021. Exploring new frontiers in forecasting forest growth, yield and wood property variation [J]. Annals of Forest Science, 78: 30.

DUCHATEAU E, LONGUETAUD F, MOTHE F, et al. , 2013. Modelling knot morphology as a function of external tree and branch attributes [J]. Canadian Journal of Forest Research, 43(3): 266-277.

DUTOIT B, SCHEEPERS G P, 2020. Modelling soil nitrogen mineralization in semi-mature pine stands of South Africa to identify nutritional limitations and to predict potential responses to fertilization [J]. Annals of Forest Science, 77(2): 24.

EID T, HOBBELSTAD K, 2000. AVVIRK-2000: A large-scale forestry scenario model for long-term investment, income and harvest analyses [J]. Scandinavian Journal of Forest Research, 15(4): 472-482.

EK A R, SHIFLEY S R, BURK T E, 1988. Forest growth modeling and prediction (volumes 1 & 2) [R]. General Technical Report NC-120. St. Paul, MN: U.S. Dept. of Agriculture, Forest Service, North Central Forest Experiment Station.

ERIN O. SILLS, KAREN LEE ABT, 2003. Forests in a market economy[M]. Amsterdam: Kluwer Academic Publishers.

FERRIS R, HUMPHREY J W, 1999. A review of potential biodiversity indicators for application in British forests[J]. Forestry, 72(4): 313-328.

FISHER R A, CORBET A S, WILLIAMS C B, 1943. The relation between the number of species and the number of individual in a random of an animal population[J]. Ecology(12): 42-58.

FRANZ F, 1968. Das EDV-Programm STAOET-zur Herleitung mehrgliedriger Standort-Leistungstafeln [J]. München: Unpublished manuscript.

GADOW K V, FÜLDNER K, 1992. Zur Methodik der Bestandeschreibung[R]. Vortrag Anlaesslich der Jahrestagung der AG Forsteinrichtung in Klieken b. Dessau.

GARCÍA O, 2017. Cohort aggregation modelling for complex forest stands: spruce-aspen mixtures in British Columbia [J]. Ecological Modelling, 343: 109-122.

GARCIA-GONZALO J, BORGES J G, PALMA J H N, et al. , 2014. A decision support system for management planning of *Eucalyptus* plantations facing climate change [J]. Annals of Forest Science, 71(2): 187-199.

GEHRHARDT E, 1909. Ueber Bestandes-Wachstumsgesetze und ihre Anwendung zur Aufstellung von Ertragstafeln [J]. Allgemeine Forst-und Jagdzeitung, 85: 117-128.

GINGER C, 2014. Integrating knowledge, interests and values through modelling in participatory processes: Dimensions of legitimacy [J]. Journal of Environmental Planning and Management, 57(5): 643-659.

GURNAUD A, 1878. Cahier d'aménagement pour l'application de la méthode par contenance exposée sur la forêt des Éperons[M]. Paris: Exposition universelle de.

HARTIG F, DISLICH C, WIEGAND T, et al. , 2014. Technical note: Approximate Bayesian parameterization of a process-based tropical forest model [J]. Biogeosciences, 11(4): 1261-1272.

HEGYI F, 1974. A simulation model for managing jack-pine stands. In: Fries J. Growth models for tree and stand simulation[M]. Stockholm: Royal College of Forestry.

HEILMAYR R, ECHEVERRÍA C, LAMBIN E F, 2020. Impacts of Chilean forest subsidies on forest cover, carbon and biodiversity[J]. Nat Sustain (3): 701-709.

HEVIA A, CAO Q V, ÁLVAREZ-GONZáLEZ J G, et al., 2015. Compatibility of whole-stand and individual-tree models using composite estimators and disaggregation [J]. Forest Ecology and Management, 348: 46-56.

HÄGGLUND B, 1981. Forecasting growth and yield in established forests-An outline and analysis of the outcome of a subproject within the HUGIN project (Rep 31) [R]. Umeå: Department of Forest Survey, Swedish University of Agricultural Sciences.

HILTUNEN V, KANGAS J, PYKLINEn J, 2008. Voting methods in strategic forest planning-Experiences from Metsähallitus [J]. Forest Policy and Economics, 10(3): 117-127.

HOLMES M J, REED D D, 1991. Competition indices for mixed species northern hardwoods[J]. Forest Science, 37(5): 1338-1349.

HRADETZKY J, 1972. Modell eines integrierten Ertragstafel-Systems in modularer Form [D]. Freiburg im Breisgau: Universität Freiburg.

JOSEPH BUONGIORNO, J KEITH GILLESS, 2003. Decision methods for forest resource management[M]. Amsterdam: Elsevier Science Academic Press.

KANGAS A, HARTIKAINEN M, MIETTINEN K, 2014. Simultaneous optimization of harvest schedule and measurement strategy [J]. Scandinavian Journal of Forest Research, 29(sup1): 224-233.

KANGAS A, KURTTILA M, TEPPO H, et al., 2015. Decision support for forest management[M]. 2nd edition. Switzerland: Springer International Publishing.

KANGAS J, 1992. Metsik € on uudistamisketjun valinta-monitavoitteiseen hy € otyeoriaan perustuva p € a € at € osanalyysimalli. Summary: Choosing the regeneration chain in a forest stand, a decisionmodel based on multi-attribute utility theory (Joensuun yliopiston luonnontieteellisiä julkaisuja, Vol. 24) [M]. Joensuu: University of Joensuu.

KANGAS J, KANGAS A, 2005. Multiple criteria decision support in forest management-Fundamentals of the approach, methods applied, and experiences gained [J]. Forest Ecology and Management, 207(1-2): 133-143.

KAYA A, BETTINGER P, BOSTON K, et al., 2016. Optimisation in forest management [J]. Current Forestry Reports, 2(1): 1-17.

KEENAN T, SERRA J M, LLORET F, et al., 2011. Predicting the future of forests in the Mediterranean under climate change, with niche-and process-based models: CO_2 matters! [J]. Global Change Biology, 17(1): 565-579.

KIMMINS J P, MAILLY D, SEELY B, 1999. Modelling forest ecosystem net primary production: The hybrid simulation approach used in forecast [J]. Ecological Modelling, 122(3): 195-224.

LANDSBERG J J, WARING R H, 1997. A generalised model of forest productivity using simplified concepts of radiation-use efficiency, carbon balance and partitioning [J]. Forest Ecology and Management, 95(3): 209-228.

LAWRENCE S, DAVIS K, NORMAN JOHNSON, et al., 2005. Forest management: To sustain ecological, economic, and social values[M]. Amsterdam: Waveland Pr Inc.

LEARY R A, 1985. A framework for assessing and rewarding a scientist's research productivity [J]. Scientometrics, 7(1): 29-38.

LEARY R A, 1988. Some factors that will affect the next generation of forest growth models [R]. St. Paul, Minnesota, USA: U.S. Forest Service, North Central Forest Experiment Station, General Technical Report NC-120: pp 22-32.

LECINA-DIAZ J, MARTÍNEZ-VILALTA J, ALVAREZ A, et al., 2021. Assessing the risk of losing forest ecosystem services due to wildfires[J]. Ecosystems (24): 1687-1701.

LENARD T M, 1981. Wasting our national forests: How to get less timber and less wilderness at the same time[J]. AEI Journal of Government and Society. Regulation, July/August: 29-38.

LINDENMAYER D B, FRANKLIN J F, 2002. Conserving forest biodiversity: A comprehensive multiscaled approach [M]. Washington: Island Press.

LINDNER M, FITZGERALD J B, ZIMMERMANN N E, et al., 2014. Climate change and European forests: What do we know, what are the uncertainties, and what are the implications for forest management? [J]. Journal of Environmental Management, 146: 69-83.

LI R, WEISKITTEL A R, 2010. Comparison of model forms for estimating stem taper and volume in the primary conifer species of the North American Acadian Region [J]. Annals of Forest Science, 67(3): 302.

LONG J S, TANG M P, CHEN G S, 2021. Influence of strata-specific forest structural features on the regeneration of the evergreen broad-leaved forest in Tianmu Mountain[J]. PLoS ONE, 16(2): e0247339.

MAILLY D, TURBIS S, POTHIER D, 2003. Predicting basal area increment in a spatially explicit, individual tree model: a test of competition measures with black spruce[J]. Canadian Journal of Forest Research, 33(3): 435-443.

MAINI J S, 1990. Sustainable development and the Canadian forest sector [J]. The Forestry Chronicle, 66(4): 346-349.

MASON W L, QUINE C P, 1995. Silvicultural possibilities for increasing structural diversity in British spruce forests: the case of Kielder forest[J]. Forest Ecology and Management, 79(1): 13-28.

MENDOZA G A, MARTINS H, 2006. Multi-criteria decision analysis in natural resource management: A critical review of methods and new modelling paradigms [J]. Forest Ecology and Management, 230(1): 1-22.

MENDOZA G A, SPOUSE W, 1989. Forest planning and decision making under fuzzy environments: An overview and illustration [J]. Forest Science, 35(2): 481-502.

MEYER H A, 1952. Structure, growth, and drain in balanced uneven-aged forests[J]. Journal of Forestry (50): 85-92.

MILNER K S, COBLE D W, MCMAHAN A J, et al., 2003. FVSBGC: A hybrid of the physiological model STAND-BGC and the forest vegetation simulator [J]. Canadian Journal of Forest Research, 33(3): 466-479.

MÄKELÄ A, 1997. A carbon balance model of growth and self-pruning in trees based on structural relationships [J]. Forest Science, 43(1): 7-24.

MLADENOFF D J, 2004. LANDIS and forest landscape models[J]. Ecological Modelling, 180(1): 7-19.

MOEUR M, 1993. Characterizing spatial patterns of trees using stem-mapped data[J]. Forest Science(39): 756-775.

MOLINA-VALERO J A, DIÉGUEZ-ARANDA U, ÁLVAREZ-GONZÁLEZ J G, et al., 2019. Assessing site form as an indicator of site quality in even-aged Pinus radiata D. Don stands in north-western Spain [J]. Annals of Forest Science, 76(4): 1-10.

MONSERUD R A, HAYNES R W, JOHNSON A C, 2003. Compatible forest management [M]. Boston: Kluwer Academic.

MORENO-MEYNARD P, PALMAS S, GEZAN S A, 2021. Prediction comparison of stand parameters and two ecosystem services through new growth and yield model system for mixed nothofagus forests in southern Chile [J]. Forests, 12(9): 1-20.

MOSER J W JR, 1980. Historical chapters in the development of modern forest growth and yield theory[M]. In: Brown K M, Clarke F R (eds). Forecasting forest and stand dynamics: proceedings of the Workshop held at the School of Forestry, Lakehead University. Thunderbay, Ontario: 42-61.

MYLLYVIITA T, HUJALA T, KANGAS A, et al., 2014. Mixing methods-assessment of potential benefits for natural resources planning [J]. Scandinavian Journal of Forest Research, 29(sup1): 20-29.

OLIVER C D, LARSON B C, 1996. Forest stand dynamics[M]. New York: John Wiley & Sons, Inc.

PAPAIK M J, FALL A, STURTEVANT B, et al., 2010. Forest processes from stands to landscapes: Exploring model forecast uncertainties using crossscale model comparison [J]. Canadian Journal of Forest Research, 40(12): 2345-2359.

PARK J H, GAN J, PARK C, 2021. Discrepancies between global forest net primary productivity estimates derived from MODIS and forest inventory data and underlying factors[J]. Remote Sens, 13, 1441.

PAULSEN J C, 1795. Kurze praktische Anleitung zum Forstwesen [M]. Detmold: Verfaßt von einem Forstmanne.

PENG C, LIU J, DANG Q, et al., 2002. TRIPLEX: A generic hybrid model for predicting forest growth and carbon and nitrogen dynamics [J]. Ecological Modelling, 153(1-2): 109-130.

PEROT T, GOREAUD F, GINISTY C, et al., 2010. A model bridging distance-dependent and distance-independent tree models to simulate the growth of mixed forests [J]. Annals of Forest Science, 67(5): 502.

PETE BETTINGER, KEVIN BOSTON, JACEK P, et al., 2009. Forest management and planning[M]. Amsterdam: Elsevier Academic Press.

PIELOU E C, 1969. Introduction to Mathematical Ecology[M]. New York: Wiley Interscience.

PIMENTEL D, HARVEY C, RESOSUDARMO P, et al., 1995. Environmental and economic costs of soil erosion and conservation benefits[J]. Science, 267(5201).

PINJUV G, MASON E G, WATT M, 2006. Quantitative validation and comparison of a range of forest growth model types [J]. Forest Ecology and Management, 236(1): 37-46.

POMMERENING A, 2002. Approaches to quantifying forest structures[J]. Forestry, 75(3): 305-324.

PRETZSCH H, 1997. Analysis and modeling of spatial stand structures- Methodological considerations based on mixed beech-larch stands in Lower Saxony[J]. Forest Ecology and Management (97): 237-253.

PRETZSCH H, 2001. Modellierung des Waldwachstums [M]. Berlin: Blackwell Wissenschafts-Verlag.

PUKKALA T, 2002. Multi-objective forest planning (Managing forest ecosystems, Vol. 6) [M]. Dordrecht: Kluwer Academic Publishers: 207.

QIN Y W, XIAO X M, DONG J W, et al., 2019. Improved estimates of forest cover and loss in the Brazilian Amazon in 2000—2017[J]. Nat Sustain 2, 764-772.

RIPLEY B D, 1977. Modelling spatial patterns (with discussion) [J]. Royal Statistical Society(39): 172-212.

RISSER P G, IVERSON L R, 2013. 30 years later-landscape ecology: directions and approaches [J]. Landscape Ecology, 28(3): 367-369.

SAMPSON D A, WARING R H, MAIER C A, et al., 2006. Fertilization effects on forest carbon storage and exchange, and net primary production: A new hybrid process model for stand management [J]. Forest Ecology and Management, 221(1-3): 91-109.

SCHMIDT A, 1971. Wachstum und Ertrag der Kiefer auf wirtschaftlich wichtigen Standorteinheiten der Oberpfalz [M]. München: Forstl Forschungsber: 1: 187.

SCHNEIDER R, FRANCESCHINI T, FORTIN M, et al., 2016. Growth and yield models for predicting tree and stand productivity [M]. Ecological Forest Management Handbook.

SCHWAPPACH A, 1893. Wachstum und Ertrag Normaler Rotbuchenbestände [M]. Berlin: Verlag Julius Springer.

SHI H J, ZHANG L J, 2003. Local analysis of tree competition and growth[J]. Forest Science, 49(6): 938-955.

SHORTT J S, BURKHART H E, 1996. A comparison of loblolly pine plantation growth and yield models for inventory updating [J]. Southern Journal of Applied Forestry, 20(1): 15-22.

SIMPSON E H, 1949. Measurement of diversity[J]. Nature(163): 688.

SIRY J P, BETTINGER P, MERRY K, et al., 2015. Forest Plans of North America [M]. New York: Academic Press.

SPATHELF PE, 2003. Reconstruction of crown length of Norway spruce (*Picea abies* L. Karst.) and Silver fir (*Abies alba* Mill.) -technique, establishment of sample methods and application in forest growth analysis[J]. Annals of Forest Science, 60(8): 833-842.

STRAND J, SOARES-FILHO B, COSTA M H, et al., 2018. Spatially explicit valuation of the Brazilian Amazon forest's ecosystem services[J]. Nat Sustain 1, 657-664.

TITTLER R, MESSIER C, GOODMAN R C, 2016. Triad forest management: local fix or global solution [M]. In Larocque, Ecological Forest Management Handbook: 14.

TURNER P A M, BALMER J, KIRKPATRICK J B, 2009. Stand-replacing wildfires? The incidence of multi-cohort and single-cohort *Eucalyptus* regnans and *E. obliqua* forests in southern Tasmania[J]. Forest Ecology and Management(258): 366-375.

VON COTTA H, 1821. Hülfstafeln für Forstwirte und Forsttaxatoren [M]. Dresden: Arnoldische Buchhandlung.

WCED(World Commission on Environment and Development), 1987. Our Common Future [R]. Oxford, UK: Oxford University Press.

WU C F, SHEN H H, SHEN A H, et al., 2016. Comparison of machine-learning methods for aboveground biomass estimation based on Landsat imagery [J]. Journal of Applied Remote Sensing, 10(3): 035010.

YOUSEFPOUR R, JACOBSEN J B, THORSEN B J, et al., 2012. A review of decision-making approaches to handle uncertainty and risk in adaptive forest management under climate change [J]. Annals of Forest Science, 69(1): 1-15.

ZHANG X, LEI Y, CAO Q V, 2010. Compatibility of Stand Basal Area Predictions Based on Forecast Combination [J]. Forest Science, 56(6): 552-557.